杨先乐 ◎ 主编

大口黑鲈 病害及其控制图谱

DAKOU HEILU BINGHAI JIQI KONGZHI TUPU

中国农业出版社
北京

大口黑鲈病害及其控制图谱

编者名单

主　编：杨先乐（上海海洋大学）

副主编：李罗新（中国水产科学研究院长江水产研究所）

　　　　胡　雄（佛山市顺德区活宝源生物科技有限公司）

　　　　潘逢文（湖南坤源生物科技有限公司）

　　　　邓敬明（广州大农生物科技有限公司）

参　编：洪宇建（广东越群海洋生物科技股份有限公司）

　　　　高　原（宁波三生生物科技股份有限公司）

　　　　杨炎洪（广州大农生物科技有限公司）

　　　　刘雪婷（上海海洋大学）

　　20 世纪 80 年代初叶，一条源于美国加利福尼亚州密西西比河水系的大口黑鲈（俗称加州鲈）被引入中国，谁又能料到这条名不见经传的普通鲈，仅用了短短 40 年的时间在中国水产养殖史上搅得风生水起，它成为在中国所有养殖对象中产量增幅首屈一指，除青鱼、草鱼、鲢、鳙、鲤、鲫、鳊 7 种大宗淡水养殖鱼类外，产量仅次于早在 1957 年就被引进中国的罗非鱼的"网红"鱼类。因大口黑鲈养殖的强势发展，人们称其为中国的"第五大家鱼"。

　　大口黑鲈在养殖中遇到的种质、营养、病害等问题会时时阻挠着其发展。其中，"病害问题"会极大地影响决策者的判断、分散管理者的精力、挫伤养殖者的信心，因为大口黑鲈病害控制成功与否会直关系养殖的效益、养殖的成败、养殖的发展！决策者、管理者、研究者、推广者、养殖者都迫切需要大口黑鲈病害与控制的知识，更需要这种知识正确、系统地概括与总结，但目前国内外只有一些关于大口黑鲈病害的零星研究，只有一些对于大口黑鲈病害不系统、各执一词的描述，既难分皂白，又不晓伯仲。

　　鉴于这种状况，我们迎难着手编写这本《大口黑鲈病害及其控制图谱》。鉴于图片更能直观地诠释病害的特征，更能帮助读者清晰地理解病害，所以我们以"文字＋图片"的形式编写，用文字构建大口黑鲈病害及其原有的基本框架，通过文字赋予图片所不能涵括的深层理论，提升本书的学术价值；以图片阐释文字赋予的理论与原理，把深奥的理论形象化，把复杂的原理简单化，突出本书的实用价值，便于一线从事生产的养殖者更能接受和理解。

　　不可否认，目前关于大口黑鲈病害的理论与实践还存在着很多空白，在本书的编著过程中因为理论的贫乏、知识的盲点、资料的缺失以及模棱两可的问题曾困扰着编著者。编著者根据水生动物病害学的基本原理和特点，对其进行了判别和归纳总结，借以形成了本书完整的大口黑鲈病害学体系（框架），一方面，供读者学习和参考；另一方面，也为后续研究者的批判和修正提供了相应的靶标，以推进大口黑鲈病害学理论与实践的形成。

　　本书在收集近万张大口黑鲈病害及其相关图片的基础上，绘制了 530 余张各种类型的彩图插入全书各章节中，其中绝大部分是自行创作的。本书编著的宗旨除了突出图文并茂的特点外，还注重以下关键点：一是在现有的知识框架下，突出本书"全"的特点，对大口黑鲈病害知识进行全面总结，尽可能做到有关病害学方面的基本框架与层次不缺失。二是注意本书的权威性，以准确为基本出发点，对模棱两可的内容进行反复认真推敲或论证。三是兼顾本书的科学性、可读性与实用性，注意逻辑性和条理性，以适应不同层面、不同要求读者的"口味"，尽可能满足各方面读者的需求。四是在关键知识点上，列出了相应的出处，并附重要的参考文献，便于读者扩展阅读或进一步研究。此外，还编辑了中文和外文二个索引，便于读者进行检索与查找。五是对于书中一些值得深入探讨或阅读的问题，插入二维码，读者可通过扫描进行延伸阅读或视频观看，以帮助进一步了解或理解。

全书共 10 章，前四章介绍了大口黑鲈的来龙去脉、养殖生物学、大口黑鲈病害及其发生原因与诊断的基础知识，后六章分别阐述了大口黑鲈传染性、侵袭性和非病原性的主要疾病以及敌害，及其这些病害相应的诊断方法与防治（控制）措施。全书编写以阐明观点为出发点，以简明扼要不累赘为原则，但也既不吝惜文字，又不顾忌图片多寡所要占据的页面，尽量做到文笔生花，插图绝色。

在本书编写过程中，编著者参阅或采用了大量国内外出版发行或尚未出版发行的图片、文献、资料和书籍，限于篇幅原因，未能在书中一一将来源列出，在此向原作者和出版单位表示歉意。需特别指出的是，本书的编写得到了广东佛山市顺德区活宝源生物科技有限公司、广东越群生物科技股份有限公司、湖南坤源生物科技有限公司、广州大农生物科技有限公司、中国水产科学研究院长江水产研究所以及上海海洋大学等单位的大力支持，在此一并表示衷心感谢。

本书脱稿之际正值癸卯兔年伊始，大口黑鲈养鱼人在欢庆新春佳节之时对新的一年寄予了更实在的期待。他们早已清醒地认识到大口黑鲈进入中国并发展到今天这样的规模，后面的路并非一帆风顺，风浪挫折必定在所难免。"江上往来人，但爱鲈鱼美。君看一叶舟，出没风波里"（《江上渔者》，宋·范仲淹）。期待这本《大口黑鲈病害及其控制图谱》能助力出没在风波中的叶叶"小舟"闯过大口黑鲈养殖发展中一个又一个惊涛骇浪，迎来更加辉煌的明天！

杨先乐

2023 年（癸卯年）春

前言

第一章 01 绪论 / 1

第一节　大口黑鲈的来龙去脉　　1
　　一、原产地、命名和分类地位　/ 1
　　二、主要特点与营养价值　/ 3
　　三、养殖的发展过程　/ 4
　　四、市场前景　/ 6
第二节　大口黑鲈的养殖现状　　6
　　一、规模和分布　/ 6
　　二、养殖效益　/ 9
　　三、养殖发展所带动的行业　/ 9
第三节　大口黑鲈养殖存在的主要问题　　11
　　一、种质　/ 11
　　二、营养　/ 12
　　三、病害　/ 12

第二章 02 大口黑鲈养殖生物学 / 14

第一节　大口黑鲈的形态学特征与解剖学特点　　14
　　一、大口黑鲈形态学特征　/ 14
　　二、大口黑鲈解剖学特点　/ 16
第二节　大口黑鲈的生理学特点　　18
　　一、大口黑鲈的繁殖与胚胎发育　/ 18
　　二、大口黑鲈的生长　/ 20
第三节　大口黑鲈的生态习性　　23
　　一、栖息环境　/ 23
　　二、摄食习性　/ 23
　　三、营养需求　/ 24
　　四、行为生态　/ 26
第四节　大口黑鲈的人工繁殖与苗种培育　　26
　　一、亲鱼的选择与培育　/ 26

二、人工催产 /27
三、产卵受精 /29
四、鱼苗孵化 /30
五、苗种培育 /31
第五节　大口黑鲈的主要养殖方式及特点 33
一、池塘养殖 /34
二、网箱养殖 /36

第三章　03　大口黑鲈病害及其发生原因与诊断 /38
第一节　大口黑鲈病害的类型与病程特征 38
一、大口黑鲈病害的类型 /38
二、大口黑鲈病害病程的表现与特征 /48
第二节　大口黑鲈病害发生的原因 51
一、病原、宿主及环境的相互作用 /52
二、微生态平衡失调 /64
第三节　大口黑鲈病害的诊断原则与方法 65
一、诊断基本原则 /66
二、诊断过程 /67
三、主要诊断方法 /69
四、疾病确诊 /71

第四章　04　大口黑鲈病害的防治 /73
第一节　生态防治 74
一、生态防治的概念和原理 /74
二、生态防治的主要方法 /74
三、生态防治存在的问题和发展前景 /82
第二节　药物防治 83
一、渔药与药物防治 /83
二、规范、合理地使用渔药 /91
三、药物防治效果的评价 /96
第三节　免疫防治 96
一、免疫防治的主要途径 /96
二、自家疫苗的制备与免疫 /100
第四节　健康养殖 103
一、健康养殖的基本含义 /103
二、大口黑鲈的健康养殖 /104

第五章 05　大口黑鲈病毒性疾病　　/ 109
一、大口黑鲈病毒性溃疡病　　/ 109
二、大口黑鲈细胞肿大虹彩病毒病　　/ 120
三、大口黑鲈病毒病　　/ 125
四、大口黑鲈弹状病毒病　　/ 128

第六章 06　大口黑鲈细菌性疾病　　/ 135
一、烂鳃烂嘴病　　/ 135
二、大口黑鲈诺卡氏菌病　　/ 140
三、大口黑鲈溃疡综合征　　/ 150
四、大口黑鲈细菌性败血症　　/ 155
五、大口黑鲈维氏气单胞菌综合征　　/ 159
六、大口黑鲈白皮病　　/ 164
七、大口黑鲈爱德华氏菌病　　/ 169
八、大口黑鲈肠炎　　/ 175
九、大口黑鲈白云病　　/ 179
十、大口黑鲈疖疮病　　/ 182

第七章 07　大口黑鲈真菌以及其他微生物所引起的疾病　　/ 185
一、水霉病　　/ 185
二、鳃霉病　　/ 197
三、丝囊霉病　　/ 202

第八章 08　大口黑鲈寄生虫病　　/ 207
一、车轮虫病　　/ 207
二、斜管虫病　　/ 212
三、鳃隐鞭虫病　　/ 216
四、锥体虫病　　/ 218
五、小瓜虫病　　/ 222
六、杯体虫病　　/ 228
七、累枝虫病　　/ 233
八、毛管虫病　　/ 236
九、指环虫病　　/ 240
十、异形锁钩虫病　　/ 245

十一、锚头鳋病 / 247

十二、鲺病 / 251

十三、钩介幼虫病 / 254

第九章 09 大口黑鲈非病原性疾病 / 258

一、萎瘪病 / 258

二、黄体病 / 260

三、血窦 / 264

四、气泡病 / 266

五、氨氮中毒 / 274

六、缺氧泛池 / 277

七、碰伤和擦伤 / 279

八、熟身 / 281

九、藻类毒素引起的中毒 / 286

十、维生素缺乏和维生素中毒症 / 295

十一、产卵综合征 / 302

十二、畸形 / 303

十三、肿瘤 / 305

第十章 10 大口黑鲈的敌害 / 307

一、青泥苔 / 307

二、水网藻 / 308

三、水蛭 / 309

四、水螅 / 311

五、淡水螺 / 312

六、剑水蚤 / 313

七、克氏原螯虾 / 315

八、水蜈蚣 / 317

九、水蚤 / 319

十、田鳖 / 321

十一、中华螳蝎蝽 / 322

十二、仰泳蝽 / 323

十三、凶猛鱼类 / 324

十四、蛙 / 327

十五、鸟类 / 331

十六、哺乳类　　　　　　　　　　　　　　　　　　　　　　　　　/ 333

主要参考文献　　　　　　　　　　　　　　　　　　　　　　　　　/ 334
名词和术语（中文索引）　　　　　　　　　　　　　　　　　　　　/ 340
名词和术语（外文索引）　　　　　　　　　　　　　　　　　　　　/ 355
后记　　　　　　　　　　　　　　　　　　　　　　　　　　　　　/ 362

第一章 PART ONE

绪　　论

第一节　大口黑鲈的来龙去脉

一、原产地、命名和分类地位

大口黑鲈（*Micropterus salmoides*，英文名：largemouth bass，拓展阅读 1）是美国以及全世界重要的游钓鱼类之一，原产于美国加利福尼亚州密西西比河水系，通过引种，广泛分布于美国、加拿大等淡水水域，尤其在五大湖。此后，又被引入英国、法国、南非、巴西、中国、菲律宾等国家。大口黑鲈因其口大、体黑而得名，又因该鱼大部分由加利福尼亚州引种于世界各地，故俗称为加州鲈。此外，其别名还有美洲大黑鲈、大黑鲈等（图 1-1-1）。

拓展阅读 1
大口黑鲈

图 1-1-1　大口黑鲈（加州鲈、大黑鲈、美洲大黑鲈）

1802 年，拉塞佩德（Lacépède）首先将大口黑鲈学名命名为 *Labrus salmoides*，半个世纪后（1876）纳尔逊（Nelson）将其改为 *Micropterus nigricans*，稍后两年内（1878）乔丹（Jordan）认为其名 *Micropterus pallidus* 较好，最终福布斯（Forbes）（1884）将大口黑鲈的学名定为 *Micropterus salmoides*，并得到了学术界的认可（T J Near & D Kim，2021）（图 1-1-2）。

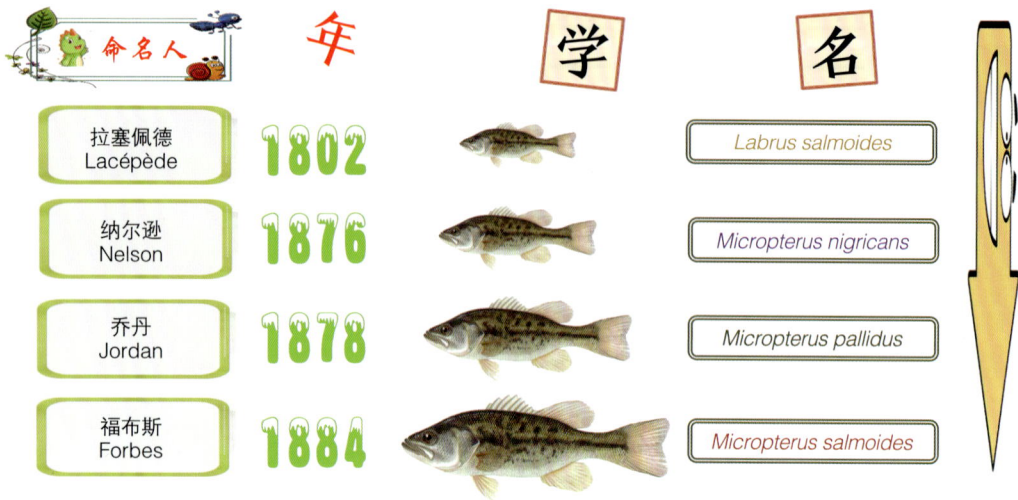

图1-1-2　大口黑鲈的命名过程

命名人	年	学	名
拉塞佩德 Lacépède	1802		*Labrus salmoides*
纳尔逊 Nelson	1876		*Micropterus nigricans*
乔丹 Jordan	1878		*Micropterus pallidus*
福布斯 Forbes	1884		*Micropterus salmoides*

大口黑鲈属于辐鳍鱼纲（Actinopterygii）、鲈形目（Perciformes）、鲈亚目（Percoidei）、太阳鱼科（Centrarchidae）、黑鲈属（*Micropterus*），是一种淡水广温性肉食性鱼类（图1-1-3）。大口黑鲈主要有2个亚种，一个是分布于美国佛罗里达半岛的佛罗里达亚种（*M. salmoides floridanus*），另一个是分布遍及美国中、东部，墨西哥东部以及加拿大东南部地区的北方亚种（*M. salmoides salmoides*）（Stephen J Zolczynski & William D Davies，1976）。我国养殖的大口黑鲈基本上属于北方亚种（图1-1-4）。

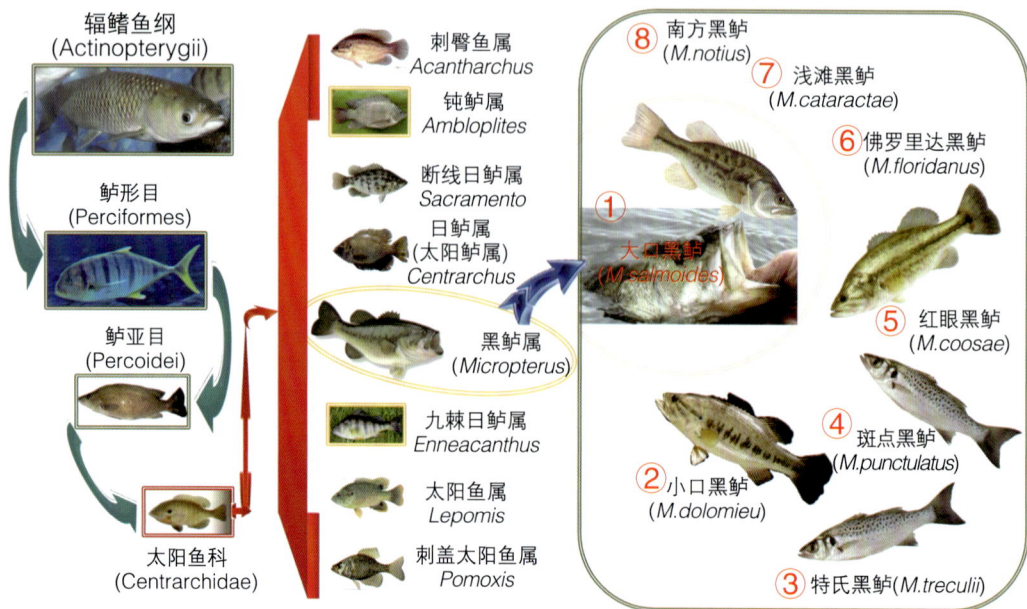

图1-1-3　大口黑鲈的分类地位

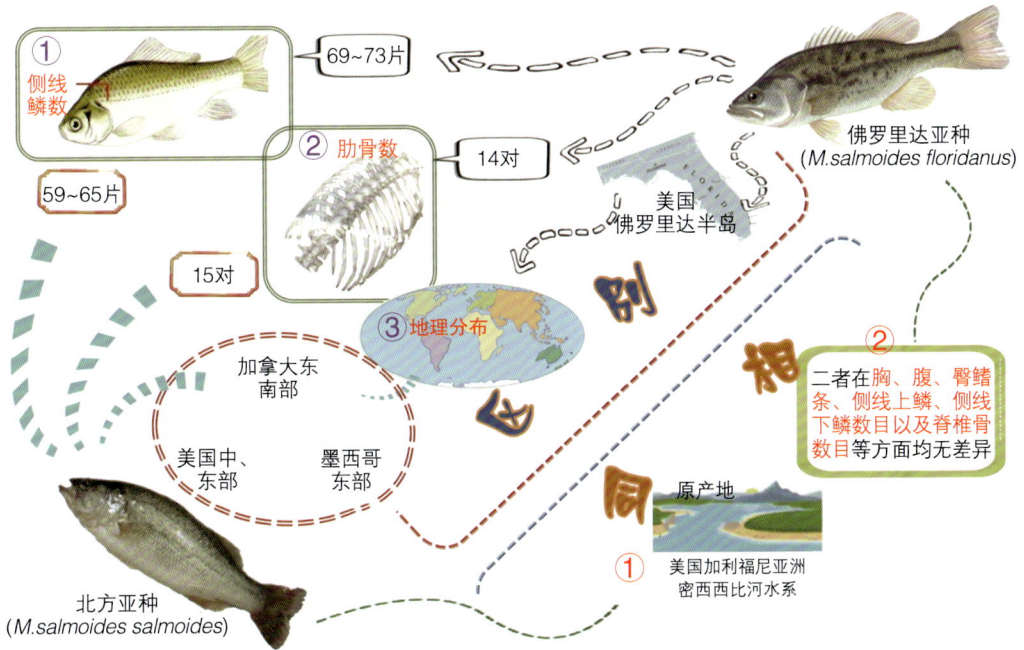

图 1-1-4 大口黑鲈佛罗里达亚种与北方亚种的异同

二、主要特点与营养价值

大口黑鲈是一种肉食性优质淡水鱼类，具有适应性强、耐低温、生长快、抗病力强、易起捕、养殖周期短等优点。在自然水域中，最大个体体重可达 10.16 kg，长度可达 970 mm。在我国华南地区，当年鱼可长到 0.5～0.75 kg，2 龄鱼可达 1.5～2.5 kg（王广军等，2015）（图 1-1-5）。

图 1-1-5 大口黑鲈的主要特点

大口黑鲈外形美观，肉质鲜美细嫩，无肌间刺，营养丰富全面。肌肉蛋白质含量17.97%~20.15%，脂肪含量0.81%~6.41%，灰分含量1.24%~1.41%，水分含量72.12%~79.98%。在肌肉中含有17种氨基酸，占蛋白质总量的17.99%。其中，必需氨基酸（EAA）含量6.58%，占氨基酸总量的36.58%；鲜味氨基酸含量6.84%，占氨基酸总量的38.02%；优质蛋白源指标远高于草鱼、青鱼、团头鲂和鲤（陈佳毅等，2007）。此外，肌肉中还含有大量不饱和脂肪酸，含有较多能维持神经系统正常功能并参与数种物质代谢以发挥关键酶功能的铜元素，预防血脂异常和心脑血管病的EPA（二十碳五烯酸）和DHA（二十二碳六烯酸），以及维系生命系统的维生素和矿物质（图1-1-6）。

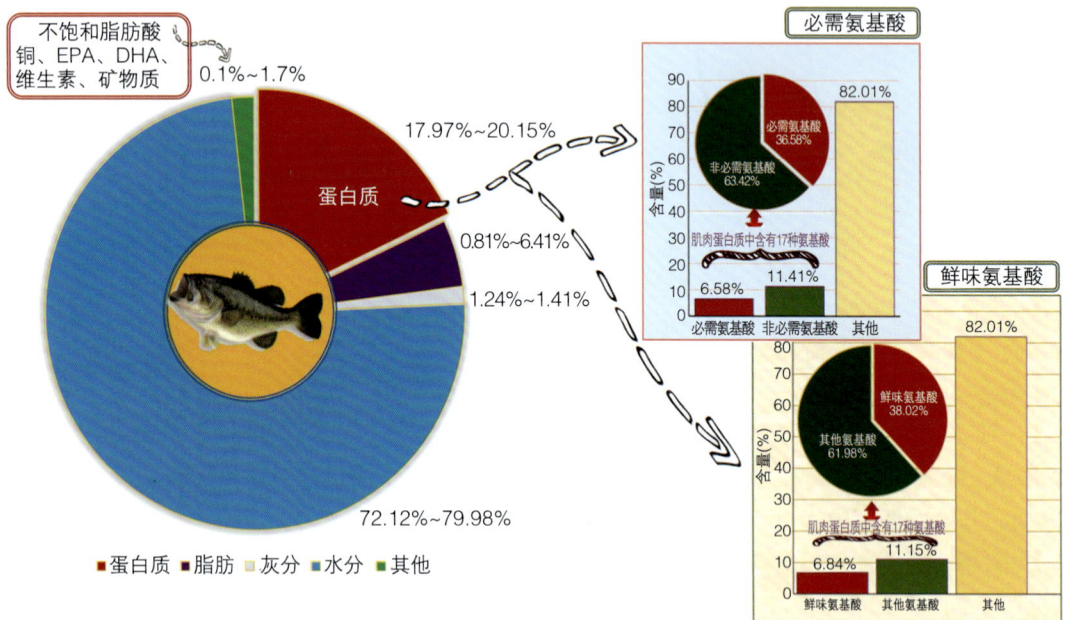

图1-1-6　大口黑鲈肌肉的营养成分

三、养殖的发展过程

20世纪70年代末，我国台湾从国外引进大口黑鲈，1983年人工繁殖成功后，引入我国广东深圳、佛山、惠阳等地，并于1985年在上述地区先后人工繁殖成功，从此大口黑鲈的养殖逐渐向全国展开。2003年，全国产量达到12万t，此后数年间在15万t左右徘徊。随着人工配合饲料研制的成功，养殖技术的提高，加工、物流运输的发展，市场前景不断看好，大口黑鲈在我国的养殖迅猛发展，尤其是近10年来，达到了炙手可热的程度。2013年产量为34万t，2017年为45.69万t，2019年达到47.78万t，2020年比2019年增长29.66%，达到61.95万t（占全国淡水养殖鱼类总产量的2.49%），产量与青鱼、鳊鲂基本持平；2021年，在2020年的基础上再增长13.33%，突破70万t，达到70.21万t，是我国除青鱼、草鱼、鲢、鳙、鲤、鲫、鳊7种大宗淡水养殖鱼类外，产量仅次于罗非鱼的淡水养殖"网红"鱼类，也是我国2021年所有养殖对象中产量增幅首屈一指的养殖鱼类（农业农村部渔业渔政管理局等，2022）（图1-1-7、图1-1-8）。

2020年大口黑鲈与几种主要养殖鱼类年增长量的比较

增幅首屈一指

总产量 61.95万t 占全国淡水养殖鱼类总产量的2.49%

产量 47.78万t（2019）

产量达到 45.69万t（2017 05）

产量达到12万t，此后数年间在15万t左右徘徊（2003—2012）

产量 34万t（2013 04）

引入我国广东佛山等地区，1985年国内人工繁殖成功，养殖逐渐向全国发展（1983 02）

我国台湾从国外引进大口黑鲈，1983年人工繁殖成功

20世纪70年代末（01）

图1-1-7 我国大口黑鲈养殖的发展过程

2021年大口黑鲈养殖总产量达70.21万t，占全国淡水养殖鱼类总产量的2.66%，比2020年提高0.17%；依旧是增幅最大的淡水养殖鱼类

2021年大口黑鲈与大宗淡水鱼类及主要养殖品种产量比较

2021年大口黑鲈养殖总产量在全国淡水养殖品种中排列第7；7年来由34万t增长至70万t，翻了1倍，增长速度不减

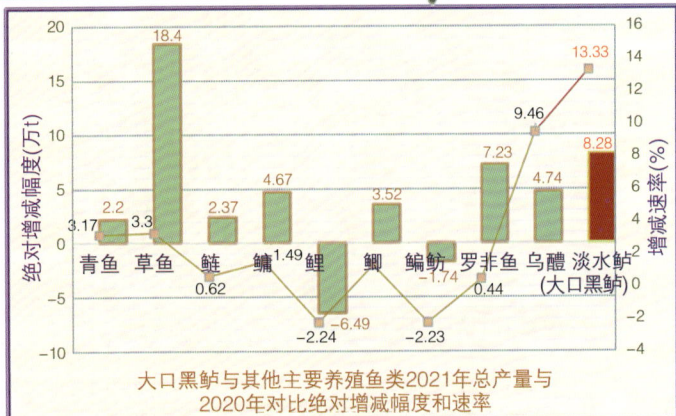

大口黑鲈与其他主要养殖鱼类2021年总产量与2020年对比绝对增减幅度和速率

图1-1-8 2021年大口黑鲈的养殖产量与其他主要养殖鱼类的比较

四、市场前景

经过 40 余年的发展，大口黑鲈已经成为我国重要的淡水养殖品种，养殖势头锐不可当。有人将其称誉为"第五大家鱼"、一条"长盛不衰""疯狂的鲈鱼"。

这是因为大口黑鲈适温性广、生长迅速、产量高、生长周期短、易起捕、效益好等优点备受养殖者的青睐。当年繁殖的鱼苗经过 6～8 个月的养殖即可上市；如果因气候条件限制采取反季节繁育和"996"养殖模式养殖（即 9 月放苗，经 9 个月的养殖，翌年 6 月成鱼上市），则可克服北方地区因"老口鱼"过冬所产生的损耗，解决种苗供应的瓶颈，大大提高养殖效率，适应于气温较低的区域养殖。大口黑鲈潜在的养殖效益持续释放激发着越来越多的养殖者，表现出强势发展的动力。

这是因为大口黑鲈具有肉味鲜美、无肌间刺、易于加工和运输等优势，俗称为"淡水石斑鱼"，市场认可度节节攀升。不断推陈出新的烹饪方式与预制品深受 90 后和 00 后新生代消费者的喜爱，满足了目前大众家庭消费升级的需求，导致了市场容量越来越大，"捕获"着越来越多消费者的肠胃和钱包，凸显出巨大需求的潜力。

大口黑鲈已成为我国淡水养殖"炙手可热的养殖明星"（图 1-1-9）。

图 1-1-9　大口黑鲈的市场前景

第二节　大口黑鲈的养殖现状

一、规模和分布

大口黑鲈虽然是一条外来鱼，但养殖发展的速度却十分惊人，充分体现出它"疯狂"的本性。在 10 余年时间内产量从 10 万 t 跳跃发展到 30 万 t，而从 30 余万 t 到 45 余万 t 仅用了 4 年，2019 年后增长速度更为惊人，以每年 10 万 t 以上的速度增长，年产值达到

120 亿元。这种跳跃式的发展势头还在持续。2021 年，产量分别超过市场前景看好的黄颡鱼和乌鳢 11.43 万 t 和 15.36 万 t，与基本同期引进的短盖巨脂鲤比较，产量是其 13.66 倍。养殖规模和潜力凸显。大口黑鲈将会成为我国淡水养殖的主要品种之一（国家特色淡水鱼产业技术体系，2021）（图 1-2-1）。广东省由于得天独厚的气候和市场，是我国大口黑鲈的主产区，自 2016 年起连续 4 年养殖产量超过 20 万 t（2016—2019 年分别是 21.64 万 t、29.66 万 t、25.84 万 t、28.00 万 t），占全国总产量的 50% 以上，2020 年和 2021 年产量分别达到 36.12 万 t 和 36.86 万 t，占全国总产量的 58% 和 52%；2020 年比 2019 年增长 29%，2021 年增幅明显减缓，仅比上年增长 2.05%，说明广东省养殖已逐渐趋于饱和。然后是浙江和江苏，2021 年产量分别是 11.97 万 t、4.19 万 t，二者约占全国总产量的

图 1-2-1　我国大口黑鲈养殖的规模

23.02%。2021 年,产量超过万吨的省份还有湖南(3.19 万 t)、四川(2.72 万 t)、湖北(2.41 万 t)、江西(2.12 万 t)、福建(1.30 万 t)、安徽(1.17 万 t),以上省份产量占全国总产量的 18.39%。2021 年,产量增长较快的省份分别是湖南(48.58%)、浙江(39.92%)、安徽(29.73%)、四川(23.26%)、江西(13.28%)、湖北(12.85%)、福建(11.07%),特别是湖南、浙江和四川,连续 2 年快速增长,2 年中分别增长319.10%、83.80%、74.34%。其中,浙江省已成为我国大口黑鲈的第 2 养殖大省,产量占全国总产量的 17.05%(农业农村部渔业渔政管理局等,2020,2021,2022)(图 1-2-2、图 1-2-3)。

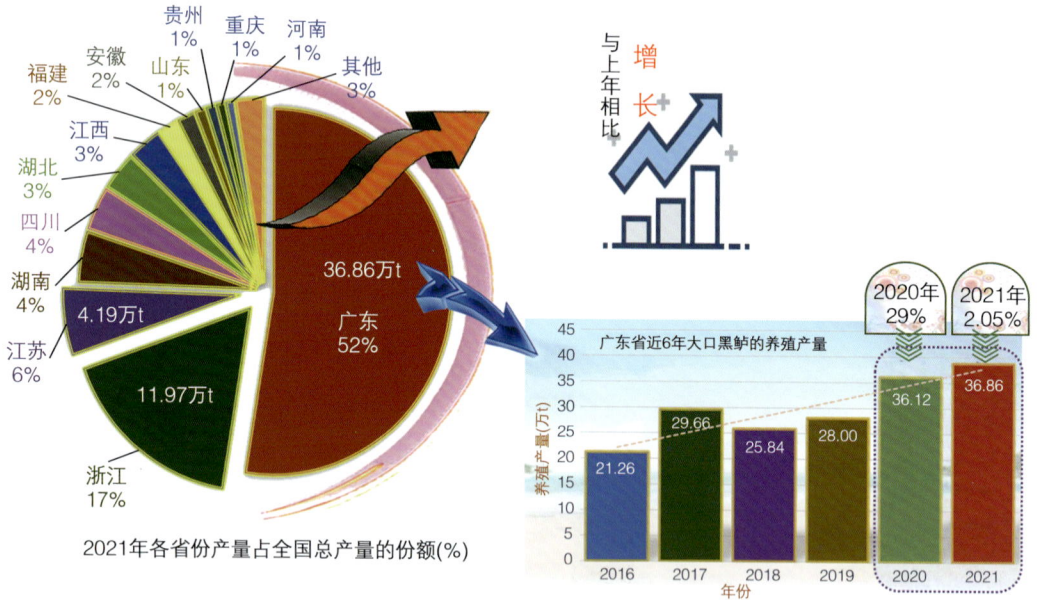

图 1-2-2 我国大口黑鲈养殖的布局

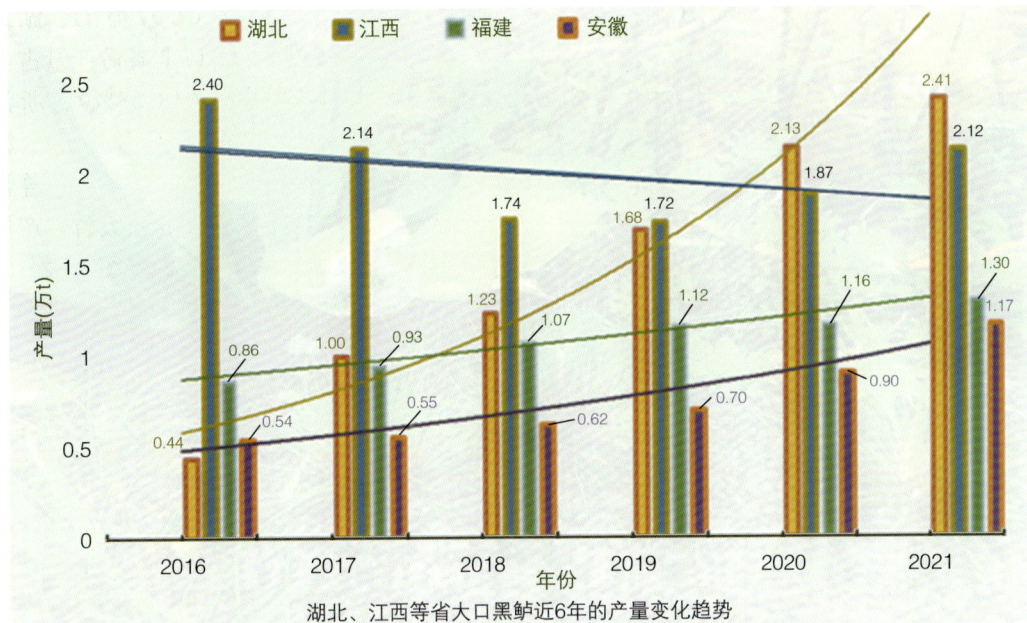

图1-2-3　我国主要大口黑鲈养殖省份（广东除外）近6年来的养殖状况

二、养殖效益

在淡水养殖鱼类中，大口黑鲈有较高的经济效益。

养殖初期大口黑鲈养殖产量仅每亩*300～400 kg，近几年来有了极大的提升。目前，高密度养殖每亩平均产量为2 000～2 500 kg，最高可达3 000 kg；一般养殖密度也可达1 000～1 500 kg。影响养殖成本因素较多，不同地区存在着较大差异。以广东为例，每亩养殖成本为1.96万～2.94万元，利润一般为1.64万～2.46万元；而其他地区每亩成本在3.92万～4.9万元，利润3.28万～4.1万元。养殖利润率最高可达83.67%。

大口黑鲈年平均塘口价在30～40元/kg，最高时可达46～56元/kg，养殖1 kg成鱼利润最高可达16元，一般每亩鱼塘可盈利20 000元左右，而养殖黄颡鱼、鳜仅8 100元、16 000元左右，远不及大口黑鲈（国家特色淡水鱼产业技术体系，2021）。

大口黑鲈是一种深受养殖者喜爱的鱼类，是一种养殖经济效益十分显著、极具推广价值的品种（图1-2-4）。

三、养殖发展所带动的行业

大口黑鲈的养殖辐射带动苗种、饲料、渔药与肥料、加工与流通等行业的发展，对解决农民就业，增加农民收入，推动农业发展发挥了重要作用。

1. **苗种**　随着大口黑鲈养殖规模的持续扩大，对苗种的需求量不断增加，我国每年大口黑鲈苗种的需求量500亿尾左右。由于在种苗的繁殖、标粗等环节上还存在着

---

* 亩为非法定计量单位。1亩＝1/15 hm²。——编者注

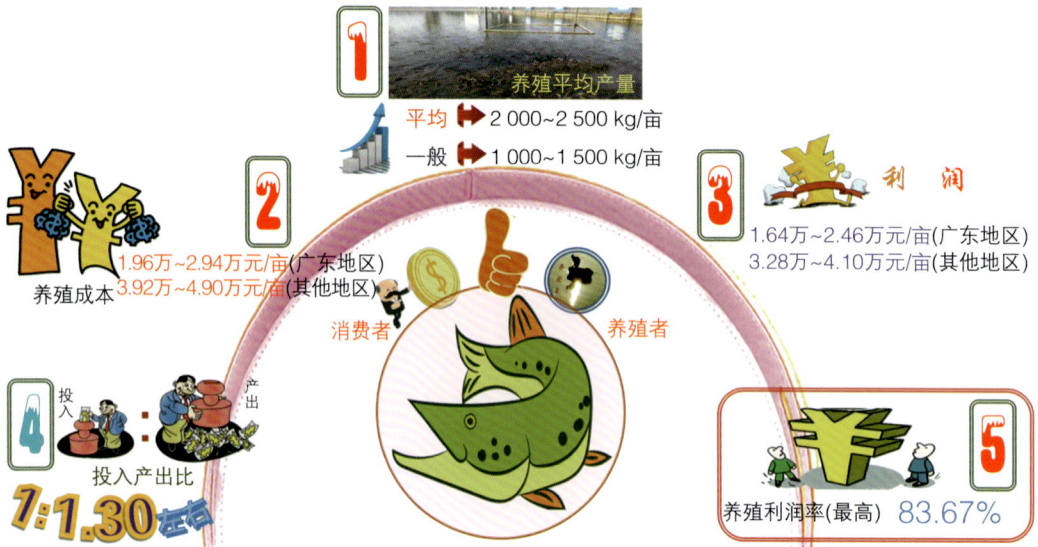

图 1-2-4　大口黑鲈养殖的经济效益

一些待解决的问题，目前对苗种的需求尚处于供不应求的局面，尤其是在对早繁苗的需求上。通过反季节育苗、全季节繁殖育苗，在一定程度上缓解了种苗不足的矛盾。当年产大口黑鲈水花 300 余亿尾，产值超 1.7 亿元，标粗苗约 30 亿尾，产值超 17 亿元。

2. **饲料**　我国大口黑鲈配合饲料的应用是从 20 世纪 90 年代开始的。随着饲料配方技术的突破和"优鲈 3 号"等新品种的推广，配合饲料全程替代冰鲜幼杂鱼的养殖模式大力推进，带动了饲料行业的发展。目前，全国涉及大口黑鲈专用配合饲料生产的厂家有 30 余家，饲料产量从 2015 年的 3 万～4 万 t 增长至 2019 年的 25 万 t 左右，产值突破 30 亿元。2020 年在此基础上有更大的增长。目前，配合饲料在市场上的容量占有率还不足 60%，尚有较大的发展空间。通过饲料配方、加工工艺以及饲料源等方面的进步，大口黑鲈饲料产业将会随着养殖的进一步发展而壮大。

3. **渔药、肥料与水质、底质改良剂等投入品**　虽然大口黑鲈的抗病能力较强，但由于高密度养殖模式的推广，养殖水质和底质恶化程度加剧，疾病发生在所难免。渔药、肥料与水质、底质改良剂等投入品的使用是养殖成功的保证，这类行业在大口黑鲈产业经济圈中至少占有 20% 的份额，不容忽视。

4. **加工与流通**　与其他淡水鱼类相比，大口黑鲈在加工上有很大优势，因为大口黑鲈肉质坚实、清香，适宜进行各种类型的精加工，一方面可解决集中上市在销售上的困境；另一方面又可增加产品的附加值。此外，根据大口黑鲈肉质白嫩、呈蒜瓣形以及容易暂养的特点，适宜活体上市，这为流通提供了广阔空间。仅以广东为例，2019 年大口黑鲈的交易量就达 25 万 t，交易额约 75 亿元。加工与流通可为大口黑鲈产业创造出更多更高的价值。

5. 其他 大口黑鲈适宜于各种烹饪方式，制作名菜佳肴，以及制作鱼酥、鱼松、烤鱼等休闲食品，借助于鲈的饮食文化可繁荣餐饮业。水产预制品产业的兴起，为大口黑鲈的深加工提供了更广阔的空间。此外，大口黑鲈还可促进养鱼设备、活体运输等行业发展（图 1 - 2 - 5）。

图 1 - 2 - 5 大口黑鲈养殖发展带动的行业

第三节 大口黑鲈养殖存在的主要问题

制约大口黑鲈养殖进一步发展虽存在很多问题，但种质、营养和病害是其关键的关键。

一、种质

大口黑鲈优良种质资源匮乏将一直会伴随着大口黑鲈养殖业的发展。

大口黑鲈是由国外引进的品种，基础群体非常有限，群体的遗传多样性少，遗传变异小，所以群体内个体亲缘关系接近，以至近亲交配会导致优良性状衰退、抗逆性减弱的现象。虽然经过科研人员多年努力，已经先后培育出"优鲈1号""优鲈3号""皖鲈1号""加得丰"等品种（品系）（拓展阅读2），解决了一时或部分养殖对良种的需求（图 1 - 3 - 1），但由于缺乏"大口黑鲈原种种质库"，缺乏对大口黑鲈选种育种长期不懈地研究，缺乏大口黑鲈优良品种供应的渠道和制度，最终势必会因为种质的衰退而导致大口黑鲈养殖的没落。这并非危言耸听，而是我们管理者和养殖者所必须面临、思考的一个重要问题。没有长期、稳固、优良品种的研制，没有良种供应制度化的保证，大口

拓展阅读2 我国大口黑鲈新品种的选育方式及其性能

黑鲈养殖发展就会失去稳固的基础。

序号	名称	主要性能
		我国目前大口黑鲈的主要养殖品种及其性能
1	优鲈1号	以国内4个养殖群体为基础，传统的选育技术与分子生物学技术相结合的方法而获得。其生长速度快，池塘养殖亩产可高达2 500 kg以上。2010年获得新品种批号
2	优鲈3号	2012年，从美国引进的大口黑鲈北方亚种和大口黑鲈"优鲈1号"群体中选育而成。它的生长速度比"优鲈1号"平均提高17.1%，比大口黑鲈引进群体提高33.92%~38.82%。2018年获得新品种批号
3	浙鲈1号	适合于浙江当地，并具备生长快、体型好、体质壮、产量高的品种
4	皖鲈1号	于2016年、2018年两次从美国密苏里区域引进了大口黑鲈原种选育，适合安徽本地养殖的大口黑鲈新品种，生长速度比原群体有明显提高
5	加得半1号	从现有的选育群体以及不同来源的养殖群体中选育，鱼苗生长快、饲料利用率高、养殖过程中病害少
6	台湾鲈鱼	来自台湾的选育品种，具有生长速度快、规格整齐、抢食猛、抗病力强等特点，是台湾地区主养的品种
7	奈本（暂用名）	奈本源自美国北方亚种，已培育出F_1，表现出基因优势显著，生长速度快、死亡率低、抗病力强的特点，目前正在选育中
8	正鲈1号	以优良的台湾鲈鱼群体和本地群体杂交育种技术而获得，具有摄食快、长势快、成活率高、易于驯化等特点

图 1-3-1 我国目前大口黑鲈养殖的主要品种及其性能

二、营养

自大口黑鲈引进至淡水水域后，国外有些学者曾对其营养需求进行过一些研究与探讨。但要清醒地认识到，原产地野生大口黑鲈是以活鱼、活虾等生物饵料为基本营养的。引进到到我国进行规模化养殖后，其营养生理、摄食特性均发生了较大改变。不可否认，现阶段对大口黑鲈真正的营养需求还知之甚少，要使吃配合饲料的大口黑鲈获得摄食冰鲜鱼类一样的生长速度、一样的饵料系数、一样的体型和肉质口感，还存在着一定距离，"大口黑鲈营养调控的科学化和精准化"问题还远没有得到解决。大口黑鲈配合饲料制备技术应从其营养需求和营养生理开始做起，应该结合选育的新品种（品系）特性，在配方（尤其是小配方）、加工工艺、原料选择等方面下功夫，建立大口黑鲈养殖牢固的营养基础和饲料制备技术。

三、病害

无论如何，大口黑鲈的病害是一个不容忽视的问题。这是因为大口黑鲈从国外的野生群体进入我国的规模化养殖群体之后，生态环境发生了巨大变化，大口黑鲈原有的一些抗逆特性会在高密度养殖环境下减弱或逐渐消失，或者说是"力所不及"。目前暴露出来很多疾病，如病毒性疾病、细菌性疾病以及寄生虫疾病，甚至还有些非病原性疾病，大部分还缺乏深入研究，对疾病的认识十分肤浅，更缺乏有效、安全的药物和疫苗进行防治；要选育出一个抗病力强的品种还有较大的难度，也可以说遥遥无期。控制疾病的暴发是关系大口黑鲈养殖成功的关键所在。如何在保证水产品质量安全的前提下控制病害发生，减少因病害造成的损失，也是本书编写的主要目的（图 1-3-2）。

图 1-3-2　大口黑鲈养殖存在的主要问题

第二章 PART TWO

大口黑鲈养殖生物学

第一节 大口黑鲈的形态学特征与解剖学特点

一、大口黑鲈形态学特征

大口黑鲈体呈纺锤形，侧扁，横切面为椭圆形。体披细小栉鳞，颊部上方及鳃盖也披鳞，背鳍硬棘部与软条部间有一不完全相连的小缺刻。尾鳍为正尾形，稍向内凹。侧线完全，但不达尾鳍基部，微向上弯。口上位，口裂大而宽，上下颌骨、犁骨及腭骨均具绒毛状细齿，多而细小，大小均一，较锐利（图2-1-1）。鳃盖上有3条呈放射状的黑斑。具5对鳃弓，鳃耙呈梳齿状，第1鳃弓外鳃耙发达，明显长于内列，除背面外，其余三面均布满锯齿状骨质化的突起，形似禾镰；第4鳃弓内侧鳃耙特化，相连而成4～6簇棘堆；第5鳃弓骨退化成短棒状，无鳃丝和鳃耙（图2-1-2）。

图2-1-1 大口黑鲈的外部形态——呈纺锤形、侧扁

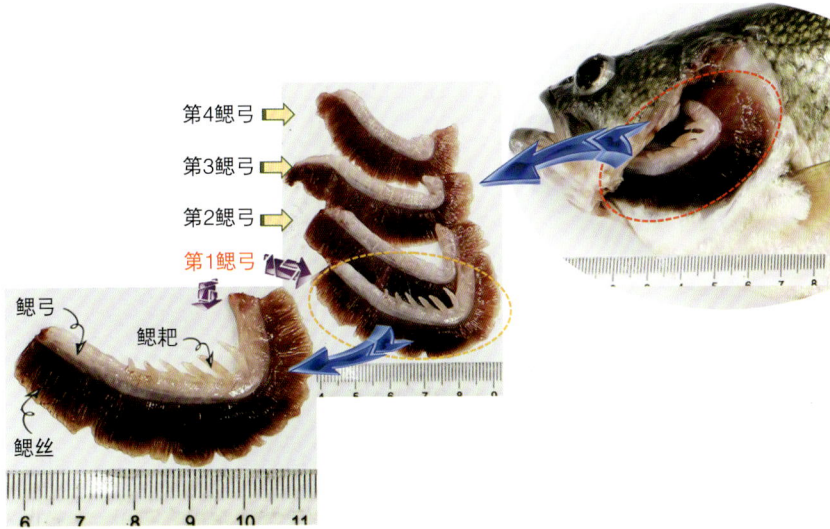

图 2-1-2　大口黑鲈鳃的构造

第4鳃弓
第3鳃弓
第2鳃弓
第1鳃弓
鳃弓
鳃耙
鳃丝

　　大口黑鲈与小口黑鲈的主要区别是：背呈黑绿，体侧青绿，腹部灰白或黄白，从吻端至尾鳍基部有排列成带状的黑斑；口上颌骨延伸超过眼下缘，口裂大、斜裂，颌能伸缩（图 2-1-3）。

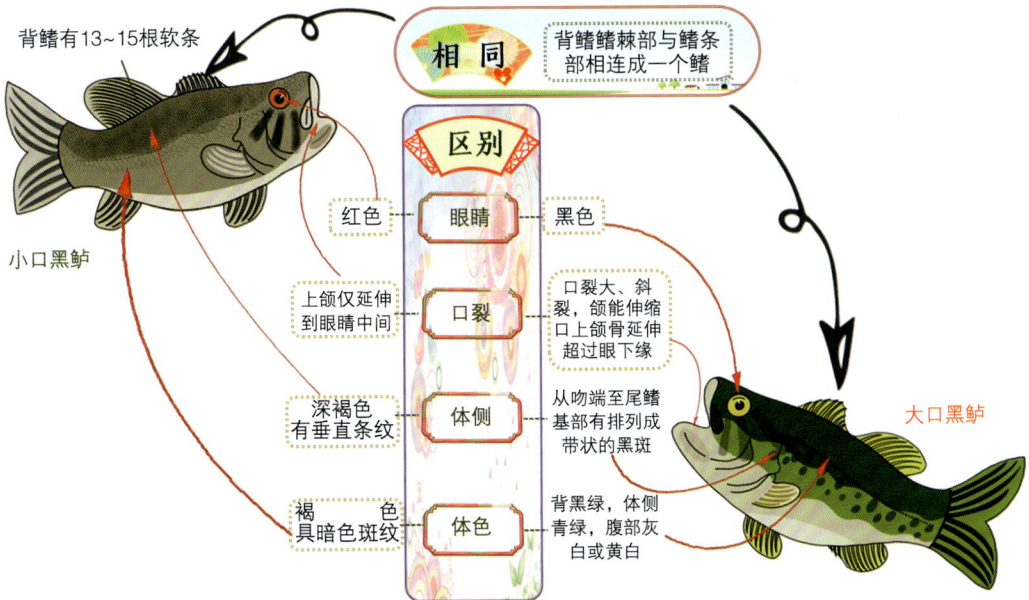

背鳍有13~15根软条

相　同　　背鳍鳍棘部与鳍条部相连成一个鳍

小口黑鲈

区别

红色　　眼睛　　黑色

上颌仅延伸到眼睛中间　　口裂　　口裂大、斜裂，颌能伸缩口上颌骨延伸超过眼下缘

深褐色有垂直条纹　　体侧　　从吻端至尾鳍基部有排列成带状的黑斑

褐色具暗色斑纹　　体色　　背黑绿，体侧青绿，腹部灰白或黄白

大口黑鲈

图 2-1-3　大口黑鲈与小口黑鲈的区别

　　我国养殖的大口黑鲈背鳍鳍式为 D. Ⅻ～Ⅹ，Ⅰ-11～14，臀鳍鳍式为 A. Ⅲ-9～12；鳞式为 $55\frac{7～9}{14～17-A}77$；左侧第1鳃弓外侧鳃耙数为 6～7 [《大口黑鲈》（GB 21045—

2007)]。体重为（468.27±194.54）g，全长为（29.05±3.38）cm（王广军，2005）（表2-1-1）。

表 2-1-1　我国养殖的大口黑鲈基本性状

性　　状		范　　围	平均值±标准差
可数性状	背鳍条	Ⅳ-13～15	14.2±0.63
	臀鳍条	Ⅲ-10～12	11.0±0.67
	胸鳍条	12～13	12.3±0.48
	腹鳍条	Ⅰ-4～5	4.70±0.48
	脊椎骨	26～32	30.40±2.46
	侧线鳞（片）	58～68	61.66±2.64
	侧线上鳞（片）	6～9	7.83±0.60
	侧线下鳞（片）	12～17	15.69±1.04
	鳃耙（个）	2+6	
	肋骨（对）	15	
可量性状	体重（g）	103.5～967.5	468.27±194.54
	全长（cm）	18.95～37.30	29.05±3.83
	体长（cm）	16.30～33.13	25.50±3.13
	体高（cm）	4.81～12.00	8.34±1.42
	头长（cm）	5.35～29.00	8.35±2.11
	吻长（cm）	0.97～2.17	1.46±0.23
	体宽（cm）	2.5～6.0	4.38±0.76
	眼径（cm）	0.90～1.80	1.18±0.13
	眼间距（cm）	1.20～2.90	2.17±0.31
	尾长（cm）	5.42～33.79	8.42±2.51
	尾柄长（cm）	3.16～7.69	5.10±0.74
	尾柄高（cm）	1.93～7.67	3.28±0.62
	体长/体高	2.57～3.48	3.08±0.18
	体长/头高	0.88～3.75	3.10±0.23
	尾柄长/尾柄高	0.62～2.86	1.58±0.21

二、大口黑鲈解剖学特点

大口黑鲈胃呈卜形，较厚，伸缩性强，具长梳状幽门垂，数目为21条，向胃的方向伸展，左侧12条，右侧9条；肠粗短，做两次"S"形盘旋，长度为体长的0.54～0.73倍。肝为一叶，位于食道下面，从左向右侧伸出覆盖住胃的前部。胆囊呈卵圆形或细长形，为透明橙色，胆管通入前肠。胰为淡黄色芝麻大小的实体，分布于胃肠相接处和前肠腹面肝内侧系膜上（图2-1-4）。性腺2条，等长，长囊形。卵巢呈鹅黄色，成熟时卵粒清晰可见，精巢均为乳白色（图2-1-5）（潘黔生等，1996）。肾1对，位于体腔背侧正中线两侧，暗红色，肾的前端为头肾。心脏由静脉窦、心房、心室组成。心室为倒圆锥状肌肉囊，心房为薄囊状结构，心房和心室后侧则是暗红色长囊状的静脉窦。沿心室向前一膨大的圆锥状白色球状结构即为属于动脉管一部分的动脉球。大口黑鲈是闭鳔鱼类，仅一室，不完整，一层膜构造（图2-1-6）。

A

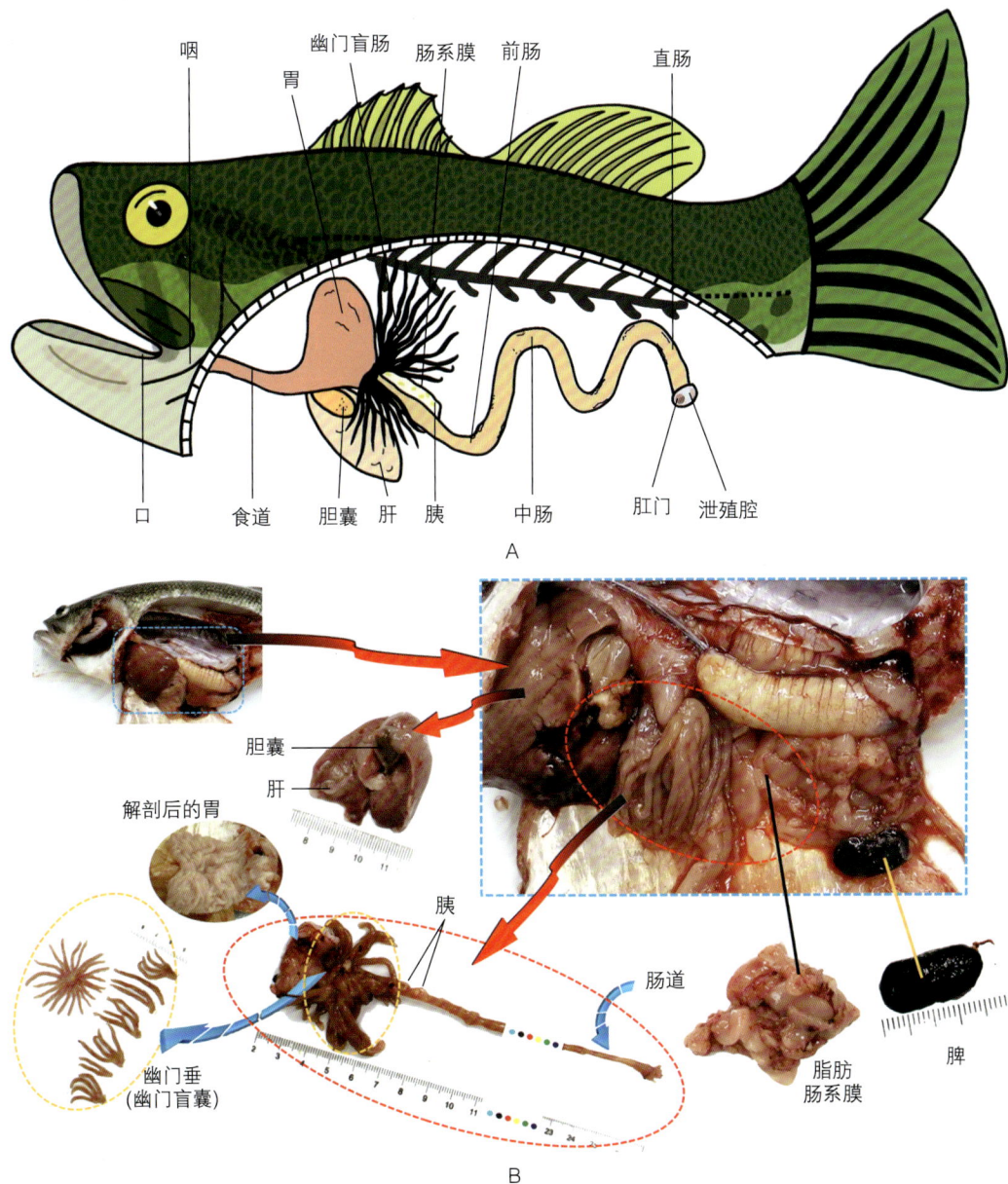

B

图2-1-4 大口黑鲈的消化系统

A. 模式图 B. 实物图

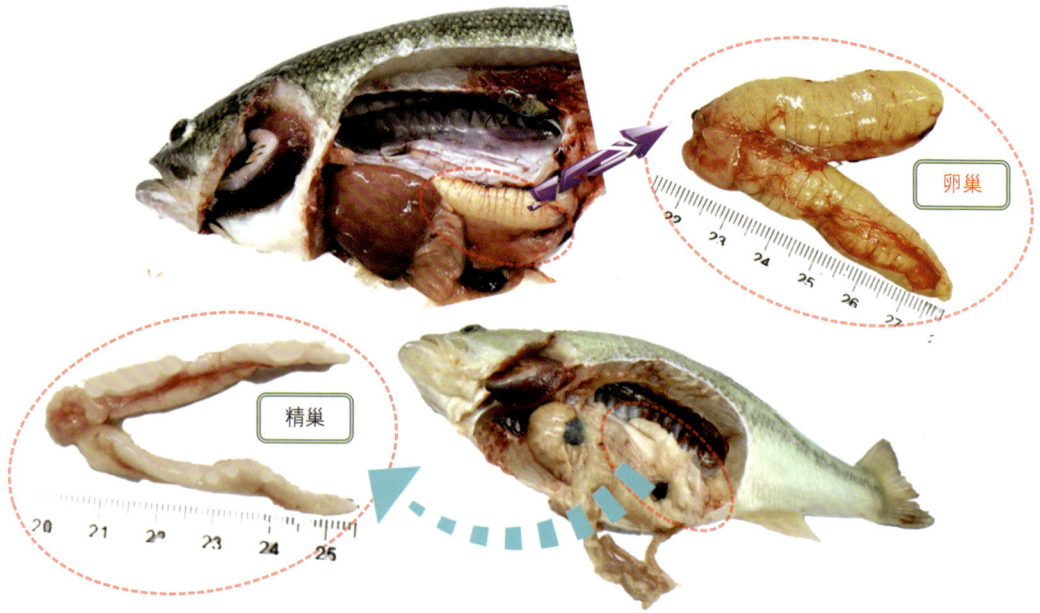

图 2-1-5　大口黑鲈的生殖器官

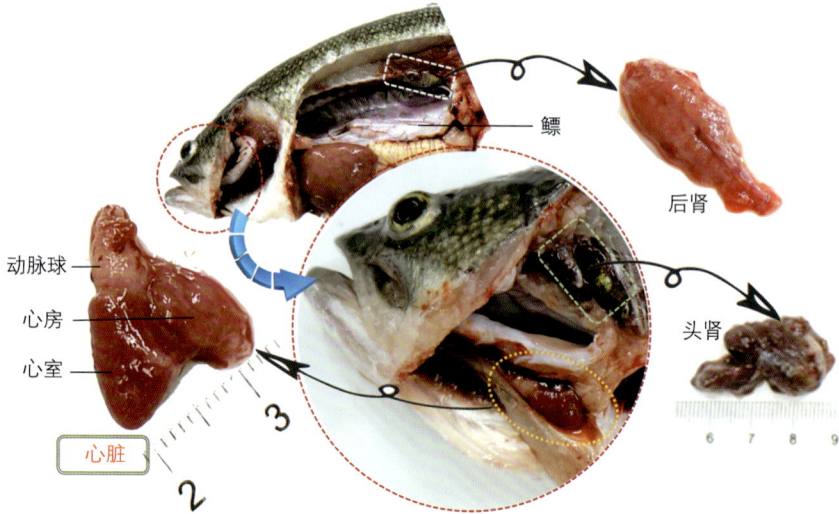

图 2-1-6　大口黑鲈的心脏、肾以及鳔

第二节　大口黑鲈的生理学特点

一、大口黑鲈的繁殖与胚胎发育

大口黑鲈1冬龄即可达到性成熟。性成熟最小个体：雌性体长 19.0 cm、体重 0.142 kg，

成熟系数可达 3.5，Ⅳ 时相卵可达 4 153 粒；雄性体长 20.0 cm、体重 0.15 kg，成熟系数可达 1.2。一般 0.8～1 kg 的性成熟个体可怀卵 4 万～10 万粒，多次产卵型的个体每次产卵可达 0.2 万～1 万粒。大口黑鲈 1 年性成熟 1 次，多次产卵，产卵季节为 2—7 月，4 月为产卵盛期。繁殖适宜水温为 18～26 ℃，20～24 ℃ 是最佳水温（江苏省淡水水产研究所，2010）（图 2-2-1、图 2-2-2）。

图 2-2-1　性腺发育过程中的大口黑鲈雌雄个体

图 2-2-2　性成熟的大口黑鲈雌雄个体比较及繁殖特性

　　大口黑鲈卵黏性、半透明，受精卵球状、淡黄色，具金色油球，卵径 1.1～1.3 mm，吸水后 1.2～1.5 mm，卵膜不透明。受精时，卵子由于精子的进入而被激活，原生质向动物极集中，40 min 左右后原生质丘状隆起，形成胚盘。在水温 18.0～21.0 ℃ 时，一般

60 h 就会孵化出全长约 4.5 mm、无色透明、带有黏性物质的仔鱼（余鹏等，2015；刘文生等，1995；何小燕等，2011）（图 2-2-3）（拓展阅读 3）。

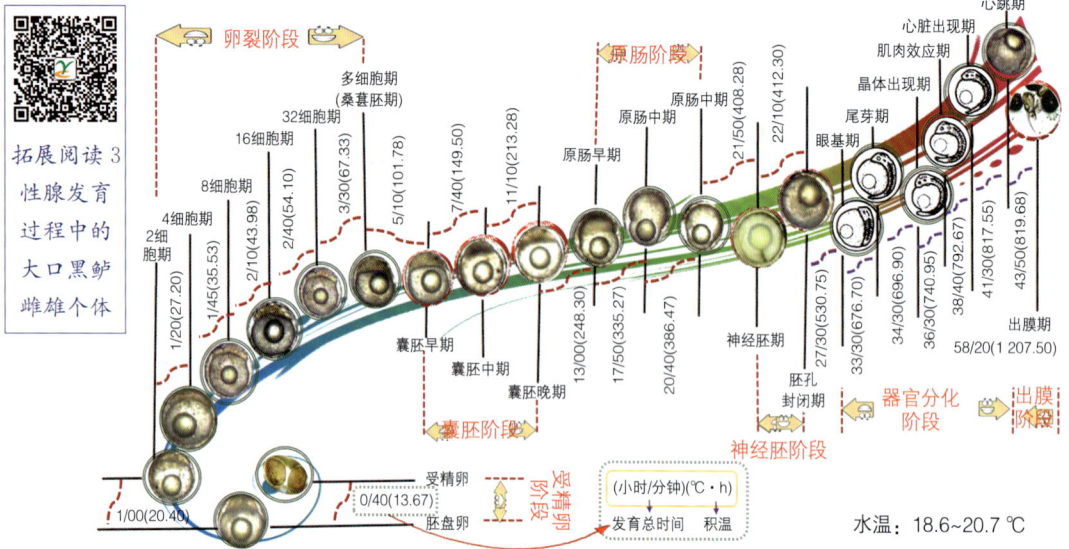

图 2-2-3　大口黑鲈的胚胎发育过程

二、大口黑鲈的生长

大口黑鲈的生长一般可分为仔鱼、稚鱼、幼鱼和成鱼等 4 个生长阶段（图 2-2-4）。

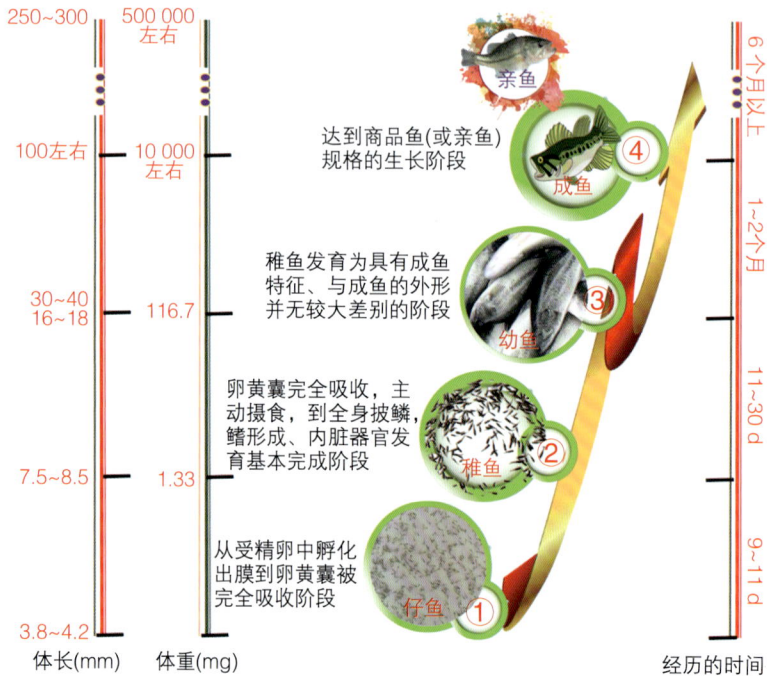

图 2-2-4　大口黑鲈的主要生长阶段

1. **仔鱼**　俗称为水花。指刚从受精卵中孵化出膜，到卵黄囊被完全吸收、消失，出现奇鳍褶，最终开始自行觅食的生长阶段。这个阶段在水温 20.0～23.2 ℃时一般历时约 11.5 d，由平均 4 mm 增长到 7.6 mm。根据仔鱼的营养来源可划分为内源营养期（历时约 6 d）和混合营养期（历时约 5.5 d）两个阶段，前者完全靠卵黄囊供应营养，后者除了依赖卵黄囊的营养外，还可捕捉体型较小、运动速度较慢的轮虫、枝角类而获得营养（刘文生等，1995；陆伟民，1994）（图 2 - 2 - 5）。

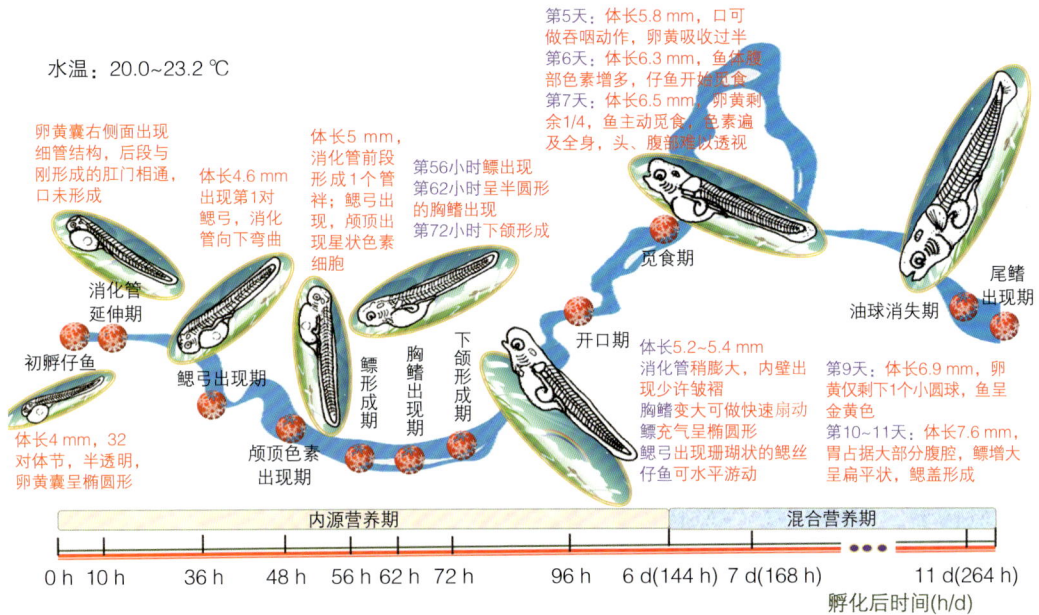

图 2 - 2 - 5　大口黑鲈仔鱼发育过程

2. **稚鱼**　俗称乌仔。指大口黑鲈卵黄囊完全吸收，开始主动摄食，鱼体形态结构迅速发育，到最终全身披鳞，各鳍形成，以消化器官为主的内脏器官基本发育完成的阶段。水温 16.7～23.4 ℃，大约历时 13.5 d，鱼体全长由 7.5～8.5 mm 增长到 16～18 mm（刘文生等，1995；刘酉桐等，1992）（图 2 - 2 - 6），有时该阶段培育期可长达 1 个月，体长达 3～4 cm。在美国南达科他州的流水池中，水温（20±1）℃时稚鱼日平均可生长 0.93 mm（Gerald A Wickstrom and Richard L Applegate，1989）。稚鱼养殖阶段是大口黑鲈养殖难度最大、技术性最高的阶段，也是养殖效益最好的阶段，在一定程度上决定养殖的成败。

3. **幼鱼**　一般指稚鱼发育为具有成鱼特征，与成鱼的外形和构造无较大差别的阶段，大多数情况下是从 3～4 cm 开始，到 10 cm 左右转入成鱼养殖结束，生产上常将这个阶段称为鱼种培育阶段。因为大口黑鲈是肉食性鱼类，要从稚鱼阶段以浮游生物为主，转变为幼鱼阶段以肉食性（或以人工饲料）为主的食性转（驯）化的阶段，食性转（驯）化是这个阶段的工作要点。另外，大口黑鲈相互残杀的现象十分严重，特别是 6 cm 之前大鱼能摄食与其相差不到 1.8 倍的小鱼，因此要根据鱼的生长情况，及时筛鱼进行分级饲养。以

尾鳍呈扇状
尾椎骨上折成60°

背鳍7~8根
臀鳍8~9根
尾鳍20~30根

背鳍出现期

10 mm

肠襻形成期

背鳍尾鳍基本形成，
有色素沉着，在腹部
下方出现了腹鳍褶

臀鳍出现期

0.9 mm

7.8~9 mm

4.5 d

1 d

0.5 d

大口黑鲈
稚鱼的发育过程

9.5 d

14.2 mm

腹鳍褶期

臀、尾鳍相
继分离出现

尾鳍出现期

0 d

7.5~8.5 mm

13.5 d

鳍发育完成，鱼体被
色素覆盖不能透视，
侧线部位有一列黑斑
色带十分明显

腹鳍形成期

16~18 mm

水温：16.7~23.4 ℃

图2-2-6　大口黑鲈稚鱼发育过程

上2点是提高这一阶段成活率的关键（图2-2-7）。在日平均水温25.3 ℃时，饲养26 d
的幼鱼平均日增长可达1.18 mm，日增重22.31 mg。

提高幼鱼
成活率

食性转化
或驯化

配合
饲料

浮游生物

筛鱼进行分级饲养
避免相互残杀

图2-2-7　影响大口黑鲈幼鱼成活率的关键因素

4. 成鱼　指达到商品鱼（或亲鱼）规格的生长阶段。大口黑鲈生长较快，一般情况5～6个月体重可达 500 g 左右，1 冬龄以上、体重 600 g 左右即可性成熟。1～2 龄是增长量和生长指标最高的时期，第 3 龄时生长减缓（图 2-2-8）。

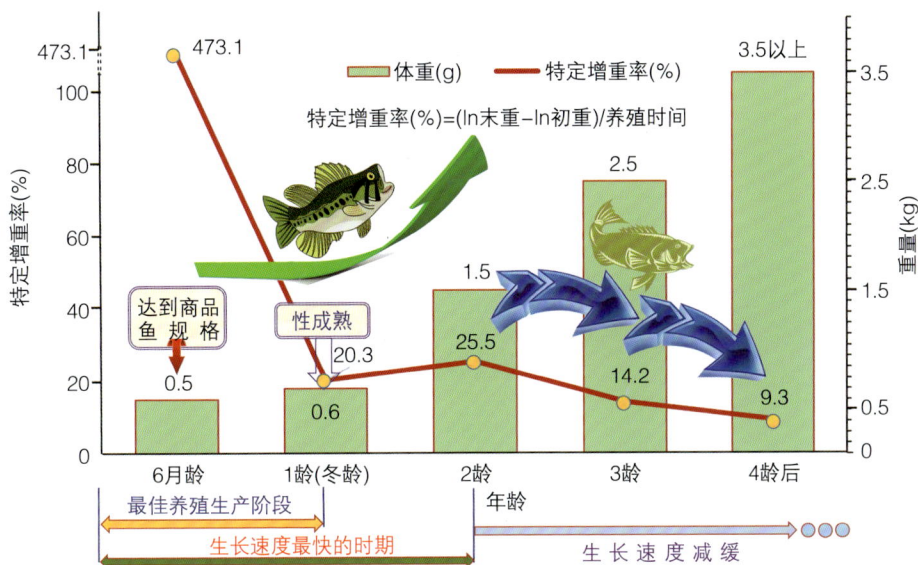

图 2-2-8　大口黑鲈成鱼各年龄的重量和特定增重率

第三节　大口黑鲈的生态习性

一、栖息环境

　　自然环境中的大口黑鲈栖息于岩石、树根、水质清澈、水生植物丰富、安静的水域中，如水温适度的湖泊，水流缓慢的溪流或池塘浅水处。在人工养殖条件下，也能适应水质较肥沃的环境，喜栖于沙或泥沙底质、水质较清澈的植物丛中。大口黑鲈是广温性鱼类，在 1～37 ℃ 的环境中均可生存，它的临界温度通常定为 4 ℃ 和 37 ℃，10 ℃ 开始摄食，适宜水温为 15～26 ℃，最佳生长水温为 25～28 ℃。耐低氧，适宜栖息水域的溶解氧为 4 mg/L，pH 6～6.8，盐度 10 以下（图 2-3-1）。

二、摄食习性

　　大口黑鲈掠食性强、食量大，是典型的以肉食为主兼杂食性的鱼类。刚孵出的仔鱼可捕食轮虫和无节幼体，稚鱼以浮游生物为食，幼鱼、成鱼主要捕食各种水陆生昆虫、鱼虾蟹等无脊椎动物（Gerald A Wickstrom and Richard L Applegate，1989）。当水温过低，水体混浊或风浪较大时，常会停止摄食。在水温适宜的情况下，幼鱼的摄食量可达自身体重的 50%，成鱼可达 20%（刘酽桐等，1992；杨和荃等，1995）。食物缺乏时会自相残食。经人工驯化后，可摄食切碎的鱼虾和配合饲料（图 2-3-2）。

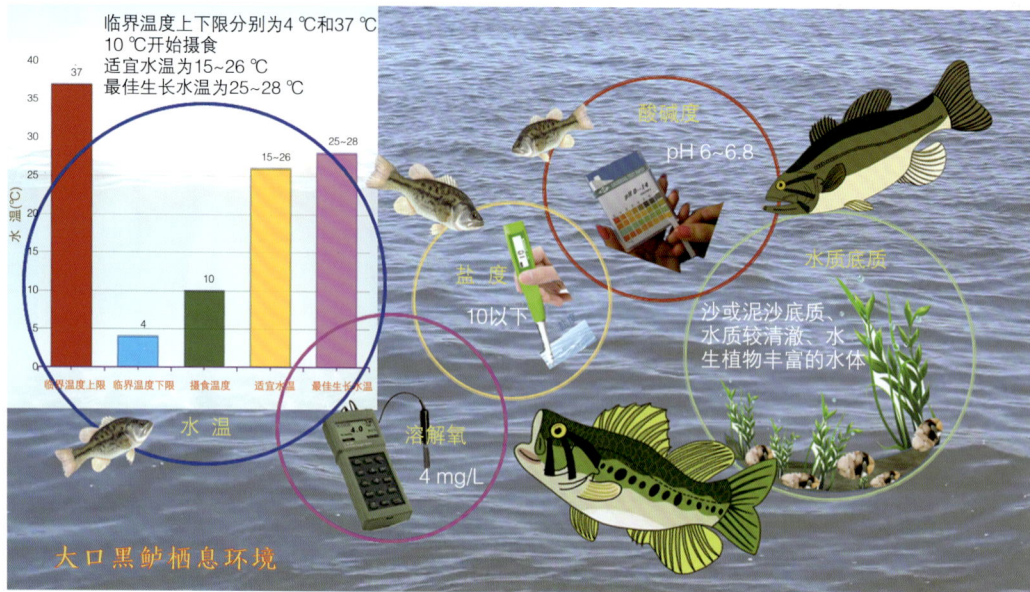

图 2-3-1　大口黑鲈的栖息环境

图 2-3-2　大口黑鲈的摄食习性

三、营养需求

1. **蛋白质和必需氨基酸**　与其他肉食性鱼类相比，大口黑鲈对蛋白质的需求量相应较高，而且蛋白质越高生长速度越快，一般以 46%～49% 为宜（陈乃松等，2012）。对蛋白质的需求会因鱼体大小、生长阶段等不同而有所区别。赖氨酸、蛋氨酸和精氨酸等 3 种必需氨基酸的需求量分别是 2.10％、1.22％、1.98％～2.20％（分别占总蛋白的 4.9％、2.75％和 4.31％～4.79％）。其中，蛋氨酸对降低饲料系数、提高大口黑鲈的增长速度起着较大的作用，精氨酸的促生长作用也较明显（图 2-3-3）。

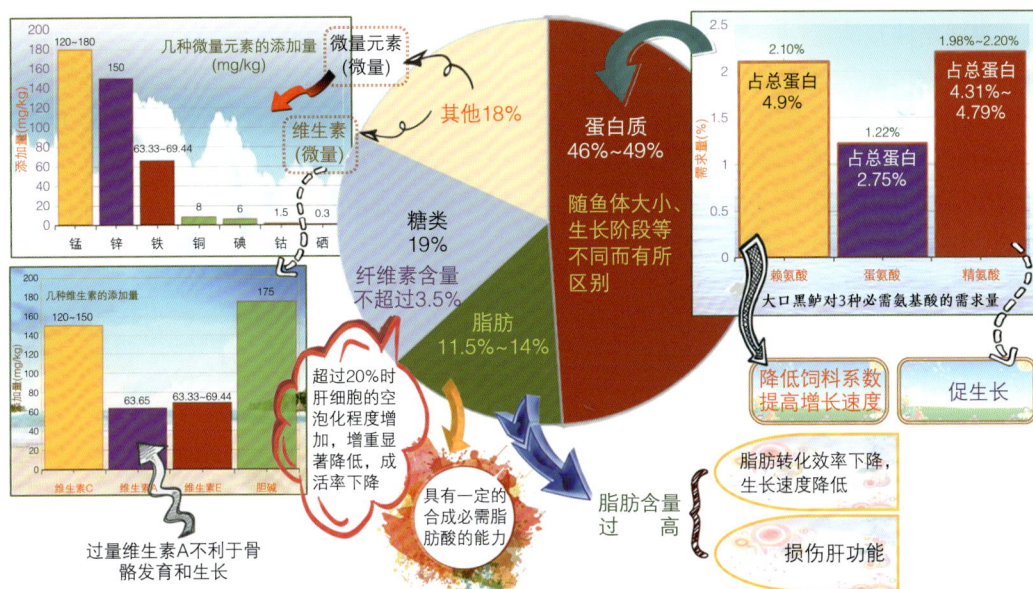

图 2-3-3 大口黑鲈营养的需求

2. 脂肪和必需脂肪酸 大口黑鲈对脂肪的需求为 11.5％～14％（陈乃松等，2012），脂肪含量过高，会损伤大口黑鲈的肝功能，体内脂肪转化效率下降，导致生长速度降低。大口黑鲈具有一定的合成必需脂肪酸的能力，因此对高不饱和脂肪酸的需求相对较低（图 2-3-3）。

3. 糖类 大口黑鲈对糖类需求为 19％左右，超过 20％时肝细胞的空泡化程度增加，增重显著降低，成活率下降。纤维素含量以不超过 3.5％为宜（谭肖英，2005）（图 2-3-3）。

4. 维生素 维生素 C、维生素 A、维生素 D、维生素 E 等都对大口黑鲈的生长起着重要作用，但其合理的需求量尚不十分清楚。目前认为，饲料中维生素 C 的添加量为 125～150 mg/kg，维生素 A 的添加量应不高于 63.65 mg/kg，过量的维生素 A（如 116.49 mg/kg）反而不利于大口黑鲈的骨骼发育和生长，维生素 E 适宜添加量为 63.33～69.44 mg/kg、胆碱为 175 mg/kg（图 2-3-3）。

5. 微量元素 微量元素对提高大口黑鲈的摄食能力、生长性能以及增强机体免疫力均有重要作用，特别是硒，在含量为 1.6～1.85 mg/kg 时对大口黑鲈会产生较大影响，尤其是饲料油脂氧化程度较高时，饲料中硒的添加量应成倍增加。一般情况下，每千克饲料微量元素的添加量分别是：锰 180 mg、锌 150 mg、铁 66 mg、铜 8 mg、碘 6 mg、钴 1.5 mg、硒 0.3 mg（图 2-3-3）。

拓展阅读 4
大口黑鲈各生长阶段的饲料特点及其投喂方式

需特别指出的是，大口黑鲈在不同的生长阶段对营养的要求是不相同的，要根据大口黑鲈生长的特点投喂相应的饲料（拓展阅读 4）。

四、行为生态

大口黑鲈性情温驯，不跳跃，不成群，对外界环境有较强的适应能力。
活动范围较小，主要生活在水体的中、下层，易受惊。但在领域占有行为方面却十分强
烈，表现出凶猛的特性，主动攻击其他入侵的鱼类。

繁殖季节，天然水域中的雄鱼在距水面 30～40 cm、水质清新、水草丰富的池底，
用尾鳍扇动泥沙、石砾或水生植物根部的泥土，使之凹陷，筑成直径 40 cm 左右的孵化
巢后静候雌鱼的到来。雌鱼将卵产在砾石、水草上以后随即离去，受精卵的孵化及幼
鱼的哺育完全由雄鱼护卫完成。雄鱼除自身挖掘巢穴外，也有侵占其他鱼类孵化巢的
现象（图 2-3-4）。

图 2-3-4　大口黑鲈自然繁殖产卵过程

第四节　大口黑鲈的人工繁殖与苗种培育

一、亲鱼的选择与培育

1. **亲鱼的选择**　在人工养殖条件下，雌鱼和雄鱼的性成熟年龄均为 1^+ 龄，繁殖个体
的体重不小于 0.4 kg，亲鱼最长使用年限不超过 5 年。选择的亲鱼要求体型、体色正常，
体质健壮，无疾病、无伤残、无畸变。亲鱼的性别可以根据鱼体体型和尿殖乳头（生殖
孔）状况进行区分。生殖季节轻压腹部，雌鱼有卵粒流出，雄鱼有少量乳白色精液流出，
并在水中散开（图 2-4-1）。

图 2-4-1　大口黑鲈亲鱼选择

2. 亲鱼的培育　亲鱼培育方法有 2 种，一种是专塘培育，池塘面积以 1～3 亩、水深 1.5 m 为宜。为满足亲鱼性腺发育的营养需求，可定期投喂一些抱卵虾，以繁殖幼虾给亲鱼提供营养。培育期间要经常换水和增氧，特别是雷雨季节，以防止亲鱼浮头延缓性腺发育。在产卵前 1 个月适当减少投喂，并每隔 2～3 d 充水 1～2 h，促进亲鱼的性腺发育。另一种是在四大家鱼亲鱼塘（最好是草鱼塘）套养培育，选择池塘野杂鱼较多、水质条件好、溶解氧量高的亲鱼塘套养，放养量一般为 20～30 尾（雌雄各半）。要注意经常充注新水，保持水质清新。前者成熟率可达 80%～90%，后者为 100%。两种培育方式各有利弊，专塘培育利于管理，亲鱼性腺发育比较整齐，繁殖产卵季节比较集中，但需提供专门饲料，增加培育的成本；套养培育可利用池塘中的鱼虾饵料，成本较低，但亲鱼性腺发育不整齐，给集中繁殖带来不利。为了克服套养培育的缺点，可在冬季将其转到专塘培育池进行培育（图 2-4-2）。

二、人工催产

大口黑鲈一般可自然产卵，但为了产卵集中和提高鱼苗孵化率，需在水温 18～26 ℃时用催产剂进行人工催产（图 2-4-3）。选择雌雄大小相当的个体以 1∶1 或 3∶2 的比例进行配对，用人绒毛膜促性腺激素（HCG）、促黄体素释放激素（LRH-A$_2$）、马来酸地欧酮（DOM）、鲤脑垂体（PG）等催产剂 1～3 种单独或混合进行催产。效应时间一般与水温成正比，水温 15 ℃时，效应时间 100 h，16～28 ℃ 48～52 h，22～26 ℃ 18～30 h。雄鱼的性成熟状态对雌鱼的产卵有较大影响，除要选择精液充足、体壮活泼的雄鱼外，必要时

2种培育方式的利弊

利 利于管理，性腺发育整齐，繁殖产卵季节集中

利用池塘中的鱼虾饵料，培育成本较低

弊 饲料来源较困难，增加培育的成本

亲鱼性腺发育不整齐，为集中繁殖带来不利

专塘培育池

池塘 面积以666.67～2 000 m²，水深1.5 m，池底平坦，水源充足，溶解氧量高，水质中性或微碱性，进排水方便

放养
成熟率 500～600尾，雌雄1：1，混养少量鲢、鳙调节水质
80%～90%

成片培育池

放养 放养量一般为20～30尾(雌雄各半)
管理 充注新水，保持水质清新
成熟率 80%～90%

套养培育池

池塘 在四大家鱼亲鱼塘套养，池塘野杂鱼较多、水质条件好、溶解氧量高

投饲 投喂冰鲜或配合饲料，上午和黄昏各投喂1次，投喂量为体重的3%～5%

性腺培育 换水和增氧，防止浮头延缓性腺发育；产卵前每隔2～3 d充水1～2 h；定期投喂一些抱卵虾等促进亲鱼性腺发育；产卵前1个月适当减少投喂

图2-4-2　大口黑鲈的亲鱼培育

需在雌鱼注射第2针时给雄鱼注射适量的催产剂（图2-4-4）。

水温 18～26 ℃

图2-4-3　大口黑鲈的人工催产

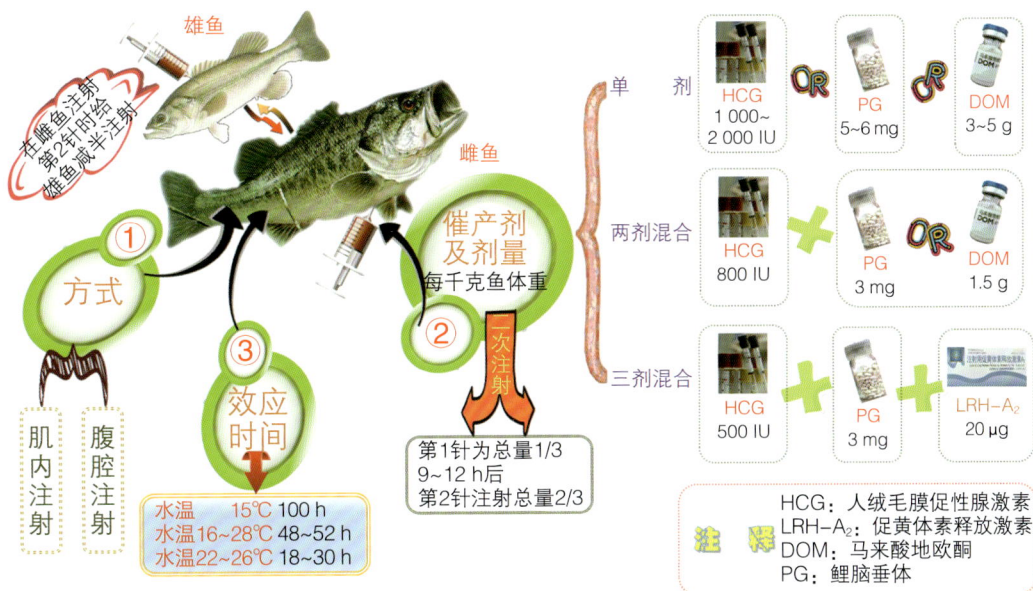

图 2-4-4 大口黑鲈的人工催产方法

三、产卵受精

催产后的大口黑鲈放入设有鱼巢的产卵池。产卵池一般有 2 种，一种是面积大约 10 m²，水深 0.4 m 的水泥池；另一种是沙质底斜坡边的土池，面积 2~4 亩，水深 0.5~1 m。前者放亲鱼 3~5 组，后者放 250~300 组。设置用棕榈皮或尼龙纱制的鱼巢，水泥池沿池壁四周每隔 1.5 m 1 个（图 2-4-5），土池鱼巢放在池塘四周浅水区水下 0.4 m 处。亲鱼入

图 2-4-5 大口黑鲈水泥池产卵孵化

池后需保持周围环境安静，便于雌雄鱼交配和产卵。若干天后在有雄鱼护卫的鱼巢中即有较多受精卵，捞出洗净后即可进行人工孵化（图2-4-6）。大口黑鲈是多次产卵类型的鱼，产卵可持续数天。

水中设置的鱼巢

鱼巢放在池塘四周浅水区，周围环境安静

水下0.4 m处

鱼巢

图2-4-6 大口黑鲈土池产卵孵化

四、鱼苗孵化

为了便于管理，孵出的仔鱼要求规格整齐，以避免相互残杀，受精卵一般在水泥池中进行孵化。如果在原池孵化，需将原池中的亲鱼全部捕出，以避免它们吞食鱼卵和鱼苗。刚出膜的鱼苗长约0.7 cm，半透明，集群游动，出膜后第3天，卵黄被完全吸收，即可摄食，食性以浮游生物为主（图2-4-7）。

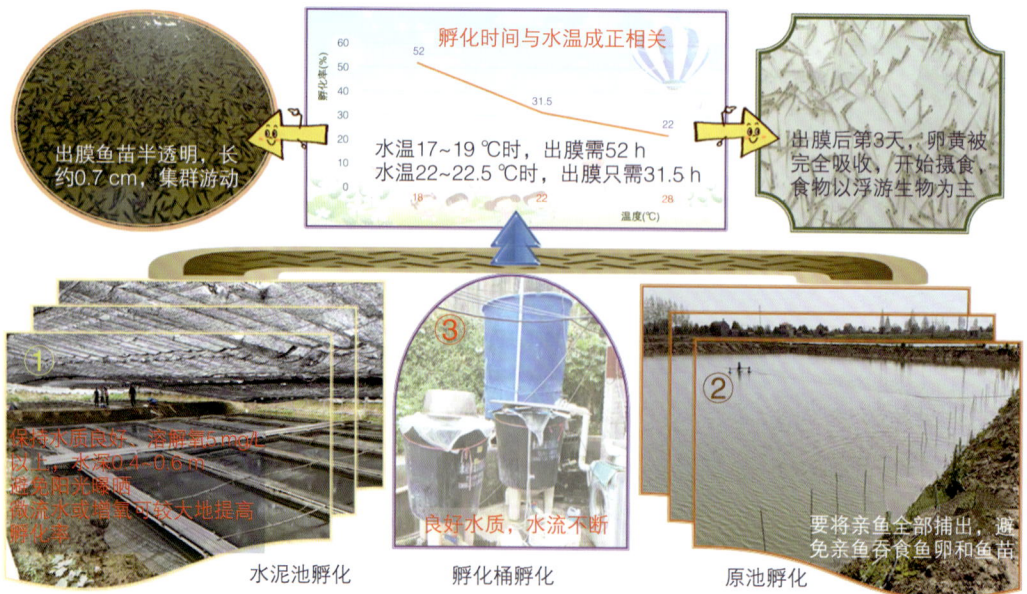

出膜鱼苗半透明，长约0.7 cm，集群游动

孵化时间与水温成正相关

水温17~19℃时，出膜需52 h
水温22~22.5℃时，出膜只需31.5 h

出膜后第3天，卵黄被完全吸收，开始摄食，食物以浮游生物为主

① 保持水质良好、溶解氧5 mg/L以上，水深0.4~0.6 m，要勤防天敌，微流水或增氧可较大地提高孵化率

③ 良好水质，水流不断

② 要将亲鱼全部捕出，避免亲鱼吞食鱼卵和鱼苗

水泥池孵化　孵化桶孵化　原池孵化

图2-4-7 大口黑鲈鱼苗的孵化

大口黑鲈在繁殖过程中会遇到亲鱼难产、水霉感染以及卵完全不受精或受精率低等问题需注意和预防（图 2-4-8）。

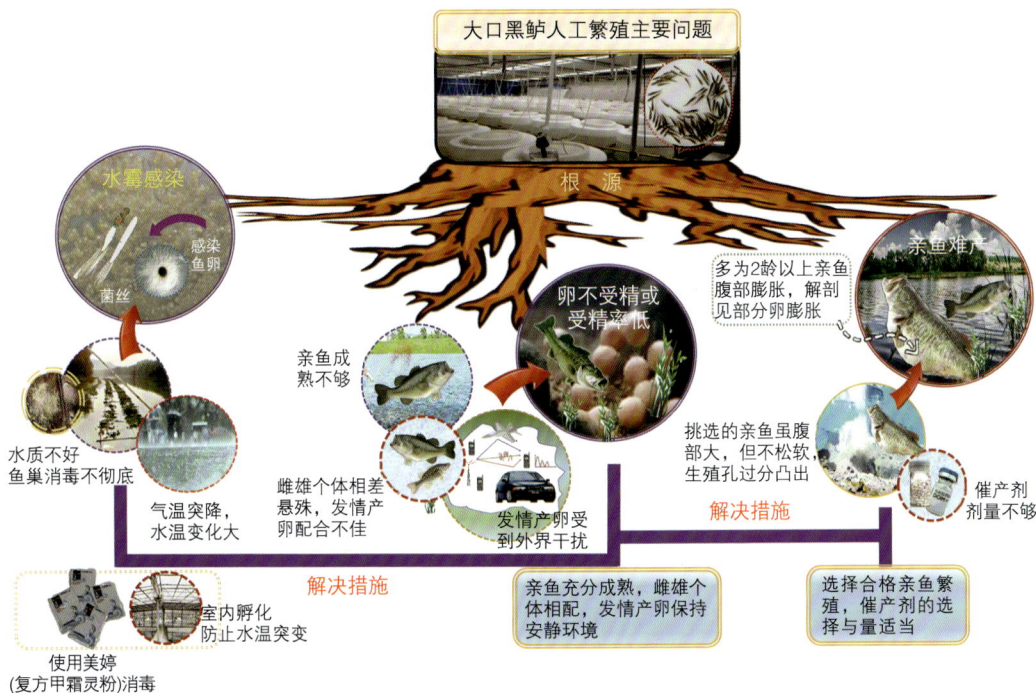

大口黑鲈人工繁殖主要问题

根　源

水霉感染

感染鱼卵

菌丝

水质不好
鱼巢消毒不彻底

气温突降，
水温变化大

卵不受精或
受精率低

亲鱼成熟不够

雌雄个体相差
悬殊，发情产
卵配合不佳

发情产卵受
到外界干扰

多为2龄以上亲鱼
腹部膨胀，解剖
见部分卵膨胀

挑选的亲鱼虽腹
部大，但不松软，
生殖孔过分凸出

亲鱼难产

催产剂
剂量不够

解决措施

使用美婷
(复方甲霜灵粉)消毒

室内孵化
防止水温突变

亲鱼充分成熟，雌雄个
体相配，发情产卵保持
安静环境

解决措施

选择合格亲鱼繁
殖，催产剂的选
择与量适当

图 2-4-8　大口黑鲈人工繁殖中主要问题与解决措施

五、苗种培育

这个阶段是大口黑鲈养殖技术性最强、难度最大，且决定养殖成功与否的一个重要阶段，包括 2 个过程：一是从鱼苗孵化出膜后第 3 天卵黄囊消失培育至 1 个月左右达到 3～4 cm 的稚鱼（俗称"夏花"）培育过程；二是从 3～4 cm 稚鱼开始的幼鱼（也称鱼种）培育过程。除了细致的水质管理外，"开口""驯食"和"分筛"是这个阶段的 3 项重要技术工作。开口从鱼苗入池后就开始，先喂豆浆，然后通过培肥水质的方式促进浮游生物繁殖，提供小型的浮游生物让其摄食，也可将有鲤、鲫等受精卵的鱼巢放入培育池中，使其孵化出水花供给大口黑鲈鱼苗摄食，或将鲤、鲫水花，或轮虫、水蚤等直接投喂培育池。当鱼苗长至 1.5 cm 时，就要开始驯食，驯食要根据大口黑鲈的摄食习性使其食性改变和转化，满足人工养殖的需要（徐如卫等，1995）（图 2-4-9）。大口黑鲈有弱肉强食、自相残杀的习性，及时分筛、分级饲养的工作显得尤为重要，尤其是 6 cm 前。既要注意同一水体放养的鱼苗应为同一批次孵化，也要注意定时定量投喂，确保全池鱼苗均能摄食到足够的饵料，健壮且规格一致，更要注意及时拉网分筛，按大、中、小 3 级分级培育，一般 10～20 d 分筛 1 次。

苗种培育的方式主要有水泥池培育和池塘培育 2 种（图 2-4-10）。

图 2-4-9　大口黑鲈苗种培育的驯食

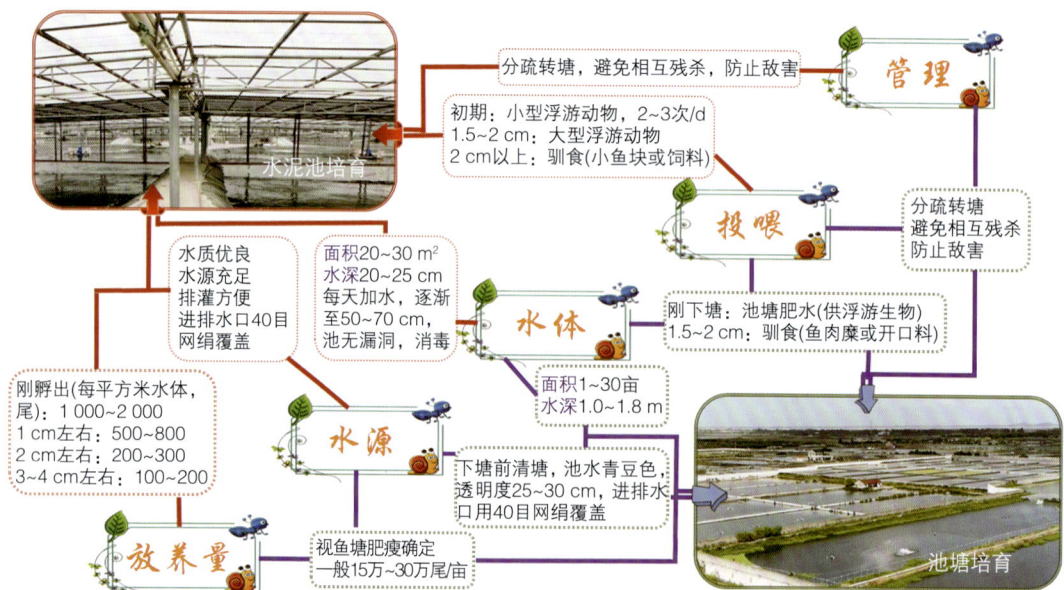

图 2-4-10　大口黑鲈苗种培育的方式

　　大口黑鲈在苗种培育过程中常会出现因饵料不足成活率低，温度过低或温差过大苗种死亡、密度过大、规格不一、相互残食，以及疾病流行全军覆灭等问题，只有事先预防才能使苗种培育获得成功（图 2-4-11）。

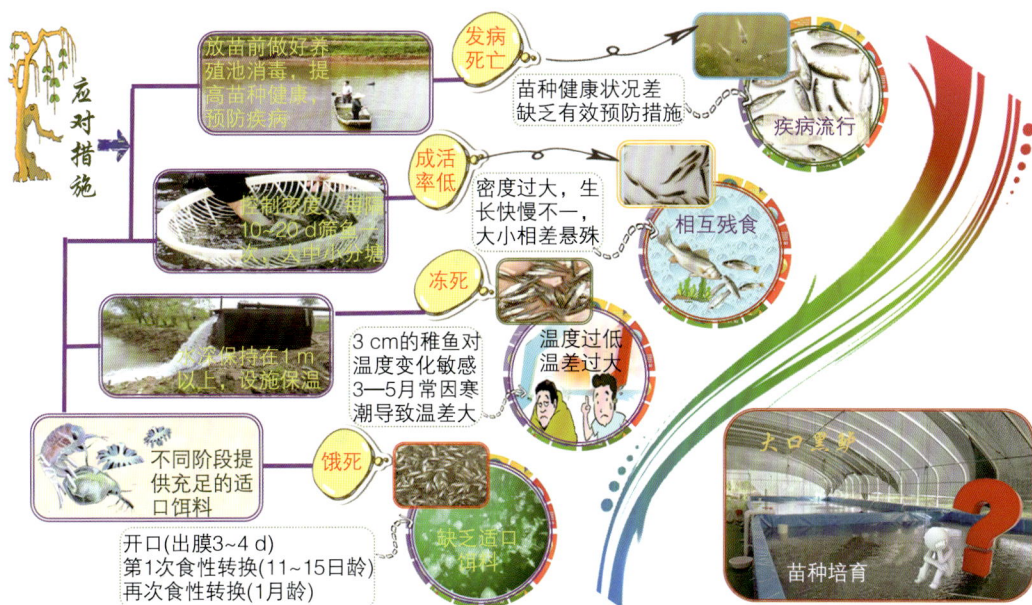

图 2-4-11 大口黑鲈苗种培育阶段常出现的问题及解决方法

应对措施

放苗前做好养殖池消毒，提高苗种健康，预防疾病 → 发病死亡 → 苗种健康状况差缺乏有效预防措施 → 疾病流行

控制密度，调眠10~20 d筛鱼一次，大小分塘 → 成活率低 → 密度过大，生长快慢不一，大小相差悬殊 → 相互残食

水深保持在1 m以上，设施保温 → 冻死 → 3 cm的稚鱼对温度变化敏感3—5月常因寒潮导致温差大 → 温度过低温差过大

不同阶段提供充足的适口饵料 → 饿死 → 缺乏适口饵料

开口(出膜3~4 d)
第1次食性转换(11~15日龄)
再次食性转换(1月龄)

苗种培育

第五节 大口黑鲈的主要养殖方式及特点

大口黑鲈适于多种水域与多种方式的养殖，但目前主要的养殖方式是池塘养殖和网箱养殖（图2-5-1）。

面积5~8亩，水深3~3.5 m，每亩至少配备1 kW增氧机和相应抽水设备

池塘养殖(广东)

环境安静、水质清晰、淤泥少、无污染和不造成污染水深3 m以上

网箱养殖(重庆)

圆形，能排能灌面积50~100 m²

工厂化养殖(江苏)

图 2-5-1 大口黑鲈的养殖方式

一、池塘养殖

池塘养殖是目前大口黑鲈养殖采用较多的一种方式。池塘面积根据各种情况有所不同，一般为 2～5 亩，水深 1.5～3.5 m。要求水源充足，水质良好，排灌方便，池底淤泥少，属细碎沙石壤质底质的池塘。池塘需在放养前进行彻底清塘，培肥水质，使其含有大量可供大口黑鲈苗种摄食的浮游生物。主要有以下 2 种形式：

1. **高密度精养** 放养。一般每亩放养 8～10 cm 苗种 4 000～6 000 尾，要求体质健壮、无伤无病，规格整齐。鱼种下塘前用 0.6%～0.8% 的食盐水溶液或 15～20 g/m³（水体）的高锰酸钾溶液药浴，以杀灭可能带入的各种病原。同时，可放养大规格的鲢、鳙、鲫鱼种 150～200 尾，以控制水质，增加养殖效益。一般在水温 18 ℃ 以上时放养（图 2-5-2）。

面积2~5亩
水深1.5~3.5 m
池底淤泥少，细碎沙石壤质底质

放养前彻底清塘
培肥水质

池塘

6~8个月，规格达450~500 g/尾
利润每亩1.81万元

效益

每亩放养8~10 cm苗种4 000~6 000尾，搭配大规格鲢、鳙、鲫鱼种150~200尾
体质健壮、无伤无病，规格整齐，下塘前药浴

放养

水温18 ℃以上时放养

管理

调节水位
换水
增氧
水体消毒
筛鱼

投饲

方法：下塘2~3 d后开始驯食；定时、定位、定量、定质与高抛方式投喂

投喂量：鱼体重的5%~10%(冰鲜鱼)或3%~8%(饲料)，日投喂2次

图 2-5-2 大口黑鲈池塘精养

投喂。投喂低值的冰鲜鱼，驯食后投喂颗粒饲料。冰鲜鱼料的投喂量为鱼体重的 5%～10%，颗粒饲料为 3%～8%，日投喂 2 次，并视天气、水温以及鱼摄食情况适当增减。驯食一般在鱼种下塘 2～3 d 后开始。投喂需定时、定位、定量、定质和饵料适口，采取高抛投喂方法，投多少吃多少，让所有的鱼都能吃到，不留或及时清除残饵，避免水质恶化。

管理。根据水温调节池塘水位，初期水温较低时水位稍浅，中后期随气温升高逐渐加深水位，扩大养殖空间，促使其生长。管好水质是日常管理的主要工作，经常换水，注意增氧和水体消毒，预防鱼病发生。在小鱼期每 15～20 d 筛鱼 1 次，进行分级饲养。

效益。一般经过 6～8 个月的饲养，规格可达 450～500 g/尾，养殖成本每亩 1.5 万～3 万元，利润 1.81 万元。

2. **混养** 大口黑鲈可与四大家鱼、鲤、鲫、罗非鱼、胭脂鱼、黄颡鱼、翘嘴红鲌、蓝鳃太阳鱼等鱼类混养，也可与中华绒螯蟹、青虾、河蚌等其他水产动物混养（吴玉生，

2016)（图2-5-3）。蟹鲈混养是近年来推广的一种较新的养殖模式，它通过大口黑鲈与中华绒螯蟹不同栖息空间、不同活动时间、不同生态层级，解决了蟹、鲈单品种养殖效益较低、风险较大的问题，使大口黑鲈排泄的粪便成为蟹所需水草的营养，降低大口黑鲈对水体的污染，使水质清新、水草丰茂，改善了生态环境，形成养殖良性循环，是环境友好型渔业发展的新思路。放养大规格苗种，以缩短养殖周期，注意蟹鲈放养的时间差以及选择最优的放养比例和密度是这一养殖模式的关键问题（图2-5-4）。

图2-5-3　大口黑鲈与几种水产动物的混养

图2-5-4　大口黑鲈与中华绒螯蟹的混养

二、网箱养殖

网箱养殖是大口黑鲈集约化、高效益的一种养殖方式（王海华，2013）。网箱养殖一般选择在水面开阔、水底平坦、无障碍物、水深 4 m 以上，且不会对外界水体造成养殖污染的水域。网箱的规格和设置因养殖的方式及放养的鱼种不同而有所区别（图 2-5-5）。网箱养殖有单养和套养 2 种模式，前者养殖风险较大，但产量高，效益显著；后者通过套养适量的团头鲂、鲫或鳙等鱼类，利用其摄食浮游生物生长的习性，充分利用了饲料与水体，净化了网箱养殖区域的水质，在一定程度上还可为养殖的大口黑鲈提供适口的饵料，最终使网箱的养殖密度保持在比较合理的范围内（图 2-5-6）。在养殖管理上，基本上

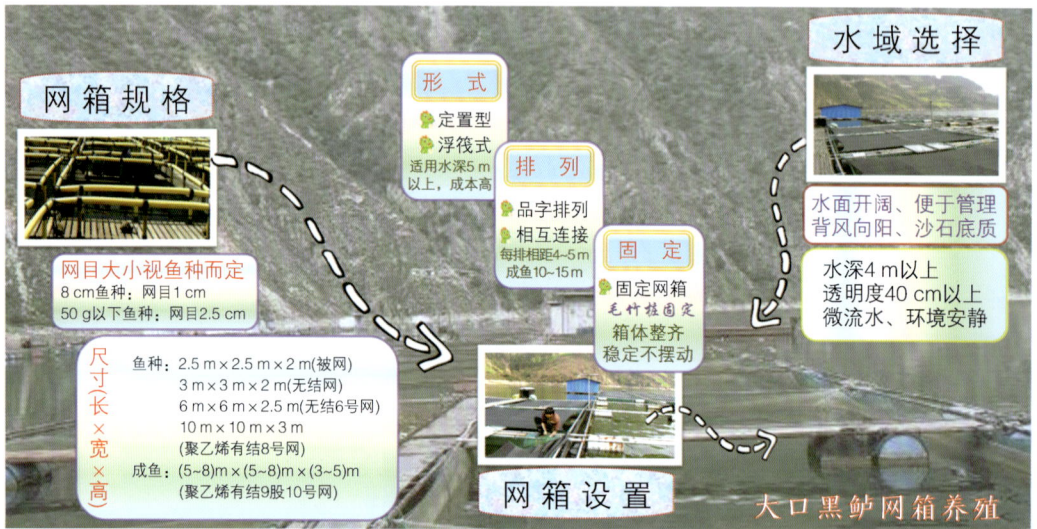

图 2-5-5　大口黑鲈网箱养殖网箱的规格与设置

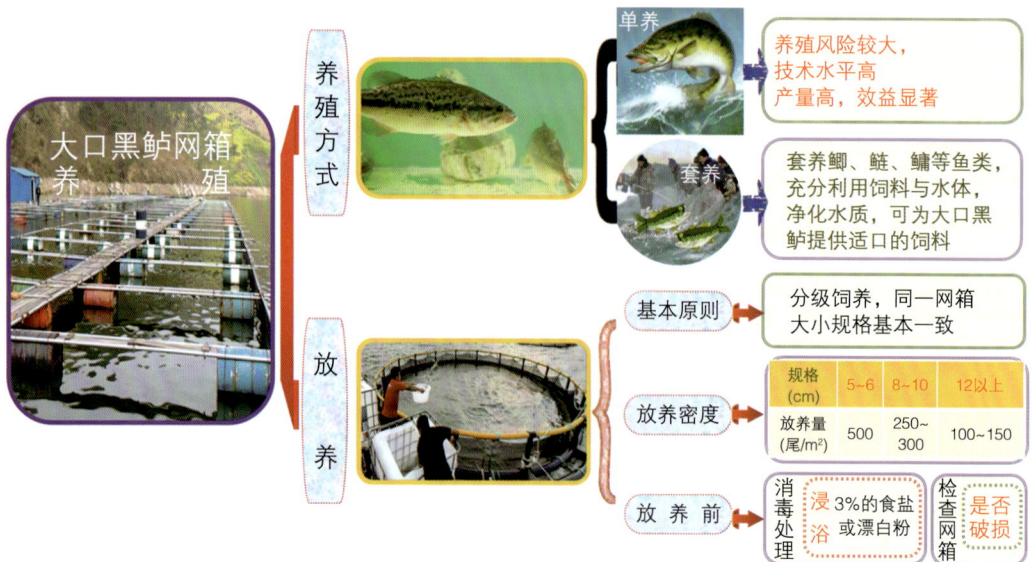

图 2-5-6　大口黑鲈网箱养殖的方式及其放养

与池塘养殖相同，如驯食、投饲和防病，但必须注意要根据网箱养殖的特点适时分箱以及在管理上做好"勤投喂、勤刷洗、勤巡箱"等工作（江苏省淡水水产研究所，2010）（图2-5-7）。

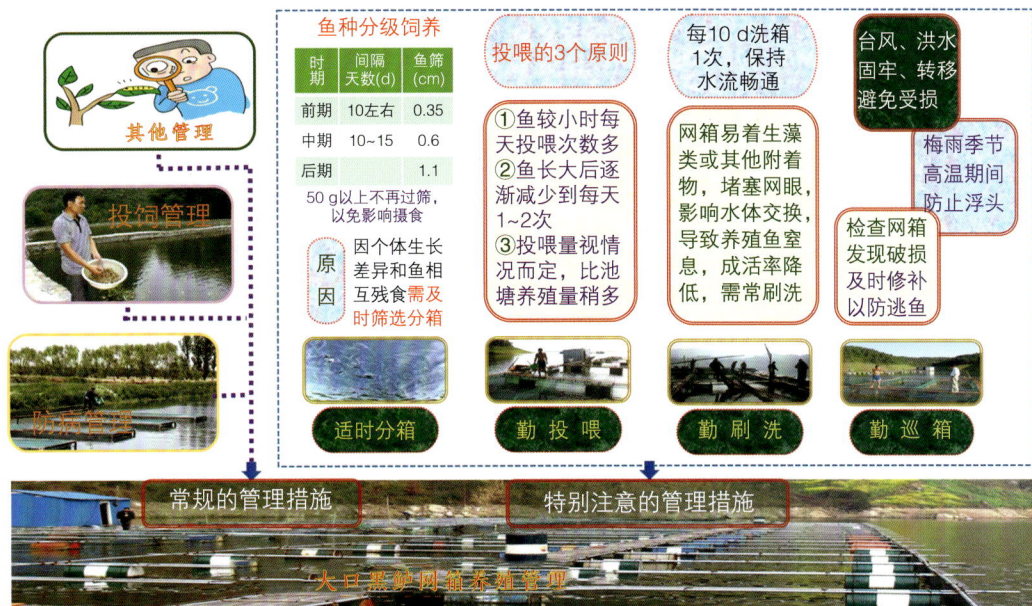

图2-5-7 大口黑鲈网箱养殖特别注意的几个管理措施

第三章 PART THREE

大口黑鲈病害及其发生原因与诊断

第一节 大口黑鲈病害的类型与病程特征

一、大口黑鲈病害的类型

根据大口黑鲈病害发生的原因，可分为传染性疾病（infectious disease）、侵袭性疾病（invading diseases）和非寄生性疾病（non-parasitic disease）（图3-1-1）。

图3-1-1　大口黑鲈病害的类型及其危害（根据病害发生的原因分）

1. **传染性疾病**　传染性疾病常称为传染病，是由病毒、细菌、真菌等病原微生物所引起的，可在大口黑鲈之间、大口黑鲈与其他水生动物之间，甚至是大口黑鲈与人之间相互传播的一类疾病。它是对大口黑鲈养殖危害最大、个别还具毁灭性的一类疾病。病原体、传染性和流行性是传染性疾病的特征，其中病原体是传染病传播的基础，没有病原体传染病就不会得以传播和流行。病原体主要指可造成大口黑鲈感染疾病的微生物，目前发现的主要有病毒、细菌和真菌，如大口黑鲈溃疡综合征病毒（LBUSV）、鰤诺卡氏菌

（*Nocardia seriolae*）、水霉（*Saprolegnia* spp.）等。传染性是病原体经一定的传染途径由一个宿主传递给另一个宿主的过程，具有传染性是该类疾病区分其他感染性疾病的重要特点，如造成大口黑鲈白皮病的维氏气单胞菌（*Aeromonas veronii*）对 5 cm 以下的苗种极具传染性，导致的死亡率可高达 80%。流行性是传染病能在大口黑鲈鱼群中传播、蔓延的特征，根据流行的强度和广度常将其分为散发、流行、大流行和暴发等类型，如大口黑鲈疖疮病一般都是散发性流行，而大口黑鲈弹状病毒病在水温突然升高或降低时极易暴发（图 3-1-2）。

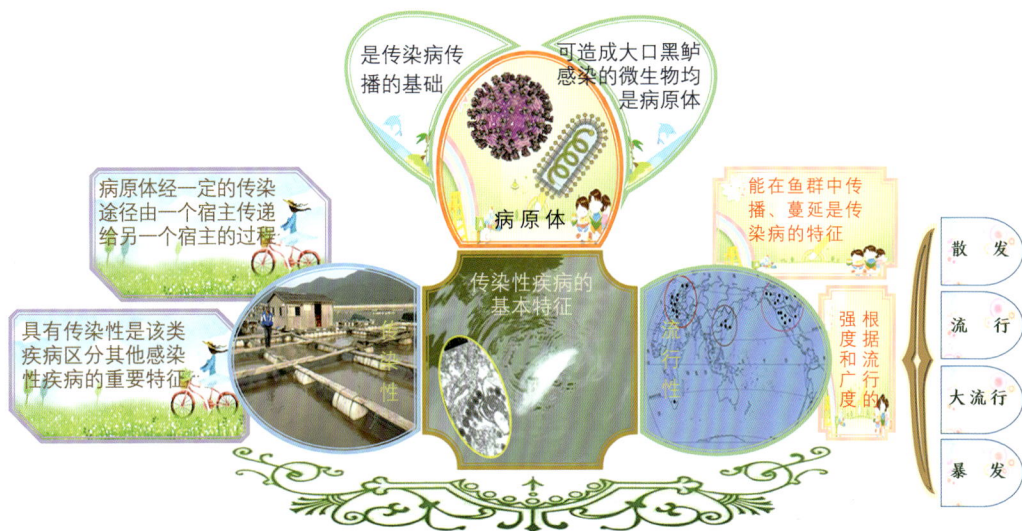

图 3-1-2　大口黑鲈传染性疾病的基本特征

（1）病原体的特点。传染病的病原体是一种特异性的病原体，它具有以下特点：

① 腐生性。病原体不仅会出现在大口黑鲈的病灶部位，还可在养殖水体、底泥，以及健康鱼体表或体内存在。它们在环境条件发生变化，鱼体的抵抗力减弱、病原体的毒力或致病力增强后，就可由腐生性转为寄生性，导致疾病发生。如水霉菌广泛存在于淡水水体中，而且对温度的适应范围很广，但只有在鱼体受伤、水温在 20 ℃ 左右发生突变，会产生很强的致病力。

② 适应性。较多病原体对温度和酸碱度均具有较强的适应能力，导致了它们致病力强、传播范围广的特性。大口黑鲈病原体的适宜温度一般为 25~30 ℃，流行时间大部分在 6—9 月，但是导致大口黑鲈白云病的洋葱伯克霍尔德菌（*Burkholderia cepacia*）在水温 18 ℃ 以下时仍可导致 80% 的大口黑鲈感染；导致大口黑鲈烂鳃病的柱状黄杆菌（*Flavobacterium columnare*）虽然最适生长温度为 25~28 ℃，但它在水温高达 35 ℃ 时仍可大量繁殖，产生很强的毒力而使大口黑鲈致病；导致大口黑鲈溃疡综合征的嗜水气单胞菌（*Aeromonas hydrophila*）对 pH 的适应范围可从最低的 5.5 到最高的 10，适应的温度为 9~36 ℃。

③ 变异性。一方面，病原体显著的变异性表现于它的生存方式，它可随环境的改变而改变，可随条件的改变而使致病力发生改变，甚至是突变。大口黑鲈的病原体大多对环

境的适应能力很强，既可营自由生活，也可在环境适宜时变异成营寄生生活的生物体，如水霉、气单胞菌等；另一方面，有些致病力很弱的病原体，一旦生存条件发生变化，就会进化为毒力很强的致病体，如普遍存在于土壤中的维氏气单胞菌，一旦条件适宜，就会产生气溶素、肠毒素、黏附因子等毒力因子，不仅使大口黑鲈致病，而且还会感染人类，成为人鱼共患致病菌。

④ 抗原构造复杂。无论是病毒，还是细菌，它都是一个复杂的生物体，本身就具备抗原所特有的异物性、大分子性和特异性，并带有各种不同的抗原，如细菌的菌体（O）抗原、鞭毛（H）抗原、表面包膜（K）抗原和菌毛抗原等，在不同水域和同一地区的不同水体中，可获得抗原结构不同的病原菌（株）。如均可导致大口黑鲈肝、脾产生病变，同属于虹彩病毒科（Iridoviridae）、蛙病毒属（*Ranavirus*）的大口黑鲈病毒（LMBV）和大口黑鲈溃疡综合征病毒（LBUSV）。

⑤ 感染的特异性。较多病原体对宿主的感染具有选择性，具有种的特异性和组织器官的特异性。如导致大口黑鲈白云病的洋葱伯克霍尔德菌只感染水库网箱养殖的大口黑鲈，而对池塘养殖的大口黑鲈却少见感染；引起大口黑鲈鳃霉病的血鳃霉（*Branchiomyces sanguinis*）只感染鳃组织，而不会导致其他组织发生病变（图 3-1-3）。

图 3-1-3　大口黑鲈病原体的特点

（2）病原体的来源与传播。病原体的来源即传染源（source of infection），它包括原发性传染源和次发性传染源，指病原体进入大口黑鲈后可在鱼体内生长、繁殖，然后排出体外，再经过一定的途径或方式传染给新的易感染宿主的生物和非生物。原发性传染源包括病鱼、受感染的鱼和病原携带者，它们在很长一段时间内仍可继续保持和排泄病原体，成为"带菌（毒）者"。病鱼的尸体、草食性动物等未发酵的粪便也是原发性传染源。次发性传染源包括发病池塘的池水、底泥、饵料，以及在病鱼塘使用过的工具等。扑灭传染源是控制大口黑鲈传染病的有效措施（图 3-1-4）。

图 3-1-4 大口黑鲈传染性疾病病原体的来源

　　切断传染源，需清楚知晓病原体的传播方式。病原体的传播主要有水平传播（horizontal transmission）和垂直传播（vertical transmission）。水平传播指病原体在外环境中借助传播因素实现鱼与鱼之间的传播，如经空气、水、底泥、食物、接触虫媒，以及人源性因素等进行的传播均为水平传播；而垂直传播是指病原体通过亲鱼直接传给子代，这种传播主要发生在大口黑鲈繁殖期，将病原体由受精卵传递给孵化出来的鱼苗。有人认为，大口黑鲈弹状病毒病也可通过亲鱼垂直传播，但对病原体垂直传播途径还缺乏有力的证据，因此在大部分情况下大口黑鲈传染病主要是通过水平传播方式而使其流行的（图 3-1-5）。

图 3-1-5 大口黑鲈传染性疾病的传播方式

水平传播可通过以下情况转移病原体：①患病鱼或带病鱼直接与健康鱼接触，或者将大量病原体排入周围水体中而使健康鱼感染；②带有大量病原体的病鱼尸体将大量病原体散布于水体中，传染健康鱼；③未经发酵的粪肥直接施用于鱼池，导致病原体传播；④来自次发性传染源的池水、饵料、养殖工具等未经消毒用于无病的养殖池塘中；⑤某些水生动物或大口黑鲈的敌害往来于患病鱼塘和无病鱼塘，导致了疾病的传播。严格控制引起水平传播的这些因素，才能有效防止传染性疾病的流行（图3-1-6）。

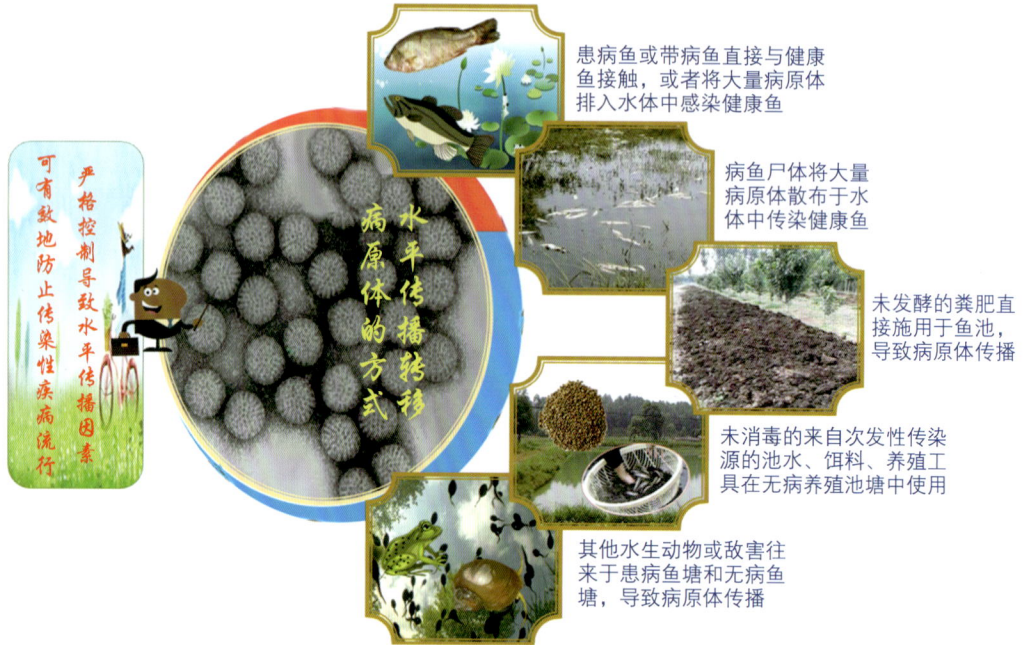

图3-1-6　水平传播病原体转移方式

（3）病原体的致病机理。病原体进入大口黑鲈机体被免疫系统所识别后，通过免疫应答可造成相应的炎症反应，不被免疫系统识别的病原体，逃离免疫的监视，会释放大量化学因子、毒力因子等造成机体细胞和组织损伤。病原体进入鱼体后的结局取决于病原体种类、数量、毒力与传染强度和易感鱼免疫状况，病原体与宿主两方面力量的对峙决定了疾病是否发生。了解病原体的致病机理并采取相应措施，有助于在宿主与病原体的对峙中向有利于宿主的方向发展，减少或控制疾病的发生。病毒、细菌、真菌等不同的病原体感染机制各自不同，在进行相应疾病防治时，对其致病机制深入了解，才能有效地控制病原体对大口黑鲈的侵袭和危害（图3-1-7）。

2. 侵袭性疾病　由原生动物、蠕虫、甲壳动物等鱼类寄生虫引起的疾病通称为侵袭性疾病。该类疾病不仅可直接对大口黑鲈的养殖造成危害，而且还会因寄生虫的寄生，使大口黑鲈体表破损，为传染性疾病继发性感染创造条件。

（1）寄生虫的特性。鱼类寄生虫由于生活在比较特殊的环境中，为了适应寄生环境，它们的形态结构、生理特点、生态习性等向着有利于寄生的方向变化（杨先乐，2018），只有充分了解寄生虫的特性，才能有的放矢地防控大口黑鲈寄生虫病的发生和发展（图3-1-8）。

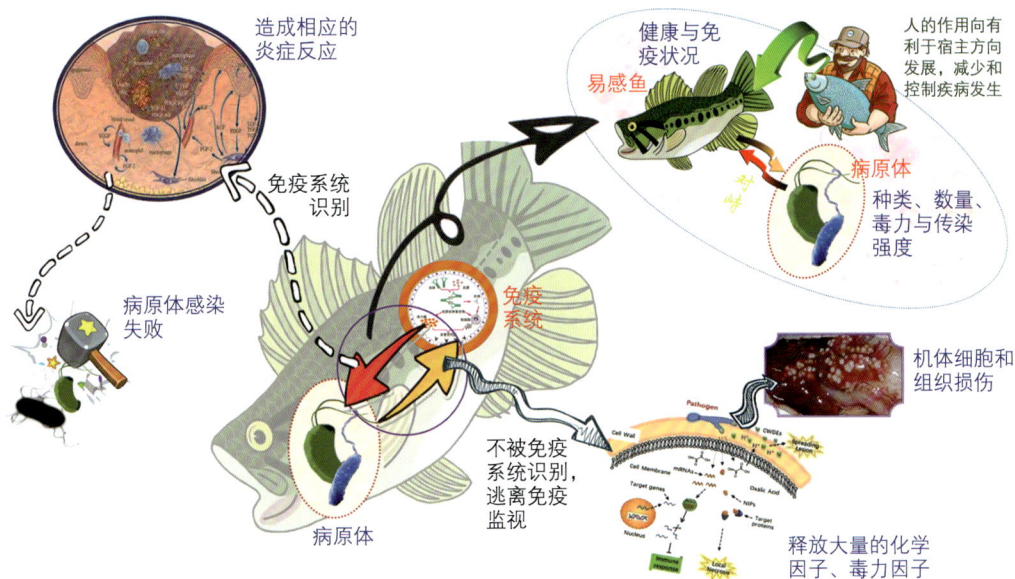

图 3-1-7　病原体的致病机理：人的因素在宿主与病原体对峙中的关键作用

图 3-1-8　鱼类寄生虫的特性

① 形态结构和环境的高度适应。大部分寄生虫在外形上与所处的寄生环境处于高度协调与一致，如寄生于体外的寄生虫鲺外形短而扁，锚头鳋呈细圆形，形成这种外形的目的是减少水的阻力；而寄生于肠道、体腔内或某些内部器官的寄生虫多为长条形，皆为了有利于增加附着面积，使之附着牢固，以便吸取营养，如绦虫和复殖吸虫。在器官上，有

些器官退化或消失，如蠕虫运动器官消失，有的没有感觉器官，有些吸虫的消化器官不发达或几乎完全缺失，因为它们可以通过体表的渗透作用直接摄取宿主的营养物质，供其所需。相反，有的却出现了一些特殊的附着器官，如单殖吸虫的后附着器官上的中央大钩和边缘小钩，复殖吸虫吸槽的吸钩，棘头虫的头棘等，这些器官可牢牢地将虫体固着在鱼体的体内或体外，不易脱落。为了繁衍子代，寄生虫成虫个体的生殖器官均十分发达，如吸虫的生殖器官占据了虫体位置的 $1/3 \sim 1/2$，绦虫的成熟节内绝大部分几乎被生殖器官所占据，妊娠节片内生殖器官更为发达，尤其是子宫充满无数虫卵，几乎占据整个节片。

② 生理上适应于寄生生活的特殊环境。寄生于肠腔中的寄生虫能分泌抗消化液素，中和和抵御宿主消化液的作用；寄生虫在发育过程的感染阶段，对环境具有较强的抵抗力，借以适应发育过程中的不良生存环境，如蠕虫卵坚韧的卵壳或坚厚的囊壁，均可抵御对其不利的生存环境；由于寄生虫对宿主的长期适应，它对宿主或宿主的某种组织、器官有着特殊的趋向性，如复口吸虫尾蚴进入鱼体后，就会迅速到达鱼体眼球晶体或玻璃体液内发育成囊蚴，而血居吸虫则可到达鱼的循环系统内发育成熟；然而也有部分寄生虫，它们没有严格的专向宿主，或对宿主的寄生组织、器官没有严格的选择性，却有着更广泛的适应性，如小瓜虫等；有些寄生虫凭借多胚现象（polyembryony）、无性生殖（asexual reproduction）、裂配生殖（schizogony）、孢子生殖（sporogony），以及出芽（budding）等方式极大地扩充子代，如原生动物、吸虫、绦虫等。

③ 寄生虫根据自身的特点和寄生环境，会选择适合于自身的寄生方式，如根据寄生虫寄生部位不同，可分为生活于宿主体表或鳃上的体外寄生（ectoparasite）和生活于宿主体液、组织、内脏等处的体内寄生（endoparasite）；根据宿主的选择性分，可分为专性寄生虫（obligatory parasite）和兼性寄生虫（facultative parasite）等，每一种寄生方式都是寄生虫在长期与宿主的博弈中逐渐形成的，并有益于寄生虫的繁衍和生存。

④ 每一类（种）寄生虫均有其特定的生活史（life cycle），生活史反映了寄生虫与宿主间的矛盾和统一，以及它们在与宿主相处中的一种动态平衡、渐次分化的过程，也反映了寄生虫与外界环境的互作，浓缩了物种进化的演变过程。在这个过程中寄生虫完成了一代生长、发育、繁殖以及宿主转换的完整过程，也使我们知道了完成生活史所需的条件（杨先乐，2018）（图 3-1-9）。了解寄生虫的生活史，即可由此找出有效的防治方法。如果寄生虫生活史中存在多个发育阶段，并非所有阶段都对宿主具有感染力，只是发育到某一（某些）阶段才会对宿主具有感染性，这个（些）特定阶段称为感染阶段或感染期（infective stage）。因此，可以根据寄生虫的生活史，在它们最薄弱或最易干预的环节，或在非感染期进行杀灭，即可取得防治寄生虫病最佳效果。例如，锚头鳋在生长发育过程中，会经过童虫、幼虫和老虫 3 个时期，若在其童虫期将其杀灭，对锚头鳋病的防治将会取得事半功倍的效果（图 3-1-10）。

（2）寄生虫的感染与传播。具有感染性的虫卵、幼虫或胞囊随饵料被鱼体经口吞入造成的感染为经口感染，而在寄生虫的感染阶段，寄生虫通过鱼类的体表皮肤、黏液、鳍或鳃等造成的感染称为经皮感染，这是寄生虫的主要感染方式。导致寄生虫感染必须有相应的传染源，凡是被寄生虫感染的病鱼及其尸体均是寄生虫病的第 1 传染源，被第 1 传染源

图 3-1-9 鱼类寄生虫的生活史及其世代交替现象示意

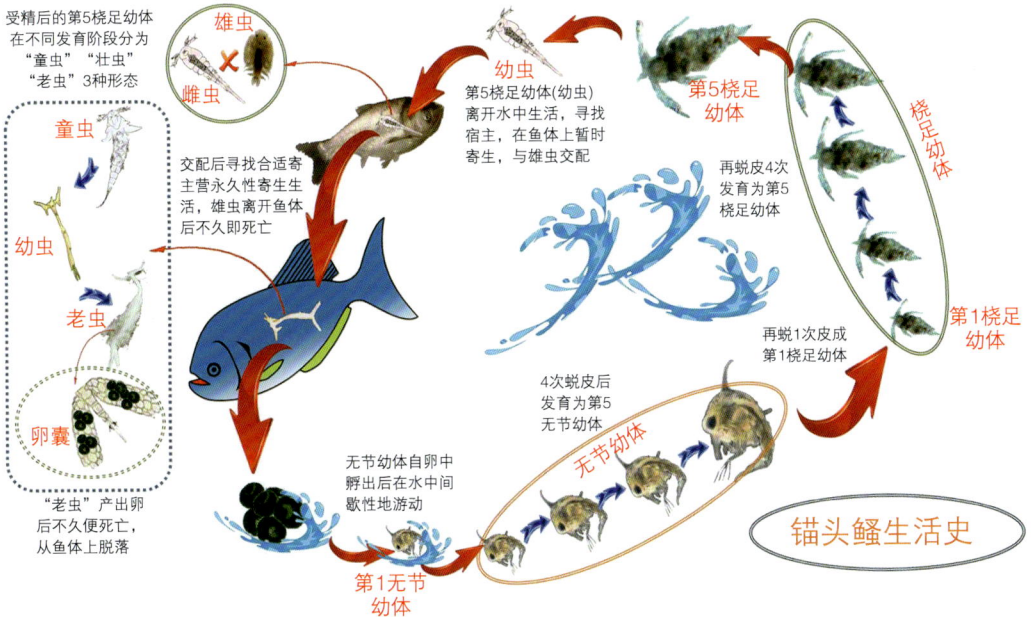

图 3-1-10 锚头鳋的生活史（示意图）

沾污的饵料、工具、池水、底泥，以及水生植物等则是第 2 传染源，如小瓜虫成虫从鱼体脱落后形成胞囊落入水体，再次萌发形成纤毛幼虫则会造成更大的感染。了解寄生虫的感染方式和相应的传染源，并采取相应的措施，可防止寄生虫感染（图 3-1-11）。

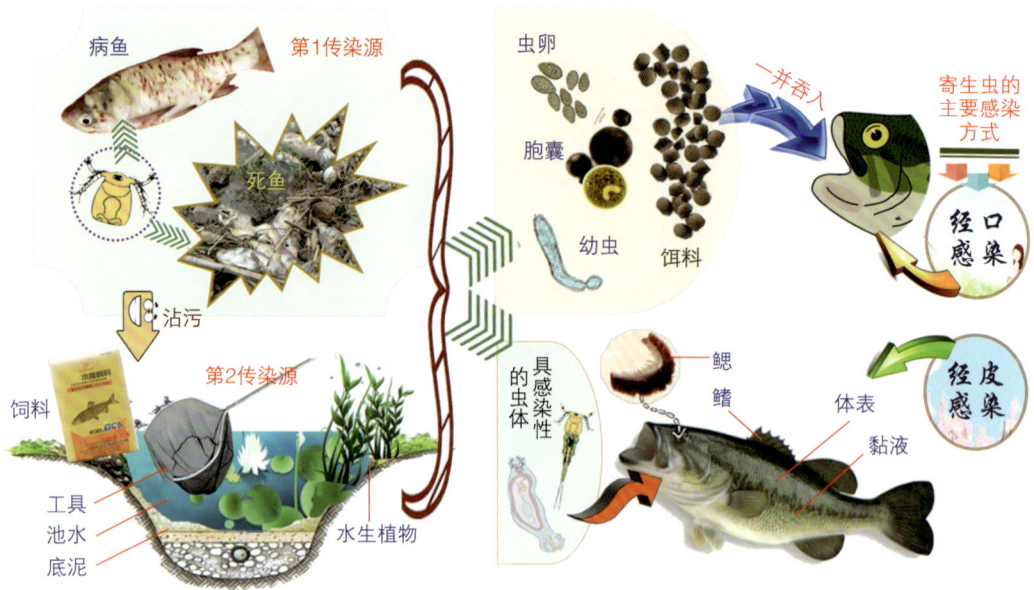

图 3 - 1 - 11　鱼类寄生虫的感染

（3）寄生虫对鱼体的致病作用。寄生虫侵入鱼体，使其细胞、组织、器官乃至系统发生病理、生化或免疫等方面的损害，主要有以下几个方面：

① 掠夺营养（rob nutrition）。寄生虫侵入鱼体后，所需的营养物质几乎全部来源于宿主，甚至包括宿主不易获得而又必需的物质，如维生素 B_{12} 和铁等微量元素。鱼体内的寄生虫数量越多，被掠取的营养也就越多，从而妨碍了宿主对营养物质的吸收，轻者表现为营养不良，生长发育受影响，重者甚至死亡；有的吸食宿主血液，造成贫血。

② 机械性损伤（mechanical injury）。寄生虫的侵入以及在宿主体内的移行、定居、繁殖等活动都会损伤和破坏累及的组织，造成对宿主组织器官的压挤、栓塞、以至萎缩，导致实质性器官出现不同的病理变化。

③ 毒性作用（toxic action）和免疫病理损伤（immunopathological damage）。寄生虫在寄生过程中所产生的代谢物、排泄物，以及分泌的有毒物质，均会对宿主产生毒性。

④ 带入其他病原引起继发性感染（secondary infection）。造成继发性感染，主要通过3 个途径：一是寄生虫的侵入往往将水域环境中各种病原微生物带入鱼体而引起传染性疾病。二是寄生虫幼虫在宿主体内移行，容易将病原微生物带进宿主破损的组织，尤其是引起皮肤或黏膜感染的寄生虫常在皮肤或黏膜处造成宿主损伤，为其他病原侵入创造条件。三是作为另一些微生物或寄生虫固定的或生物学的媒介传播疾病。

寄生虫对鱼体的影响是综合性的、多种多样的、复杂的，它会因寄生虫的种类、数量以及致病作用的不同而有所不同。有时会因寄生虫的寄生，与其他病原体的协同作用，加重对宿主的危害（图 3 - 1 - 12）。

3. 非寄生性疾病　由机械、物理、化学等非病原生物导致的疾病，称为非寄生性疾病，也包括藻类、水生生物、凶猛鱼类、蛙类、鸟类、哺乳类等危及大口黑鲈的敌害。这

掠夺营养 rob nutrition — 掠夺所有的营养物质，甚至包括宿主不易获得而又必需的物质 → 宿主贫血，营养不良，生长发育受阻，甚至死亡

机械性损伤 mechanical injury — 损伤和破坏累及的组织 → 造成对宿主组织器官的压挤、栓塞以至萎缩，使实质性器官出现病理变化

毒性作用与免疫病理损伤 toxic action & immunopathological damage — 寄生虫的代谢物、排泄物以及分泌的有毒物质，对宿主产生毒性

继发性感染 secondary infection — 带入其他病原引起鱼体继发性感染

途经：环境中病原体随侵入的寄生虫带入鱼体；幼虫在鱼体内移行，将病原体带入，尤其是经皮肤感染的寄生虫；作为其他微生物或寄生虫的生物学的媒介传播

图 3-1-12 鱼类寄生虫对鱼体的致病作用及其损伤

些非寄生性疾病的致病因素，有的是单个起作用，也有的是多个因素共同刺激大口黑鲈所致，如肿瘤，有环境因素（如化学、物理等刺激物）、生物因素（如遗传、年龄、免疫），以及人为因素（如机械损伤）等。一般情况，这些刺激因素达到一定强度或一定延续时间就会导致疾病发生。非寄生性疾病大多数对大口黑鲈的危害较小，但也有的会给养殖带来巨大损失，如泛池、中毒等；非寄生性疾病往往继发或并发传染性疾病或侵袭性疾病，对养殖生产造成很大的损失，如血窦、熟身等（图 3-1-13）。

生物因素：藻类、水生生物、凶猛鱼类、鸟类、哺乳类、蛙类

非生物因素：物理、机械、化学

单个因素

多个因素：环境因素、生物因素、人为因素

达到一定强度或一定延续时间

非寄生性疾病

① 大多数危害较小

② 少数会带来巨大损失

③ 继发或并发病原性疾病可造成很大损失

图 3-1-13 非寄生性疾病的致病因素及其危害

非寄生性疾病一般有以下几种：①非正常环境因素引起的疾病。养殖水体的温度、溶解氧、酸碱度、盐度、光照等理化因素发生变化，或者污染、有毒物质浓度升高，超越了大口黑鲈所能忍受的临界点所发生的疾病，如浮头泛池、氨氮中毒等。②营养缺乏或不良引起的疾病。饲料数量或质量不能满足大口黑鲈维持新陈代谢的最低要求而导致身体消瘦，生长缓慢或停止，抗病力降低，饲料的腐败变质、维生素或必需氨基酸的缺乏，以及脂肪酸败等，导致大口黑鲈出现明显的不良症状，甚至死亡现象。③先天性或遗传性缺陷。如畸形、身体扭曲等。有的畸形也会因胚胎期因水体中重金属离子过量受到刺激，或受盐度、温度影响诱发。④物理作用导致的机械损伤。捕捞、运输及饲养管理不当导致大口黑鲈身体因摩擦或碰撞受伤或损伤，从而使受伤处组织破坏，机能丧失，或体液流失，渗透压紊乱，引起各种生理性障碍以至死亡。机械损伤若得不到及时修复，均会导致各种病原体的继发性感染，产生更大危害，如受伤后引起的水霉病。⑤敌害。在自然环境中，由于生存斗争与自然选择的原因总有一种生物危害另一种生物的现象，那么前者就是后者的敌害。大口黑鲈的敌害较多，但主要的是与其生活在同一水体环境中的水生或陆生生物。敌害对大口黑鲈养殖的危害也不可轻视（图3-1-14）。

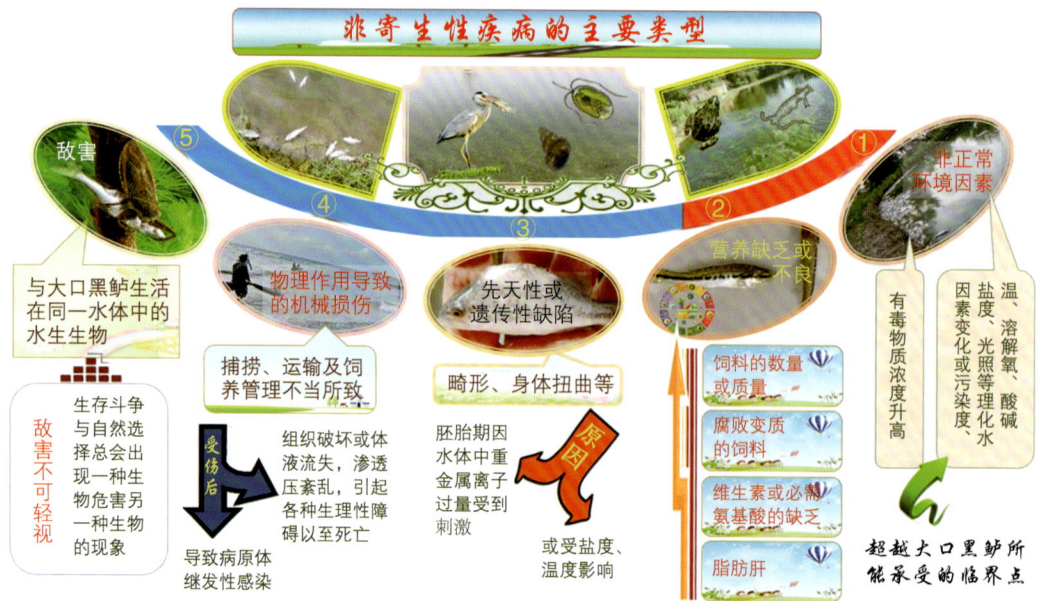

图3-1-14　大口黑鲈非寄生性疾病的主要类型

二、大口黑鲈病害病程的表现与特征

1. **病害的表现型**　病害发生后，根据其性质可分为以下几种表型：①急性型。病程迅速，仅由数天到1~2周机能调节即由生理性变为病理性，甚至有些症状还来不及表现，就出现大量死亡。如大口黑鲈弹状病毒病在水温突然升高或降低时容易暴发，潜伏期短、传播快，发病后呈急性死亡，死亡率高达40%~50%。急性型病害是对大口黑鲈养殖危害极大的一类疾病。②亚急性型。病程稍长，经过2~6周其典型症状才会逐渐出现，如大口黑鲈细菌性溃疡病。该类疾病大部分发生于成鱼养殖阶段，即使养殖鱼不死也会极大地影响其商品价值。③慢性型。病程很长，可达数月甚至整个养殖周期，症状持续，较难消除，主要原因是导致疾病发生的病因不易消除。如大口黑鲈的疖疮病，由于鱼体受伤和不洁的水质是主要诱因，而使疖疮伴随终生，且在养殖水体中散发。④潜伏性型。病原体长期存在于鱼体内，但不表现出症状，只有在大口黑鲈抵抗力降低、环境有利于病原体滋生的情况下，导致疾病得以表现。如毛管虫病，病鱼一般无明显症状，仅当毛管虫大量繁殖后，才会使病鱼鳃上黏液增多，呼吸困难，影响鱼的食欲，或因细菌继发性感染，出现新的症状。

患病鱼的表型，还可根据症状分为局部性疾病和全身性疾病。前者所引起的病理变化仅局限于病鱼机体的某一部分或某一器官，如车轮虫病发生于成鱼时，症状仅表现于鳃，黏液增多，鳃丝溃烂；又如大口黑鲈的白皮病，主要症状是体表附着一层白色薄膜，皮肤发白，一般其他器官没有明显病理变化。后者疾病发生后影响整个机体，出现全身性的症状，如泛池、中毒、细菌性败血症等。实际生产中，局部性和全身性是相对的，并不存在严格的界限，较多疾病在发病初期均表现为局部性症状，随着疾病发展，就显现出全身性症状。

除此之外，根据病鱼病灶或症状的部位，还可分为皮肤病、鳃病、肠道病，以及其他类型的疾病（图 3-1-15）。

图 3-1-15　大口黑鲈病害的表现型

2. 病害的发展过程　病原体（致病因子）作用于大口黑鲈机体后，病鱼并非立即就表现出症状，一般有一个发生发展的过程。根据疾病发展的阶段，可分为以下 4 个时期：

（1）潜伏期。指病原体（致病因子）进入（或接触）鱼体后在其内生存、发育或发展而没有显示症状的时期。各种疾病的潜伏期不尽相同，即使是同一种病，由于病原体的来源、数量、毒力、感染途径、机体健康状况，以及环境条件等的不同而不同，有的甚至相差很大。如机械损伤就没有潜伏期，而中毒后潜伏期很短，仅数分钟，而有的疾病的潜伏期可达几个月。

（2）前驱期。指病鱼在病原体感染后稍出现症状而特有的明显症状尚未出现的时期，这个时期很短，有的疾病甚至没有这一时期。

（3）发展期。指病鱼出现明显症状，机体的机能、代谢或形态出现了明显改变的时期，又称为疾病的高潮期。

（4）转归期。指疾病在自然发展或采取相应防治措施的情况下，疾病的最终结局。一般会出现3种情况：一是完全恢复，病原体消除、症状消失，机能、代谢和形态结构完全恢复到发病前的状况；二是不完全恢复，疾病的主要症状消失，但机体的机能、代谢还遗留着一定的障碍（尽管有些获得暂时性的补偿代谢），或者在形态结构上还残留着持久的病理状态，导致机体正常活动多少受到一定的限制；三是死亡，机体的生命活动和新陈代谢完全终止。

在疾病发展过程中，机体与病原体始终处于一个相互较量、相互抗争的过程。一方面，机体为抵御和消除病原体，恢复自身的机能和修复损伤的形态结构而发挥其免疫能力；另一方面，病原体也会将感染程度进一步深化。在这期间，人为因素会在疾病的转归中或向着有利的方向发展，或导致疾病进一步恶化（图3-1-16）。

图3-1-16 大口黑鲈疾病的发展过程

3. 影响病害进展的因素 大口黑鲈病害的进展过程，既取决于病原体（致病因子）的性质、数量、强弱，也会受到机体本身的健康状况和环境因素的影响。生物的、非生物的以及人为干预众多因素的交织，形成了大口黑鲈病害发展的复杂性与多变性、防治的困难性，任何一例病害均很难在自然条件下完全复制。也就是说，一方面，尽管鱼病防治以群体化防治为主，但也必须考虑在其个性条件下的群体防治；另一方面，大口黑鲈生存的环境是以水为载体，在其疾病发生发展过程中无不与水环境息息相关，其中水温在一定程度上起到重要作用，无论是疾病的发生、归趋，还是疾病的控制，都要将水温这个因素予以特别的考虑（图 3 - 1 - 17）。

图 3 - 1 - 17　大口黑鲈病害的控制策略

第二节　大口黑鲈病害发生的原因

大口黑鲈病害的发生是因病原体（致病因子）作用于机体后，引起大口黑鲈新陈代谢失调，组织器官发生病理变化，鱼类的正常生命活动被扰乱。导致大口黑鲈病害的发生虽然有众多原因，但基本上可从 2 个方面分析：一是传统的、宏观的观点，病害的发生是病原体（致病因子）、环境以及大口黑鲈本身三者共同作用的结果，其中病原体是最重要的因素（杨先乐，2022）（图 3 - 2 - 1）；二是微观的观点，大口黑鲈微生态系统严重失去平衡导致病害发生，其中病原体或致病因子起主导作用（图 3 - 2 - 2）。

图 3 - 2 - 1　大口黑鲈病害发生的原因（传统、宏观的观点）

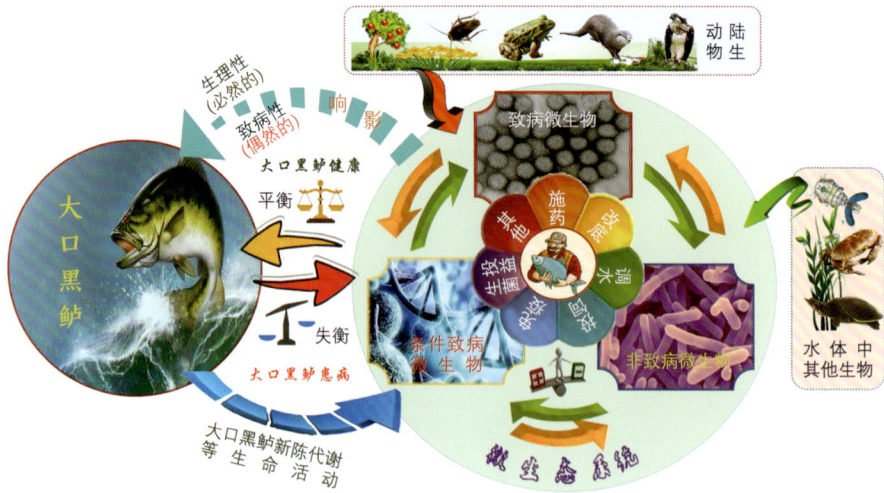

图 3-2-2　大口黑鲈病害发生的原因（微观的观点）

一、病原、宿主及环境的相互作用

1. **病原因素**　病原主要是导致病害的生物，不同的病原体对宿主的致病力各不相同，即使是同一种病原在不同的生活时期对宿主的致病力也有区别。除致病生物和敌害外，引起大口黑鲈疾病的病原主要有：病毒、细菌、真菌、寄生虫（原生动物、蠕虫、甲壳动物等）。

病毒（virus）是一类具有最简单的生命形态，体积微小，一般直径在 20～200 nm，能通过细菌滤器，能在其他生物的细胞内复制的非细胞形态的微生物。它主要由核酸、蛋白衣壳（capsid）以及被病毒壳蛋白包裹形成核衣壳构成，有的病毒核衣壳外还具有囊膜（envelope）（Essbauer & Ahne，2001）（图 3-2-3）。目前发现危害大口黑鲈的病毒仅有

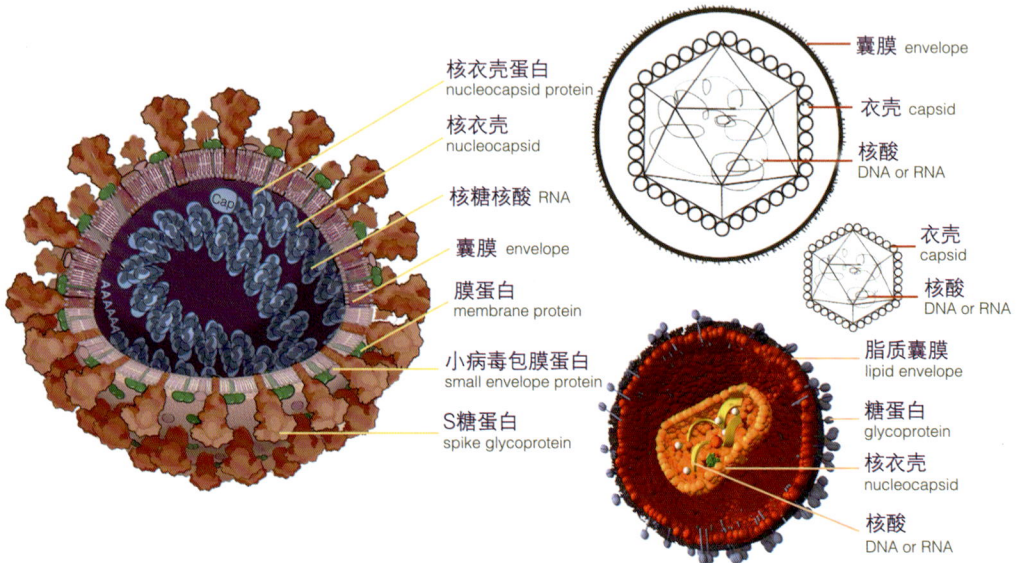

图 3-2-3　病毒的基本构造示意

虹彩病毒（iridovirus）和弹状病毒（rhabdovirus），前者属于 DNA 病毒，后者为 RNA 病毒（图 3-2-4、图 3-2-5）。

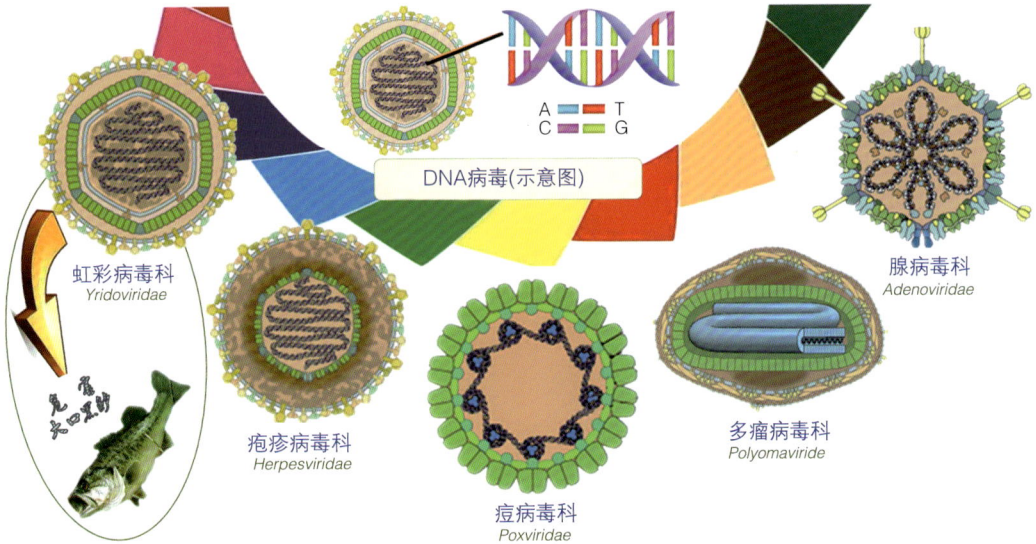

DNA病毒(示意图)

A —— T
C —— G

虹彩病毒科
Yridoviridae

腺病毒科
Adenoviridae

疱疹病毒科
Herpesviridae

多瘤病毒科
Polyomaviride

痘病毒科
Poxviridae

图 3-2-4 感染水生动物的主要 DNA 病毒

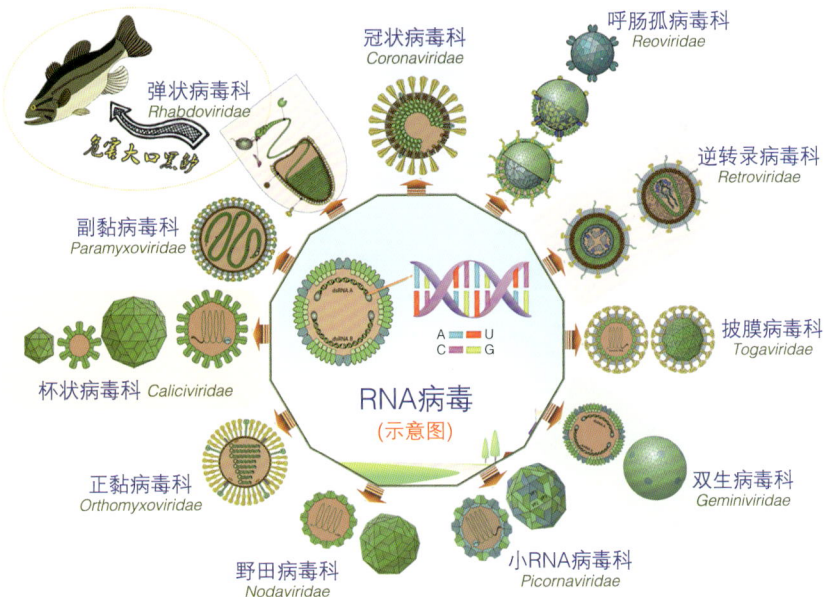

弹状病毒科
Rhabdoviridae

冠状病毒科
Coronaviridae

呼肠孤病毒科
Reoviridae

逆转录病毒科
Retroviridae

副黏病毒科
Paramyxoviridae

披膜病毒科
Togaviridae

杯状病毒科 *Caliciviridae*

RNA病毒
(示意图)

A —— U
C —— G

正黏病毒科
Orthomyxoviridae

双生病毒科
Geminiviridae

野田病毒科
Nodaviridae

小RNA病毒科
Picornaviridae

图 3-2-5 感染水生动物的主要 RNA 病毒

细菌（bacterium）是单细胞原核生物，营自由生活，有球状（$0.5 \sim 1.0~\mu m$，单个或 2 个以上排列）、杆状（长 $0.5 \sim 10~\mu m$、宽 $0.2 \sim 1.0~\mu m$，单个或 2 个以上排列）和螺旋状（长 $3 \sim 50~\mu m$，有 1 个或 2 个弯曲，通常散在）3 种形态（图 3-2-6），主要由细胞

壁、细胞膜、细胞核（无核膜）组成，细胞质中除核糖体外，没有其他细胞器。细胞核由DNA盘绕而成，没有核膜包裹，是细菌重要的遗传物质，对细菌的生长、繁殖、遗传和变异起重要作用。此外，细菌还有鞭毛（flagellum）、芽孢（endospore）、荚膜（capsule）等特殊的结构（图3-2-7、图3-2-8）。细菌在生长繁殖过程中，必须从外界摄取各种营养物质，如水、无机盐、碳源、氮源、某些气体和生长因子等，用以合成菌体成分和供代谢过程中的能量（图3-2-9）。根据细菌的营养类型，常将其分为4大类型：光能自养菌、光能异养菌、化能自养菌、化能异养菌（图3-2-10）。细菌感染有隐性感染、潜伏感染、带菌感染和显性感染4种类型（图3-2-11）。

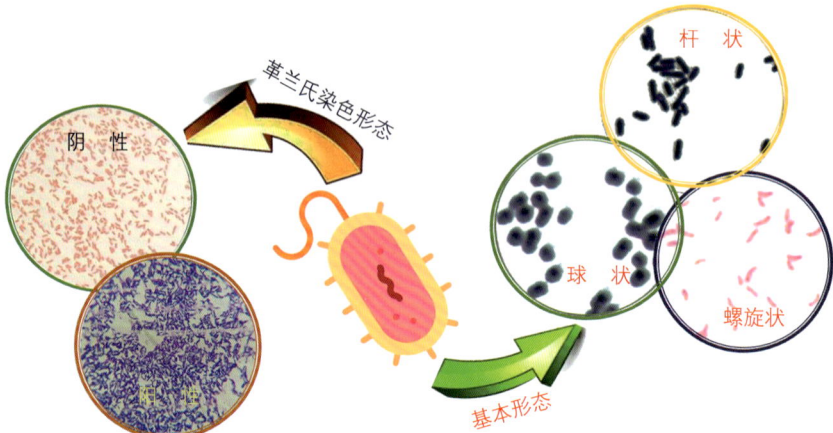

图3-2-6　细菌的形态

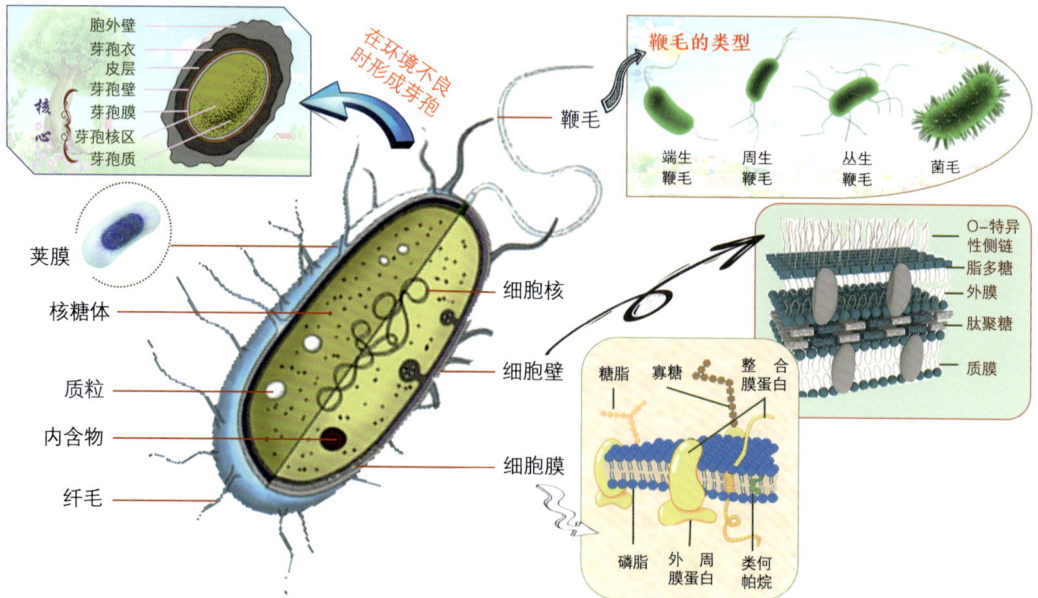

图3-2-7　细菌的基本构造（示意图）

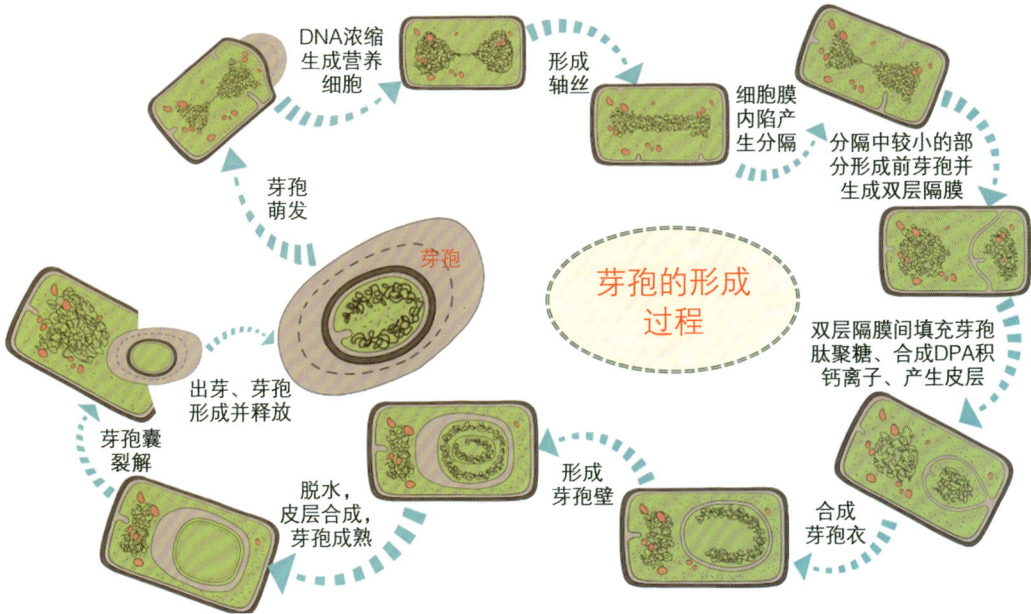

图 3-2-8　细菌芽孢的形成过程

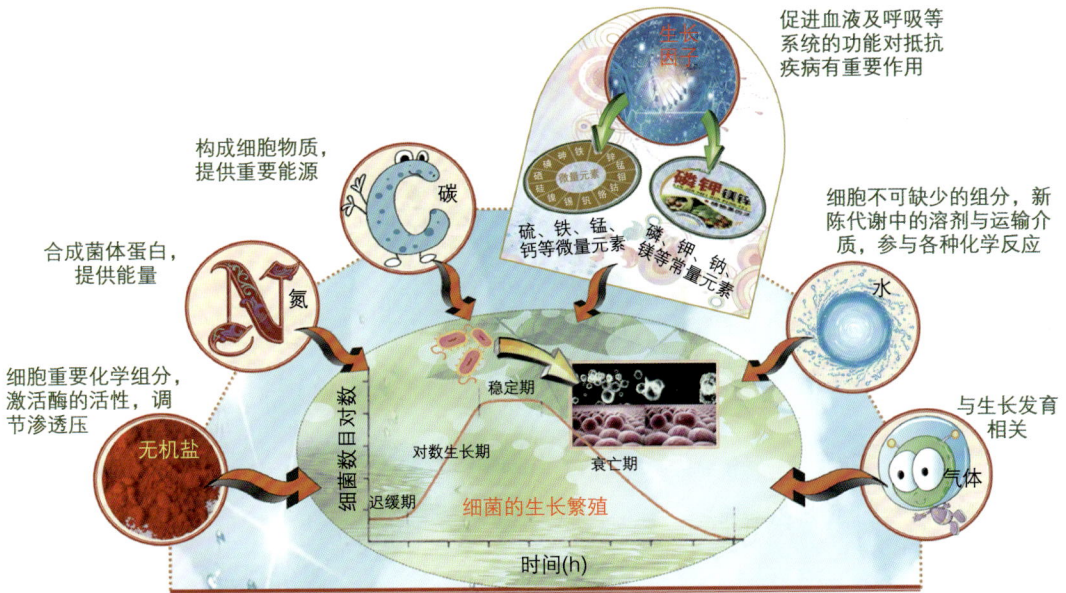

图 3-2-9　细菌生长、繁殖所需营养与物质及其作用

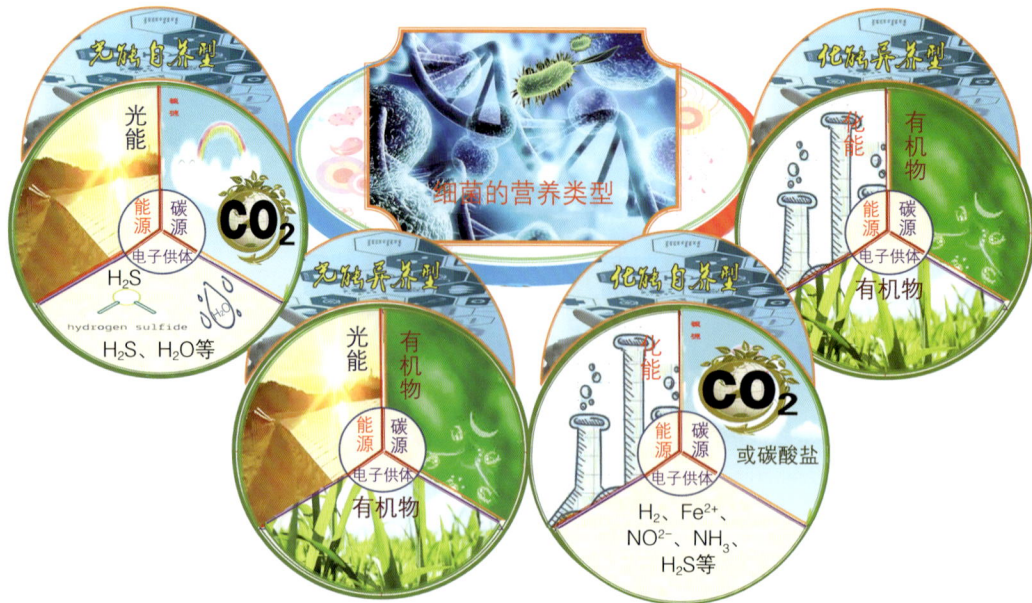

图 3-2-10　细菌的营养类型

图 3-2-11　细菌的感染类型

　　细菌分类常采用 Bergey 氏细菌分类系统，该分类系统的依据是细菌的表型（phenotype）特性（如形态、染色、培养、细胞壁结构、生理生化，以及抗原性特征等），在细菌的分类和鉴定中具有重大的作用，在临床微生物学的实践中具有较强的应用价值。但目前普遍以种系发生关系（phylogenetic relationship），即分析其基因特性作为分类依据（图 3-2-12）。

细 菌 的 分 类 依 据

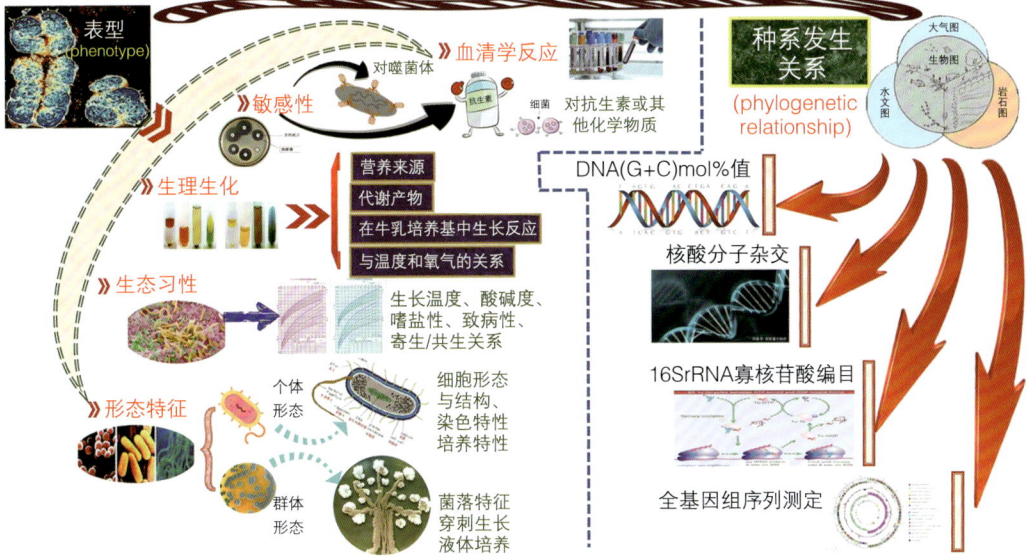

图 3-2-12　细菌的分类

目前发现对大口黑鲈产生危害的细菌主要有气单胞菌（*Aeromonas*）、诺卡氏菌（*Nocardia*）、柱状黄杆菌、爱德华氏菌（*Edwardsiella*）、洋葱伯克霍尔德菌等，除诺卡氏菌为革兰氏阳性菌外，其余均为革兰氏阴性菌，其中气单胞菌是主要的致病菌（图 3-2-13）。

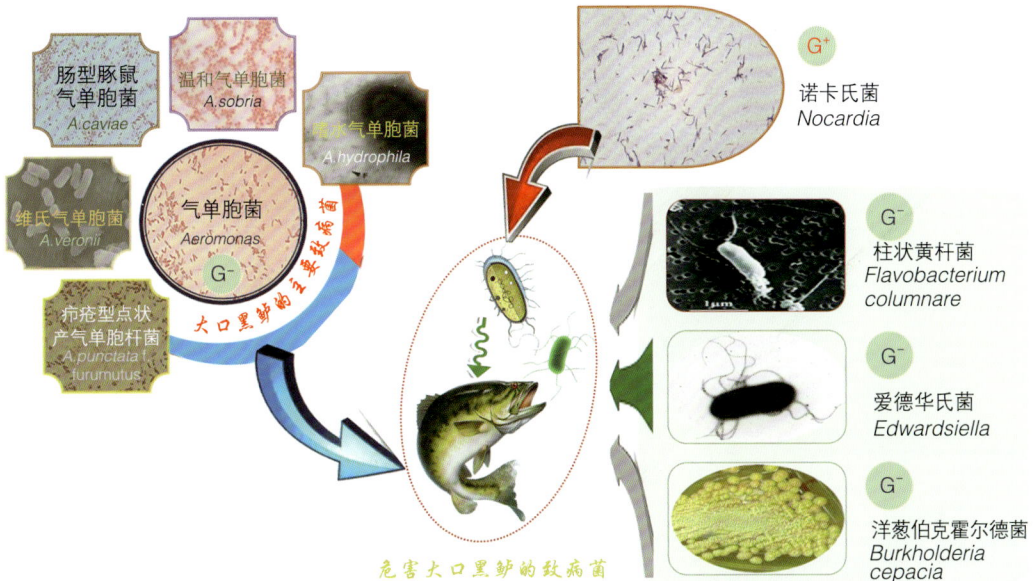

图 3-2-13　感染大口黑鲈的主要致病菌

真菌（fungus）是一种真核、具有细胞壁的单细胞或多细胞生物，包括酵母（yeast）、霉菌（mold）和蕈菌（mushroom）3 种类型（图 3 - 2 - 14）。酵母为圆形或椭圆形单细胞，直径为 $2.5\sim10\ \mu m$，霉菌和蕈菌为菌丝体，通常由菌丝和孢子交织成团，菌丝一般直径在 $10\ \mu m$ 以下。酵母菌和霉菌具有细胞壁、细胞膜和细胞核等基本结构。霉菌菌丝可在基质中进行蔓延伸展，也可通过断裂菌丝进行营养繁殖，但主要的繁殖方式是无性孢子繁殖，其次是有性孢子繁殖（Ainsworth, et al., 1973）（图 3 - 2 - 15、图 3 - 2 - 16）。对大口黑鲈危害大的真菌为属于水霉目（Saprolegniales）的水霉（*Saprolegnia*）、绵霉（*Achlya*）、

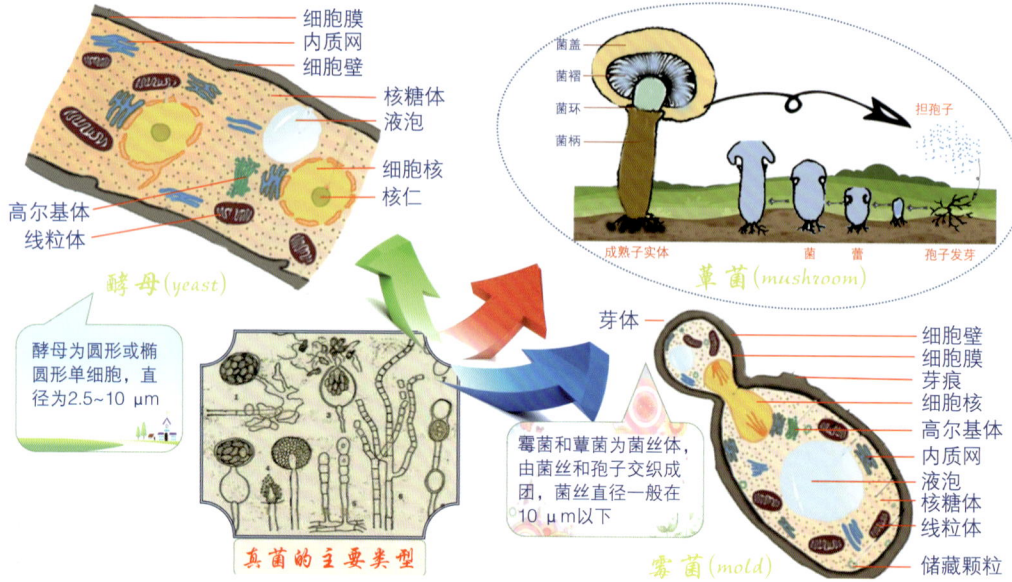

图 3 - 2 - 14 真菌的 3 种类型

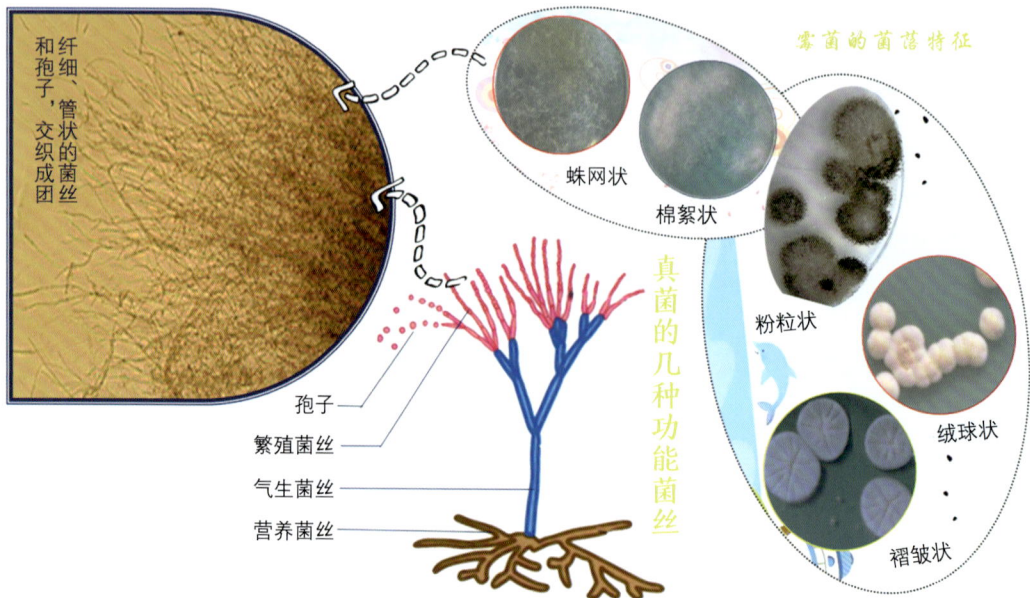

图 3 - 2 - 15 真菌的菌丝、菌落形态与菌丝的功能

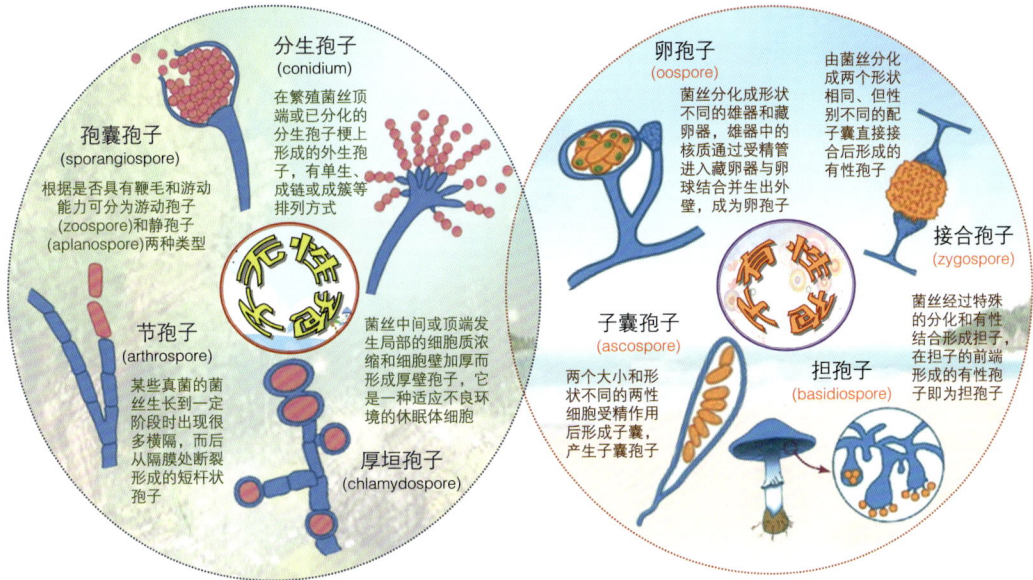

图 3 - 2 - 16　真菌的无性孢子和有性孢子

鳃霉（*Branchiomyces*）和丝囊霉（*Aphanomyces*）。此外，还有导致溃疡综合征的镰状镰刀菌（*Fusarium fusarioides*）（图 3 - 2 - 17）。

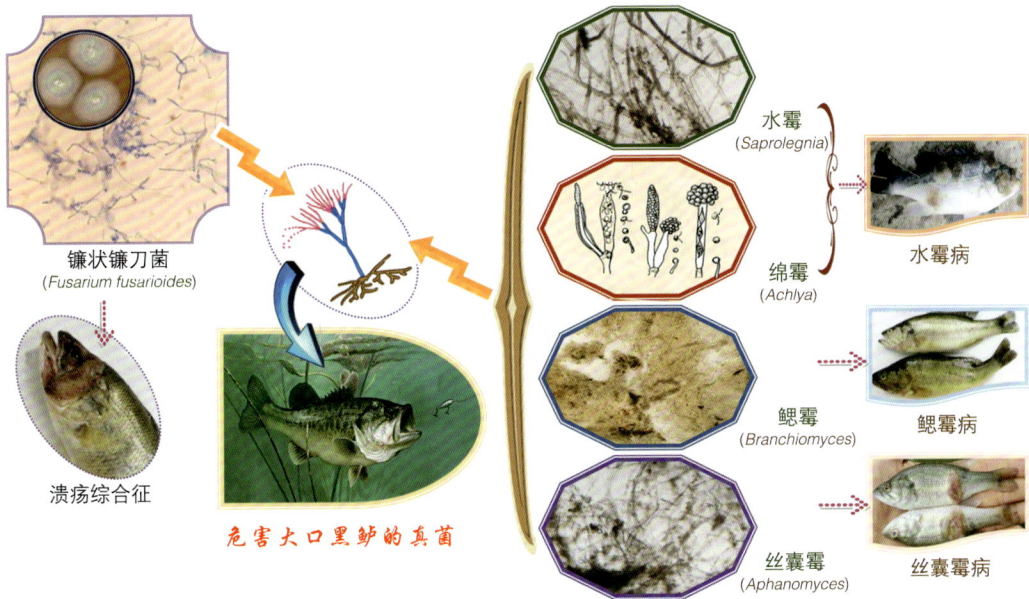

图 3 - 2 - 17　危害大口黑鲈的主要真菌

　　寄生虫是和宿主共同生活的一种生物，它是在特定条件下和长期协同进化过程中从与其共同生活的另一种生物（宿主）由互利共生关系逐步转变而成寄生关系的一种特殊生物（杨先乐，2018）（图 3 - 2 - 18）。鱼类寄生虫常通过不同方式不断地把某一发育阶段的虫卵、幼虫或虫体排入外界环境中，然后经一定途径转移给宿主，导致宿主被感染。大口黑鲈的寄生虫有的是极其简单的单细胞动物原生动物，有的是具有体节和体腔的节肢动物，不同种类寄生虫的结构和生活史差异很大。目前发现对大口黑鲈造成危害的寄生虫主要有属于原生动物的车轮虫（*Trichodina*）、斜管虫（*Chilodonella*）、鳃隐鞭虫（*Cryptobia branchialis*）、锥体虫（*Trypanosoma*）、小瓜虫（*Ichthyophthirius*）、杯体虫（*Apiosoma*）、累枝虫（*Epistylis*）、毛管虫（*Trichophrya*），属于蠕虫的指环虫（*Dactylogyrus*）、异形锁钩虫（*Onchocleidus dipar*），属于甲壳动物的锚头鳋（*Lernaea*）、鲺（*Argulus*）、钩介幼虫（*Glochidium*）等（图3-2-19）。

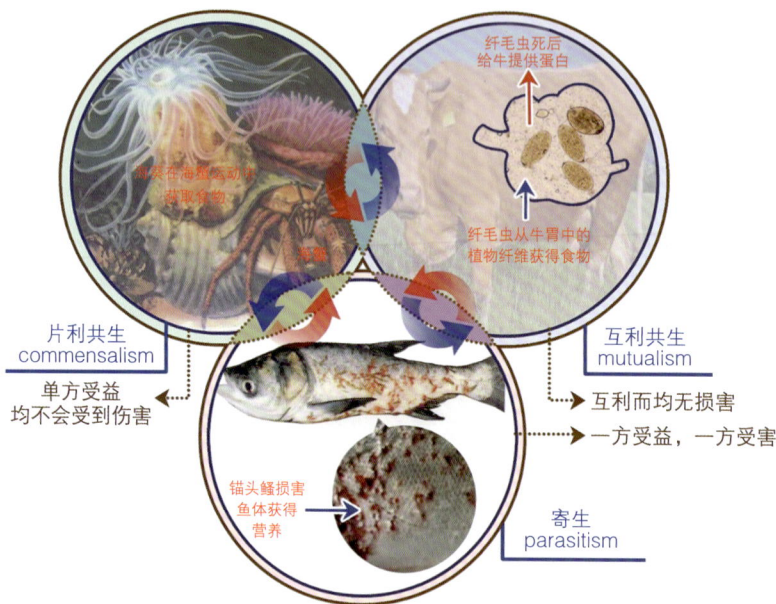

图3-2-18 片利共生、互利共生和寄生现象及其相互演变

图3-2-19 危害大口黑鲈的主要寄生虫

病原主要通过以下几种方式对大口黑鲈产生危害：①以变质、渗出、增生等过程导致机体产生炎症反应；②以阻止细胞大分子合成，改变细胞膜的结构，形成包涵体，产生降解性酶或毒性蛋白等方式损伤细胞功能；③分泌有害物质或毒素（如细菌产生的内毒素和外毒素）使宿主受到伤害，干扰和破坏正常的生理功能；④夺取营养，造成宿主营养不良、贫血，身体消瘦，抵抗力降低，生长发育迟缓或停止；⑤造成机械损伤，引起宿主组织发炎、增生，器官变形、萎缩、机能丧失，皮肤溃烂、充血。各种伤害均可造成大口黑鲈死亡（图3-2-20）。

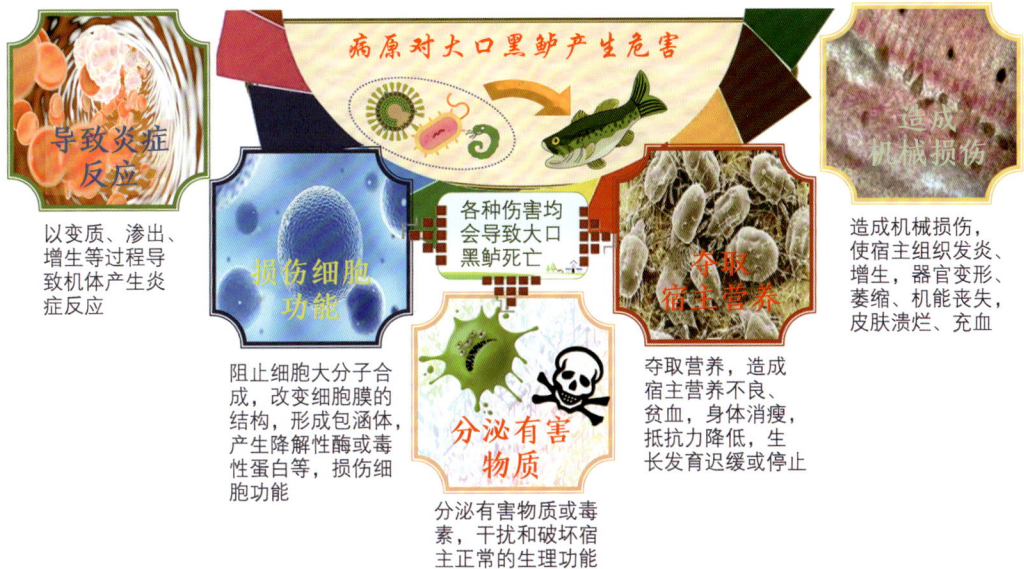

图3-2-20　病原对大口黑鲈产生危害的主要方式

病原虽然分类地位广，种类很多，但也有一些共同的特性：①病原（除个别小分子的病原外）就是一种抗原，它具有抗原所具备的基本特性，即反应原性（reactionogenicity）和免疫原性（immunogenecity），因此凡是接触过病原（或疫苗）的个体均有抵抗因此所导致的相应疾病的能力，这是防治疾病的一条重要途径；②容易产生变异，因为变异会导致疾病的检测出现某些误判，疾病的防治出现失误；③较多病原均是条件性致病源，一旦条件适宜时就会对宿主产生较大的致病作用，出现大量死亡，条件不适宜就不会对机体产生致病作用；④一种病原（致病因子）往往会给另一种病原带来有利的入侵机会，造成继发性感染或疾病的并发、多发，给疾病的防治带来困难；⑤病原的致病力对其本身来说受到自身特性、来源、数量、毒力等各方面的影响，在自然环境中只要条件适宜病原是始终存在的，不可能完全消灭，控制疾病的重要思路是将病原控制在不能任其发展的水平上；⑥作为一种生物，病原始终是与其他生物在竞争中存在（消失），认清病原的性质，人为地将病原与宿主的竞争引向有利于宿主的方面，是控制大口黑鲈疾病的出发点和方向（图3-2-21）。

　　2. 宿主（大口黑鲈）因素　大口黑鲈具有获得性免疫（adaptive immunity，又称特异性免疫）和先天性免疫（innate immunity，又称非特异性免疫）能力，这2种能力是抵抗病原体感染的重要防线，它们受宿主的遗传性状、生理机能、年龄和性别、营养水平，以及环境状况等各方面的影响，当这些因素处于最佳状态时，大口黑鲈对病原体的抵抗力

图 3-2-21 病原的主要特性及控制大口黑鲈疾病的思路

则明显增强。

　　疫苗有助于大口黑鲈获得性免疫增强，使其在与病原体的抗争中处于主导地位；各种原因造成大口黑鲈机体的损伤，会破坏它们抵御病原入侵的天然屏障，为病原体感染创造条件；大口黑鲈的种质以及养殖中的饲养管理会对先天性免疫和获得性免疫产生主导作用；这些都是宿主与病原体对峙中不可轻视的因素（图 3-2-22）。

图 3-2-22 大口黑鲈自身对疾病发生的影响

3. **环境因素** 大口黑鲈的养殖环境决定着病原体的滋生、消长以及传播，也会影响大口黑鲈的生理状况，导致大口黑鲈的应激反应发生。养殖环境主要由自然因素与生物因素决定。

自然因素主要包括气候和光照、水质和底质等。水温是受气候影响的重要自然因素之一，它既牵涉到大口黑鲈的生长，也是诱生或抑制病原、影响病原对大口黑鲈致病力的重要因素。在大口黑鲈养殖和病害防治中，水温是一个不可缺失、重要的环境因素。一方面，水体中的溶解氧受到底质与水质的影响，大口黑鲈虽然耐低氧，但依旧要求栖息环境溶解氧在 4 mg/L 左右；另一方面，水体中溶解氧充裕，病原体的繁殖能力和传播强度就会大大减弱，有利于控制疾病的发生和发展。此外，养殖水体的酸碱度、盐度、硬度、水流速度、残饵和粪便、氨氮和硫化氢的含量等也是影响水体环境和质量的因素。

生物因素主要包括养殖环境中的病原生物、微生物、浮游植物和动物、水生植物，以及其他搭配养殖的品种等，这些生物有些能消除残饵、粪便，有些能改良水质，有些可成为大口黑鲈的生物饵料，而有些则可成为滋生病原生物的帮凶。大口黑鲈养殖水体中应保持有益生物的优势，抑制有害生物生长繁殖，从而保持生态和微生态的平衡，以在疾病的控制中起到重要作用（图 3-2-23）。

图 3-2-23 环境因素对疾病发生的影响

4. **病原、宿主和环境相互作用** 在大口黑鲈养殖过程中，病原、宿主和环境并不是孤立存在的，而是相互影响、相互制约、相互作用的，一方的消长势必会影响到另外一方或两方的变动，影响到病害的走向，病害的发生或消失是病原、宿主和环境 3 个因素相互作用的最终结果（Snieszko & Bullock，1976）。

必须强调的是人为因素决定着病原、宿主和环境相互作用的趋向，池塘条件、设施配置、养殖密度、管理措施等均受人为因素支配，从而影响着病原的滋生和消长，宿主的营养和健康，养殖环境的优劣，以及调配病原、宿主和环境之间的关系。在养殖利益最大化的前提下，人为因素调整着各种因素之间存在的利弊关系，使病害的发生概率在一个最小的程度（图3-2-24）。

图3-2-24　人为因素影响病原、宿主、环境三者关系的趋向

二、微生态平衡失调

微生态平衡（microecology balance）是指正常微生物群与宿主生态环境在长期进化过程中形成生理性组合的动态过程，它是大口黑鲈体内、外的有益菌、条件致病菌和病原微生物与其相对应的水生生态环境体系所构成的一种动态平衡。不同种类的微生物群体相互影响和制约，一类微生物群体的消长会影响到另一类微生物群体的数量变化。当这些微生物和宿主处于动态平衡时，二者则和平共处，宿主保持健康而不发生疾病；然而一旦正常微生物与致病微生物之间、正常微生物与宿主体内外微生物之间平衡状态改变，由生理性组合转变为病理性组合状态，就会引起微生态失衡（dysbiosis），导致疾病发生，感染是微生物之间互相作用的结果（何义，包颖等，1997）。

关于大口黑鲈疾病发生微生态平衡失调的分析，其重要观点是：①大口黑鲈并非是一个纯粹的独立个体，它必定与有害的、有益的，或对其没有明显作用的各种生物共同存在。它们相互依赖、相互影响、相互制约。②自然环境中的微生物对宿主具有两重性，既有生理作用也有致病作用，前者是必然的，后者是偶然的。即使是正常或有益的微生物，在宿主体内外种群失衡时，也会致病。水域环境中存在着一定量的病原体也不一定要彻底清除，因此不能用简单的有益菌、有害菌的观点进行疾病是否发生的评价。③微生态平衡存在一个定性（如非肠道菌进入肠道）、定量、定位（如肠道菌转移到呼吸道）、定主（如环境中某些微生物转移到养殖对象体内）的问题。④在自然水域中，大口黑鲈的人工养殖过程本身就是一个破坏微生态平衡的过程，要获得最佳的养殖效果就是要在新的养殖环境中使其达到并维持新的平衡。⑤微生态平衡会受到宿主的类别、年龄、性别、习性、生理功能、发育情况、营养条件、应激反应、创伤等方面的影响，也会受到气候、温度、酸碱度、化学因素、人为操作带来的环境因素的影响，以及水域环境中的其他微生物群落的影响，这些因素一旦超过某一阈值，平衡就会被打破。⑥微生态平衡失调后，矫正并不容易，因此大口黑鲈疾病发生后有效的控制并非能用一种简单的"神药""神方"就可以解决（图3-2-25）。

图3-2-25　微生态平衡维持与矫正并非轻而易举

当然，维持大口黑鲈养殖过程中的微生态平衡，人依旧起主导作用。

从某种层面说，用微生态平衡失调的观点解释大口黑鲈病害的发生及其控制措施的选择更具有指导意义。

第三节　大口黑鲈病害的诊断原则与方法

正确诊断是大口黑鲈病害控制的前提和关键，诊断可从现场调查、病鱼形态和行为观察、症状判断及病灶解剖、病理学分析、病原分离与鉴定、免疫学和分子生物学检测等方面入手，但常规、简单和实用的方法是现场调查和分析、症状检视和判断，以及显微镜观察诊断（图3-3-1）。

图 3-3-1　大口黑鲈病害的诊断

一、诊断基本原则

大口黑鲈是变温动物，栖息于水中，较难了解它在水体中的活动与变化情况。但是，发病前后总会有一些蛛丝马迹的病症表现，环境也会发生一些伴随的变化，因此诊断仍有章可循（Georgiadis et al.，2001），认真观察和综合分析将会为正确诊断提供依据。诊断应遵循以下基本原则（图 3-3-2）。

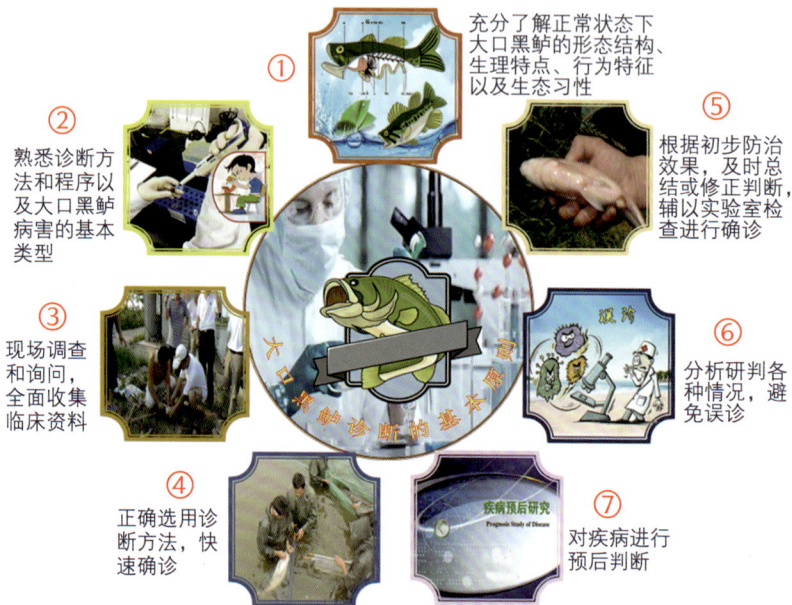

图 3-3-2　大口黑鲈诊断的基本原则

（1）应充分了解大口黑鲈正常的形态结构、生理特点、行为特征以及生态习性，只有这样才能对病理状态下的异常情况做出准确判断，并可在疾病开始流行时及早发现。

（2）熟悉诊断方法和程序，以及大口黑鲈病害的基本类型，针对不同的情况有的放矢地采取不同的诊断措施和方法，防止千篇一律，贻误时机，浪费资源。

（3）现场调查和询问、全面收集临床资料是大口黑鲈疾病诊断工作的前提和基础，通过疾病发生情况的调查和综合分析初步判断疾病的各种可能，为下一步诊断方法的选择与疾病的确诊提供参考。

（4）正确选用诊断方法，快速确诊，防止疾病蔓延。在确定疾病的大概方向后可针对疾病类型边治疗、边诊断，不坐等检验结果，为疾病控制赢得时间。如急性大量死亡，可采取排除法判断是中毒、泛池还是暴发性疾病引起，然后采取相应的紧急措施。

（5）根据初步防治效果，及时总结或修正初诊判断，采取相应精确的诊断措施，进行确诊。实验室检查是补充临床检查的措施。

（6）正确判断同症异病、多发病和疑难病、普通病和传染病、单纯感染和继发感染等情况，避免误诊。对于控制方法类似的疾病，在诊断初期或无特殊要求时，不必过分追究病原的真正所在，对于多病原的混合感染，应着重强调危害性大的疾病。

（7）在诊断时尽可能对疾病做出预后（prognosis）判断。预后本身来源于医学词语，是对某种疾病发展过程和可能性结局做出的估计，它是以疾病的病因、病期、病变部位和损害程度，以及前期治疗效果等为依据的。如疾病是单一细菌感染引起，且处于发病早期，平时又很少用抗菌药物，则预后为佳或良；若疾病为病毒和多种细菌并发感染，曾用大量抗菌、抗病毒药物治疗且效果不佳，或肝、肾、脾等内脏器官严重受损，则预后为不良。预后可为养殖者尽可能地减少损失，为养殖者或相应部门采取下一步防治策略或措施提供相应的决策，也可为产业发展方向提供科学依据。

二、诊断过程

概括来说，诊断过程是以达到能提供相应的防治方法或手段为目的，采取从询问调查到检查观察，从池塘到实验室，从鱼体表到鱼体内，从易到难，从常规到复杂的程序（图3-3-3）。

具体来说，诊断过程基本上分为以下4步（图3-3-4）：

1. **调查与问诊** 了解大口黑鲈放养、发病前后的情况及其相关问题，基本判断疾病可能属于的类型，如生物性感染引起的疾病、非病原性疾病、敌害等。

2. **剖检和症状观察** 深入观察发病部位的症状，内脏器官的病理变化，从而判断疾病已持续的时间、疾病的进展程度与危害，大致判断疾病的类群，如病毒性疾病、细菌性疾病、真菌性疾病、寄生虫病等，并估计病原体大致属于的分类地位，如弹状病毒、诺卡氏菌或寄生性原虫、蠕虫、甲壳类等。

3. **显微镜和实验室检查** 通过显微镜观察以及一些简单的实验室手段，如革兰氏染色、包涵体观察，以及琼脂培养基（TCBS）、麦康凯琼脂培养基（MAC）等选择性培养基培养等，基本对疾病进行确诊。但需注意的是，实验室的试验方法较多，方法的选择是有针对性的，是建立在对病原体大概分类的基础上的。

询问调查 → 检查观察

池塘 → 实验室

体表 → 体内

常规 → 复杂

大口黑鲈病害诊断的基本程序

图 3 - 3 - 3　大口黑鲈病害诊断的基本程序

调查与问诊，基本判断疾病可能属于的类型

剖检和症状观察，判断疾病进展程度与危害，以及类群

一般即可对疾病做出较准确的判断，费时少、费用低

特殊需要或者较难确诊的病例

通过分子生物学、病理学、免疫学等手段精准确定病原

显微镜和实验室检查，基本对疾病确诊

第①步

第②步

第③步

第④步

图 3 - 3 - 4　大口黑鲈病害的诊断过程

4. 病原分离与鉴定，分子生物学、病理学或免疫学检测手段的应用　对于一些较难确诊的病例，或有必要精准确认的病例，根据现有条件，采用细胞培养、电镜观察、PCR检测、酶联免疫吸附测定（ELISA）、斑点酶联免疫吸附测定（dot - ELISA）等技术确诊。除很成熟的、已经形成商品化应用的检测方法和手段外，这个过程是要花费时间和较高费用的。

　　生产实践中，大部分采用前3个过程基本上就可对疾病有比较确切的判断，不仅费时少，而且费用低。对于一些比较严重的疾病，如大口黑鲈病毒性溃疡病、大口黑鲈弹状病毒病、诺卡氏菌病等，目前已有一些专门的检测机构从事相应检测，能迅速做出准确判断。

三、主要诊断方法

　　1. 调查　调查是采用问诊和现场观察的方法对疾病发生的相关情况进行全面收集，从中分析疾病发生的可能原因。这一方法对某些疾病有诊断价值，如投放过量药物后引起的药物中毒，室内水泥池过于粗糙引起的体表溃烂，苗种转运过程中由于温差过大引起的感冒和死亡，均可通过该种方法予以确诊。调查内容归纳如下（图3-3-5）：

图3-3-5　大口黑鲈病害的调查

　　（1）发病情况。发病季节、时间，发病大口黑鲈的来源、年龄、规格、数量、范围，以及主要症状，潜伏期和病程长短，发病率，死亡率，病史，本次发病前后的防疫措施，尤其是用药的种类、剂量，大口黑鲈对药物的反应等。

　　（2）养殖环境。养殖池的大小、位置、构造、水源、进排水设施、水深、水温、水色、溶解氧、pH、透明度，底质状况，水中混养或搭配的种类、大小、放养密度，浮游动植物种类和数量，周围可能存在的污染源等。

　　（3）饲养管理等情况。池塘消毒情况，放养时间，种苗运输方式与时间，饲料种类、质量、来源、投饵方式、投饵量、大口黑鲈摄食情况、生长速度、产卵等生产性能，水体进排方式方法与消毒情况等。

　　2. 临床检查　临床检查是利用人的感官或借助一些便于携带的器材，如放大镜、手术剪、手术镊、pH计（试纸）、注射器、载玻片等对患病大口黑鲈进行疾病检查。这种方法对有特征性症状表现或能宏观观察到病原体的疾病有确诊意义，如水霉病、小瓜虫病、锚头鳋病等。但应注意，被检查鱼类的数量和症状要有代表性，并保持鲜活状态，以确保结果的真实性和准确性（图3-3-6）。检查的方法和内容如下：

图3-3-6　大口黑鲈临床检查的主要内容

（1）病鱼外表和行为观察。在养殖现场对大口黑鲈精神状态、行为反应、外表性状做详细检查和记录，尤其应与正常鱼类进行比较。如摄食量下降或不摄食，在水面游动缓慢或狂游，不怕人，平衡失调，打圈或旋转，反应迟钝，体色变深或变浅，体表出现异物如长毛、有胞囊、长疖等，有形态改变，如体弯、脱鳞、鳍条缺损、消瘦、腹部膨大、生殖器或肛门脱出等，都是大口黑鲈的病态表现。一般来说，疾病不同，其症状有所差异，典型症状有确诊价值，如体表出现白点，全身披似灰白色棉毛状的毛，鱼苗身体弯曲，在水面打转，呈螺旋状不规则旋转游动等。

（2）病鱼典型症状特征和病原体（如虫体）检视。病鱼患病或病死后，常会出现一些典型病变，某些寄生虫病还可肉眼观察到虫体，这对于疾病诊断极有价值，如病鱼体表出现大面积呈鲜红色的深层溃烂（大口黑鲈溃疡综合征），鳃丝腐烂、鳃盖穿孔（烂鳃烂嘴病），网箱养殖的大口黑鲈背鳍两侧及鳃盖附近黏液浓厚，肉眼可见似层层云朵的白云状物（白云病）等。检查病变时应按一定的方法和顺序进行，先观察病鱼整体形态有何异常，然后从吻端、眼、头部、口腔、鳃、鳍、鳞到躯体、皮肤黏液、体色、肛门、尾逐一检查，检查内容一般为完整性是否受到破坏（如变色、缺吻、瞎眼、脱鳞、脱皮、烂鳃、蛀鳍、烂皮、断尾、脱肛、残肢等）和出现何种病变（如充血、出血、结节、孢囊、脓肿、疖疮、肿胀、丘疹、溃疡、糜烂、水疱等）；再剥皮检查皮下肌肉的颜色、质地等，剖开体腔检查腹水的量和颜色，血液状况和内部器官的大小、颜色、质地和病变特征（如肿大、萎缩、粘连、硬化、肿瘤、孢囊、淤血、充血、出血、溃疡、脓肿、胃肠的充盈度与性质、扭转、套叠、穿孔等）。此外，用肉眼或放大镜（解剖镜）还可观察到病鱼体内外某些虫体，如锚头鳋、鲺、水蛭、钩介幼虫等。

3. **实验室检查** 有些疾病在采用上述调查问诊和临床诊断方法仍不能诊断时，应及时采集病料（代表性的病鱼及其内脏器官，并妥善包装以防止腐败和污染），以及采集可能含有致病因素的水样或饵料，送实验室进行相应检查，以便确诊。实验室检查包括镜检（寄生虫）、饵料和水体中的毒物及饲料营养成分的检测、病原分子生物学检测、血清学鉴定等。

实验室病原精准的鉴定方法主要有：病原的分离和鉴定、组织病理学检测、分子生物学检测、血清学检测等（图3-3-7）。

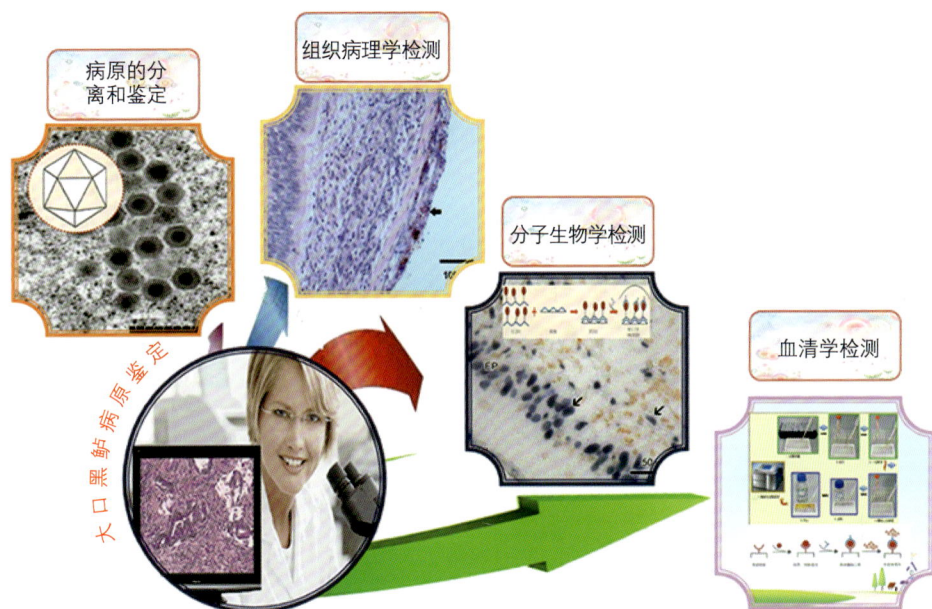

图3-3-7 实验室病原鉴定的主要手段

四、疾病确诊

大口黑鲈感染的疾病有3种类型：单一感染的疾病、并发症和原发性感染后的继发性疾病。单一感染的疾病在生产实践中只需判断是何种疾病，而对病原体的种属没有确切要求，如果准确定种还要进行更为细致和复杂的试验，如寄生虫需要对收集的寄生虫标本进行染色、透明、切片等处理，然后在较高倍的显微镜甚至电子显微镜下观察、测量、比对才能得出正确结论。并发症要根据病原体的数量及其危害性确定主要病原，以主要病原对疾病确诊，如车轮虫在大口黑鲈鳃和皮肤上常与其他病原同时存在，只在数量较多时才能导致疾病，数量较少时危害性就不显著。在较多情况下，继发性感染的原发性病原（或病因）对大口黑鲈的危害较继发性感染的病原危害小，诊断需以后者为主，如大口黑鲈苗种期常见的熟身，本是应激引起，若一旦诱发弹状病毒、柱状黄杆菌等病原继发感染，则可对大口黑鲈造成极大的危害（图3-3-8）。

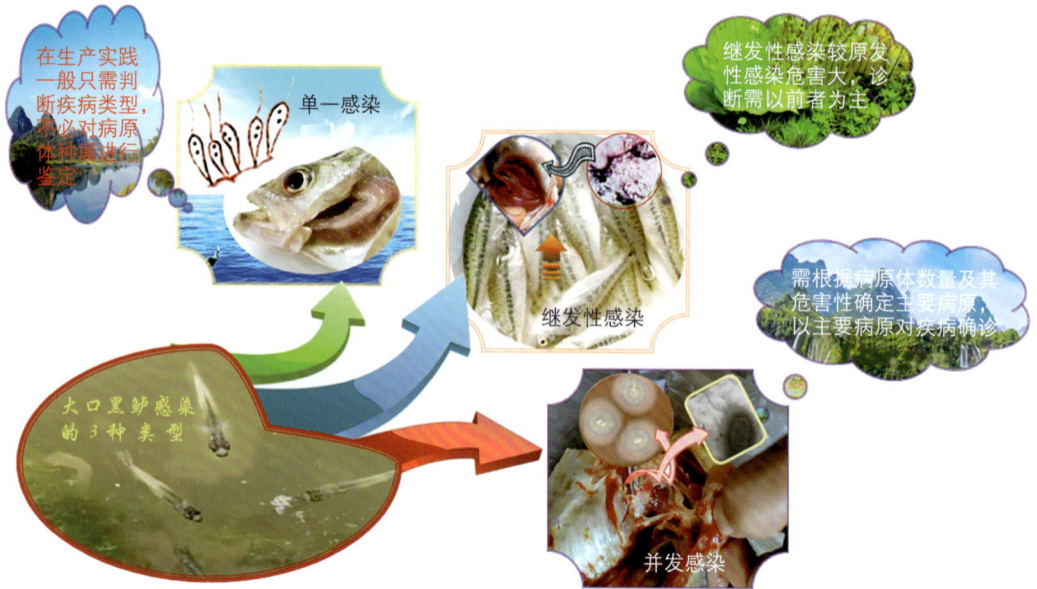

在生产实践一般只需判断疾病类型，不必对病原体种属进行鉴定

单一感染

继发性感染

继发性感染较原发性感染危害大，诊断需以前者为主

大口黑鲈感染的3种类型

并发感染

需根据病原体数量及其危害性确定主要病原，以主要病原对疾病确诊

图3-3-8 大口黑鲈感染的3种类型疾病与确诊

第四章 PART FOUR

大口黑鲈病害的防治

生态防治（bionomic control）、药物防治（medical treatment）和免疫防治（immunoligic prophylaxis）是大口黑鲈病害的综合防治技术。其中，生态防治和免疫防治基本上应用于病害发生之前，对养殖环境和养殖对象一般不会产生较大的负面效应，适用于无公害和绿色水产品的生产；药物防治除了预防之外，还有治疗作用，尤其是疾病发生之后可控制疾病的蔓延和发展，经济价廉、操作简单、使用方便、效果明显，为大口黑鲈病害防治的主要手段，但因可能产生某些副作用会带来某些不良效果或安全隐患。正确、合理地应用这3种防治技术并有机结合是控制大口黑鲈病害发生和保障大口黑鲈养殖产业健康、稳步和安全发展的重要措施（图4-1-1）。

应用于病害发生之前，适用于无公害和绿色水产品生产

可用于预防和治疗，控制病害蔓延和发展

对环境和大口黑鲈不会产生较大的负面效应

经济价廉、操作简单、使用方便、效果明显

不能用于发病之后，效果不会立竿见影

具有较大的局限性，基本只能预防疾病

可能产生某些副作用和安全隐患

正确、合理地应用3种防治技术并有机结合是控制大口黑鲈病害发生和保障产业健康发展的重要措施

生态防治
(bionomic control)

免疫防治
(immunoligic prophylaxis)

药物防治
(medical treatment)

大口黑鲈病害综合防治技术

图4-1-1　大口黑鲈病害的生态防治、药物防治和免疫防治

第一节　生态防治

一、生态防治的概念和原理

生态防治的概念来源于农业病虫害防治，是指充分利用生物活性物质改变虫害习性，破坏虫害发育到一定阶段的发育步骤或种内或种间的化学联系机制，通过改变生态条件，在不损害天敌的情况下，达到防治害虫的目的，又称为生物防治（biological control）。生态防治方法被水产养殖借用之后，进一步扩充了它的内容和含义，成为当前病害防治的一种安全、经济、有效的手段。

大口黑鲈的生态防治是以保持大口黑鲈为核心的生态平衡和微生态平衡为出发点，通过水生环境中大口黑鲈与其他生物或微生物相互依赖或相互制约的关系，辅以各种技术措施和手段，充分改善和保持适宜于大口黑鲈的生存环境，抑制病原体的滋生和繁殖，而最终达到病害控制的目的。

生态防治的重要观点是强调大口黑鲈所生存的养殖环境，大口黑鲈体内、体表所存在的其他生物群落或特定的微生物群落，无论是有害的，有益的，还是没有明显作用的，它们与大口黑鲈处于一种相辅相成的关系。通过养殖生产中某些相应手段，如搭配辅养其他种类，进行改底和改水，在某个时期施用微生态制剂等，使养殖水体环境中的生态群落和微生态群落处在一种正常的协调状态；通过某些生物抑制病原体的繁殖或杀灭病原体（如投放噬菌体或蛭弧菌等），利用水体生物群落中具有自身调节机制的生物活性物质，如信息型生物活性物质（病原体生长、发育和繁殖的调节剂）和提供化学信息的活性物质（外激素和利它素等），使对病原生物的控制与综合防治体系的其他部分有机结合，借以控制病原体的数量，达到防治病害的目的。

生态防治也是通过修复和改良养殖水体各种水化学指标、调节藻相和菌相，保持优良生态环境；通过养殖大口黑鲈均衡营养和机体调节，充分保障其体质健康；通过降低养殖环境和养殖对象体表、体内病毒、细菌、真菌、寄生虫等病原体密度，从而使养殖对象患病的概率得以降低。

生态防治的根本就是保持养殖水体的生态平衡和微生态平衡（图4-1-2）。

二、生态防治的主要方法

1. **生态养殖模式的构建**　大口黑鲈喜栖息于水体清澈或较肥沃、水生植物丰富、沙或泥沙底质安静的水域中，根据这一特点尽量构建适宜大口黑鲈生长的养殖环境。考虑大口黑鲈生活于水体中下层、肉食性的特点，搭配部分混养品种，一方面利用水体的生产层级；另一方面通过其他养殖品种使大口黑鲈的生存环境得到相应改善，有利于大口黑鲈的健康，提高其对病原的抗感染能力。如目前采用的大口黑鲈养殖池塘中套养大规格的鲢、鳙、鲫，就会起到调控水质，达到为大口黑鲈提供适宜生长环境的目的；又如蟹鲈混养使大口黑鲈和中华绒螯蟹在不同栖息空间、时间以及生态层级活动，大口黑鲈排泄的粪便成为蟹所需水草的营养，减小大口黑鲈对水体的污染，有效地改善了生态环境，有利于大口黑鲈健康生长。此外，还可根据病原体对宿主的选择性实行轮养。采用合理的养殖密度、

病虫害生物防治
(biological control)

- 充分利用生物活性物质改变虫害习性
- 破坏虫害发育到一定阶段的发育步骤或种内或种间的化学联系机制
- 通过改变生态条件，在不损害天敌的情况下，达到防治害虫的目的

生态防治(ecological control)

图 4-1-2 大口黑鲈生态防治的基本原理及采取的措施

放养规格以及放养时间，也是构建良好生态养殖模式的重要内容，对此第二章第五节已有相应阐述。

在疾病流行的季节或疾病发生后，还可通过改变投饵方式（如疾病流行期间少投，而疾病未发生前或发生后多投的"'凹'字形投饵"模式）、减少投饵量、改变投饵地点等也是构建生态养殖模式防止疾病发生和蔓延的手段（图 4-1-3）。

图 4-1-3 构建大口黑鲈的生态养殖模式

2. **养殖水体微生态平衡的修复与维护，良好水体水质的调控与管理**　保持水体的微生态平衡就是使大口黑鲈的生态环境与正常微生物群落形成一种有利的生理性组合的动态过程，使疾病很少发生或不会发生。微生态平衡基本上受大口黑鲈自身、环境微生物3个方面的影响，一旦平衡破坏病害即可能发生（见第三章第二节）。因此，修复和维持水体微生态平衡是生态防治的一个重要组成部分。其中，良好水质的调控与营建就是保持微生态平衡极为重要的措施，我国渔民在长期生产实践中总结出来的保持养殖水色"肥、活、嫩、爽"的"看水养鱼"实践就是生态防治的最好诠释（图4-1-4、图4-1-5）。

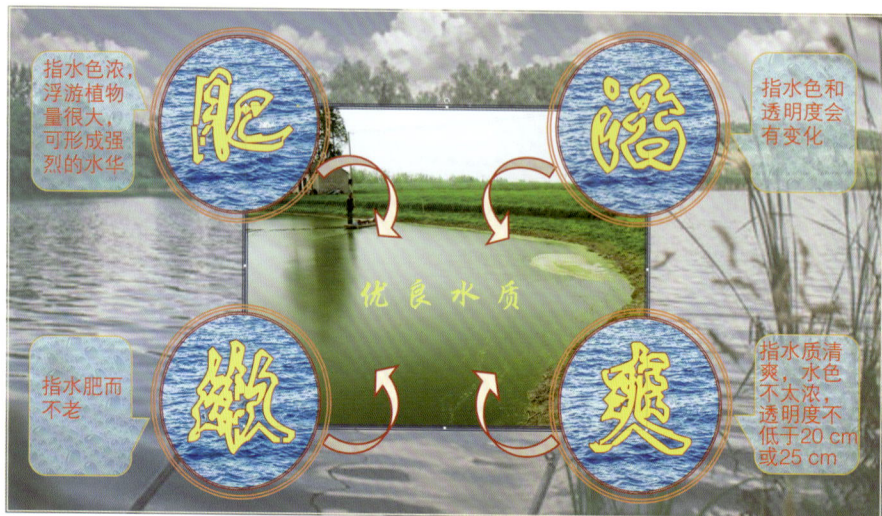

图4-1-4　"肥、活、嫩、爽"的良好水质

图4-1-5　大口黑鲈的看水养殖

对于养殖水体水色的调控要注意以下几个问题：①水体中藻类的组成和丰度是影响水

色的重要因素。水色调控，在很大程度上就是对水体中藻类的定向培育和优良藻类丰度的保持。②水色调控要根据藻类的生物学特点及影响藻类的生长繁殖因素进行，其中肥水是在藻类培养、水色调控中常采用的措施，它给培养水体中的绿藻、硅藻、隐藻等有益藻类的生长繁殖提供了丰富的营养盐类。肥水时，要注意施肥的条件，否则也会导致蓝藻、金藻、裸甲藻等有害藻类出现。③水色调控要正确处理水体中浮游动物与浮游植物相互间的关系，在某个时期，或某个阶段，或某些水体，限制或利用浮游动物的生长，恢复水体中藻类正常生态是水体调节的一个重要措施。④水色调控要维系养殖水体生态相平衡（phase equilibrium）。相平衡是指相系统中各相变化达到的极限状态，它包括藻相、菌相、浮游生物相，以及水体整个非生物相和生物相等。我们不可能使藻相达到理想的极限状态，也不可能清除水体中所有的不利于养殖的生物，但我们必须使水体中的养殖动物、有害生物、有益生物（包括理想的有益藻类），以及中间类生物在水体中处于一个有益于我们养殖的状态，也允许它们本身存在的"极限状态"，使其处于一个相互促进、相互制约的平衡，保持生物的多样性和稳定性（图4-1-6）。

图4-1-6 大口黑鲈养殖水体水色与其藻类及其他生物的关系

水质的调控常采用物理、化学以及生物的方式。物理调控包括使用增氧机，以增加水体溶解氧，加大水体循环和上下对流；定期换水，排出底层有毒有害污染水，注入新鲜水，减少池塘污染因子，减轻水体压力；撒膨润土或沸石粉等吸附剂，通过吸附降低有毒有害物质在水体中的浓度。化学调控通过泼洒增氧剂、二氧化氯和次氯酸钠等氯制剂，以及用镁盐和磷酸盐以化学方式沉淀水体中的氨氮。生物调控可利用菱、藕、水草、孔石莼等水生植物，以及泼洒芽孢杆菌、荚膜红假单胞菌、乳酸杆菌等有益微生物进行（图4-1-7）。

大口黑鲈养殖水体的调控是养殖管理中一项复杂、重要的工作。

3. 微生态制剂的合理与安全使用 微生态制剂（probiotics）又称益生菌、益生素、

图 4-1-7　大口黑鲈水质调控措施

活菌制剂（bigone）等，指在保持大口黑鲈体内和养殖环境微生态平衡的前提下，利用有益菌及其代谢产物和促生长物质经培养、复壮、发酵、包埋、干燥等特殊工艺制成的生物制剂或活菌制剂。它可补充肠道有益菌，调整或维持肠道内微生态平衡，促进肠道吸收和提高宿主免疫防御水平；它也可增加环境有益菌减少水体中氨、氮、硫化氢、有机物等有害物质的含量，抑制病原菌的种类与数量，调整水体浮游生物结构，维持养殖环境的生态平衡；它还可以提高饲料转化率和机体对疾病的抵抗能力。微生态制剂的广泛适应性和高度安全性使其成为大口黑鲈生态防治的重要手段（图 4-1-8）。

目前，有一种微生态产品将精心筛选的多菌种与脂肪酸、蛋白质配伍，以特殊工艺制粒，用时可随意将其分散抛投于水体中，从而该微生态产品持续分解水体中（特别是底质中）的污染有机质，达到高效净化水质的效果（图 4-1-9）。

大口黑鲈所用的微生态制剂依据不同划分标准可以分为不同的种类：①按使用目的分有生长促进剂、免疫促进剂、治疗剂、水质改良剂等；②按菌种分有芽孢杆菌制剂、乳酸菌制剂、酵母菌制剂等；③按菌种组成分有单一制剂和复合制剂；④按剂型分有液体剂型、固体剂型、半固体剂型等；⑤按物质组成分有有益生菌、益生元（prebiotics）和合生元（synbiotics）等（图 4-1-10）。

根据农业部颁布的 2045 号公告（2013 年 12 月 30 日）可在水产养殖动物饲料中添加的微生态制剂（拓展阅读 5）是：地衣芽孢杆菌、枯草芽孢杆菌、双歧杆菌、粪肠球菌、屎肠球菌、乳酸肠球菌、嗜酸乳杆菌、干酪乳杆菌、德式乳杆菌乳酸亚种（原名：乳酸乳杆菌）、植物乳杆菌、乳酸片球菌、戊糖片球菌、产朊假丝酵母、酿酒酵母、沼泽红假单胞菌、婴儿双歧杆菌、长双歧杆菌、短双歧杆菌、青春双歧杆菌、嗜热链球菌、罗伊氏乳杆菌、动物双歧杆菌、黑曲霉、米曲霉、迟缓芽孢杆菌、短小芽孢杆菌、

拓展阅读 5
应纳入饲料添加剂管理的投入品种类

机体微生态平衡失调后，大肠杆菌比例增高，分解蛋白质产生氨、胺、细菌毒素等有毒物质。微生态制剂可显著降低大肠杆菌、沙门菌数量，抑制病原菌，减少蛋白质向胺及氨的转化，减少机体应激

⑧ 防止产生有害物质，改善机体环境

① 优势种群学说

优势种群对整个种群起决定作用，饲用微生态制剂使微生态平衡失去了优势的种群得以恢复

② 生物拮抗作用

有益微生物对病原微生物有生物拮抗作用，同其争夺有限的营养物质和生态位点，使病原微生物的生长繁殖受到抑制

⑦ 营养作用

乳杆菌，双歧杆菌等能够合成多种维生素，促进机体对蛋白质、钙、铁和维生素D的消化吸收

微生态制剂的作用机理

③ 微生物夺氧学说

需氧微生物(特别是芽孢杆菌)能消耗肠道内氧气，造成局部厌氧环境，有利于厌氧微生物生长，从而使失调菌群恢复正常，恢复肠道内的微生态平衡

⑥ 合成酶类

芽孢杆菌具有很强的蛋白酶、脂肪酶、淀粉酶活性，它们可补充机体消化道内源酶，帮助机体对营养物质进行消化，提高饲料转化率

⑤ 产生有益代谢产物及抗菌物质

④ 增强鱼体免疫功能

有益菌(如乳酸菌)是良好的免疫激活剂，可诱导机体产生TNFa、白细胞介素等细胞因子，通过淋巴循环活化全身的免疫防御体系

有益微生物进入肠道后产生乳酸和乙酸、丙酸等挥发性脂肪酸，降低肠道pH，激活酸性蛋白酶活性，抑制致病菌的生长

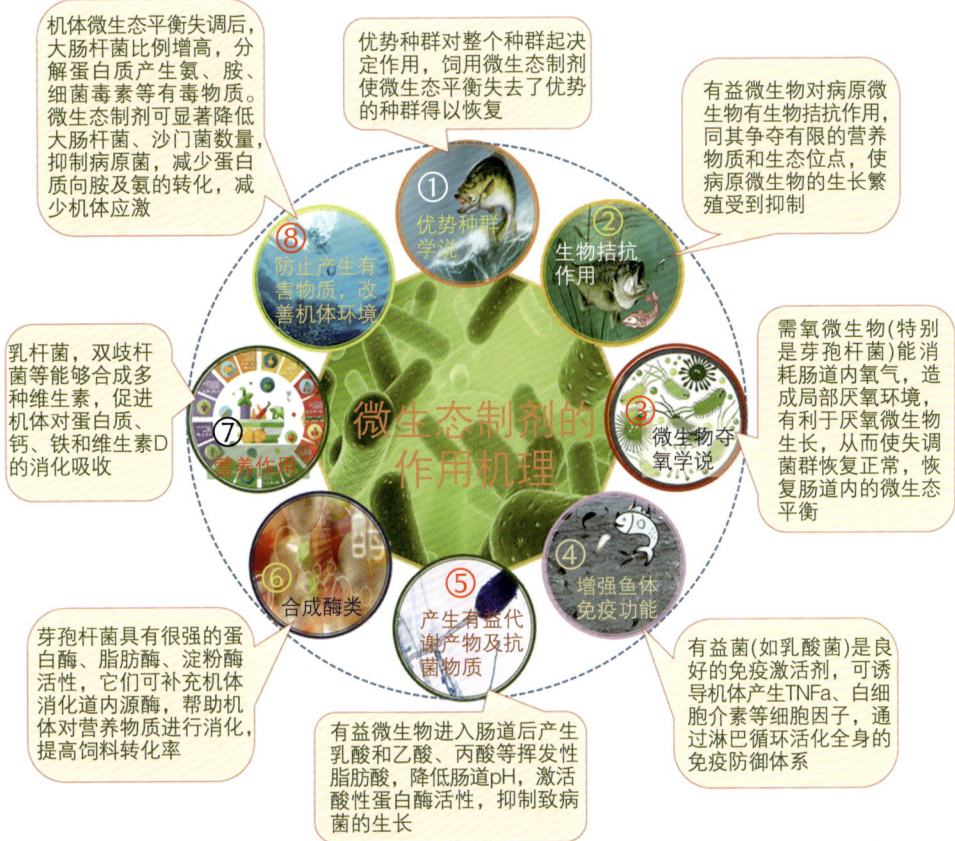

图 4-1-8　微生态制剂的作用机理

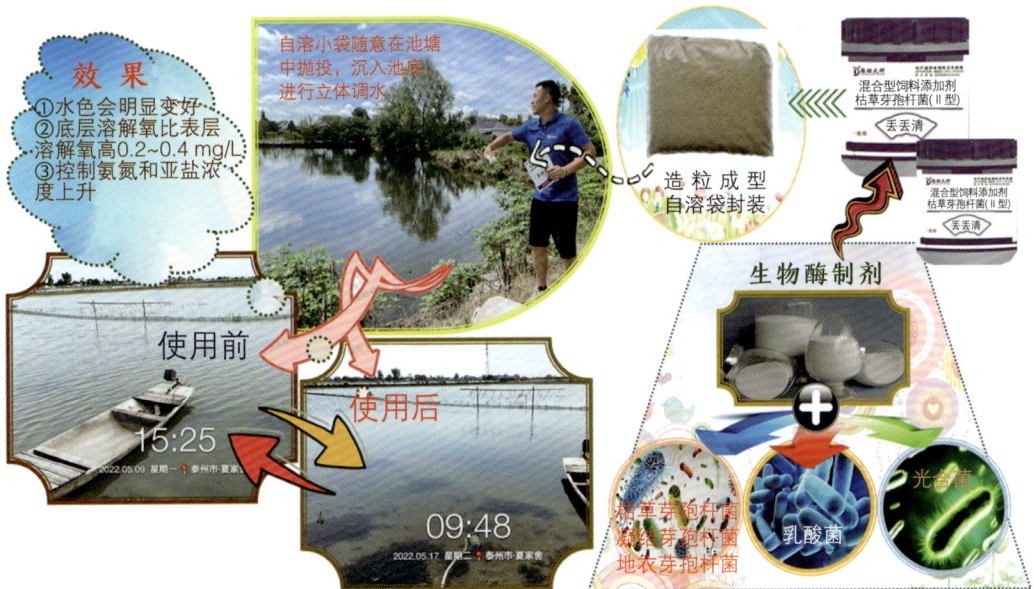

效果
①水色会明显变好
②底层溶解氧比表层溶解氧高0.2~0.4 mg/L
③控制氨氮和亚盐浓度上升

自溶小袋随意在池塘中抛投，沉入池底，进行立体调水

造粒成型自溶袋封装

混合型饲料添加剂枯草芽孢杆菌(Ⅱ型) 丢丢清

混合型饲料添加剂枯草芽孢杆菌(Ⅱ型) 丢丢清

使用前

使用后

15:25
2022.05.09 星期一 泰州市·夏家舍

09:48
2022.05.17 星期二 泰州市·夏家舍

生物酶制剂

枯草芽孢杆菌
纳豆芽孢杆菌
地衣芽孢杆菌

乳酸菌

光合菌

图 4-1-9　生物酶制剂的应用

图 4 - 1 - 10　微生态制剂的种类

纤维二糖乳杆菌、发酵乳杆菌、德氏乳杆菌保加利亚亚种（原名：保加利亚乳杆菌）34 种。此外，还有监测期内的新饲料和新饲料添加剂品种丁酸梭菌（农业部 2045 号公告附录 2）。广泛应用于养殖水体中的微生态制剂有光合细菌（photosynthetic bacteria，简称 PSB）、芽孢杆菌、放线菌、硝化细菌、酵母菌、有效微生物群（effective microorganisms，简称 EM）、生物抗菌肽等，它们对组成水体复杂且相对稳定的微生态系统，抑制有害菌的生长起着重要作用。

4. 病原体生物抑杀防治技术　利用生物竞争性抑杀手段防治水产动物病害是一种十分诱人的技术。早在 1992 年厄瓜多尔就用益生菌抑杀对虾孵化期间的溶藻弧菌，使虾产量提高了 35%，抗生素使用量减少了 94%；墨西哥也在商品虾孵化过程中添加益生菌控制对虾病害的发生，取得了显著成效（范阿南等，2011）。以后陆续发现很多益生菌，如乳酸杆菌、芽孢杆菌、绿脓假单胞菌噬菌体、加氏乳球菌噬菌体等，对弧菌、爱德华氏菌、绿脓假单胞菌以及加氏乳球菌等有抑制和杀灭作用（Gatesoupe，1994；Laurent，2000；Park，et al.，2000；Nakai，et al.，1999）。这是大口黑鲈生态防治病害的有效技术。

目前以"生物渔药"手段进行生态防治的技术已有较多试验性成果，主要有以下 3 个方面：①通过分泌抑菌物质抑制病原菌的繁殖和生长，如某些乳酸菌通过分泌细菌毒素、过氧化氢，产生有机酸（乳酸、乙酸、丙酸、丁酸等）降低肠道 pH，抑制有害病原微生物生长和繁殖（Ringo，1998）；一些芽孢杆菌可产生氨基氧化酶、SOD 酶、分解硫化氢的酶，以及过氧化氢等抗菌物质起到杀菌作用，减少肠道内有害物质的产生；丁酸梭菌已作为饲料添加剂在水产养殖上广泛使用，因为它的主要代谢产物为丁酸，丁酸是肠道上皮组织细胞再生和修复的主要营养物质，而且丁酸梭菌还可在肠道内产生 B 族维生素、维生素 K、淀粉酶等营养物质，在维持肠道微生态平衡和保健上具有较强的作用（图 4 - 1 - 11）。②通过裂解杀灭病原微生物。噬菌蛭弧菌能通过定位、穿入、细胞内繁殖和释放 4 个过程完成对宿主病原菌的裂解，达到杀灭病原菌的目的。此外，丁酸梭菌在抑制有害菌，降解水体有机质及有害物质，调节水体和肠道微生态平衡，提高肠道黏膜免疫力，以及促进鱼类对营养物质吸收等方面起着较大作用，受到了较多人的重视（图 4-1-12）。较多试验证明，具有独特噬菌特性的噬菌蛭弧菌对嗜水气单胞菌的裂解率高达 70% 以上，可以显著降低鱼类感染患病的死亡率（赵明森，2022；李怡等，2008）。此外，有人还发现了一种噬锚头蚤生物，可以吞噬水体或鱼体上寄生的锚头蚤（杨先乐和郑宗林，2007）。

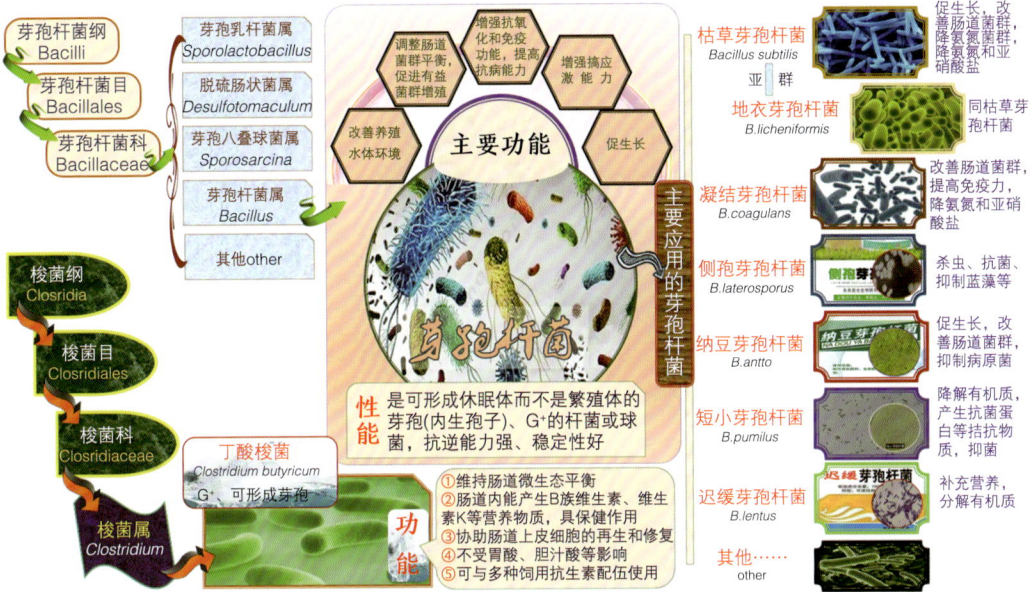

图 4-1-11 水产养殖中常用的几种芽孢杆菌与丁酸梭菌

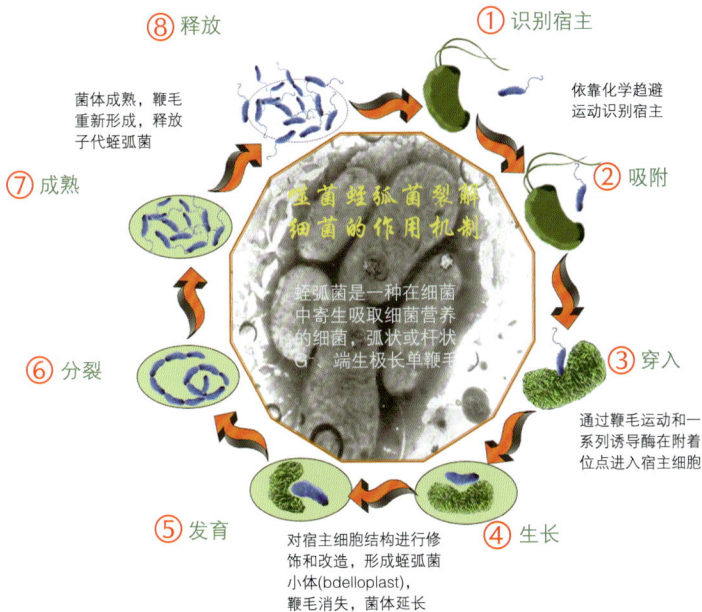

图 4-1-12 蛭弧菌裂解细菌的作用机理

③竞争作用抑菌。某些微生物能通过生物种群生态间的竞争，抑制水体中有害致病菌的繁殖生长，从而达到预防水产动物疾病的目的。Olsson 等（1992）用体外实验证明从大菱鲆肠道分离的细菌，因其在肠道黏液中比鳗弧菌具有更强的黏附和生长能力从而抑制鳗弧菌的生长；Austin 等（1995）得到一种溶藻胶弧菌，其可占据鲑体内气单胞菌、鳗弧菌和致病性弧菌的生态位，从而使鲑免受致病菌的侵害；酿酒酵母 7764（*Sacharomyces cerevisiae* 7764）可通过竞争磷脂受体而起到抗病原作用，抑制鲑气单胞菌的生长（王丽娟，1999）。这些防治技术虽还未在大口黑鲈病害防治中普遍采用，但显示出了它的广阔应用前景。

三、生态防治存在的问题和发展前景

大口黑鲈的生态防治还在起步阶段，目前以改变调节生态环境，为大口黑鲈提供良好的生态环境为主，对于以生物制约病害生物的核心技术还在探索之中，尤其对与病原体有关的生物信息和化学信息方面的活性物质还知之甚少，甚至完全缺失，还不能真正达到以生物抑制生物、以生物杀灭生物的目的。对于生物防治的安全问题更鲜有涉及。微生态制剂的广泛使用虽在大口黑鲈的病害防治中起了一些作用，但对微生态制剂应用基础理论，产品的质量、效果、有效微生物的定植，以及微生态制剂在水体中的归趋等问题还有很多需要解决的问题，甚至还有某些隐患可能会导致生态安全的风险，这都是不容忽视和回避的（图 4-1-13）。

图 4-1-13　微生态制剂当前要解决的突出问题

大口黑鲈的生态防治正以其独特的理念和诱人的前景呈现在世人面前，影响着大口黑鲈养殖业深入发展。生态防治应在对大口黑鲈养殖生态、病原生物生态，以及水域环境生态进行充分分析的基础上，探讨它们之间的平衡，并促使其平衡向有利于大口黑鲈的方面发展，探讨病原生物的生物抑杀机制与实践，探讨生态防治安全的关键点并予以控制的措施，让生态防治更为理性、更为高效。

第二节 药物防治

利用药物及其制剂控制大口黑鲈疾病或有害生物的措施称为药物防治。

药物防治最容易被接受，而且是最简单、最普通、价格最便宜的方法，它在病害防治中占据非常重要的地位。养殖业的发展趋势对传统的药物防治提出了更新、更高的要求，除了它的有效性外，安全性（包括养殖对象的安全、产品的安全、环境的安全等）也是必须考虑的因素。

一、渔药与药物防治

1. **渔药的概念及其主要类别**　渔药，又称为鱼类药物、水产药物，它是大口黑鲈养殖生产中的一个重要投入品，指可以改变或查明大口黑鲈机体的生理功能及病理状态，用于预防、治疗、诊断疾病，或有目的地调节生理功能的物质。从理论上说，凡能通过化学反应影响大口黑鲈生命活动过程（包括器官功能及细胞代谢）的化学物质都属于渔药（图4-2-1）。

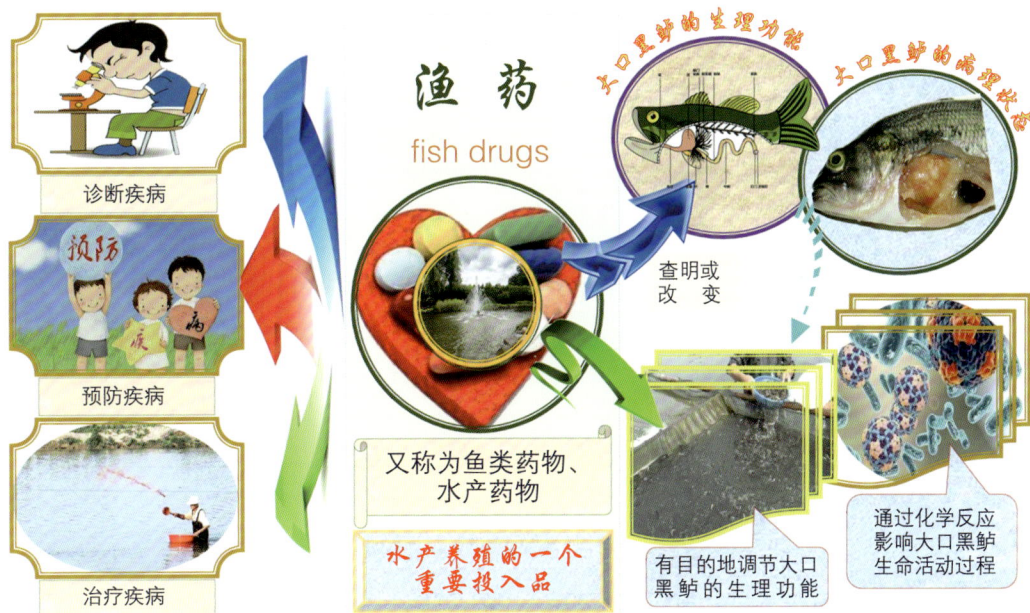

图4-2-1　渔药的基本概念

渔药主要有以下3个方面作用：①抑制和杀灭病原体，有间接和直接两种作用方式。间接作用方式是指渔药在一定的条件下，通过化学反应生成一些新的化学物质而起到杀灭病原体的作用，如漂白粉等含氯消毒剂；直接作用方式是指渔药在大口黑鲈机体内或水环境中，直接与病原体发生反应而达到杀灭效果，如硫酸铜的杀原虫作用等。②改良养殖环境，主要是通过杀灭水体中的病原体（如含氯消毒剂等）、改良水质与底质（如生石灰、过氯化钙等提高水体碱度，增加通透性）、净化养殖环境（如泼洒光合细菌、硝化细菌等）达到改良养殖环境的目的。它的作用方式也有直接作用和间接作用两种，如沸石是直接通过它的吸附作用对环境进行改良，而消毒剂则通过抑制有害微生物的生长和繁殖，促使有益微生物使其对微生态平衡起到重要作用，而使环境得到改良。③调节大口黑鲈的生理机能，主要是通过激素类作用、营养调节作用、促生长作用、免疫增强作用、麻醉和镇静作用等发挥功能（图4-2-2）。

图4-2-2　渔药的主要作用

渔药除了以上3种基本功能外，还有一些渔药不是直接或间接作用于大口黑鲈，而是添加在饲料中起到保证饲料质量的作用，如抑制霉菌生长，防止饲料发霉变质的防霉剂，阻止或延迟饲料氧化，提高饲料稳定性和延长储存期的抗氧化剂等。

按照使用目的基本上可将渔药分为7种类型：①环境改良剂，指用于改良养殖水域环境的药物，包括底质改良剂、水质改良剂和生态条件改良剂等，如生石灰、沸石粉等；②消毒剂，是用以杀灭水体中有害微生物的药物，如漂白粉、高锰酸钾等；③抗菌药物，指通过内服或注射，杀灭机体内病原菌或抑制其繁殖、生长的药物，包括抗细菌药、抗真菌药等，如硫酸新霉素粉、氟苯尼考粉等；④抗寄生虫药物，指通过药浴或内服，杀灭或驱除体内外寄生虫的药物，以及杀灭水体中有害无脊椎动物的药物，如硫酸铜、硫酸亚铁粉、精制敌百虫粉等；⑤生殖及代谢调节药物，指以改善大口黑鲈机体代谢和增强机体抗病力、促进病后恢复及促进生长为目的而使用的药物，通常以饲料添加的方式使用，如维生素C钠粉等；⑥中草药，指为防治大口黑鲈病害或改善其健康而使用的经加工或未经加工的药用植物或动物或矿物质，又称天然药物，如大黄末、五倍子末、石知散等；⑦免疫用药物，指通过生物化学、生物技术制成的药剂，通常具有特殊功能，如疫苗、免疫调节剂等（图4-2-3）。

图 4 - 2 - 3 渔药的主要类型

2. 渔药的使用原则和方法　渔药使用应遵循以下原则：①用药安全是渔药使用的根本，渔药不可危害人类健康；②渔药使用应坚持"以防为主，防治结合"的方针；③严禁使用国家规定的禁用药物，严禁使用对水域环境有严重破坏而又难以修复的渔药，严禁直接将新开发的人用药作为渔药的主要或次要成分，严禁直接使用原料药；④防止滥用渔药和盲目增大用药量或增加用药次数、延长用药时间，控制渔药耐药性产生；⑤用药后大口黑鲈上市前，应有相应的休药期，确保上市产品的最高药物残留限量（maximum residue limit，MRL）符合《无公害食品　水产品中渔药残留限量》（NY 5070）的要求（图 4 - 2 - 4）（拓展阅读 6）。

拓展阅读 6
无公害食品
水产品中渔药残留限量

3. 在大口黑鲈养殖中国家禁止使用的药物和允许使用的药物　《兽药管理条例》第三十九条、四十一条分别规定："禁止使用假、劣兽药以及国务院兽医行政管理部门规定禁止使用的药品和其他化合物""禁止将原料药直接添加到饲料及动物饮用水中或者直接饲喂动物，禁止将人用药品用于动物。"这是大口黑鲈病害药物防治所必须遵照的法律准则。根据农业农村部（农业部）有关公告，目前在水产养殖生产中禁止使用的药品及其他化合物有汞制剂、孔雀石绿、氯霉素及其盐酯等 21 种（类）（拓展阅读 7），停止使用的兽药有噬菌蛭弧菌微生态制剂、诺氟沙星等 4 类（拓展阅读 8）。截至 2021 年 6 月 30 日，国家批准使用的商品化渔药制剂共 125 个，其中抗细菌药（含抗生素和人工合成抗菌药）有硫酸新霉素粉（水产用）等 12 个，抗真菌药有复方甲霜灵粉 1 个，杀虫剂有复方甲苯咪唑粉等 16 个，环境改良

图 4-2-4　大口黑鲈药物防治的原则

与消毒剂有三氯异氰脲酸粉等 25 个，维生素有亚硫酸氢钠甲萘醌粉（水产用）和维生素 C 钠粉（水产用）等 2 个，生殖及代谢调节类药物（激素、促生长剂等）有注射用促黄体素释放激素 A2 等 8 个，中药材和中成药有大黄末等 53 个，生物制品（疫苗）有草鱼出血病灭活疫苗等 8 个（拓展阅读 9）。需要注意的是，这些允许使用的药物制剂中有硫酸新霉素粉等 12 个抗细菌药、甲苯咪唑溶液（水产用）等 6 个杀虫药是处方药，需要在水产执业兽医师的指导下使用。所有药物制剂在使用后还必须遵守休药期的有关规定。此外，中华人民共和国农业部 2045 号等公告还规定了"氨基酸、氨基酸盐及其类似物""维生素及类维生素"等 11 类饲料添加剂应纳入投入品管理，确保大口黑鲈产品的安全（拓展阅读 5）。

　　中草药（中药和草药的总称）在水产养殖病害防治中已积累了大量临床经验和验方，在确保食品安全和环境安全，解决化学药物、抗生素等引发的病原菌抗（耐）药性和药物残留超标等问题上起了很大作用。国家规定 117 种"可饲用天然植物"能直接添加到饲料中使用，其中车前草、黄芪等 24 种在大口黑鲈养殖病害防治中常用，在对病害进行药物防治时可直接添加于饲料中，它们对大口黑鲈病害防治并确保产品安全具有较大的应用前景（图 4-2-5）（拓展阅读 10、拓展阅读 11）。

拓展阅读 7 动物食品中禁止使用的药品及其他化合物清单（农业农村部第 250 号公告）	拓展阅读 8 食品动物中停止使用的兽药（农业部第 2292、2294、2583、2638 号公告）	拓展阅读 9 国家批准使用的商品化渔药制剂（截至 2020 年 6 月 30 日）	拓展阅读 10 中华人民共和国农业部 1773 号公告"115 种饲用中草药"	拓展阅读 11 新增绿茶、迷迭香纳入饲料添加剂管理的投入品（农业农村部第 22 号公告）

苍术

别名 | 茅苍术、北苍术、京苍术

性味归经 辛、苦，温；归脾、胃、肝经

功能用途 燥湿健脾，祛风散寒，明目；用于湿阻中焦、脘腹胀满、泄泻、水肿、脚气痿躄、风湿痹痛、风寒感冒、夜盲、眼目昏涩

饲用功效 配伍当归、白芍、白芷，可有效清除巨噬细胞结合的免疫复合物而保持机体非特异性免疫功能始终持久而发挥作用，可用于抗疾病的功能饲料

车前子

别名 | 车前实、凤眼前仁

性味归经 甘，寒；归肝、肾、肺、小肠经

功能用途 清热利尿通淋，渗湿止泻，明目，祛痰；用于热淋涩痛、水肿胀满、暑湿泄泻、目赤肿痛、痰热咳嗽

饲用功效 配伍炒麦芽、白矾、红高粱糠，可用于大口黑鲈防治拉痢的功能饲料

车前草

别名 | 车轮菜、车轱辘草

性味归经 甘，寒；归肝、肾、肺、小肠经

功能用途 清热利尿通淋，祛痰，凉血，解毒；用于热淋涩痛、水肿尿少、暑湿泄泻、痰热咳嗽、吐血、鼻出血、痈肿疮毒

饲用功效 配伍金钱草、茵陈、石韦、泽兰、威灵仙、葶苈子，可用于防止尿酸盐沉积的功能饲料

党参

别名 | 黄参、防党参、狮头参、黄党

性味归经 甘，平；归脾、肺经

功能用途 健脾益肺，养血生津；用于脾肺气虚、食少倦怠、咳嗽虚喘、气血不足、面色萎黄、心悸气短、津伤口渴、内热消渴

饲用功效 配伍当归、白术、补骨脂、绞股蓝、蒲公英、水红花子，提高机体抗逆性，增强抵抗力和抗病力，可用于抗超强应激的功能饲料

杜仲叶

别名 | 丝棉树、丝棉皮、玉丝皮

性味归经 微辛，温；归肝、肾经

功能用途 补肝肾，强筋骨；用于肝肾不足、头晕目眩、腰膝酸痛、筋骨痿软

饲用功效 配伍钩藤、代赭石，可用于各阶段过量运动能量消耗的补充，提高饲料转化率的功能饲料

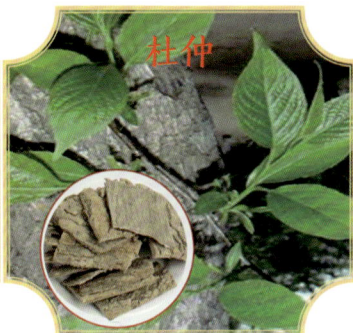

杜仲

别名 | 扯丝皮、思仲、丝棉皮

性味归经 甘，温；归肝、肾经

功能用途 补肝肾，强筋骨，安胎；用于肝肾不足、腰膝酸痛、筋骨无力、头晕目眩、妊娠漏血、胎动不安

饲用功效 下焦之虚、湿、酸、痛，非杜仲不能除，肝充则筋健，肾充则骨健。配伍续断、制何首乌、石楠藤、枸杞子，可用于筋骨发育期的功能饲料

茯苓

别名｜松苓、松薯、云苓

性味归经 甘、淡，平；归心、肺、脾、肾经

功能用途 利水渗湿，健脾，宁心；用于水肿尿少、痰饮眩悸、脾虚食少、便溏泄泻、心神不安、惊悸失眠

饲用功效 配伍橘皮、青皮、制半夏、甘草组成加味二陈散，可用于风邪季节功能饲料

干姜

别名｜白姜、干生姜

性味归经 辛，热；归脾、胃、肾、心、肺经

功能用途 温中散寒，回阳通脉，温肺化饮；用于脘腹冷痛、呕吐泄泻、肢冷脉微、寒饮喘咳

饲用功效 配伍五味子、白术、当归、白芍，可应用于寒冷季节功能饲料

甘草

别名｜国老、甜甘草、甜根子

性味归经 甘，平；归心、肺、脾、胃经

功能用途 补脾益气，清热解毒，祛痰止咳，缓急止痛，调和诸药；用于脾胃虚弱，倦怠乏力，心悸气短，咳嗽痰多、脘腹、四肢挛急疼痛，痈肿疮毒及缓解药物毒性、烈性

饲用功效 因味甘性平，具和中之性，调和百药。配伍干姜粉、海藻发挥抗超强冷应激的作用，可用于教槽保育期冬、春季防拉痢功能饲料

厚朴

别名｜重皮、赤朴、紫油厚朴

性味归经 苦、辛，温；归脾、胃、肺、大肠经

功能用途 燥湿消痰，下气除满；用于湿滞伤中、脘痞吐泻、食积气滞、腹胀便秘、痰饮喘咳

饲用功效 厚朴与枳实为对药，再配伍山楂疏气消食，莱菔子下气宽肠，入脾、胃两经，散滞调中推为首选，可用于提高消化吸收率、改善饲料转化率、高品质饲料的开发，尤其适用于亲鱼期

姜黄

别名｜黄姜、毛姜黄

性味归经 辛、苦，温；归脾、肝经

功能用途 破血行气，通经止痛；用于胸胁刺痛、胸痹心痛、经闭痛经、癥瘕腹痛、风湿肩臂疼痛、跌扑肿痛

饲用功效 配伍蒲公英、紫花地丁，可用于高档保健功能饲料

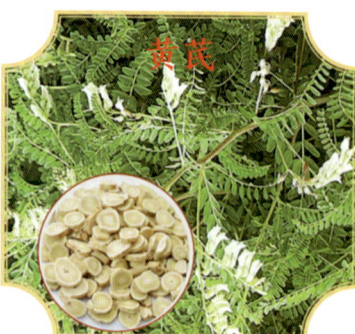
黄芪

别名｜箭芪、黄耆、王孙

性味归经 甘，微温；归肺、脾经

功能用途 补气升阳，固表止汗，利水消肿，生津养血，行滞通痹，托毒排脓，敛疮生肌；用于气虚乏力、食少便溏、中气下陷、久泻脱肛、便血崩漏、表虚自汗、气虚水肿、内热消渴、血虚萎黄、半身不遂、痹痛麻木、痈疽难溃或久溃不敛

饲用功效 配伍白术、浮萍、升麻，用于防止外邪入侵功效饲料，尤其适用于春秋季风邪盛行期防风防燥功能料；配伍当归、益母草以实现气血同补，适用于常规功能保健饲料

绞股蓝

别名 天堂草、七叶参、五叶参、遍地生根

性味归经 甘、苦，微寒；归肺、脾、肾经

功能用途 益气健脾，化痰止咳，清热解毒；用于健肠胃、促进消化吸收、补脑安神、护心保脉、健身强力、抗过敏等

饲用功效 配伍刺五加，可用于常规保健功能饲料

橘皮

别名 陈皮、橘子皮、黄橘皮

性味归经 苦、辛，温；归肺、脾经

功能用途 理气健脾，燥湿化痰；用于脘腹胀满、食少吐泻、咳嗽痰多

饲用功效 配伍青皮、全瓜蒌、蒲公英、紫花地丁、连翘、金银花，可用于亲鱼培育期功能饲料

金银花

别名 忍冬、银花、二宝花、金藤花

性味归经 甘，寒；归肺、心、胃经

功能用途 清热解毒，疏散风热；用于痈肿疔疮、喉痹、丹毒、热毒血痢、风热感冒、温病发热

饲用功效 配伍贯众、桑叶、黄芩、桔梗、甘草，可用于四季交替保健功能饲料

马齿苋

别名 马齿草、马齿菜、瓜子菜、长寿菜

性味归经 酸，寒；归肝、大肠经

功能用途 清热解毒，凉血止血，止痢；用于热毒血痢、痈肿疔疮、湿疹、丹毒、蛇虫咬伤、便血、痔血、崩漏下血

饲用功效 配伍地锦草、凤尾草、野麻草、老鹳草等，可用于替代抗生素的止痢功能饲料

蒲公英

别名 黄花地丁、婆婆丁、蒲公丁

性味归经 苦、甘，寒；归肝、胃经

功能用途 清热解毒，消肿散结，利尿通淋；用于疔疮肿毒、乳痈、瘰疬、目赤、咽痛、肺痈、肠痈、湿热黄疸、热淋涩痛

饲用功效 至贱而又大功，为饲用佳品。配伍地骨皮、玄参、青皮、全瓜蒌、紫花地丁、金银花、白芷等可用于盛夏精养鱼饲料；配伍鱼腥草、大青叶、葶苈子、枳壳、金银花、黄芩、升麻、柴胡等可用于防治外源性感染

女贞子

别名 女贞实、冬青子、白蜡树子

性味归经 甘、苦，凉；归肝、肾经

功能用途 滋补肝肾，明目乌发；用于肝肾阴虚、眩晕耳鸣、腰膝酸软、须发早白、目暗不明、内热消渴、骨蒸潮热

饲用功效 配伍旱莲草、补骨脂、麦冬、枸杞子、刺五加、绞股蓝，可用于高档保健功能饲料

生姜

别名 | 白姜、干生姜

性味归经 辛，微温；归肺、脾、胃经

功能用途 解表散寒，温中止呕，化痰止咳，解鱼蟹毒；用于风寒感冒、胃寒呕吐、寒痰咳嗽、鱼蟹中毒

饲用功效 生姜以3∶2∶6配伍薄荷、石菖蒲，按0.3%添加于饲料中，可通神明、避秽浊、驱淫邪，进而向调整情志的福利养殖靠近，故命名为福利功能饲料

五味子

别名 | 北五味子、辽五味子

性味归经 酸、甘，温；归肺、心、肾经

功能用途 收敛固涩，益气生津，补肾宁心；用于久咳虚喘、梦遗滑精、遗尿尿频、久泻不止、自汗盗汗、津伤口渴、内热消渴、心悸失眠

饲用功效 五味子∶黄芪∶延胡索（1∶1∶2），按0.1%添加，用于以东北玉米为主原料所致硒缺乏导致的心肌肥大、肺肾栓塞等异常和白肌症等，是东北玉米主原料饲料的必添之品；配伍马鞭草、茵陈、虎杖、女贞子、枸杞子可疏肝解郁，用于保肝功能饲料

五加皮

别名 | 南五加皮、五加、红五加皮

性味归经 辛、苦，温；归肝、肾经

功能用途 祛风除湿，补益肝肾，强筋壮骨，利水消肿；用于风湿痹病、筋骨痿软、游泳行迟缓、体虚乏力、水肿等

饲用功效 配伍牡丹皮、续断、杜仲、生地榆，用于补肝肾、强筋骨及五劳七伤证，可用于发育期功能饲料

银杏叶

别名 | 白果叶

性味归经 甘、苦、涩，平；归心、肺经

功能用途 活血化瘀，通络止痛，敛肺平喘，化浊降脂；用于瘀血阻络、胸痹心痛、中风偏瘫、肺虚咳喘、高脂血症

饲用功效 主要用于饲料原料品质欠佳时防止各类细菌污染；也可配伍黄芩、款冬花、桑白皮、炙苏子、杏仁，用于呼吸系统疾病盛行时的功能饲料

泽泻

别名 | 水泻、如意菜、水白菜

性味归经 甘、淡，寒；归肾、膀胱经

功能用途 利水渗湿，泄热，化浊降脂；用于小便不利、水肿胀满、泄泻尿少、痰饮眩晕、热淋涩痛、高脂血症

饲用功效 配伍枸杞子、女贞子、红糖、佩兰、泽兰，可用于催肥阶段提高商品鱼肉质的功能性饲料

鱼腥草

别名 | 侧耳根、臭腥草、截菜、折耳根

性味归经 辛，微寒；归肺经

功能用途 清热解毒，消痈排脓，利尿通淋；用于肺痈吐脓、痰热喘咳、热痢、热淋、痈肿疮毒

饲用功效 配伍大青叶、马兰草、淡竹叶、藿香、茵陈、板蓝根，可用于安五脏、通六腑的全效功能饲料

图4-2-5 大口黑鲈养殖中常用的可饲用天然植物（中草药）

二、规范、合理地使用渔药

1. 规范合理用药的含义 规范、科学用药，就是要考虑药物、病原、环境、大口黑鲈本身以及人类健康等方面的因素，有目的、有计划地使用药物。

（1）认识大口黑鲈病害及其特征，对症用药。目前，已发现的大口黑鲈的病害有数十种，致病体有病毒、细菌、真菌和寄生虫，还有一些非病原的因素和敌害。绝没有一种药能治疗所有的大口黑鲈疾病。在预防和治疗大口黑鲈病害时，要充分了解其病害的特征与特点，有目的有计划地对症用药，才会取得较好的治疗效果。例如，大口黑鲈的皮肤溃烂是一种比较常见的症状，既有病毒引起的，也有细菌导致的，甚至还有非病原因素引起的，在用药前要准确判断其致病原因，针对不同的病因选取相适应的药物。

（2）了解药物的性能和作用、环境对药物的影响以及大口黑鲈对药物的反应特点，对方用药。一方面，每一种药物都有一定的理化性状，它们可能对病原体和大口黑鲈均有一定的作用；另一方面，大口黑鲈对各种药物的反应也不一致，有的耐受性强（如聚维酮碘溶液），有的则较弱（如高效氯氰菊酯溶液），有的渗透性很强，对有些革兰氏阴性菌杀灭作用很强（如恩诺沙星），有的则难溶于水，口服后在肠道中遇到酸性液体易产生沉淀（如磺胺类药物）。应根据药物的毒理、药理以及药物与药物之间的相互作用，选择配伍合理、剂量适宜，以及辅以助溶剂、增效剂等措施发挥药物的疗效。

（3）保证大口黑鲈的品质与其良好的生态环境，控制用药。任何药物（包括部分营养类药物）都有副作用，有的外用药物还可造成环境的恶化而导致大口黑鲈产生强烈的应激或导致品质严重下降。因此，控制药物的使用浓度与用药的次数，以及采取养殖水体外消毒等方法，使大口黑鲈处于良好的生态环境中，也是大口黑鲈病害药物防治一个不容忽视的问题。

（4）坚持以防为主的方针，有效用药。一般说来，大口黑鲈有一定的抗病能力，由于长期栖息于水中，非患严重疾病，均难察觉；由于大口黑鲈体表的鳞片和皮肤，会在一定程度上阻止药物渗透，且可逃离用药水域，因此有些外用药物在疾病发生后可能在效果上不十分显著；而当大口黑鲈疾病较严重时会拒食，内服药则不可能发挥作用，因此积极预防是药物防治需遵循的一条原则（图4-2-6）。

2. 规范、合理用药 规范、合理用药是一个较复杂的问题，可从选药、给药、用药等几个方面考虑。

（1）慎重选药。渔药的功能较多，但主要作用是上面提及的抑制和杀灭病原体，改良养殖环境和增强大口黑鲈自身的抵抗能力3个方面。在确定渔药对病原体（致病因子）的作用外，在选药时还必须考虑药物对鱼体的副作用，如使用氟喹诺酮类药物对软骨组织有不良影响，硫酸链霉素可影响肝、肾功能等；必须考虑药物之间还可能存在着交叉耐药性，如庆大霉素与磺胺类药物等；还要考虑药物的相乘（如磺胺类药物与甲氧苄氨嘧啶）、相加（如杆菌肽锌与硫酸黏杆菌）以及相克（如四环素类药物与喹诺酮类药物）作用（图4-2-7）；更不可忽视药物对人体健康可能会造成的危害（如孔雀绿的"三致"作

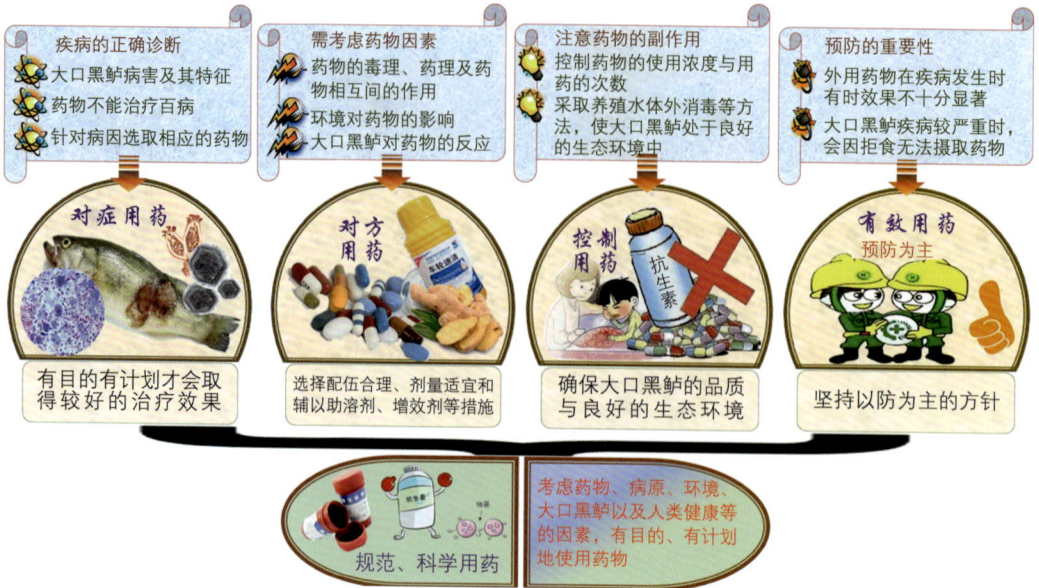

图 4-2-6　大口黑鲈规范、科学用药的原则

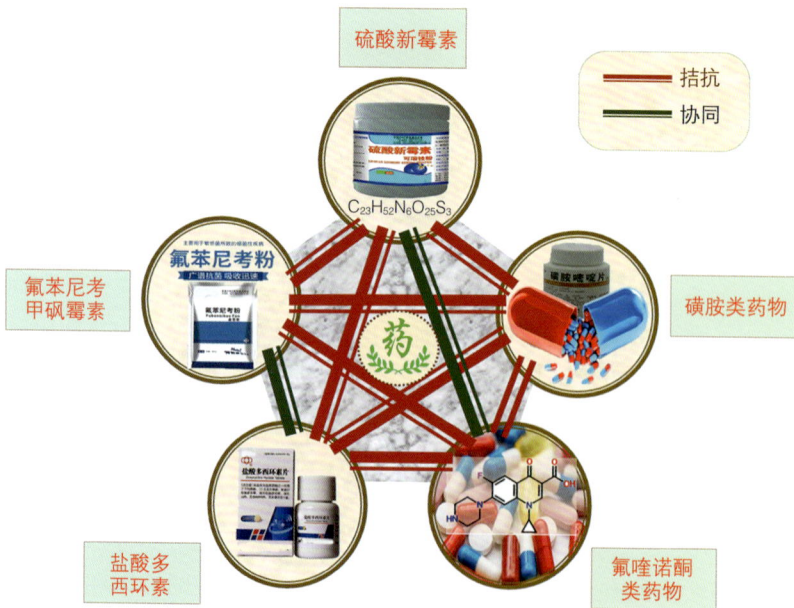

图 4-2-7　几种常用抗菌药物之间的相互作用

用，新霉素的毒性大、残留期长等），一种药物会使另一种药物的毒性增强（磺胺类药物与酰胺醇类药物）。此外，渔药的3种基本作用不是孤立的，有时也会相互影响、相互支撑、相互制约，某种药物的一种作用可能会影响其他两种作用；反之，只有多种作用的药物协同作用，才能最终达到控制大口黑鲈病害的目的（图 4-2-8）。

对病原体或致病因子的作用

各种作用间相互影响、相互支撑、相互制约

抑制和杀灭病原体

调节生理机能

改良养殖环境

副作用

耐药性与相互间的交叉耐药性

拮抗 两药联合应用所产生的效应小于单独应用一种药物的效应

相加 两药联合应用产生的效应相等或接近两药分别应用所产生的效应之和

相乘 两药联合应用所显示的效应明显超过两者之和

相互间的作用

选用渔药时要考虑的主要因素

药 药

对人体健康可能会造成的危害

图 4-2-8 选用渔药所考虑的主要因素

（2）合理给药。为了在大口黑鲈栖息水域环境中充分发挥渔药的预防和治疗作用，根据具体情况选择合适的给药途径和方法至关重要。渔药使用方法不当不仅会影响机体对药物吸收的量和速度，而且还可能导致药物作用性质发生改变，甚至产生严重的毒副作用。渔药的给药方法主要有口服（包括口灌）和注射的体内给药，以及将药物分散于水中、作用于大口黑鲈体表的体外给药，如涂抹法、遍洒法和浸浴法。浸浴法还可根据药液浸浴的浓度和时间，以及养殖方式的不同，分为瞬间浸浴法、短时间浸浴法、长时间浸浴法、流水浸浴法。此外，还派生有挂篓（袋）法、浸沤法、浅水泼洒法等（图 4-2-9）。在选择给药方法时，应考虑以下因素：①病原体的类别和特征。如寄生于体表的寄生虫一般均采取泼洒或浸浴的外用方法给药，而体内寄生虫则常采用口服给药的方法驱除。②病程。严重的疾病常采用内服外用相结合的方式给药，有条件时甚至注射给药，以使药物尽快发挥作用。③大口黑鲈的大小、年龄、性别、体质等。如对于大口黑鲈亲鱼在产卵受伤后适于采取涂抹和注射的给药方法，而鱼苗若被病原体感染，以集中浸浴给药效果较理想。④药物的理化性质。如吡喹酮由于口服后吸收迅速，80%以上的药物可以被肠道吸收，仅极少数未代谢的药物进入体循环，因此该药适宜于口服给药，如果采取其他的给药途径则很难取得较好疗效。⑤养殖条件等。水泥池养殖进排水方便，在给药时可排出一定量的池水，加大用药浓度，待患病鱼在药水里浸浴一段时间后，再逐步加满池水；对于较大的水体，不适于泼洒，往往采取挂篓（袋）的给药方法，或者在患病鱼摄食时采取在食场或其周围局部给药的方法。此外，对有些水溶性差的药物外用时，常用助溶剂以提高药物在水中的溶解，使药效得以很好地发挥，如四环素类药物用乙醇或稀盐酸助溶等；对某些中草药常采取化学药物提效方法提取有效成分后使用，如用 0.3% 氨水对大黄提效，0.3% 石灰水提效乌桕叶等（图4-2-10）。

图4-2-9　渔药的给药方法

图4-2-10　选择渔药给药方法的依据

（3）正确用药。正确用药就要考虑渔药对大口黑鲈作用的效果与强弱，它取决于靶组织效应部位游离药物的浓度，与药物自身因素、大口黑鲈机体状况以及环境因素等有关。因此，在制订药物的给药方案时，应全面考虑各种因素对渔药作用的影响，其中水体环境因素是影响药物作用的一个重要因素（图4-2-11）。大口黑鲈对每一种药物的敏感性各不相同，有一定的安全浓度，即使同一药物在不同的温度下，其对浓度的反应也有较大的差别。特别是大口黑鲈生长阶段大部分都处在高温期，温度升高，它对较多药物的敏感性增强，在使用外用药物时要特别注意适当降低用药的浓度或减少用药频次，以免导致中毒，起到相反的结果。如在水温低于30℃时泼洒硫酸铜，每立方米水体用量可达到1g，而当水温超过30℃时，只能用0.6~0.7g。不同的剂量也往往会产生不同的效果，如大黄，小剂量使用时有健胃作用，中等量有止泻作用，如果大剂量使用则有泻下的功能；又如金属性收敛药$ZnSO_4$局部使用时，低浓度起到的作用是收敛，中等浓度有刺激作用，而高等浓度则会出现腐蚀现象。此外，还要注意不同剂量对不同的塘口或不同的个体产生的效果，在药物防治时应注意"剂量个体化"的问题。同一类药物，各种药物的作用特点不同，它对大口黑鲈病害防治的效果和引起大口黑鲈的应激反应程度也不相同，因此在用药时要根据其病情选择适当的药物，如三氯异氰脲酸虽然杀灭病原体的作用很强，但却有较强的刺激性，不宜用于大口黑鲈弹状病毒病的治疗，应选用刺激性较小的聚维酮碘溶液。对于内服药物，要注意使用环境的酸碱度，以防发生沉淀影响药效（如磺胺类药物）。对于有的药物为了减轻其对肾的毒性，还需与一些碱性的化合物同时使用，如磺胺甲噁唑等；有的药物可能会导致幼鱼脊椎发生病变，应尽量避免使用，如恩诺沙星等。

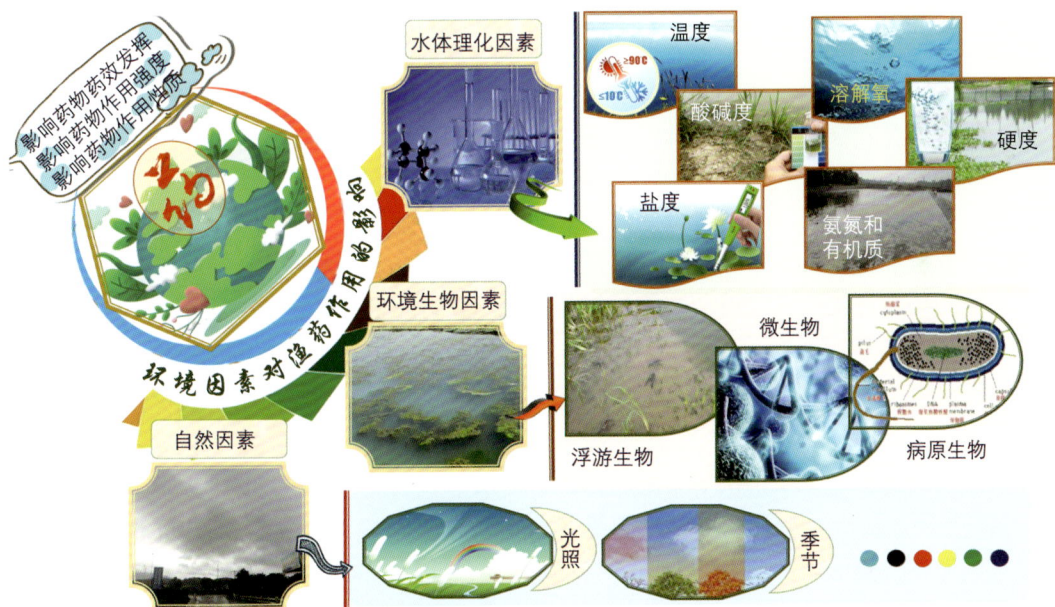

图4-2-11 影响渔药作用的环境因素

用药还要避免产生药源性疾病（drug induced disease），这是因为口服给药不当所造成的一种新的疾病，它的副作用与急性毒性不同，带有损害性、不易恢复的性质，是一种危害较大的药物慢性毒性反应，如用抗生素等对肝、肾等器官的损伤，导致大口黑鲈的二次感染等（图4-2-12）。

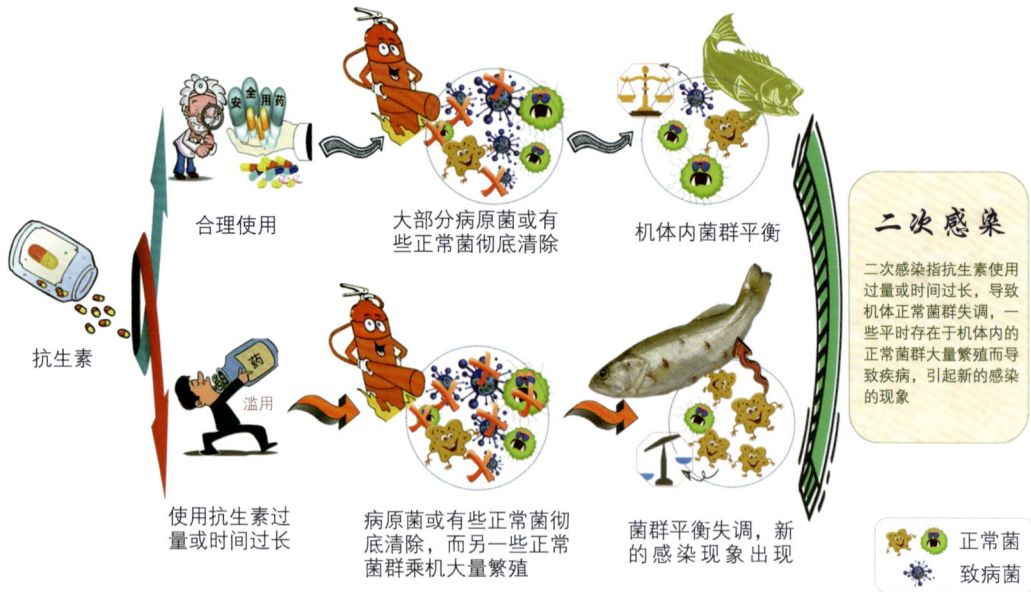

图4-2-12　抗菌药的滥用导致大口黑鲈的二次感染

三、药物防治效果的评价

药物、环境、大口黑鲈本身是影响药物使用效果的因素，评价药物的效果，需权衡这三者之间的关系。任何药物都有一个效应时间，立竿见影的药物是很少见的，只有在效应时间内，根据死亡病鱼和反应迟钝的患病鱼的增减数、它们的活动情况以及摄食情况等，可对药物的使用效果进行客观评价，有时会因药物的使用在短时间内出现病鱼死亡数量增加的现象，这有可能是药物的刺激使那些病情严重的鱼加速了死亡进程，需要认真进行判断，而不要鲁莽、简单地采取停药或换药的措施。如前一次药物使用效果不佳确实需要调整或改换药物时，要注意前后药物的关系与不同药物适宜的缓冲期。

第三节　免疫防治

免疫防治是以免疫学理论为基本原理，指机体受到病原体感染后，能产生特异性抗体的体液免疫（humoral immunity）和效应T细胞的细胞免疫（cell-mediated immunity），以抵抗病原体入侵的一种免疫防治技术（图4-3-1）。根据这一基本原理，可采用人工方法使机体获得特异性或非特异性免疫力，达到防治疾病的目的。

一、免疫防治的主要途径

免疫防治主要包括促进机体特异性免疫和增强机体非特异性免疫等2个方面。

常用的特异性免疫制剂有疫苗和抗体制剂。渔用疫苗的种类很多，根据获得方法、成分、用途等不同方式有各种分类方法，较为复杂，但主要是传统疫苗、提纯大分子疫苗和

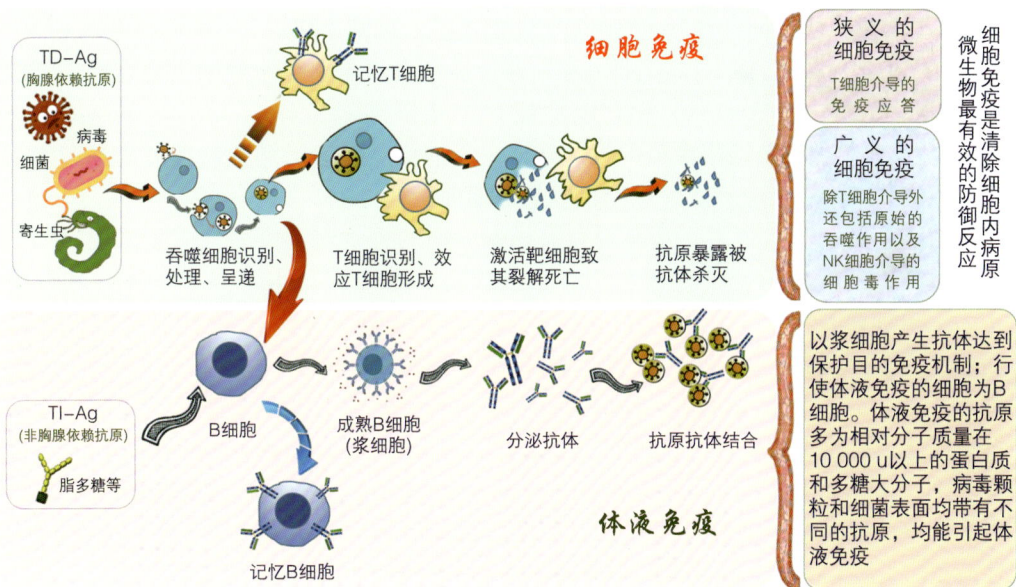

图 4-3-1 大口黑鲈的细胞免疫和体液免疫示意

新型疫苗 3 类。传统疫苗包括灭活疫苗、减毒活疫苗。减毒活疫苗一般可引起体液免疫和细胞免疫,甚至诱发黏膜免疫,效果显著优于灭活疫苗。发展中的新型疫苗有结合疫苗(指采用化学方法将多糖共价结合在蛋白载体上所制备成的多糖-蛋白疫苗)、合成肽疫苗、重组抗原疫苗、重组载体疫苗、DNA 疫苗等核酸疫苗(图 4-3-2)。目前,关于大口黑鲈的疫苗还基本上处在初期的实验室认知与探索阶段,但普遍认为疫苗的研究和应用是未

图 4-3-2 渔用疫苗的主要种类

来大口黑鲈病毒病防控的重要方向，目前期望从以大口黑鲈病毒（LMBV）病衣壳蛋白（MCP）作为保护性抗原的基因工程疫苗研究入手，创建 LMBV 的候选疫苗有所突破。但因 MCP 较难通过鱼的体表，仅通过注射接种后才会表现出一定效果，而直接浸浴效果不佳，因此 Jia 等（2020a，2020b）以功能化单壁碳纳米管作为 LMBV 的 *MCP* 基因 DNA 疫苗和亚单位疫苗浸浴免疫的投送载体，浸浴免疫大口黑鲈鱼苗后可诱导产生较强的体液免疫和细胞免疫应答，显示出良好的应用前景。

应用抗体制剂防治鱼类疾病至今仅有试验方面的探索而无商品性产品出现。关于大口黑鲈这方面的尝试还处于设想之中，目前仅有少数研究获得了一些抗体，其目的均不是为了治疗而是为了建立相应的检测方法。李中圣等（2021）通过重组大口黑鲈虹彩病毒 LVMCPn 蛋白的方法，获得了抗 LMBV 的抗体，但仅用于间接 ELISA 诊断试剂盒。

免疫防治比较现实和普遍应用的方法是使用免疫调节剂（immunomodulator）又称免疫增强剂（immunopotentiator）。免疫促进剂（immunostimulant）是指能够调节机体免疫力的物质。根据 WHO 规定的标准，免疫调节剂应该化学成分明确，易于降解，无致癌性或致突变性，无毒副作用或后续作用，刺激作用适中。疫苗只能特异性地预防相应的某种疾病，对其他疾病没有预防作用；而免疫调节剂应用范围广，它主要是通过增强鱼类的非特异性免疫来提高鱼体的抗病力。免疫调节剂副作用小，用药方便、效果显著，可以弥补药物防治和疫苗免疫防治的不足。

免疫调节剂的作用机制是激活鱼体中性粒细胞及吞噬细胞的吞噬作用、杀伤作用、趋化作用，激活淋巴细胞并使其分泌淋巴因子以协调体液免疫和细胞免疫，并刺激抗体产生和补体生成或诱导干扰素的产生（李学钊等，2014）。被免疫调节剂激活的巨噬细胞不仅有吞噬作用，而且还有分泌作用，它分泌的可溶性因子达数十种之多，其中起主要作用的有补体成分、溶菌酶、H_2O_2、O_2、白细胞介素、肿瘤坏死因子（TNF）、精氨酸酶、中性蛋白酶等。

目前，用于鱼类的免疫调节剂有以下几类：①人工合成的化学药品，如左旋咪唑、FK-565［为一种从链霉菌属（*Streptomyces*）中分离到的乳酰四肽］。②来源于细菌、真菌细胞的物质，如弗氏完全佐剂（FCA）、胞壁酰二肽（MDP）、脂多糖（LPS）、丁酸梭菌（*Clostridium butyricum*）、多聚糖（葡聚糖、肽聚糖、酵母葡聚糖）等。③动植物提取物，如几丁质（chitin）、脱乙胺几丁质（chitosan）、HDE（一种从鲍鱼体内提取的糖蛋白）、EF203（由发酵的鸡蛋中提取）、甘草甜素、大豆蛋白素等。④营养类物质，如维生素 A、维生素 C、维生素 E，以及硒、锌等。⑤激素、细胞因子等，如生长素和催乳素、乳铁蛋白等（图 4-3-3）。

众多的免疫调节剂中多糖类物质是一种研究较多而且应用较广的免疫调节剂，其中黄芪多糖就是一种带有药源性质的免疫增强剂，在大口黑鲈疾病防治中广泛使用。免疫调节剂正向着多来源、多途径方向开发，向低毒、高效、速效、长效的新型制剂方向发展。

免疫防治的安全性、有效性展示出它是一种控制大口黑鲈疾病的重要手段，尤其是对重大的传染性疾病。但是免疫防治在生产上的广泛应用也存在着较大的障碍，因为

图 4-3-3 免疫调节剂的类别、作用机制与应用

疫苗、抗体药物等研发周期长、投入大，而且只能针对特定的病原甚至是某种病原的特定性血清型才能起到作用，加上给予途径等方面的限制，表现出较大的局限性。免疫增强剂虽然在应用方面展现出了美好的前景，但也因价格、防治效果滞后问题，以及其他因素影响等而使其在应用方面不甚乐观。大口黑鲈免疫防治之路曲折但却美好（图 4-3-4）。

图 4-3-4 大口黑鲈免疫防治存在的问题与前景

二、自家疫苗的制备与免疫

在大口黑鲈免疫防治方法中，有一种可行而且简单、实效的方法就是制备自家疫苗（autovaccine）并进行免疫，尤其是对一些危害性较大的传染性疾病、养殖面积较大的养殖场最为适用。

自家疫苗又称为自身疫苗，俗称土法疫苗（indigenous vaccine），一般是指患病的大口黑鲈经病原分离鉴定后，将引起疾病的代表性菌毒株，大量培养且经过灭活处理，并再度检验对大口黑鲈、环境和人类无害后，添加疫苗佐剂用于局部现场进行预防的一种疫苗。有时因基层养殖场技术和条件的限制，无法对病原进行分离、鉴定和大规模培养，而直接将患病鱼的组织捣碎匀浆后灭活而制备组织浆疫苗（histoplasm vaccine），或组织灭活疫苗（Inactivated tissue vaccine），也是一种最原始的自家疫苗，是控制疾病经常使用的方法。

虽然自家疫苗最原始，但它不仅制作简单，而且克服了正规疫苗因病原体不断变异而使其效果变差的弊端，成为大口黑鲈疾病防治的一种可供选择的手段。

具体来说，自家疫苗免疫具有以下优点：①抗原成分多。自家疫苗的病料来源于发病鱼体，无论是经过分离鉴定后再培养，还是直接用发病组织制备，其抗原成分基本包括了引起该种患病鱼群的大部分病原。比较全面的抗原有可能在一定程度上诱导接种鱼体产生多种抗体，从而达到预防和控制疾病的目的。②针对性强。某些病原体在不同的地区有不同流行的血清型，就导致大口黑鲈溃疡综合征的嗜水气单胞菌（*Aeromonas hydrophila*）来说，有数十个血清型，而且还处于变异之中。由于这个原因而使我国已经批准的商品性疫苗——嗜水气单胞菌败血症灭活疫苗无法在疾病防治中广泛使用。生产可覆盖所有血清型的"超广谱疫苗"几乎是不可能的。

但是自家疫苗也存在一些不容忽视的问题，主要表现在：①存在着扩散病原的风险。由于灭活剂的选择、浓度、灭活时间等方面的原因，可能未对病原进行彻底灭活，导致病原体扩散。尽管细菌或病毒未达到一定数量不会导致疾病发生，但它们依旧在鱼群间呈非典型流行或散发流行，并且使鱼体产生免疫耐受，这种低剂量的病原体感染相当于"人工感染后的流行"，而使病原体的致病力比自然感染时更强，出现疾病恶性循环的后果。②产生强大的免疫应激反应。由于制备自家疫苗的材料是发病鱼体产生病变的组织，这些组织的特征是淋巴系统增生、淋巴结显著肿大。自家疫苗含有大量不同抗原可使机体在一段时间内处于强免疫的应激状态，导致机体对其他病原体的抵抗力下降，出现其他类型的疾病，或饲料系数降低、生长缓慢。③质量无法保证，免疫效果不稳定。一方面，由于自家疫苗取材于患病组织，每次采样的病变组织中的病原含量存在很大差异，而且对于疫苗中抗原的含量也无法准确测定，尤其是组织浆土法疫苗。另一方面，自家疫苗在制作过程中没有严格的质量控制与管理，因此在质量与安全性上都存在很大的不确定性。④应用范围窄小。自家疫苗病原仅取材于1个或少数几个养殖场，它只能针对某个病原或某个病原的个别血清型，因此使用范围有很大的局限性（图4-3-5）。

大口黑鲈组织浆灭活疫苗的制作可参考《草鱼出血病组织浆灭活疫苗》（SC 1001—1992）的方法（拓展阅读12）。简单来说，就是将病原感染后典型、濒死大口黑鲈的肝肾脾或显症组织（如肌肉、肠等）以无菌生理盐水捣

拓展阅读12《草鱼出血病组织浆灭活疫苗》（SC 1001—1992）

自家疫苗 适用于危害性较大的传染性疾病及养殖面积较大的养殖场

又名：土法疫苗 indigenous vaccine

① 原始、简单、制作方便

② 针对性强，针对病原体在当地流行的血清型

③ 抗原成分多，比较全面的抗原可能在一定程度上诱导鱼体产生多种抗体

存在问题

① 存在扩散病原的风险
灭活不彻底导致病原体扩散；低剂量的病原体感染造成鱼体产生免疫耐受，使病原体的致病力比自然感染时更强

② 产生强大的免疫应激反应
含有大量不同抗原使机体在一段时间内处于强免疫应激状态，导致机体对其他病原体的抵抗力下降，生长缓慢

③ 质量无法保证，免疫效果不稳定
缺乏严格质量控制与管理，质量与安全性存在很大的不确定性

④ 应用范围窄小
只能针对某个地区的病原或某个病原的个别血清型

图 4-3-5 自家疫苗的优点及缺点

碎、匀浆、离心制成组织浆糜，经灭活后制成组织浆灭活疫苗（图 4-3-6）。组织浆灭活疫苗可以注射（5~10 cm 鱼种）或浸浴（5 cm 以下鱼苗）的方式对大口黑鲈进行免疫（图 4-3-7）。

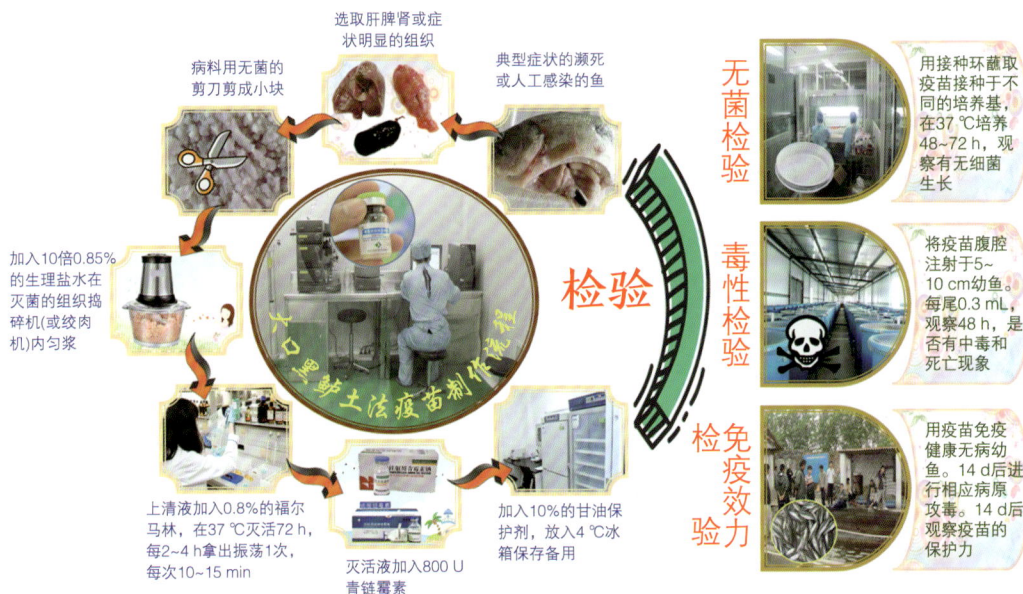

病料用无菌的剪刀剪成小块

选取肝脾肾或症状明显的组织

典型症状的濒死或人工感染的鱼

加入10倍0.85%的生理盐水在灭菌的组织捣碎机(或绞肉机)内匀浆

上清液加入0.8%的福尔马林，在37 ℃灭活72 h，每2~4 h拿出振荡1次，每次10~15 min

灭活液加入800 U 青链霉素

加入10%的甘油保护剂，放入4 ℃冰箱保存备用

大口黑鲈土法疫苗制作流程

检验

无菌检验
用接种环蘸取疫苗接种于不同的培养基，在37 ℃培养48~72 h，观察有无细菌生长

毒性检验
将疫苗腹腔注射于5~10 cm幼鱼。每尾0.3 mL，观察48 h，是否有中毒和死亡现象

免疫效力检验
用疫苗免疫健康无病幼鱼。14 d后进行相应病原攻毒。14 d后观察疫苗的保护力

图 4-3-6 大口黑鲈组织浆灭活疫苗的制作流程

免疫是否成功，除了疫苗本身的因素外，还会受到环境和大口黑鲈机体本身的影响，只有统筹三者间的作用，才会使大口黑鲈获得较强的抵抗疾病传染的能力（图 4-3-8）。

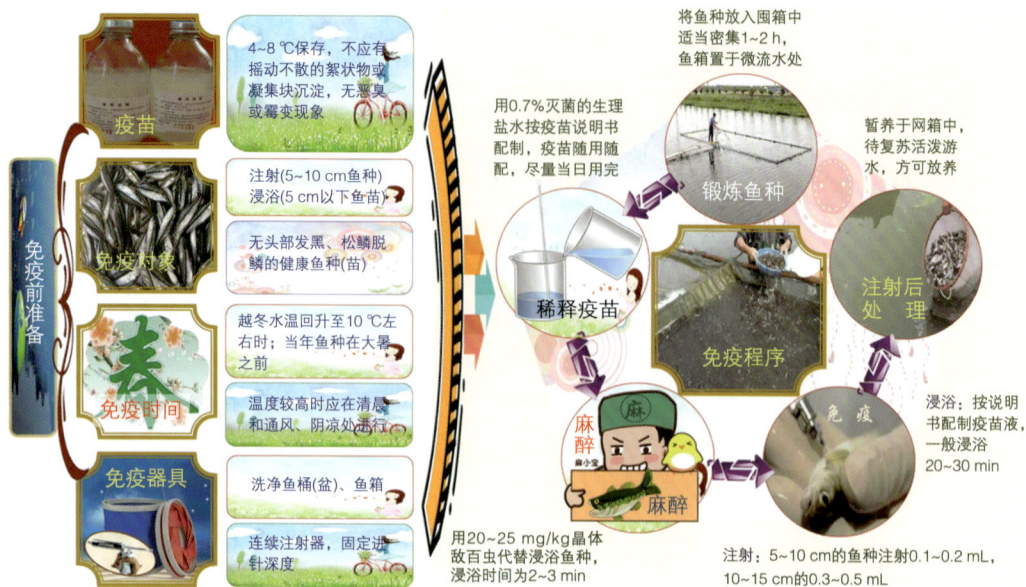

疫苗 4~8 ℃保存，不应有摇动不散的絮状物或凝集块沉淀，无恶臭或霉变现象

免疫前准备

免疫对象 注射(5~10 cm鱼种) 浸浴(5 cm以下鱼苗)

无头部发黑、松鳞脱鳞的健康鱼种(苗)

免疫时间 越冬水温回升至10 ℃左右时；当年鱼种在大暑之前

温度较高时应在清晨和通风、阴凉处进行

免疫器具 洗净鱼桶(盆)、鱼箱

连续注射器，固定进针深度

将鱼种放入围箱中适当密集1~2 h，鱼箱置于微流水处

用0.7%灭菌的生理盐水按疫苗说明书配制，疫苗随用随配，尽量当日用完

暂养于网箱中，待复苏活泼游水，方可放养

锻炼鱼种

稀释疫苗

注射后处理

免疫程序

浸浴：按说明书配制疫苗液，一般浸浴20~30 min

麻醉

用20~25 mg/kg晶体敌百虫代替浸浴鱼种，浸浴时间为2~3 min

注射：5~10 cm的鱼种注射0.1~0.2 mL，10~15 cm的0.3~0.5 mL

图4-3-7　大口黑鲈组织浆灭活疫苗的免疫

稀释方法　接种途径　免疫程序

正确使用

质量

保存和运输

饲料中维生素B12、维生素C和叶酸缺乏时影响抗体产生

含硫氨基酸(胱氨酸、半胱氨酸)可提高免疫效果

温度越高，免疫应答越快，效价越高

要达到免疫临界温度以上

水温

营养

疫苗

水环境

大口黑鲈机体

免疫病会引起疾病抑制

健康状况

季节

放射性物质，溶解于水中的有机、无机盐类，重金属离子等污染物

水质因素

品种品系

优良品种会产生较强的免疫应答

图4-3-8　影响大口黑鲈免疫应答的因素

<h1 style="text-align:center">第四节　健康养殖</h1>

20 世纪 90 年代初，全球对虾养殖业因相继暴发对虾白斑综合征而遭受了重大、毁灭性打击，能否有效控制病害成为决定对虾养殖生产成败的关键。为了扭转困局，人们从工程、技术和管理等方面入手，改善生产条件、养殖生态环境和对虾自身健康状况，形成了一整套控制对虾病害流行的综合防治措施，也就是后来总结和归纳的健康养殖（healthy aquaculture）。由此实现了对虾养殖业再一次腾飞，对虾养殖产量得到了前所未有的提高。

一、健康养殖的基本含义

健康养殖基本出发点就是使养殖过程达到养殖对象与环境协调，把水产养殖与环境保护紧密结合起来，使养殖行为最大地符合客观规律，人和自然和谐发展。健康养殖主要根据养殖对象正常活动、生长、繁殖所需的生理、生态要求，采用科学的养殖模式和系统的规范化管理，达到养殖对象能够在人为控制的生态环境下健康快速生长的目的。健康养殖既是一个系统工程与综合技术，又包含了一种新型的水产养殖理念，它是从创建符合养殖对象优良的生态环境出发，寻求养殖对象的健康，养殖过程的安全。相对于传统的养殖技术与管理，它不仅包括了生态环境调控、增养殖技术、病害防治、遗传育种、绿色渔药与营养全面饲料的应用等各项技术，而且还包含了以病害有效防治为主的措施，通过调控影响养殖环境的各项理化因子，消除发病因素，使养殖对象在较大程度上回归到接近自然环境下的健康发育和生长，最终达到获得绿色、安全、健康水产品的目的（图 4-4-1）。

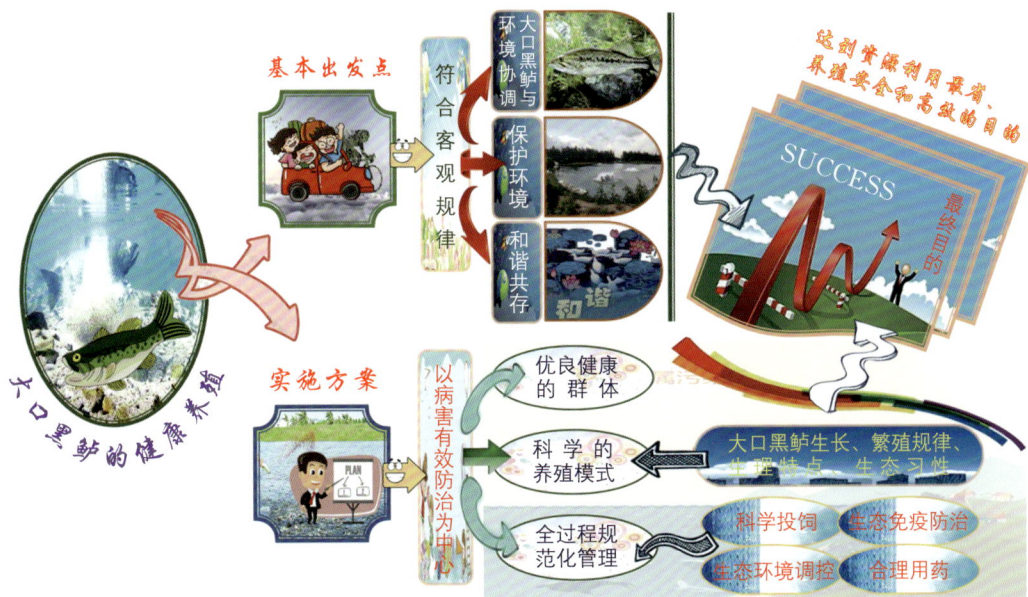

图 4-4-1　大口黑鲈健康养殖的基本含义

健康养殖具有空间性、时间性、指向性和可操作性。空间性是指特定的养殖系统及其所处的大环境、大尺度、大空间。时间是性指该系统随着人们生产行为的开始而存在，生产行为结束而结束。指向性是指健康相对于养殖系统的生态安全性，养殖对象的健康生长和人们对养殖产品的健康需求而言。指向性是指各种形式的技术投入，包括：①养殖水体（如池塘、大水面、网箱、集约化养殖水体等）、机械设备、优良种质、优质饲料、渔药及添加剂等投入品物化技术（科学的预防疾病措施、国家批准使用的渔药和投入品以及科学的使用方法）；②水处理技术、远程控制技术、病害防治技术等技能、技巧和经验；③组织管理方式、方法、措施等软技术。以上所有的技术措施都应该是可操作和可落实的（图4-4-2）。

图4-4-2　大口黑鲈健康养殖实施要点

简而言之，健康养殖就是挑选优良、健康的水产养殖群体，根据养殖对象的生长、繁殖规律及其生理特点和生态习性，选择科学的养殖模式，通过对全过程的规范化管理，如科学投饲、调控水质、合理用药，以及生态免疫防治等一系列措施，增强养殖群体体质，控制病原体发生或繁衍，使养殖对象在安全、高效、人工控制的理想生态环境下健康、快速生长，从而达到资源利用最省、优质高产的目的（刘靖和邢殿楼，2005）。

二、大口黑鲈的健康养殖

健康养殖是一种全新养殖理念的系统工程，它要求有健康的生产管理、健康的养殖环境以及健康的产品，在养殖过程中以生态预防、药物预防和免疫预防，以及合理的投喂和养殖管理技术相结合的综合防病技术，控制病害的发生（图4-4-3）。

大口黑鲈的健康养殖措施主要包括以下3个方面：

1. 控制和抑制疾病的蔓延，切断病原的传播途径（Austin & Austin，2012）

（1）确保水源和用水系统无病原污染。水源和用水系统是大口黑鲈病原输入的第1途

图 4 - 4 - 3　大口黑鲈健康养殖的目标与主要内容

径。养殖场（池）应建于水源充足、清洁，无病原污染，水质理化指标符合大口黑鲈生活要求的地方。要保证有足够面积的蓄水池，养殖用水应先进入蓄水池净化、沉淀和消毒处理后再进入养殖池，杜绝病原体随水源进入养殖系统。

（2）切实做好养殖池塘的清淤和消毒工作。养殖池既是大口黑鲈栖息的场所，也是各种病原体潜藏和繁衍的地方，池塘清洁直接影响到大口黑鲈后期的生长和健康，池塘清淤和消毒是预防疾病和减少疾病暴发流行的重要措施。池塘清淤后每亩用生石灰 100～120 kg 或漂白粉（含有效氯 25％以上）15～20 kg 消毒，15 d 后在池塘进水口设置 60 目的过滤网进水，然后肥水培育基础饵料，为大口黑鲈苗种的放养创造优良生活环境。

（3）强化疫病检测和监测。防疫检测针对当地历年疫病流行情况，以及疫病流行季节进行，防止病原体随养殖的大口黑鲈带入。在养殖期间进行疫病监测，防止病原的传播和流行。

（4）建立隔离制度。发生疫病时，应立即采取隔离措施，对已发病的区域进行封闭。发病池塘中的养殖对象不得向其他池塘或区域转移，不得随意排放池水。严格进行工具消毒，工具不可各个池塘混用。对死亡鱼体，及时掩埋和销毁；对发病鱼池及时做出诊断，确定防治措施。

（5）切实做好养殖环节的消毒工作。苗种消毒，根据大口黑鲈苗种的规格选择不同的药物和浓度，如鱼苗每立方米水体可用 50 g 聚维酮碘或每立方米水体 10～20 g 高锰酸钾溶液浸浴 10～30 min；工具消毒，渔网、鱼筛、鱼捞等养鱼用具是病原体传播的媒介，特别在疾病流行季节应该专池专用，可用每立方米水体 50 g 高锰酸钾溶液或每立方米水体 200 g 漂白粉浸浴 5 min 后用清水冲洗干净后再用，太阳下暴晒也是一种好的使用方法；饵料消毒，鲜活饵料要每立方米水体用 30 g 高锰酸钾溶液或每立方米水体 100～200 g 漂白粉浸浴 5 min 后用清水冲洗干净后投喂。

（6）针对疾病流行季节加强药物预防。大口黑鲈重要的传染性疾病都有一定的流行季节，针对疾病的流行事先采取相应的药物预防措施可在较大程度上控制疾病发生。一般每立方米水体定期用 15～20 g 生石灰或 1～1.5 g 漂白粉全池泼洒，每 15 d 1 次。

（7）建立病害预测预报体系。病害的预测预报是建立在强大的科学支撑基础上的，大口黑鲈养殖在我国兴起仅 20 多年的时间，各方面知识的储备还不充足，尤其是病害方面的研究还显薄弱，但病害预测和预报工作是确保大口黑鲈养殖健康发展的基础。我们可以从病害通报和病害的区域预报做起，避免病害迅速传播和蔓延（图 4-4-4）。

图 4-4-4　大口黑鲈健康养殖措施之一：控制病原的传播

2. 改善和优化养殖环境

（1）因地制宜的合理放养。合理放养包括与大口黑鲈其他品种的套养或混养，以及养殖密度 2 个方面。套养或混养需考虑各品种之间立体地利用上、中、下各个层次的水体，具有提高单位养殖水体效益和促进生态平衡的功能，并且具有保持水体中正常菌群调节微生态平衡的功能，预防传染性疾病暴发流行的作用。如大口黑鲈与中华绒螯蟹混养，大口黑鲈养殖池搭配一定数量和规格的鲢鳙等均是有利于大口黑鲈生长和疾病控制较好的放养模式。合理的放养密度，既要考虑大口黑鲈的养殖效益，也要兼顾池塘条件与管理条件及水平，只有在恰当的情况下，才会在赢得最大效益的同时有效地减小疾病发生的概率。

（2）科学精准的水质管理。无论是大口黑鲈的池塘养殖还是网箱养殖都是在人工干预条件下的一种集约化养殖生产，有限的养殖水体、高的放养密度以及大量的投饵，均会产生不利于大口黑鲈的生态需求，随着残饵、粪便及其代谢物的增多，水质逐渐恶化在所难免，为有害生物提供了繁衍的条件，从而影响大口黑鲈的生长和健康。只有科学精准地对水质进行调控，才能使其恶化程度缓解，使之朝着有利于大口黑鲈生长和健康的方向发展。要做到水质调控科学精准，必须有可靠的水质监测技术手段，了解水质动态变化的趋势，及时调节、修正那些不利于大口黑鲈自身抗病能力和生长的各种因素，使之获得新的水环境平衡。进行水质管理时，尤其要注意水体的 pH、溶解氧、温度、透明度，以及总氯氮、硝酸氮和亚硝酸氮、硫化氢等浓度的变化，水体中生物及其微生物种类与数量的变化，发现异常或异常趋势时，及时进行人为干预。需要注意的是，一方面，水质恶化及其调控是一个缓慢过程，并非一时就能察觉，一做就能解决；另一方面，水体的生态平衡没有固定的标准，不能以 1 个或几个水质指标进行判断。

（3）环境胁迫的有效控制。环境胁迫（environmental stress）指环境因素的量接近或超过养殖对象（如大口黑鲈）、其他种群或群落的 1 个或多个忍耐极限时的作用，胁迫是环境生态系统正常状态的偏移或改变。在大口黑鲈养殖生产中出现的胁迫因素有些是由自然灾害产生的，如台风、高温、寒潮、水温突变、气压降低和其他物种的侵入等；有些由人为活动引起，如污染中毒、筛鱼或转运等养殖操作、投药施肥等。在大口黑鲈养殖中，环境胁迫是一个不可避免的问题，关键是要认识会导致的环境胁迫，事先防范会产生的环境胁迫，尽可能使胁迫造成的危害控制在最低限度。如对台风胁迫的防范就应采取以下措施：①台风到来前仔细检查养殖基础设施，确保池坝、房屋、大棚、闸门等坚固，若有损坏、破旧之处应抓紧修整、加固，及时疏通排水渠道，并准备好必要的防汛材料和用具。②在池塘容量允许的前提下，适当加深水位，避免台风到来之后导致水温剧变，引起鱼体应激；若池水过满，需开闸放水，适当降低养殖区域水位，给抵御洪水预留足够库容。③提前做好鱼类抗应激准备，在饲料中适量添加免疫调节剂，向水体泼洒抗应激药物。④将投喂量减少到正常的 60% 左右，极端情况下停止投喂。

（4）正确、合理地使用药物。对于大口黑鲈的病害，药物防治是不可避免的，也是必需的，但需要正确、合理地使用。如果盲目使用，甚至滥用，不仅达不到理想的防病治病效果，而且还会在一定程度上加重养殖水域的污染，给大口黑鲈带来较大的用药副作用。如抗生素滥用，会导致养殖水体微生态平衡失调，病原微生物耐药性产生，大口黑鲈二重感染概率增加。因此，正确、合理地使用药物，是维护水体良好生态环境一个不容忽视的措施。要做到这一点，需要在正确对疾病进行诊断的基础上对症用药，并遵守规定的剂量和疗程，控制抗生素类药物的使用（图 4-4-5）。

3. 提高大口黑鲈养殖群体的抗病力

（1）放养抗病力强的大口黑鲈苗种。优良的种苗对养殖成功率起着很大作用。目前，大口黑鲈选育比较成功的苗种有"优鲈 1 号""优鲈 3 号""优鲈 5 号""皖鲈 1 号""加得丰""浙鲈 1 号"等品种（品系），这些苗种不仅有较快的生长速度，而且适应环境、抵抗不利因素的影响的能力强。

（2）确保放养苗种健壮。放养健壮的苗种，就等于为养殖奠定了成功的基础。放养前除确保苗种健壮之外，还应对重点病原（如大口黑鲈病毒、弹状病毒等）进行检测，确保放养苗种不将病原体带入养殖水体。

（3）加强养殖管理，严把饲料与投喂关。养殖管理的工作虽然较多，但其中重要的是饲料的投喂。饲料投喂不仅是提高大口黑鲈生长速度、增强抗病能力的保证，而且也是影

图4-4-5 大口黑鲈健康养殖措施之二：改善和优化养殖环境

响大口黑鲈养殖系统动态变化的重要因素。要根据大口黑鲈不同的发育阶段，选用配伍合理的优质饲料；要根据疾病流行的规律，定期在饲料中添加增强机体免疫能力或抗应激能力或调理能力的物质或添加剂；要坚持"四定"投饵，根据养殖大口黑鲈的生长阶段、活动情况、季节以及天气等调整投喂量；投饲关口的严格管控，饲料的质量和正确的投喂方法，是大口黑鲈养殖管理中一个不可忽视的环节（图4-4-6）。

图4-4-6 大口黑鲈健康养殖措施之三：提高大口黑鲈群体的抗病能力

第五章 PART FIVE

大口黑鲈病毒性疾病

一、大口黑鲈病毒性溃疡病（largemouth bass viral ulcerative syndrome）

又名大口黑鲈蛙虹彩病毒病（largemouth bass ranavirus disease）、拖底病（drag bottom disease）等。

【病原或病因】病原是大口黑鲈溃疡综合征病毒（largemouth bass ulcerative syndrome virus，LBUSV），属虹彩病毒科（*Iridoviridae*），蛙病毒属（*Ranavirus*）。病毒具囊膜，六角形，呈正20面体，直径145.5 nm左右（图5-1-1、图5-1-2），为单分子线性双链DNA病毒，基因组大小为100 kb左右。核衣壳由1 500个壳粒组成，含有磷脂。LBUSV有多种敏感细胞系，如鲤上皮瘤细胞系（EPC）、胖头鲹肌肉细胞系（FHM）、草鱼卵巢细胞系（GCO）等（Guocheng Deng，et al.，2011）（图5-1-3、图5-1-4）（Guocheng Deng，et al.，2011）。

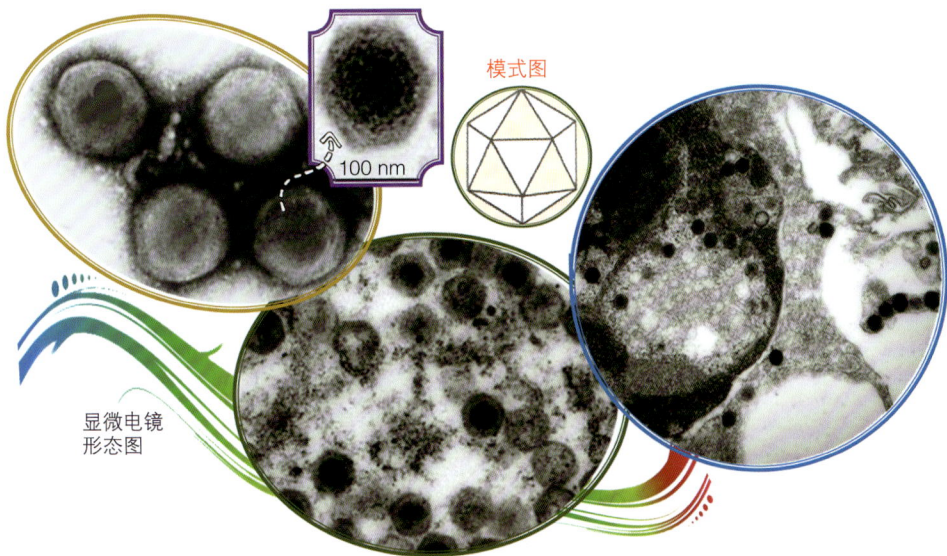

模式图

100 nm

显微电镜
形态图

图5-1-1　虹彩病毒的模式图和显微电镜形态

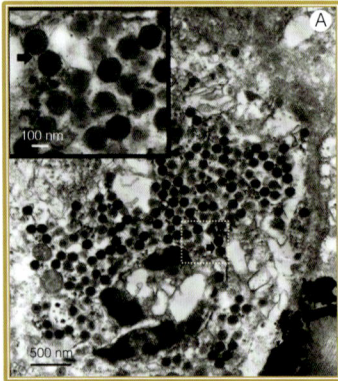

自然感染肌肉
细胞中的病毒

图中小框是大图
虚线框的放大

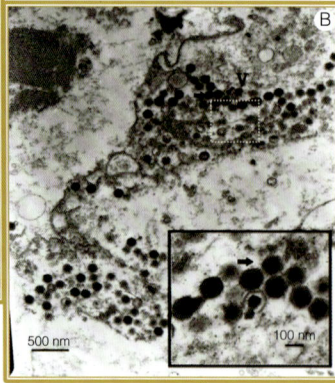

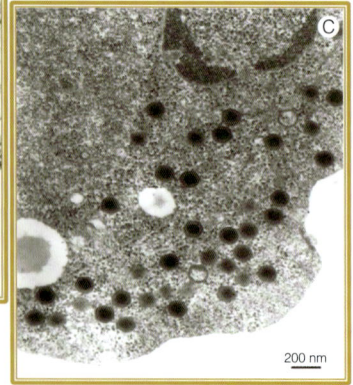

人工感染肌肉
细胞中的病毒

图中小框是大图
虚线框的放大

EPC细胞中的病毒

(引自Guocheng Deng，et al.，2011)

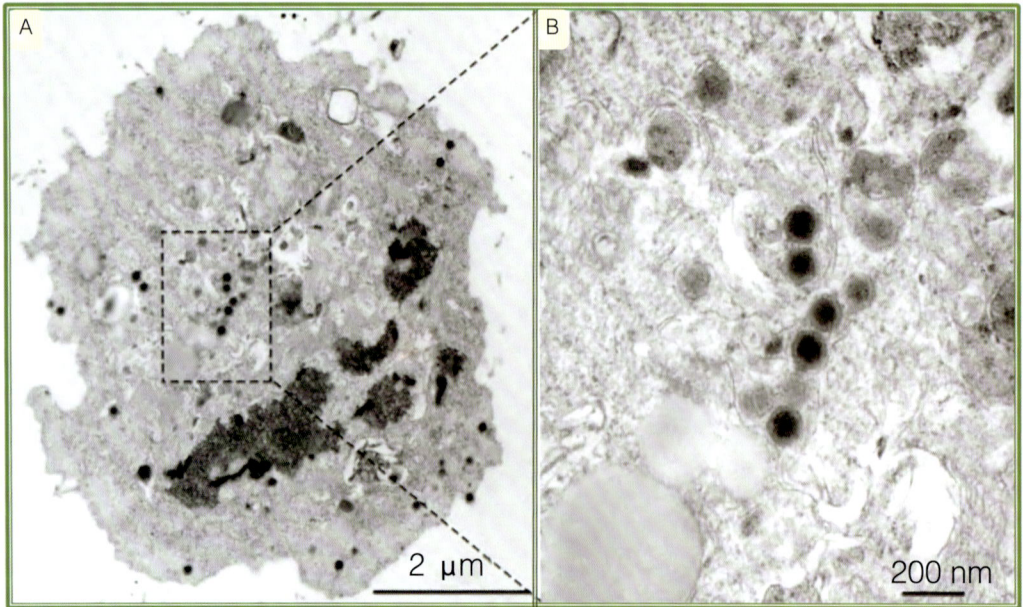

病毒悬液感染EPC细胞的超薄切片透射电镜观察(B图是A图方框中的放大)

图5-1-2 大口黑鲈溃疡综合征病毒的形态

（引自许峰等，2020）

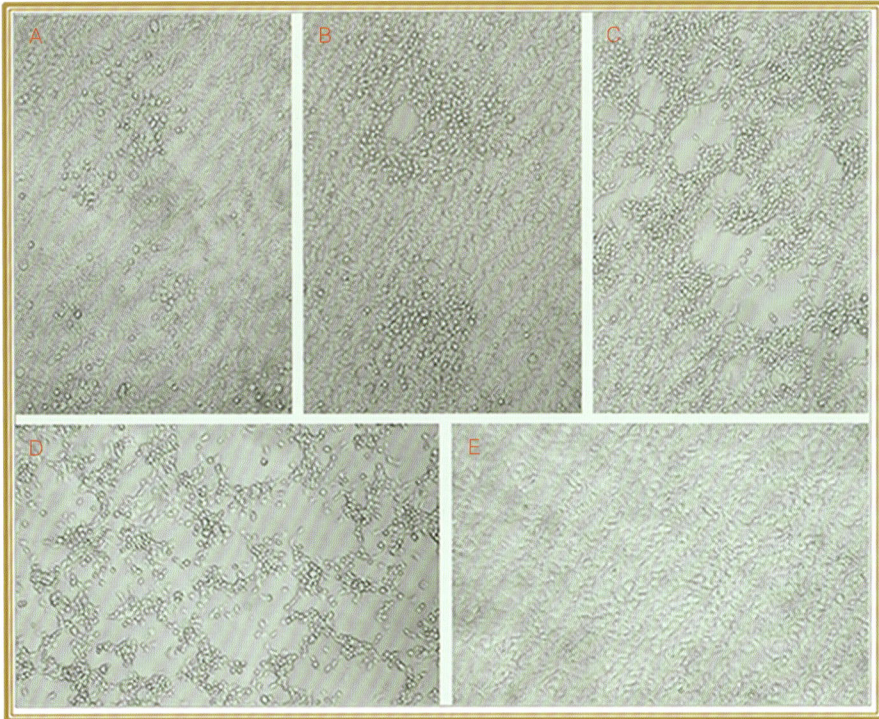

图 5-1-3　大口黑鲈溃疡综合征病毒感染 EPC 细胞后的 CPE（细胞病理变化）过程
A. 接种病毒 24 h 后单层 EPC 细胞收缩，形成若干小的圆形病灶　B. 48 h 后病变沿周边延伸和扩展
C. 72 h 后大部分细胞溶解成若干碎片　D. 96 h 后单层细胞呈破渔网状　E. 正常细胞（40×）
（邓国成等，2009）

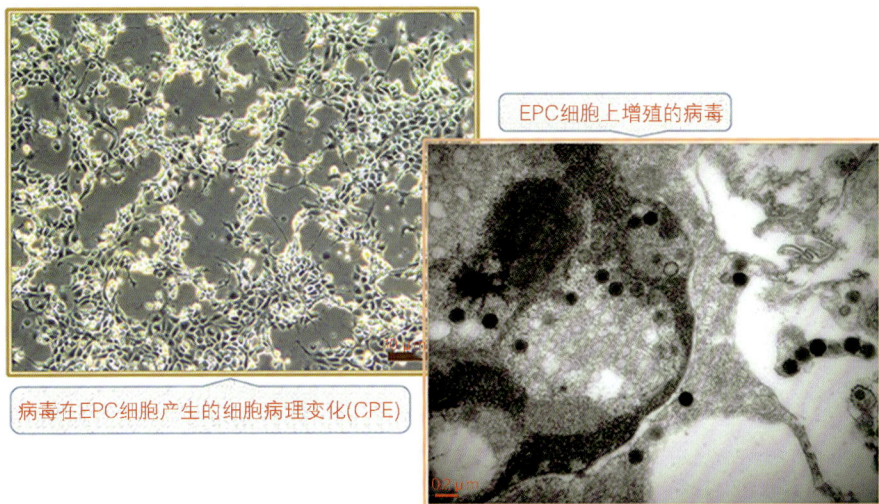

EPC细胞上增殖的病毒

病毒在EPC细胞产生的细胞病理变化(CPE)

图 5-1-4　大口黑鲈溃疡综合征病毒在 EPC 细胞上的培养和增殖
（潘晓艺等）

【临床症状】患病大口黑鲈体色变黑，体表各处有出血现象（图5-1-5）。体表大片溃烂，呈鲜红色，严重者肌肉深层溃烂、坏死，有的病鱼体表出现溃疡病灶（图5-1-6）；尾鳍、胸鳍、背鳍基部红肿，呈红斑状溃烂，下颊骨两边鳃膜有血疱隆起，下颌发红（图5-1-7）。病鱼眼球突出，出现白内障，鳃盖红肿溃烂，鳃丝出血或发白，鳃动脉扩张淤

图5-1-5 病鱼体表各处出血，呈鲜红色
（引自活宝源公司）

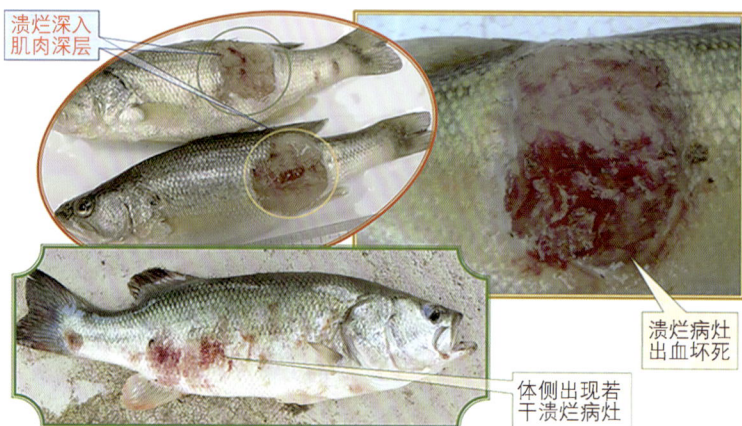

溃烂深入肌肉深层

溃烂病灶出血坏死

体侧出现若干溃烂病灶

图5-1-6 病鱼躯干出现若干溃疡病灶，严重者深入到肌肉深层
（引自邓国成等）

背鳍、胸鳍、臀鳍出血、溃烂

头部、鳃盖、下颌发红、溃烂

图5-1-7 病鱼头部、鳃盖充血，各鳍条充血、呈现红斑性的溃烂
（引自活宝源公司、广州双螺旋、邓国成等）

血（图5-1-8）。剖检，可见少数病鱼肝发白，有出血点；肾肿大或出现围心腔出血；因心血管出血伴有围心腔血块凝聚，少数病鱼腹膜硬化，呈干酪状（图5-1-9）。

鳃、嘴红肿糜烂

鳃发白溃烂

眼球突出，出现白内障

图5-1-8　病鱼眼球突出，鳃盖红肿溃烂，鳃出血或发白
（引自活宝源公司）

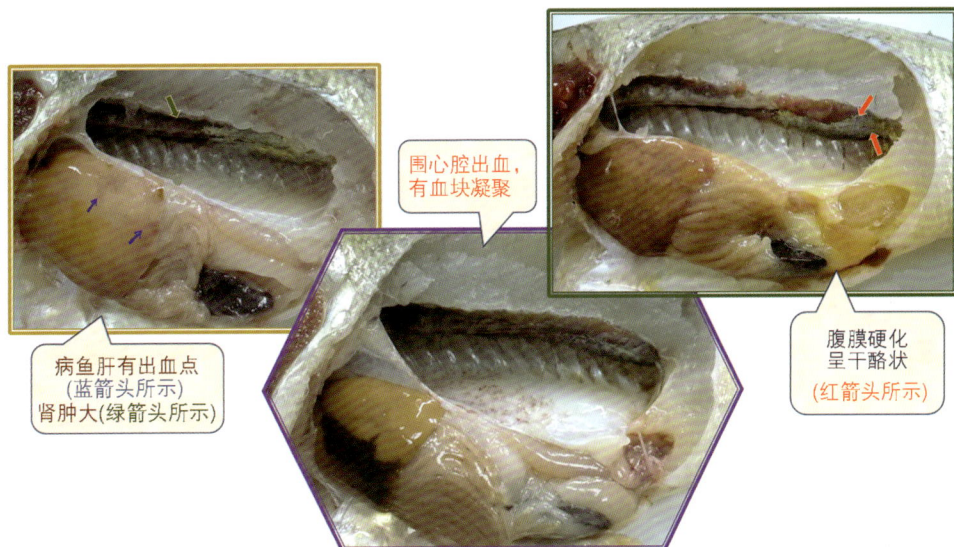

围心腔出血，有血块凝聚

病鱼肝有出血点（蓝箭头所示）
肾肿大（绿箭头所示）

腹膜硬化呈干酪状
（红箭头所示）

图5-1-9　剖检病鱼可见肝发白，肾肿大，围心腔出血，有血凝块，腹膜硬化
（引自活宝源公司）

在大口黑鲈不同的养殖阶段，该病表现的症状有所不同。朝鱼阶段，主要症状表现为腹鳍基部充血发红，鳃盖红肿、溃烂（图5-1-10），体表出现大量细小的浅表性溃疡

点，或体表出现近圆形、表面灰白的溃烂斑（图 5-1-11），肝有白色斑块或较大的白点（图 5-1-12）；中成鱼阶段，则主要表现为大面积（如躯干、面颊等）溃烂，尾鳍、臀鳍基部发红溃烂，或体表出现浅表性不规则的溃疡斑（图 5-1-13）；成鱼阶段，主要症状表现于腹部、臀鳍等部位充血发红（图 5-1-14）。

图 5-1-10 朝鱼阶段病鱼的主要症状——鳃盖红肿、溃烂，腹鳍基部充血发红（一点红）
（引自活宝源公司）

图 5-1-11 朝鱼阶段病鱼的主要症状——体表有近圆形、浅表性、灰白的溃烂斑点
（引自活宝源公司）

白色斑块或较大的白点

乳白色结节，一般直径为1~2 mm

区

别

大口黑鲈病毒性溃疡病

诺卡氏菌病

图 5-1-12 朝鱼阶段病鱼的主要症状——肝出现白色斑块（点）

（引自活宝源公司）

尾柄溃烂，发白，尾鳍充血

体表两侧、面颊大面积溃烂

体表出现浅表性不规则的溃疡斑

图 5-1-13 中成鱼阶段患病鱼体侧各处出现若干不规则的溃疡斑

（引自活宝源公司）

图 5-1-14 成鱼阶段病鱼主要症状表现为腹部、臀鳍等部位充血发红

【病理学特征】 被感染大口黑鲈鳃组织的鳃小片常表现为上皮细胞坏死脱落、出血等特征；心肌细胞肿胀变性，心肌间质水肿；肝细胞空泡变性；脾组织红细胞、淋巴细胞数量大量减少，并见大量细胞核碎片；肾小管上皮细胞肿胀变性，局部见肾小管上皮细胞坏死，脱落入管腔；肌肉间大量炎性细胞浸润，肌纤维见肿胀变性、断裂（图 5-1-15）。

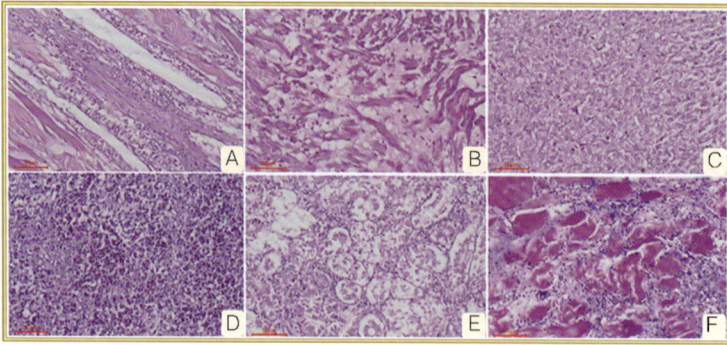

图 5-1-15　患病鱼主要组织的病理特征

A. 鳃，鳃小片上皮细胞坏死脱落、出血　B. 心脏，心肌细胞肿胀变性，心肌间质水肿

C. 肝，肝细胞空泡变性　D. 脾，红细胞、淋巴细胞数量大量减少，见大量细胞核碎片

E. 肾，肾小管上皮细胞肿胀变性，局部见肾小管上皮细胞坏死，脱落入管腔

F 肌肉，大量炎性细胞浸润，肌纤维见肿胀变性、断裂（苏木精-伊红染色 Bar=500 μm）

（引自潘晓艺等）

【流行与危害】 大口黑鲈病毒性溃疡病从鱼种到成鱼的整个养殖阶段均可发生，但主要危害成鱼。近年来发现该病也危害小规格鱼种和幼鱼。该病病程较长，死亡率高，一般可达到 30%～50%，最高可达 60% 以上（图 5-1-16）。主要流行季节为 7—10 月，夏季高发，发病水温为 25～30 ℃（图 5-1-17）。

因大口黑鲈病毒性溃疡病导致鱼种大量死亡

因大口黑鲈病毒性溃疡病导致成鱼大量死亡

图 5-1-16　大口黑鲈病毒性溃疡病发病后导致成鱼、鱼种大量死亡

（引自活宝源公司）

该病发生时呈现以下规律：①密度越大，发病率越高，死亡率越高。工厂化高密度育苗池的发病率远高于土塘，一旦发病，往往会导致全池死亡，而土塘一般会有少量幸存的鱼。在土塘育苗期，或围网内高密度养殖期间的发病率和死亡率一般都会明显高于定塘、大水面

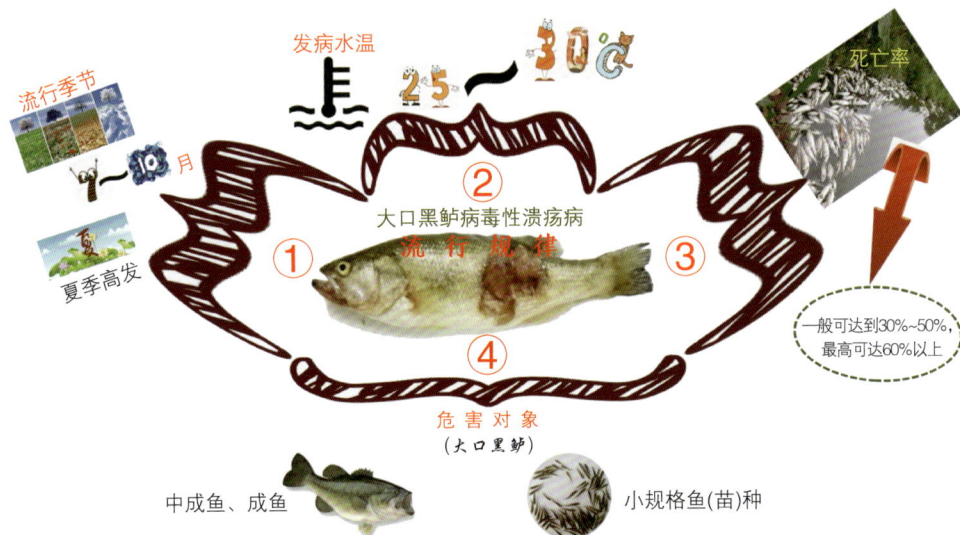

图 5-1-17 大口黑鲈病毒性溃疡病的流行规律

的养殖。②应激越大，发病率越高，死亡率越高。鱼苗下塘后的半个月内，尤其是经长途运输的鱼苗，该病的发病率很高，死亡率也非常高；强降雨期间，或使用杀虫药等强刺激性药物后，该病的发病率也会明显升高；已发病的池塘，如果使用刺激性杀虫药或换水等应激性大的操作，会导致病情恶化。③发病与寄生虫寄生、水质恶化、投饲不合理等相关。在"龙舟水"期间若无寄生虫感染，水质良好、溶解氧充足，即使发病，病情也较轻微，基本可控；如果该病伴随大量寄生虫感染，水质长期寡瘦、溶解氧不足，则会导致病情加重，死亡率升高；如果池塘以蓝藻为优势藻则病情可持续2～3个月之久（图5-1-18）。

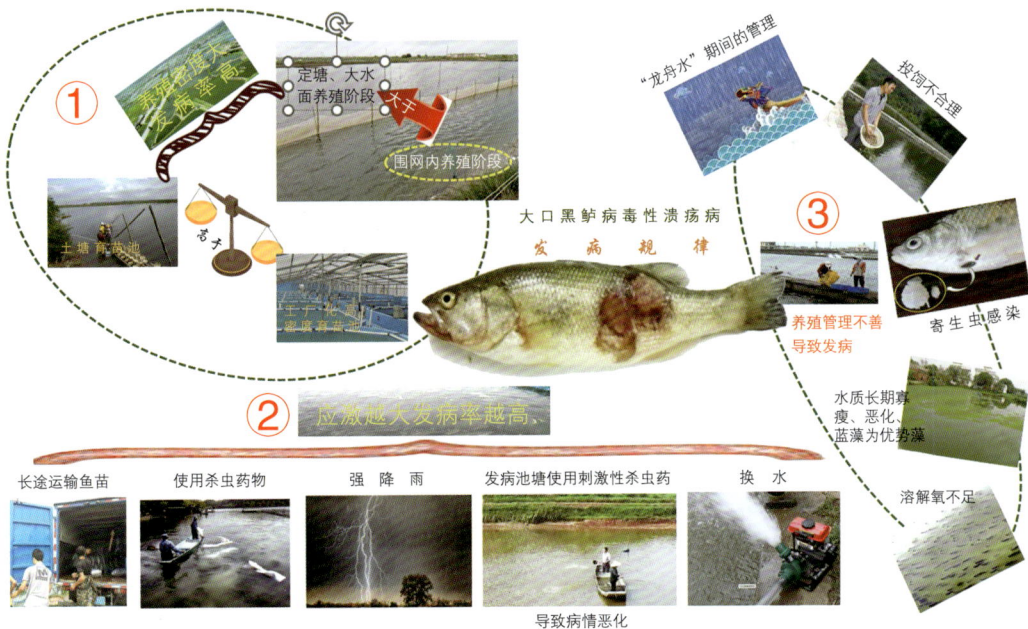

图 5-1-18 大口黑鲈病毒性溃疡病的发病规律

【诊断方法】病鱼有体色变黑，眼睛白内障，体表大片溃烂且呈鲜红色，尾鳍或背鳍基部红肿，肌肉坏死，部分病鱼胸鳍基部红肿溃烂，下颊骨两边鳃膜有血疱隆起等外观症状。剖检发现肝、脾、肾病变，心血管出血，心腔有血块凝聚，以及病鱼腹膜硬化，成干酪状等内部症状，可做出初步判断（图5-1-19）；通过病理学特征可进一步诊断。确诊需进行病毒分离培养、鉴定和采用PCR等分子生物学方法（图5-1-20、图5-1-21）。

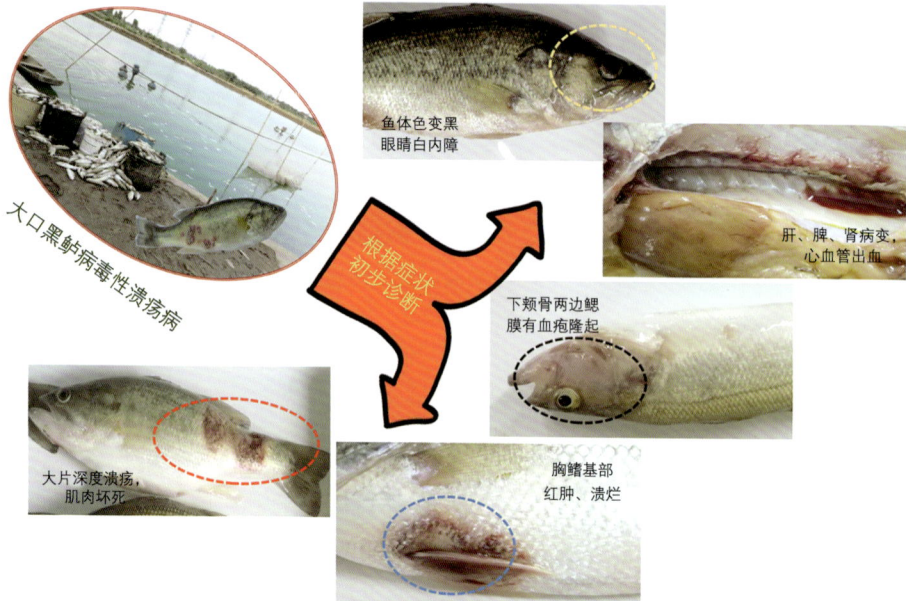

图5-1-19　根据症状对大口黑鲈病毒性溃疡病进行初步诊断

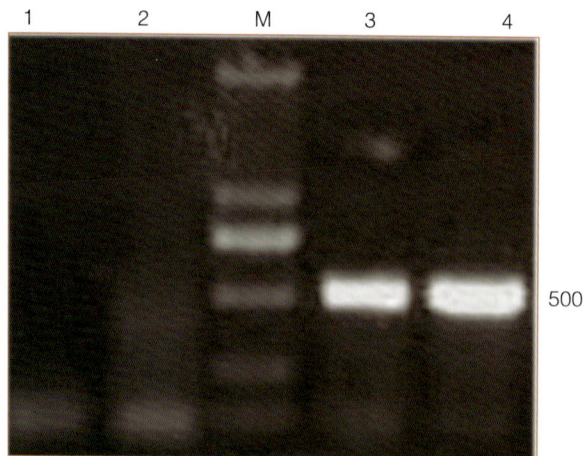

图5-1-20　患病毒性溃疡病大口黑鲈肌肉组织DNA的PCR扩增结果

1、2. 健康大口黑鲈　3、4. 患病大口黑鲈　M. 标准

（引自邓国成等，2009）

1	ACTTATTTCGTCAAAGAGCATTATCCCGTGGGTTGGTTTACCAAACTGCCTACGGCTGCC
61	ACAAAAACTTCTGGTACGCCTGCTTTCGGGCAGCACTTTTCCGTAGGAGTGCCCAGGTCG
121	GGCGACTATGTGCTCAACTCTTGGCTGGTCCTCAAGACCCCCCAGATTAAACTGCTGGCG
181	GCCAACCAGTTTAACAATGACGGTACCATCAGATGGACCAAAAATCTCATGCACAACGTT
241	GTGGAGCACGCCGCACTCTCGTTCAACGAGATTCAGGCCCAGCAGTTTAACACTGCTTTC
301	CTGGACGCCTGGAACGAGTACACCATGCCCGAGGCCAAGCGCATCGGCTACTACAACATG
361	ATTGGCAACACTAGCGATCTCGTCAATCCCGCCCCCGCCACCGGTCAAGCAGGAGCTAGG
421	GTCCTGCCCGCCAAAAACCTTGTCCTTCCTCTCCCC

图 5-1-21　大口黑鲈溃疡综合征病毒的部分基因序列

【防治措施】

（1）合理的养殖密度。育苗阶段，育苗驯食后应及时撤围网放入大水面养殖或分塘，以降低养殖密度，减小发病风险。

（2）充分做好抗应激工作，避免养殖大口黑鲈产生应激。购买鱼苗或鱼苗分筛定塘前，进行寄生虫检测，确保无寄生虫感染，不将寄生虫带入塘口。拉网、运输前用胆汁酸、多维等拌饲投喂，以增强鱼类体质；投喂维生素 C 等抗应激药品，增强其抗应激能力，此后停料 1 d 再进行拉网、运输操作。鱼苗入塘后及时使用聚维酮碘和大黄流浸膏合剂进行水体消毒。

（3）精细管理，合理投喂，保持水质清爽。在养殖过程中，合理使用藻类等微肥，以及芽孢杆菌、乳酸菌等有益菌，维持水体适宜的肥度和水体的稳定性，确保水体溶解氧充足；使用优质的饲料适量投喂，避免过猛加料。在疾病流行高峰期，可定期拌喂穿梅三黄散［一次量（以本品计），每千克体重 0.6 g，每天 1 次，连喂 3～5 d，15 d 1 个疗程］等中草药、活力多维等清热解毒药品，增强养殖鱼类的抗病能力，用复合碘溶液［一次量（以有效碘计），每立方米水体 2.25～3.75 mg，每天 1～2 次，连用 2～3 d］等药物对水体进行消毒，降低发病风险（图 5-1-22）。

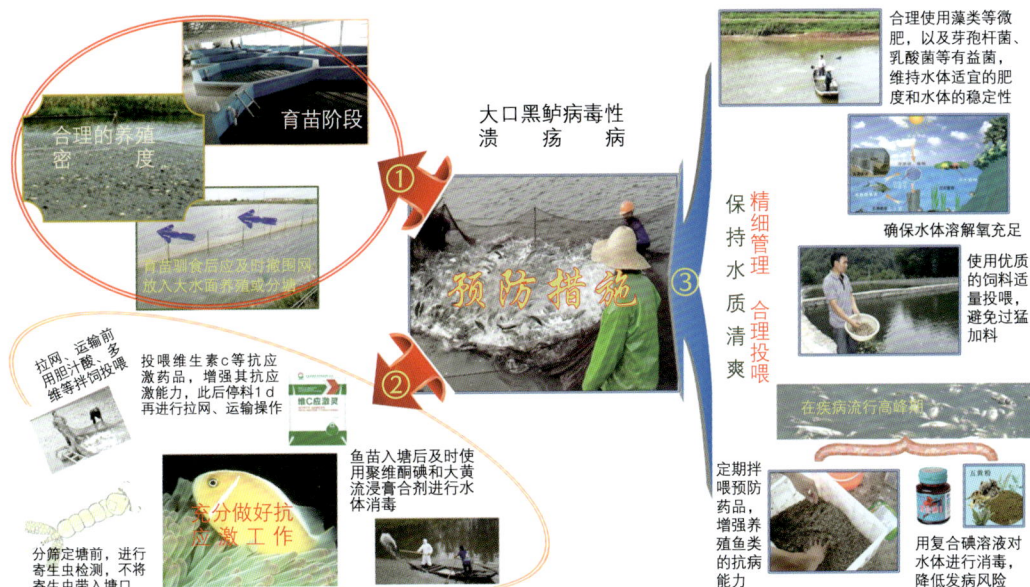

图 5-1-22　大口黑鲈病毒性溃疡病的预防措施

(4) 如若发病，应以水体消毒、抗应激为主，防止因操作对养殖鱼类产生刺激。发病后，应在第一时间停料，泼洒聚维酮碘溶液 [一次量（以有效碘计），每立方米水体 4.5～7.5 mg，每 2 d 1 次，连用 2～3 次] 或戊二醛溶液 [一次量（以戊二醛计），每立方米水体 40 mg，每 2～3 d 1 次，连用 2～3 次] 对水体消毒，翌日可使用粗盐、维生素 C 等解毒抗应激，待病情相对稳定有好转后，再逐步恢复饲料投喂，并在饲料中添加胆汁酸、三黄散 [一次量（以本品计），每千克体重 0.5 g，每天 1 次，连喂 4～6 d]、多维等，促进鱼体体质恢复。在此期间谨慎杀虫，切忌大换水或使用刺激性药物，以避免病情恶化（图 5-1-23）。

(5) 使用自制的土法疫苗进行免疫是控制该病发生的一个有效方法。

图 5-1-23 大口黑鲈病毒性溃疡病的控制

二、大口黑鲈细胞肿大虹彩病毒病（largemouth bass megalo-cytivirus disease）

又名大口黑鲈脾肾坏死病（spleen and kidney necrosis of largemouth bass）、大口黑鲈肝脾肿大病（spleen and kidney swelling of largemouth bass）。

【病原或病因】病原是细胞肿大病毒（*Megalocytivirus* sp.），隶属于虹彩病毒科（*Iridoviridae*）细胞肿大病毒属（*Megalocytivirus*），因病毒感染巨噬细胞致使其肿大而得名。病毒切面为六角形，呈 20 面体的对称结构，基因组为双链 DNA，直径为 145～150 nm，无囊膜（马冬梅等，2011）（图 5-2-1）。病毒对乙醚、氯仿等脂溶性溶剂敏感。该病毒与鳜传染性脾肾坏死病毒（infectious spleen and kidney necrosis virus, ISKNV）大小和结构相似，*MCP* 基因与 ISKNV *MCP* 基因核苷酸同源性为 98%，氨基酸同源性为 99%，很可能就是 ISKNV 的另一个病毒株（马冬梅等，2011）。

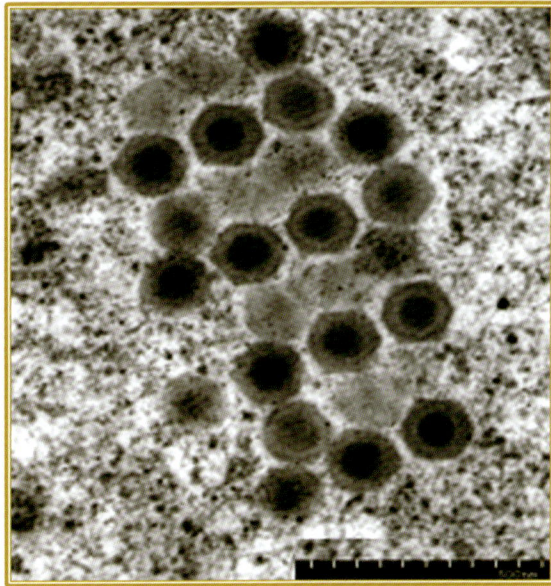

图 5-2-1 细胞肿大虹彩病毒颗粒

【临床症状】病鱼在池塘四周水面离群慢游，个别侧身游泳，嗜睡；体色发黑，下颌至腹部发红，眼眶四周充血，眼球突出；鳃鲜红、充血或出血，或变白伴有出血点；全身基本无溃烂（图 5-2-2）。剖检可见病鱼空肠空胃，但无明显发炎症状；肝肿大充血、出血，或发白、发黄，局部有出血斑，颜色不均匀；脾严重肿大、易碎、呈黑红色，或可见黑红色的出血点（图 5-2-3）；肾肿大、呈深黑色，或色淡、失血而呈灰白色。有的病鱼腹隔膜破裂、溃烂，粘在一起（图 5-2-4）。肝、脾肿大是该病的主要特征，故又名大口黑鲈肝脾肿大病（图 5-2-5）。

体表基本无溃烂

鳃鲜红、充血或出血

体黑，下颌、鳃盖、胸鳍发红，充血，眼球突出

侧身在池边漂游的濒死鱼

图 5-2-2 患病鱼体表症状

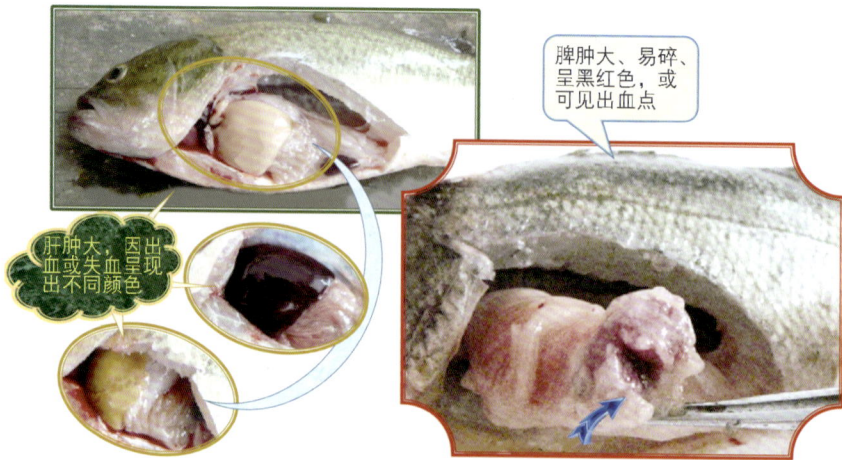

脾肿大、易碎、呈黑红色，或可见出血点

肝肿大，因出血或失血出现不同颜色

图5-2-3 肝脾肿大是大口黑鲈细胞肿大病毒病的重要特征

肾异常肿大

空肠空胃

失血呈灰白色

肾充血呈深黑色

图5-2-4 患病大口黑鲈空肠空胃，肾肿大、呈深黑色或失血呈灰白色

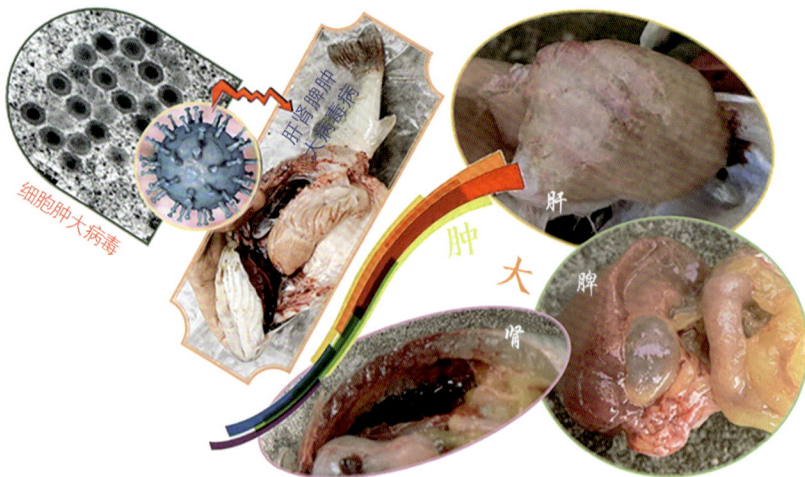

细胞肿大病毒

肝肾脾肿大病毒病

肿大

肝

脾

肾

图5-2-5 肝脾肾等器官肿大而得名大口黑鲈肝脾肿大病

【病理学特征】病鱼的脾、肾等病毒靶器官内出现大量嗜碱性、细胞质匀质化、直径 $15\sim20\ \mu m$ 的肿大细胞，从而导致肝、脾、肾肿大，坏死，这是该类病毒重要的感染特征之一（图 5-2-6）（马冬梅等，2011）。

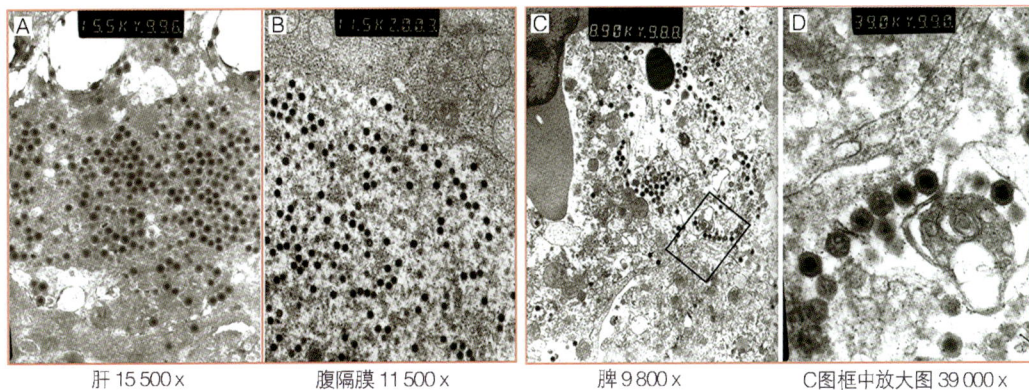

| 肝 15 500× | 腹隔膜 11 500× | 脾 9 800× | C图框中放大图 39 000× |

图 5-2-6 大口黑鲈肝、脾及腹隔膜组织细胞质中大量呈六角形的病毒颗粒
(引自马冬梅等)

【流行与危害】该病主要流行于春秋两季，流行水温为 $25\sim30\ ℃$，$28\sim30\ ℃$ 时是流行高峰。主要危害成鱼，发病率高，发病后可呈现暴发性死亡趋势，死亡率高达 80%。细胞肿大病毒在养殖水体中可通过水平和垂直两种途径进行传播，其宿主范围极其广泛。

【诊断方法】脾、肾是该病毒的主要感染器官，被感染器官细胞异常肿大和组织坏死是主要特征。此外，病鱼的心脏、鳃、消化道等也会产生不同程度病变。可根据病鱼临床症状做出初步诊断。将病鱼的脾、肾等病变器官制作病理切片，然后在光学显微镜下观察其有无典型、异常的嗜碱性肿大细胞进行判断（图 5-2-7）。确诊可将病鱼的心脏、肝、脾、肾和鳃进行超薄切片，用透射电镜观察病变组织细胞质内是否有大量病毒颗粒；或将病鱼内脏敏感组织处理后通过细胞进行培养分离；还可分别用提取的病鱼肝、脾和肾组织

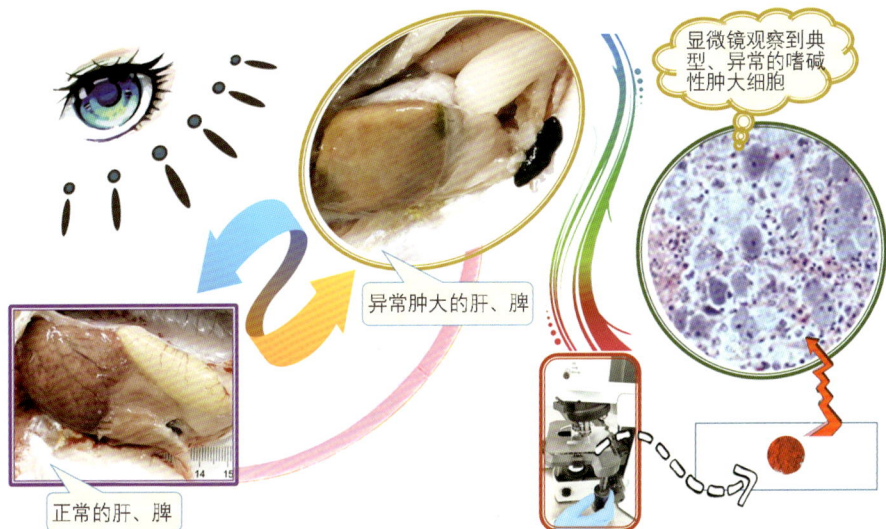

显微镜观察到典型、异常的嗜碱性肿大细胞

异常肿大的肝、脾

正常的肝、脾

图 5-2-7 根据肝、脾器官的感染特征及用显微镜观察是否有嗜碱性肿大细胞进行诊断

DNA 作为模板，以 P1（5′- ATGTCTGCAATCTCAGGT - 3′）和 P2（5′- TTACAG-GATAGGGAAGCCTG - 3′）为引物，PCR 扩增病毒 *MCP* 基因，若产物经电泳检测到大小约为 1 500 bp 的条带即可确诊（图 5-2-8）。此外，用免疫荧光或原位杂交技术对病毒进行免疫学检测，普通 PCR、巢式 PCR 进行分子生物学检测来进行诊断是目前常用的诊断方法（图 5-2-9）。

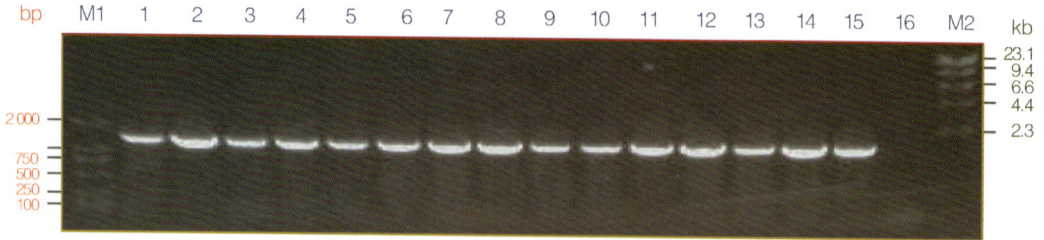

图 5-2-8　大口黑鲈细胞肿大虹彩病毒病主要组织中病毒 *MCP* 基因扩增电泳图谱

1、4、7、10、13. 肝组织 DNA 扩增产物　2、5、8、11、14. 脾组织 DNA 扩增产物　3、6、9、12、15. 腹隔膜组织

16. 以双蒸水为模板的阴性对照　M1. DL2000 DNA 分子量标准　M2. λ - HindⅢ DNA 分子量标准

（引自马冬梅等，2011）

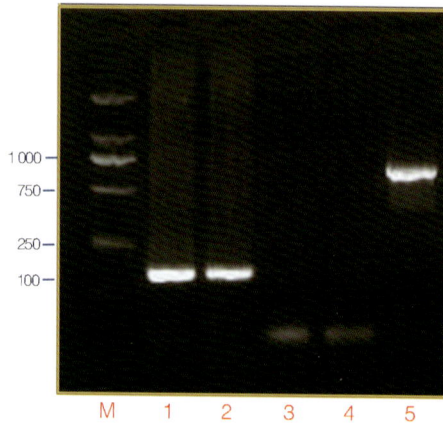

图 5-2-9　大口黑鲈细胞肿大虹彩病毒病 PCR 检测电泳图谱

注：1、2 均为阳性，基因组大约在 111.36 kb 处有清晰的电泳条带。

【防治措施】加强检疫消毒，发病后立即采取隔离或封闭方法，减少病原传播；培育或引进抗病品种，发现病情并经确诊后销毁养殖鱼，同时对水和用具进行无害化处理等。

在发病季节，投喂优质饲料，并避免过度投喂；在用药和换水时避免引起鱼类的应激反应，忌用刺激性强的消毒剂和杀虫剂。

发病后应控制饲料投喂或停料。发病初期可用 5% 的聚维酮碘溶液全池泼洒，用量为每立方米水体 4.5~7.5 mg（以有效碘计），每 2 d 1 次，连续 2~3 次；或银翘板蓝根散拌饲投喂，一次量（以本品计），每千克鱼体重 0.16~0.24 g，连用 4~6 d；高温季节全池泼洒维生素 C。病情相对稳定后，逐渐恢复投喂，并用 100 g：10 g 恩诺沙星粉（一次量，以本品计，每千克鱼体重 0.1~0.2 g，每天 1 次，连用 5~7 d）和保肝护肝类药物、多维等拌饲投喂。

此外，还可用疫苗进行免疫预防（如自制的土法疫苗，或待开发的细胞肿大虹彩病毒

*ORF*75 基因 DNA 疫苗等)。

三、大口黑鲈病毒病 (largemouth bass virus disease)

【病原或病因】病原为大口黑鲈病毒 (largemouth bass virus，LMBV)，属虹彩病毒科、蛙病毒属，该病毒是最早发现的大口黑鲈的病毒，1991 年从美国佛罗里达州 Lake Weir 市的野生大口黑鲈中分离 (Grizzle，et al.，2002)。1995 年在美国南卡罗来纳州 Santee - Cooper 水库，从暴发疾病的大口黑鲈再次分离到该病毒，从而引起了人们的高度关注。此后，又多次在美国亚拉巴马州、乔治亚州、路易斯安那州、密西西比州和得克萨斯州从暴发疾病的大口黑鲈分离到该病毒 (Jinghe，et al.，1999；Grizzle，et al.，2002)。1999 年，Mao 等综合大口黑鲈病毒蛋白合成分析、限制性片段长度多态分析 (restriction fragment length polymorphisms，RFLP)、主衣壳蛋白 (major capsid protein，MCP) 和 DNA 甲基转移酶 (DNA methyltransferase，DMet) 基因序列分析等，认为 LMBV 属于虹彩病毒科 (*Iridoviridae*)、蛙病毒属 (*Ranavirus*) 成员。Mao 等还比较了 LMBV、裂唇鱼病毒 (doctor fish virus，DFV)、孔雀鱼病毒 (guppyfish iridovirus，GV6)、蛙病毒 3 (frog virus 3，FV3) 等的主要衣壳蛋白 (MCP) 和 DMet 基因序列以及它们的限制性内切酶图谱，结果表明，DFV、GV6 和 LMBV 之间有较高的同源性，但与蛙病毒代表株 FV3 有一定区别。因此，Mao 建议 LMBV、DFV 和 GV6 等为蛙病毒属的新种，在国际病毒分类委员会第 8 次报告中将其命名为 *Santee - Cooper ranavirus* 种 (种名反映了 LMBV 导致鱼病的暴发地点) (Mao，et al.，1999)。2008 年夏季高温季节我国邓国成等 (2009) 对广东省佛山地区暴发的大口黑鲈溃疡病进行病原分离、电镜观察和 MCP 基因序列分析，也认为其病原为虹彩病毒科蛙病毒属中的一种病毒，并认为它与国外报道的 LMBV 在分子特性和引起的疾病特征上有一定差异 (图 5 - 3 - 1)。

图 5 - 3 - 1　LMBV 的发现及其研究过程

【临床症状】患病鱼在水面漂浮游泳，但体表基本上没有任何症状，没有溃疡。剖检濒死鱼未见肝、脾和肾肿大，但肝表面局部苍白，脾鲜红，肠系膜和靠近盲肠部位的脂肪有充血现象。鱼鳔膨大布满红色气腺，有时其中有黄色或褐色蜡样分泌物（Plumb et al.，1996）（图 5-3-2）。

图 5-3-2 大口黑鲈病毒病的主要症状

【病理学特征】病鱼呈急性腹膜炎症状，这与同种属的裂唇鱼病毒和孔雀鱼病毒感染引起的病变不同，后者往往导致造血器官坏死（Hedrick & McDowell，1995），而大口黑鲈病毒病没有此类症状。此外，病鱼肝、胃、肠道和脾表层部分出现坏死和炎性病变，但是深层部分表现正常。鱼鳔与腹腔接触表面有纤维蛋白渗出物，胃肠道的黏膜上皮层有局部坏死病灶。

【流行与危害】该病一般发生在夏季，流行水温为 30 ℃。水体环境的剧烈变化，如水温突然上升、溶解氧含量降低以及养殖密度过大都会导致该病的暴发，病鱼死亡率上升。该病毒的传播途径很广，除了通过水传播外，还可通过两栖动物和禽类，以及垂钓者和船只传播，但目前尚未发现有垂直传播的证据。此外，该病毒对次氯酸钠、碘复合物等消毒剂具有一定抵抗能力。

大口黑鲈病毒病不仅可感染大口黑鲈，还可感染太阳鱼科的小口黑鲈（*M. dolomieu*）、斑点黑鲈（*Pogonoperca punctata*）、蓝鳃太阳鱼（*Lepomis macrochirus*）、红胸太阳鱼（*L. auritus*）、白刺盖太阳鱼（*Pomoxis annularis*）和黑斑刺盖太阳鱼（*P. nigromaculatus*）等，但目前发现该病毒只对大口黑鲈有致死性（图 5-3-3）。

【诊断方法】大口黑鲈病毒病一般没有比较明显的症状。若在夏季高温季节，发现养殖鱼类不明原因大量死亡，剖检肝脾肾没有明显肿大，肠系膜脂肪充血，鳔膨大并布满血丝可怀疑为该病。需采用 PCR 方法或血清学方法（如 ELISA）等进行确诊。

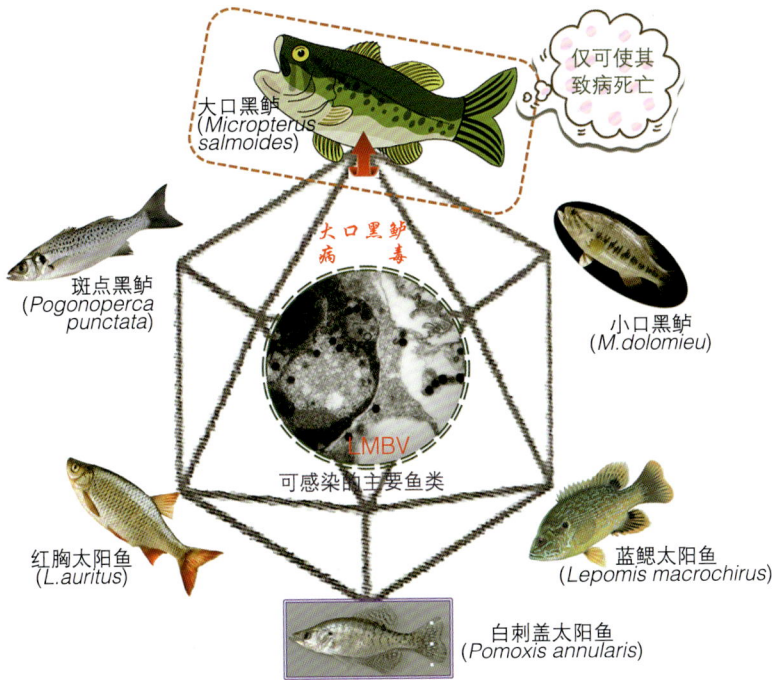

图 5-3-3 大口黑鲈病毒（LMBV）主要感染的鱼类

虹彩病毒科有虹彩病毒属（*Iridovirus*）、绿虹彩病毒属（*Chloriridovirus*）、蛙病毒属（*Ranavirus*）、细胞肿大病毒属（*Megalocytivirus*）和淋巴囊肿病毒属（*Lymphocystivirus*）5个属。目前研究认为，可引起大口黑鲈大量死亡的虹彩病毒有大口黑鲈溃疡综合征病毒（LBUSV）、大口黑鲈病毒（LMBV），以及鳜传染性脾肾坏死病毒（ISKNV），ISKNV属于细胞肿大病毒属，LMBV和LBUSV都属于蛙病毒属，且二者亲缘关系较近，因此有的学者将它们引起的疾病统称为大口黑鲈蛙虹彩病毒病，但是它们仍有比较明显的区别。

从感染症状上来看，LMBV感染的大口黑鲈没有明显症状，仅表现为在水面漂浮游泳，鱼鳔变大，而体表没有溃疡，也未见肝、脾和肾的肿大。此外，它还可感染多种鱼类，但只对大口黑鲈产生致命危害；LBUSV感染后主要症状是体表皮肤和肌肉，尾鳍、胸鳍和背鳍基部等处红肿溃烂，有时还可观察到肝和脾变大，但少见鱼鳔异常；而感染ISKNV的病鱼除了在水面离群慢游外，全身基本无溃烂症状，但肝、脾、肾肿大是其重要特征；这3种病毒均可感染大口黑鲈并引起大量死亡，在症状上却有较大的不同，可以认为是3种不同的疾病。

从病毒的蛋白图谱、基因组酶切图谱来看，LBUSV与ISKNV氨基酸同源性仅约为44%，LBUSV与LMBV的*MCP*基因核苷酸和推测的氨基酸的同源性分别为97.8%和98.0%，二者*MCP*基因氨基酸序列仅相差3个氨基酸残基，而LBUSV与DFV（裂唇鱼病毒）则完全一致，说明LBUSV与LMBV均为蛙病毒属中某一种，虽然很相似但并不完全一样。同时，也推测大口黑鲈病毒性溃疡病是由观赏鱼的DFV传播而感染大口黑鲈所致（图 5-3-4）（邓国成等，2009；马冬梅等，2011）。

图 5-3-4　大口黑鲈 3 种虹彩病毒及其导致的疾病的主要区别

【防治措施】加强对养殖环境和鱼种的消毒是控制该病的一个重要手段。由于大口黑鲈病毒病的发生与鱼体产生应激反应有较大关系，因此在疾病流行季节采取抗应激的措施对防止该病发生很重要。

对于该病的防治可参考"大口黑鲈病毒性溃疡病"的防治方法。

四、大口黑鲈弹状病毒病（largemouth bass rhabdovirus disease）

又名旋转病（whirling disease）。

【病原或病因】病原是大口黑鲈弹状病毒（rhabdovirus sp.，MSRV），为单股不分节段的线性负链 RNA 病毒，属弹状病毒科（Rhabdovirus）、鲈弹状病毒属（Rhabdovirus）。弹状病毒种类较多，在自然界中分布广泛，有 30 余个属，但感染水生动物的目前基本归属于 3 个属，即鲤春病毒血症病毒属（Sprivirus）、诺拉弹状病毒属（Novirhabdovirus）和鲈弹状病毒属，多数具有很强的致病性（Amarasinghe et al.，2017）。2011年 4 月，我国首次从广东中山市养殖的大口黑鲈中分离到 MSRV，它的长度为 115～143 nm，直径为 62～78 nm，形似棒状或子弹状（Ma et al.，2013.），但也有人测得它在 GCO 细胞中增殖的病毒长度为 300～500 nm，直径为 100～200 nm（Lyu et al.，2019）（图 5-4-1、图 5-4-2）。大口黑鲈弹状病毒全长 1 126 bp，可在草鱼卵巢细胞（GCO）、胖头鲤肌肉细胞（FHM）、大口黑鲈皮肤细胞（LBS）（Gao & Chen，2018）中繁殖（图 5-4-2）。MSRV 具有 5 种主要结构蛋白：RNA 依赖性 RNA 聚合酶蛋白 L、糖蛋白 G、核衣壳蛋白 N、磷蛋白 P、基质蛋白 M（图 5-4-3）。

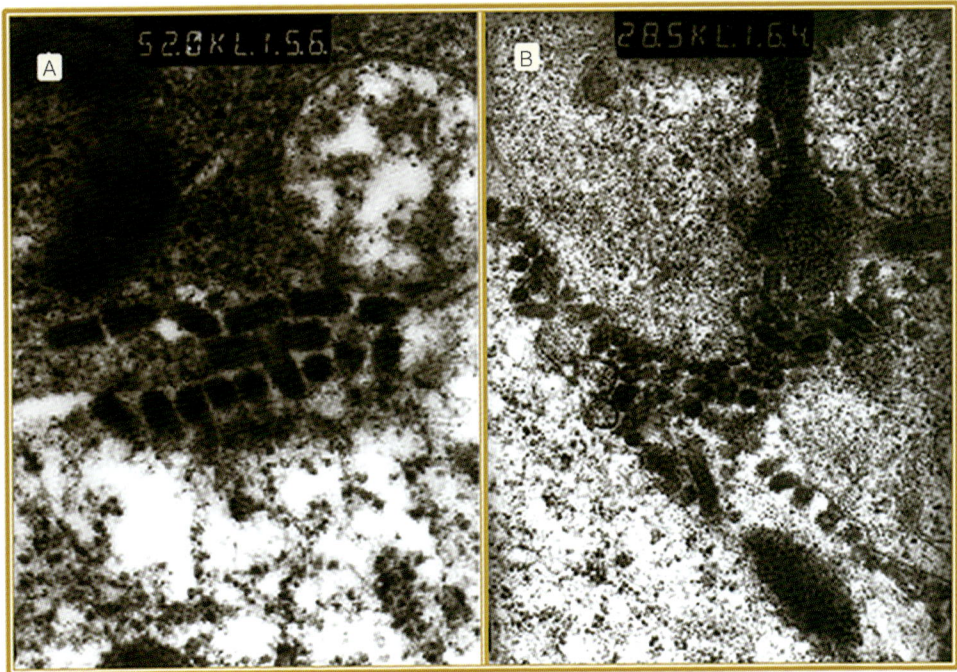

在胖头鲤肌肉细胞(FHM)中繁殖大口黑鲈弹状病毒(MSRV)

图 5-4-1 大口黑鲈弹状病毒的电镜形态

A. 位于细胞质中的病毒粒子 B. 位于细胞间隙中的病毒粒子

(引自 Ma et al.，2013)

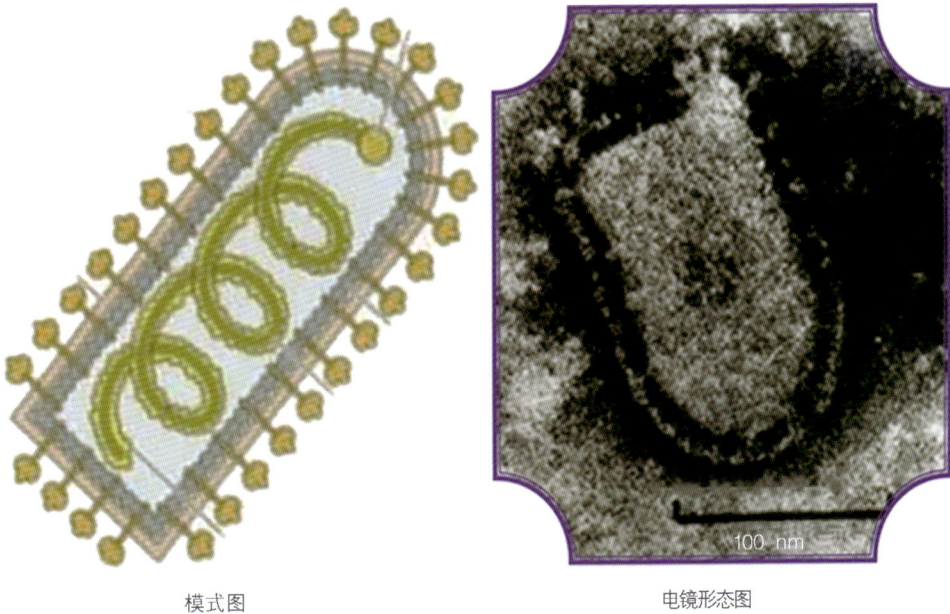

模式图   电镜形态图

图 5-4-2 大口黑鲈弹状病毒模式图与电镜图

(仿 WAhne)

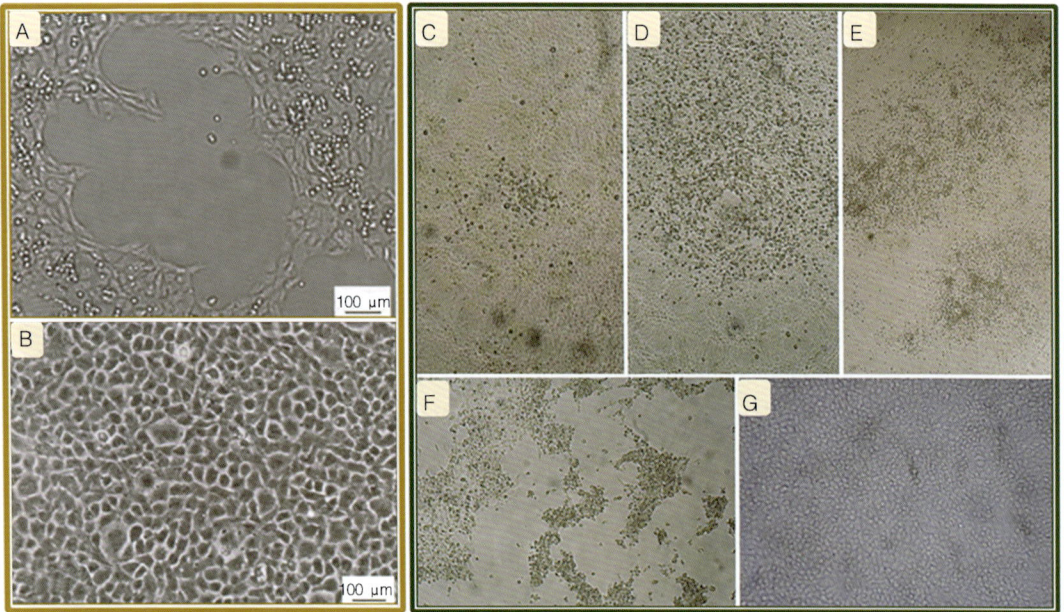

大口黑鲈弹状病毒在GCO细胞的细胞病变(CPE)　　　大口黑鲈弹状病毒在FHM细胞的细胞病变(CPE)

图 5-4-3　大口黑鲈弹状病毒感染 GCO、FHM 细胞所产生的细胞病变（CPE）

A. 病变细胞收缩变圆，聚集成团，形成空斑　B. 对照

C. 第 24 小时，出现明显的 CPE，若干圆形细胞聚集成小团落（10×）

D. 第 48 小时，更多细胞聚集在一起（10×）　E. 随着 CPE 进程，中心细胞脱落（4×）

F. 第 96 小时，更多细胞脱落，单层形成网状（10×）　G. 对照（40×）

（引自袁雪梅等，2020；Ma et al.，2013）

　　大口黑鲈弹状病毒与杂交鳢弹状病毒和鳜弹状病毒同源性较高，属一个分支。因我国大口黑鲈主养区广东佛山是杂交鳢和鳜的主要养殖区域，因此推测大口黑鲈弹状病毒很有可能是由杂交鳢或鳜的弹状病毒感染所致（雷燕等，2015）（图 5-4-4）。

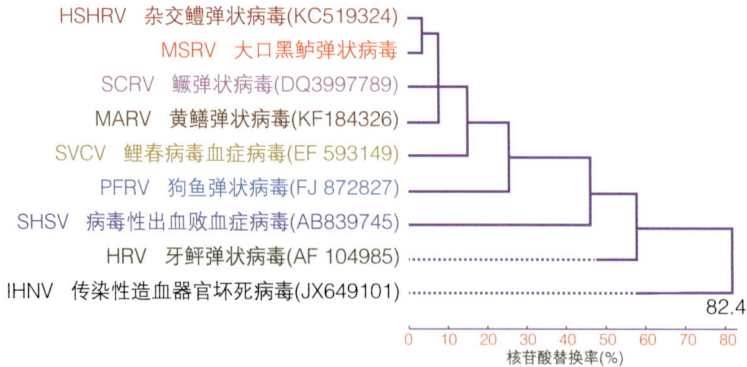

图 5-4-4　大口黑鲈弹状病毒的系统发育

（仿雷燕等，2015）

拓展阅读 13
大口黑鲈
弹状病毒病

　　【临床症状】患病鱼身体弯曲，在水面漫游、打转，呈螺旋状不规则旋转游动（故又称为"旋转病"）（拓展阅读 13），停止摄食（图 5-4-5），严重者体色发黑，眼突，

腹部肿大、充血，有的伴有烂身、烂鳍、出血等症状（图5-4-6）。剖检病鱼可见肝、脾、肾严重肿大、充血或出血，有的肝呈"花肝"样，胃肠空虚，肛门附近肌肉出血（图5-4-7）。大口黑鲈弹状病毒主要感染大口黑鲈的造血器官，导致造血器官坏死，而使肝、脾、肾肿大、充血或出血。

病鱼身体弯曲、身体前部充血发红

病鱼在水面呈螺旋状不规则漫游、打转

图5-4-5 患病大口黑鲈在水面呈螺旋状不规则游动

鳃点状出血

体色发黑，眼突，腹部肿大、充血，下颌发红

腹部肿大，头部、下颌、胸鳍等处充血

身体弯曲、体色发黑

眼突，胸鳍溃烂、出血

图5-4-6 患病大口黑鲈体黑、腹部膨胀，体表有出血症状

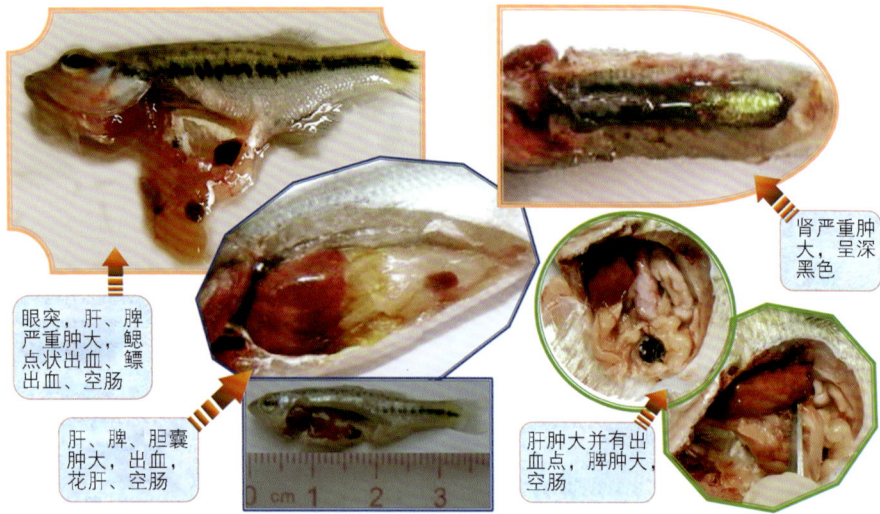

眼突，肝、脾严重肿大、鳃点状出血、鳔出血、空肠

肝、脾、胆囊肿大，出血，花肝、空肠

肾严重肿大，呈深黑色

肝肿大并有出血点，脾肿大，空肠

图 5-4-7 肝、脾、肾肿大、坏死是大口黑鲈弹状病毒病的主要症状之一

【病理学特征】 患病大口黑鲈脾、肾等造血器官淋巴组织弥漫性坏死，细胞核固缩是该病主要的病理学特征。脾血管和脾窦内淤积大量血液，脾实质细胞弥漫性坏死，细胞核固缩、崩解，有的虽还保持原来的细胞核或细胞轮廓，但因细胞大量坏死导致脾实质性细胞稀少，特别是淋巴细胞稀少；肾血管内淤积大量血液，肾间淋巴组织细胞弥漫性坏死，肾小管上皮细胞轻度坏死，细胞核崩解，但细胞核、细胞轮廓仍较完整；肝血管和肝窦内淤积大量血液，肝细胞呈现程度不一的空泡变性和弥散性或散在性坏死，肝细胞肿大、界限不清，肝细胞索排列紊乱，有的肝出现少量坏死灶，坏死灶内肝细胞崩解，周围被增生的肉芽组织包绕（图 5-4-8）。肠腔无内容物，但结构基本正常。

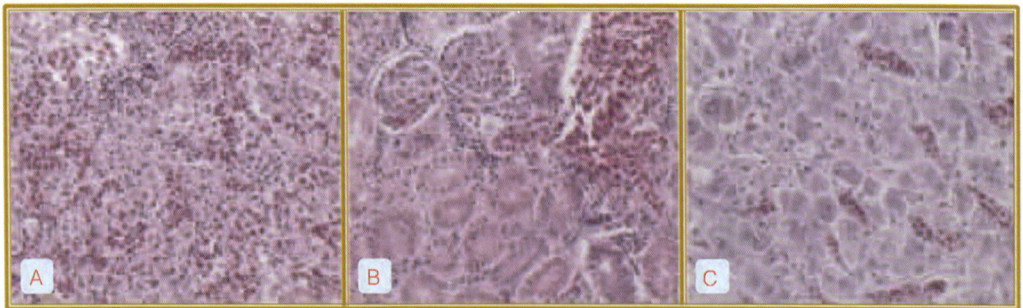

图 5-4-8 大口黑鲈弹状病毒病脾、肾、肝的组织病理变化
A. 脾：血液积淤，实质性细胞弥漫性坏死，坏死细胞核固缩、崩解
B. 肾：淤血，肾小管上皮细胞坏死，细胞核崩解，但轮廓完整
C. 肝：血管和肝窦内淤血，肝细胞空泡变性和弥散性坏死，肝细胞索排列紊乱
（引自雷燕等，2015）

【流行与危害】 大口黑鲈弹状病毒病在我国南方各省份的主要流行季节为 3—4 月和 10—11 月，最容易发病的水温为 25～28 ℃，当水温突然升高或降低时该病容易暴发。主要危害 2.5～3.5 cm 鱼苗和鱼种，但在亲鱼中也能检测到该病毒。该病传播快、潜伏期

短，发病后呈现急性死亡，死亡率可高达 40%～50%（图 5-4-9）。该病的主要感染途径是以水体为媒介的水平传播，也可通过亲鱼垂直传播。

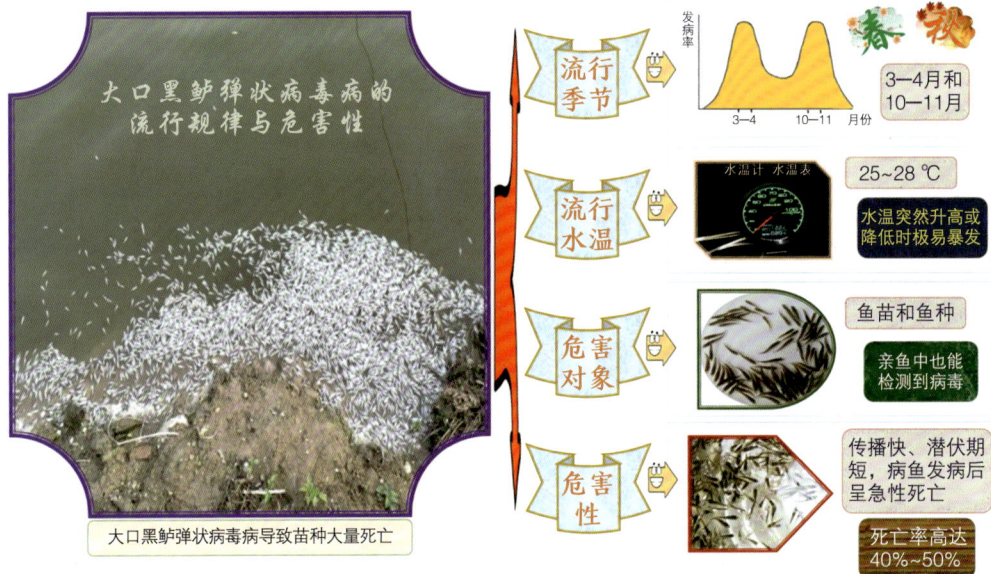

图 5-4-9　大口黑鲈弹状病毒病的流行规律与危害性

【诊断方法】该病可根据患病鱼发病季节、水温以及患病鱼在水中旋转游泳、鱼体弯曲以及造血器官坏死等症状进行初步判断。根据大口黑鲈弹状病毒具有子弹状形态、单股负链 RNA 病毒特征，可通过电子显微镜观察予以确认。也可用 TaqMan 实时荧光定量 PCR 检测、RT-PCR 的方法检测进行判断。

拓展阅读14
大口黑鲈
病毒的检测

采用特异性引物对患病鱼组织（肝、肾、脾等）的核酸进行 PCR 检测，若扩增片段大小为 372 bp 左右，可确诊（图 5-4-10）（袁雪梅等，2020）（拓展阅读 14）。

【防治措施】在苗种放养前，彻底清塘、养殖工具彻底消毒，养殖时间长、淤泥较深的池塘要清淤，并充分暴晒；严格对种苗进行检测和消毒，避免将病原带入养殖池；保持合理的放养密度；选用优质、高效的饲料进行投喂，并正确控制投饲量，投喂做到"定时、定位、定质、定量"，在饲料中添加低聚壳聚糖、维生素、酵母粉、氨基酸、葡萄糖、多肽类、酶类等增强鱼体自身对疾病的抵抗力；保持良好的水质及底质，特别是在养殖中后期，要避免水质污染和底质恶化；如出现发病的症状立即停料或减料，发病后不要用刺激性较强的药物，发现死鱼及时捞出并深埋，工具要按时消毒，防止交叉感染；并采取相应的药物预防细菌、寄生虫等的感染。

发病初期口服黄芪多糖等中草药，全池泼洒有机碘〔如 5% 的聚维酮碘溶液，一次量（以有效碘计），每立方米水体 4.5～7.5 mg，每 2 d 1 次，连用 2～3 次〕等消毒类药物可在一定程度上控制该病的蔓延。有研究证明，构建抗弹状病毒 G 蛋白质粒，制备弹状病毒疫苗进行免疫防治是控制该病发生的一条有效途径。此外，用特异性卵黄抗体作为免疫制剂对大口黑鲈弹状病毒病的控制也有明显作用（图 5-4-11）（袁雪梅等，2020）。

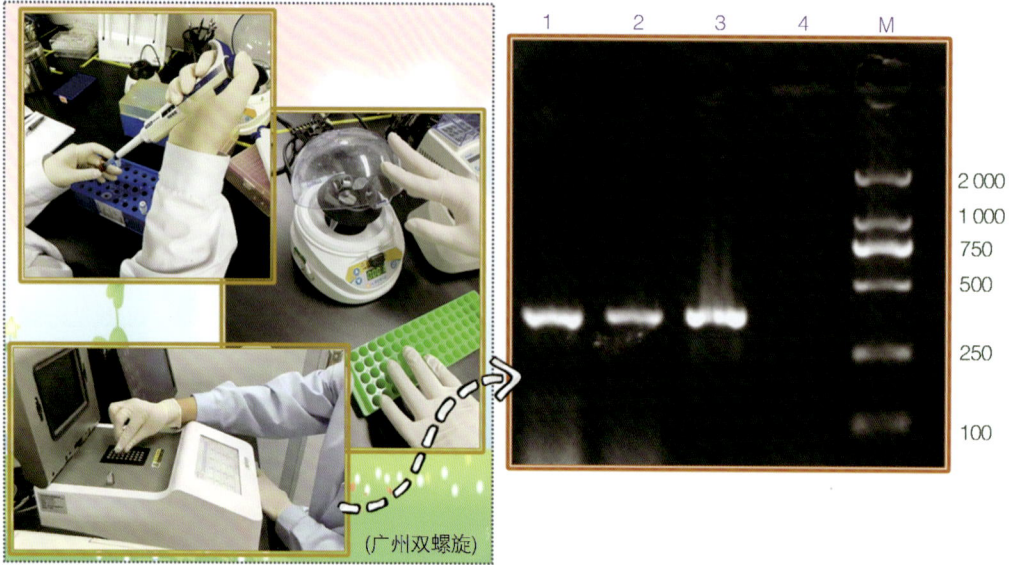

图 5 - 4 - 10　大口黑鲈弹状病毒病的 PCR 检测

1~3. 检测样品　4. 阴性对照　M. DNA Marker DL2000

扩增片段大小约为 372 bp 时可判断为阳性

图 5 - 4 - 11　大口黑鲈弹状病毒病的控制

第六章 PART SIX

大口黑鲈细菌性疾病

一、烂鳃烂嘴病（gill and mouth rote disease）

又名柱状黄杆菌病（favobacterium columnare disease）、细菌性烂鳃病（bacterial gill‑rot disease）。

【病原或病因】病原是柱状黄杆菌（*Flavobacterium columnare*）。革兰氏阴性，好氧，柔韧、可弯曲，菌体细长，弯曲或呈直杆状，两端钝圆，无鞭毛，菌体粗细基本一致，但长短不一，直径为 $0.5~\mu m$，长 $6.0\sim12.0~\mu m$（图 6‑1‑1）。一般在病灶及固体培养基上的菌体较短，在液体中培养的菌体较长，但在湿润固体上可做滑行运动，或一端固着，另一端缓慢摇动，有团聚的特性。柱状黄杆菌最适生长温度为 $25\sim28~℃$，培养基中 NaCl 含量超过 0.5% 时不生长，不分解琼脂、纤维素和几丁质。菌株在 0.5% 胰胨琼脂平板中生长良好，$27~℃$ 培养 $24~h$ 出现干燥的、平铺在培养基表面上呈蔓延生长的菌落，菌落边缘不整齐、假根状，中央较厚，呈颗粒状、大小不一，菌落最初与培养基的颜色相近，随着培养时间的延长，逐渐变为淡黄色（图 6‑1‑2）。

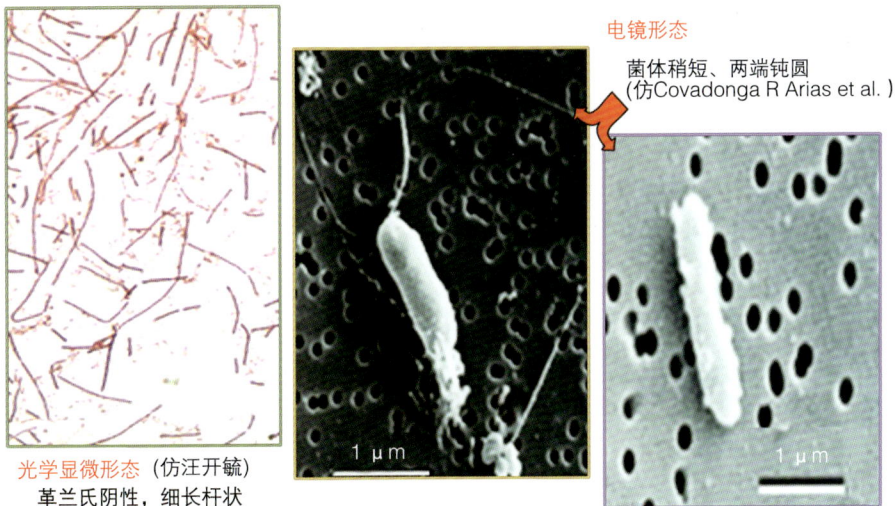

电镜形态

菌体稍短、两端钝圆
（仿Covadonga R Arias et al.）

1 μm

光学显微形态（仿汪开毓）
革兰氏阴性，细长杆状

1 μm

图 6‑1‑1 柱状黄杆菌的形态

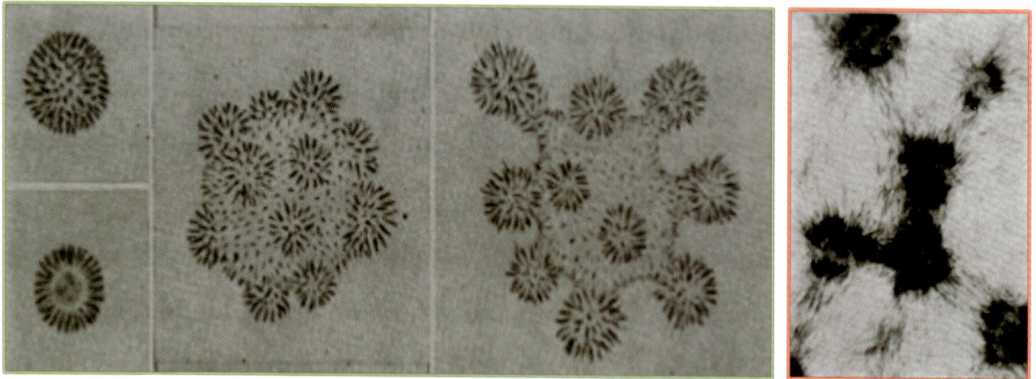

在0.5%胰胨蛋白胨溶液中生长的菌群

琼脂表面培养物上生长的菌落

菌落如菊花状，中央较厚，边缘像树根一样向四周扩散

图 6-1-2　柱状黄杆菌的菌落形态

(仿 Garnjobst L.)

【临床症状】 病鱼在池边、网箱边缘离群独游，对外界反应迟钝。体色发黑。部分病鱼因病菌的感染自吻端到眼球的一段皮肤色素消失，呈白皮状，在水中观察症状更为明显（图 6-1-3）。有的病鱼鳍条缺损，或体表伴有不规则椭圆形白斑或赤皮斑块，尾部溃烂，体表黏附有大量的坏死细胞和细菌混合物（图 6-1-4）。打开鳃盖可见鳃丝肿胀、鳃小片坏死、崩溃，也有的鳃瓣腐烂发白或带有污泥腐斑，严重的病鱼在靠近病灶的鳃盖内侧处充血、发炎，出现"开天窗"症状（图 6-1-5、图 6-1-6）。鳃常分泌白色或土黄色黏液，病情严重时可见从鳃丝末端开始沿鳃瓣边缘均匀地溃烂成一圈。病鱼口腔颌齿间上下表皮发炎、充血，唇端表皮发炎、糜烂脱落，糜烂处可看到淡黄色的菌团物（图 6-1-7）。剖检病鱼可见肝肿大，呈棕黄色或土黄色，脾萎缩、发黑，空胃、空肠（图 6-1-8）。

病鱼头部、尾柄发白

水中的病鱼背部、头部发黑

病鱼漂浮于水面、缓游

图 6-1-3　在水中头发黑尾柄发白缓游的病鱼

下颌及鳃盖充血发红

尾鳍缺损、发白，体表伴有不规则椭圆形白斑或赤皮斑

图 6-1-4 病鱼体表症状

鳃丝上聚集大量细长光滑的细菌

鳃上聚集如草堆状的细菌

鳃丝肿胀出血，黏附有大量细菌

图 6-1-5 病鱼鳃部溃烂、出血，并带有污泥腐斑

鳃盖溃烂

鳃严重充血，鳃瓣边缘出现斑点状白色腐烂鳃丝，并逐渐扩大蔓延

鳃丝腐烂，末端黏液很多，带有污泥和杂物碎屑

鳃盖内侧处发炎，腐蚀成一个圆形不规则的透明小区，俗称"开天窗"

图 6-1-6 病鱼鳃瓣腐烂发白，鳃丝粘满污物，鳃盖呈现"开天窗"症状

嘴部溃烂

鳃分泌白色或土黄色黏液，从鳃丝末端至鳃瓣边缘溃烂

口腔颌齿间上下表皮糜烂脱落

口腔颌齿间上下表皮发炎、充血，唇端表皮充血、糜烂

嘴因烂鳃严重溃烂

图6-1-7　因烂鳃导致病鱼鳃盖边缘、唇端甚至口腔出血溃烂

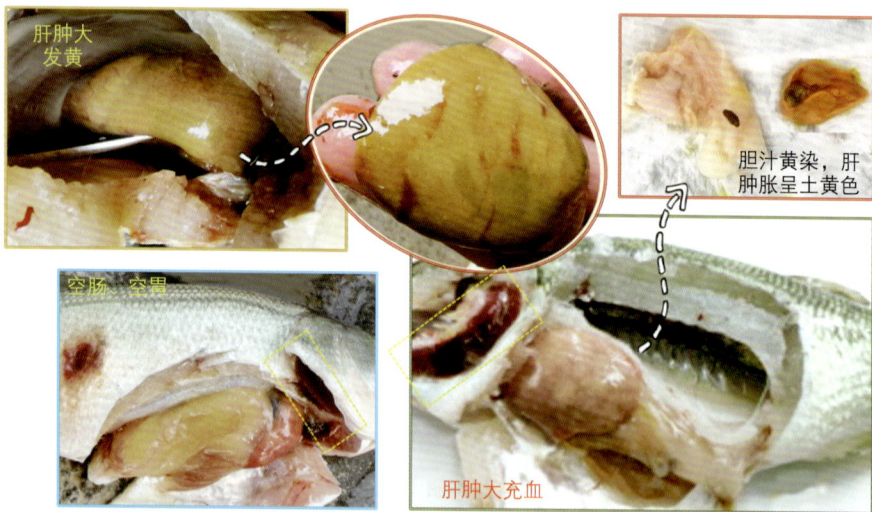

肝肿大发黄

胆汁黄染，肝肿胀呈土黄色

空肠　空胃

肝肿大充血

图6-1-8　病鱼肝肿大、充血，呈棕黄色或土黄色，空胃、空肠

【病理学特征】初期病鱼鳃小片严重充血，随病情进一步发展，鳃小片细胞变性、坏死、脱落，严重时鳃小片几乎全部脱落，鳃丝末端坏死、断裂，最后只剩下部分鳃丝软骨（图6-1-9）。

【流行与危害】该病主要危害鱼种和成鱼。流行水温15～35℃，发病高峰水温25～28℃，发病季节为4—6月和9—10月。该病死亡率较高，严重时可达60%。在流行温度范围内，水温越高，发病越快，致死时间越短。池塘和网箱养殖的大口黑鲈均会发病。

【诊断方法】该病与大宗淡水鱼类细菌性烂鳃病的一个重要区别是除了烂鳃症状外，

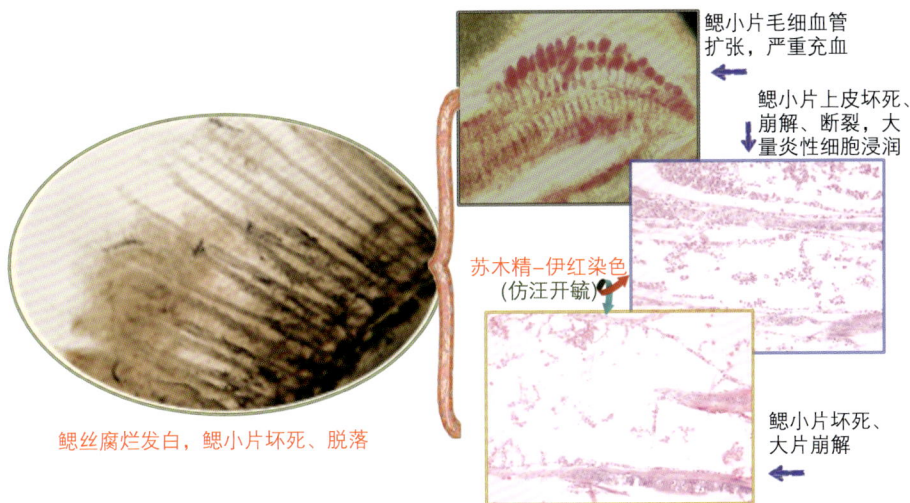

鳃小片毛细血管扩张，严重充血

鳃小片上皮坏死、崩解、断裂，大量炎性细胞浸润

苏木精–伊红染色
(仿汪开毓)

鳃丝腐烂发白，鳃小片坏死、脱落

鳃小片坏死、大片崩解

图 6-1-9　烂鳃烂嘴病的主要病理学变化

大多还伴有烂嘴甚至烂鳍烂尾等症状（邓国成等，1996），可根据流行情况、临床症状（如鳃丝、鳃盖、嘴唇严重腐烂，"开天窗"）等进行初步诊断。镜检鳃丝，若见有大量细长、滑行的杆菌可进一步判断（图 6-1-10）。确诊需对病原进行分离鉴定，对溃烂鳃组织制作水封片进行病理组织切片观察，或用柱状黄杆菌 PCR 检测方法、间接 ELISA 快速检验方法、双抗体夹心 ELISA 检测方法等判断。

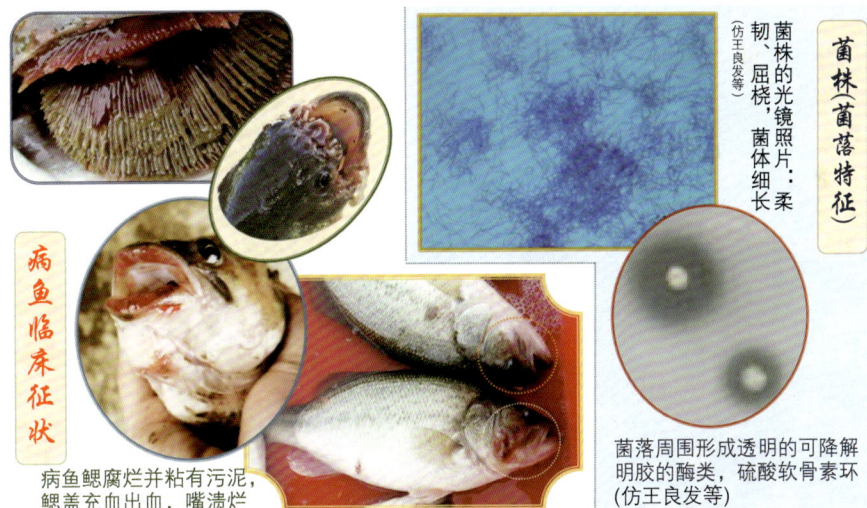

菌株的光镜照片：柔韧、屈桡，菌体细长（仿王良发等）

菌株（菌落特征）

病鱼临床征状

菌落周围形成透明的可降解明胶的酶类，硫酸软骨素环（仿王良发等）

病鱼鳃腐烂并粘有污泥，鳃盖充血出血，嘴溃烂

图 6-1-10　根据患病大口黑鲈的临床症状和分离菌特征进行初步诊断

【防治措施】彻底清除池塘淤泥，并用生石灰清塘消毒（带水清塘每立方米水体 15～20 g，干法清塘每亩 50～75 kg）。此外，在鱼种放养前用 2%～4% 的食盐水药浴鱼种 5～10 min（或用每立方米水体 15～20 g 的高锰酸钾药浴 20～30 min），可有效地预防该病发

生。保持水体适宜的肥度，避免 pH 过低；放养密度合理，不投喂变质不洁的饲料，及时清除腐败残饵；在发病季节，保持水质稳定，减少应激，每 10～15 d 全池遍撒生石灰（每亩水深 1 m 用量 15～20 kg）或三氯异氰脲酸粉［一次量（以三氯异氰脲酸计），每立方米水体 90～135 mg］或溴氯海因粉［一次量（以溴氯海因计），每立方米水体 30～40 mg］等。

发病后养殖池塘可用漂白粉（每立方米水体 1 g）或三氯异氰脲酸粉（每立方米水体 0.3～0.5 g）全池泼洒 2～3 次，隔天 1 次；或用聚维酮碘溶液全池泼洒，一次量（以聚维酮碘计），每立方米水体 45～75 mg，2 d 1 次，连用 2～3 次。网箱可用 2%～3% 的盐水或聚维酮碘溶液（以聚维酮碘计，每立方米水体 1～2 g）浸浴鱼体 15～30 min 后更换至新网箱。发病的池塘在外用药物的同时用氟苯尼考粉（一次量，以氟苯尼考计，每千克鱼体重 10～15 mg），或 100 g：5 g 的甲砜霉素粉（一次量，每千克鱼体重 0.35 g），或规格为（250 g：磺胺二甲嘧啶 10 g＋甲氧苄啶 2 g）的磺胺二甲嘧啶粉每千克鱼体重 1.5 g（一次量，首次用量加倍）等药物拌饲投喂，连用 3～5 d；也可用恩诺沙星粉，每千克鱼体重 10～20 mg（一次量）拌饲投喂，连用 5～6 d。此外，还可用 1% 大黄煎液浸浴患病鱼 5 min（或 10% 的乌桕叶浸浴 10 min）。

用柱状黄杆菌疫苗或改良的柱状黄杆菌活疫苗接种大口黑鲈鱼苗，可获得较好的保护效果，能显著降低烂鳃烂嘴病感染后的死亡风险（Bebak J，2009；Shoemaker C A，2011）。

二、大口黑鲈诺卡氏菌病（nocardiosis of largemouth bass）

又名大口黑鲈致死性结节病（lethal sarcoidosis of largemouth bass）（何晟毓等，2020）、结节病（sarcoidosis），俗称烂身病（rotten body disease）等。

【病原或病因】病原为鰤诺卡氏菌（*Nocardia seriolae*），属放线菌门（Actinobacteria）、放线菌纲（Actinobacteria）、放线菌目（Actinomycetales）、诺卡氏菌科（Nocardiaceae）、诺卡氏菌属（*Nocardia*）。革兰氏阳性菌，菌体呈细长短杆状，或细长分枝状，常断裂成杆状、球状体，大小为（0.2～1.0）μm×（2.0～5.0）μm，丝状体长 10～50 μm；菌体大致由两层结构构成。外层为雾状灰色物质，为诺卡氏菌细胞膜、细胞壁以及具有复杂结构的类脂质。内层由深灰色絮状物质构成（图 6-2-1）。丝状体单个、成对、

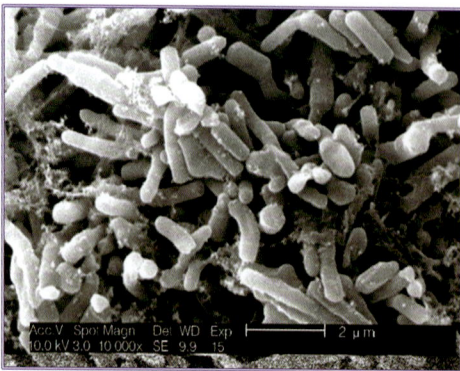

菌体形态与大小（透射电镜）

（引自王国良等）

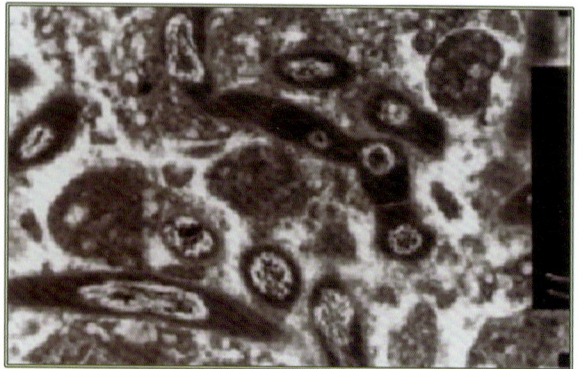

菌体形态与大小（扫描电镜）

（引自王国良等）

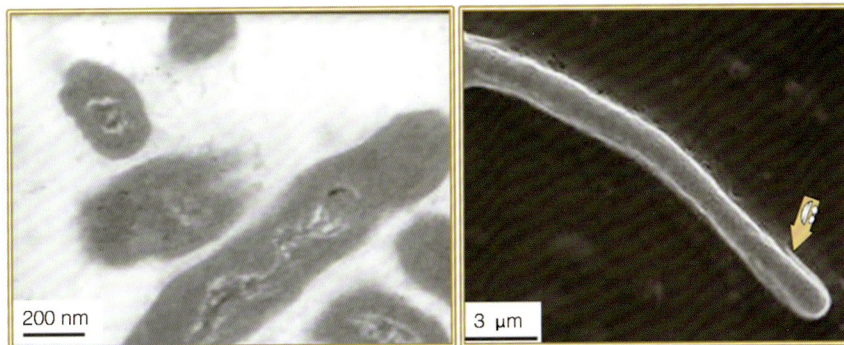

菌体呈内外2层结构（透射电镜）

图6-2-1 鰤诺卡氏菌电镜下的形态

（引自何晟毓等）

"Y"或"V"字状排列或排列成栅状，并具膨大或棒状末端。基丝发达，呈分枝状，气丝较少并形成长短不一的孢子链。好氧，不运动，具抗酸性，不生孢子（图6-2-2）（王国良等，2006）。在TSA培养基上形成白色沙粒状菌落；在BHI固体培养基上28℃培养3d后才有少许菌落生长，3~7d形成沙粒状淡黄色菌落，粗糙易碎，边缘不整齐，在表面形成褶皱。在BHI液体培养基中，菌体因呈粗沙粒状而附着在管壁或沉于底部，振荡试管才可见菌体呈明显沙粒状；在血平板培养基上菌落呈白色沙粒状（图6-2-3）。25℃培养4~5d出现小的菌落，两周后形成疣状、致密的硬菌落，颜色由淡黄色变为橙黄色。生长温度为12~32℃，最适温度为25~28℃；盐度为0~45，最适盐度为0~10；pH 5.8~8.5，最适pH为6.5~7。

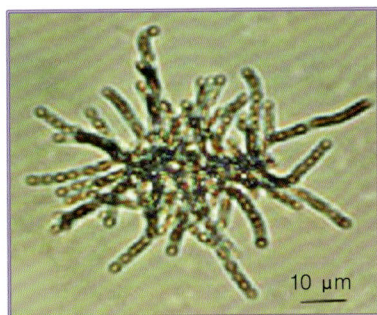

菌体呈长或短杆状、Y或V字或栅状排列

（引自王瑞旋、黄郁葱等）

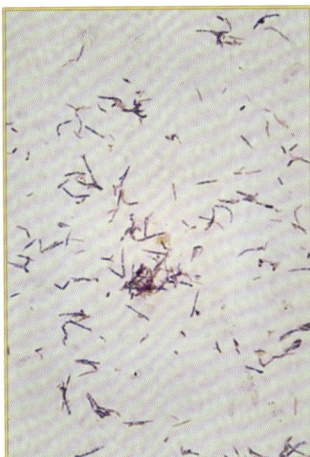

基丝发达，分枝多，形成长短不一的孢子链

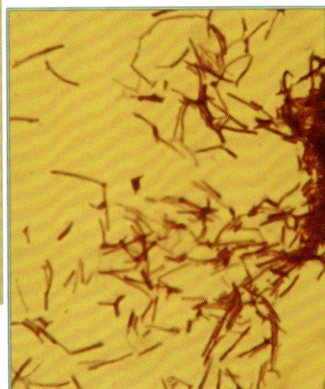

菌体呈紫红色短杆状或分枝状，长2~5 μm

（×1 000)(引自蒋依依、李安兴等)

图6-2-2 鰤诺卡氏菌在显微镜下的形态

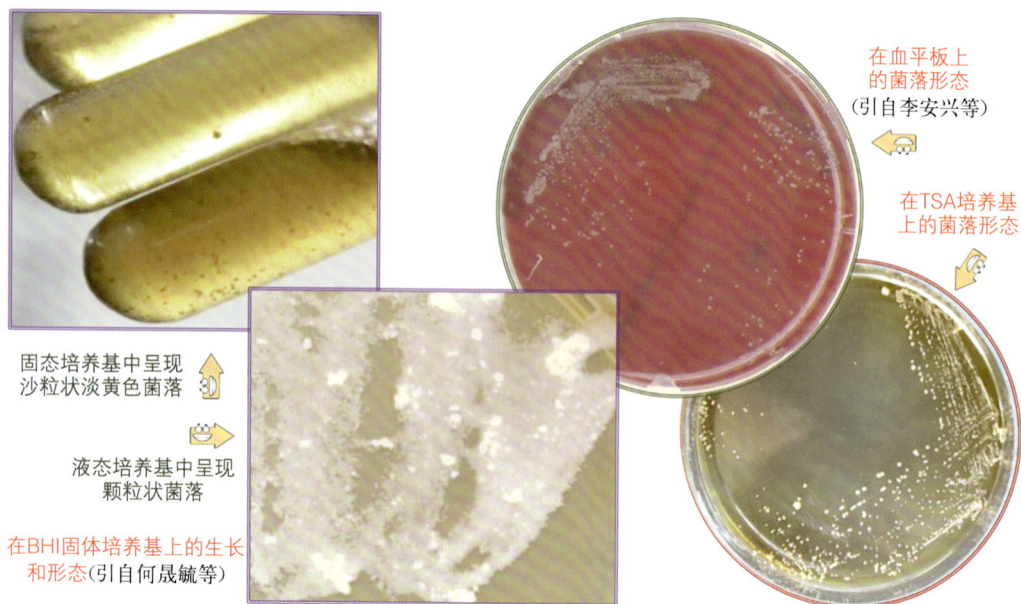

在血平板上
的菌落形态
(引自李安兴等)

在TSA培养基
上的菌落形态

固态培养基中呈现
沙粒状淡黄色菌落

液态培养基中呈现
颗粒状菌落

在BHI固体培养基上的生长
和形态(引自何晟毓等)

图6-2-3 鰤诺卡氏菌在不同培养基上的菌落形态

【临床症状】该病在发病初期症状不明显，仅表现为患病鱼食欲减退甚至不摄食，离群独游于水面或池边，体色变黑（图6-2-4）；随后体表出现溃疡灶和出血点（图6-2-5），鳍条充血、出血，鳃黏液增多，部分鱼鳃丝边缘缺损，出现出血点，贫血（图6-2-6）。具有肉眼可见的白色或淡黄色结节是该病的主要特征。根据外观症状可分为躯干结节型和鳃结节型两种类型：①躯干结节型。躯干部的皮下脂肪组织和肌肉发生溃疡，外观呈现大小不一、形状不规则的结节，在所有的病灶处有炎症反应（图6-2-7）。②鳃结节型。

图6-2-4 患病鱼体色变黑，离群独游于水面

鳃褪色，鳃丝发白，基部形成针尖大小的乳白色或黄色结节（图6-2-8）。剖检可见，肝、脾肿大、淤血，或有大量出血点，鳔腔内有积液，肝、脾、肾、肠系膜、鳔膜等处布满结节状的小白点，白色结节直径可达1~2mm，个别结节直径超过5mm（图6-2-9）。个别严重的病鱼，肾、鳃耙骨和肌肉形成较大的白色隆起脓疱，剖开后流出白色或带红色血液脓汁，这种脓汁为腐烂的肌肉或脂肪组织并混有血细胞和大量的诺卡氏菌。

图6-2-5　病鱼体表溃烂、出血，出现溃疡灶或若干出血点

鳃暗红、黏液增多，出现若干出血点，分布有大量小的白色结节

鳃盖溃烂

鳍条充血、出血，鳍基部溃烂

体表、鳃盖、下颌溃疡、出血

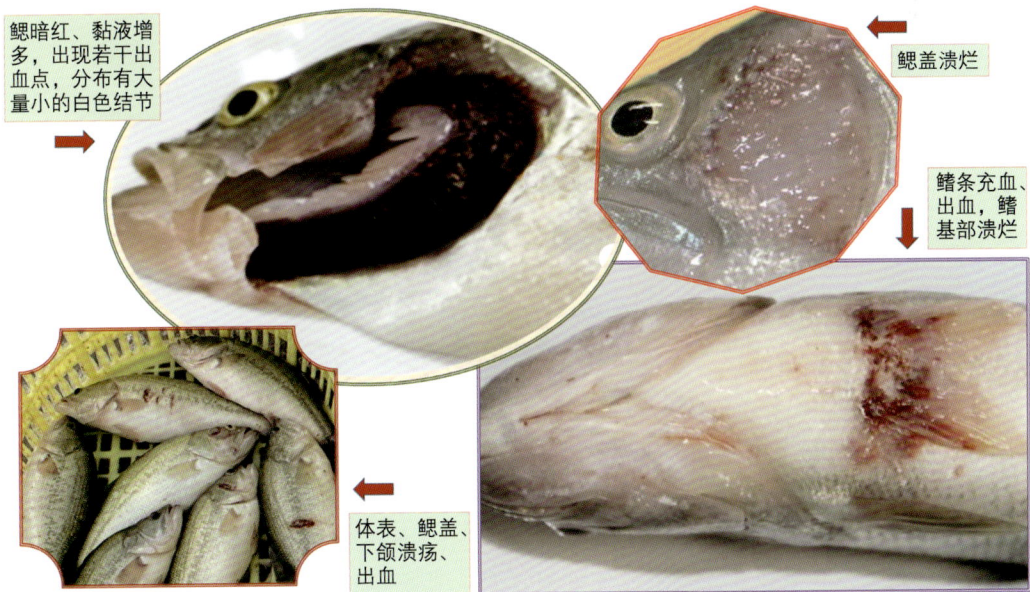

图6-2-6　病鱼鳃肿胀溃烂、出血，鳍条及其基部出血

躯干结节型(躯干溃烂)

肌肉中有大量白色结节

肌肉内结节呈崩解状

肌肉及肾内的白色结节

图6-2-7 大口黑鲈诺卡氏菌病躯干结节型症状

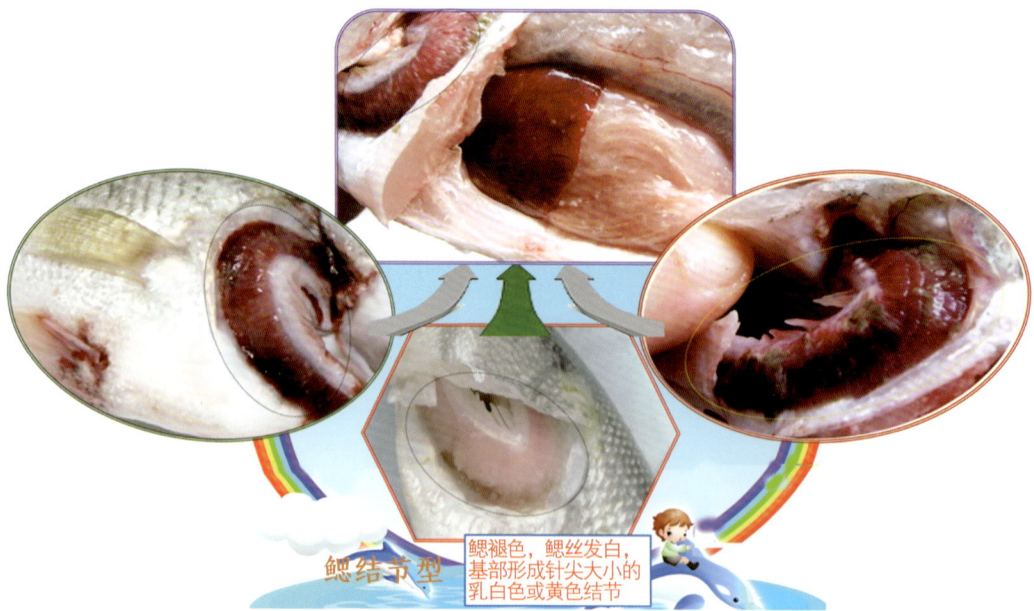

鳃结节型

鳃褐色，鳃丝发白，基部形成针尖大小的乳白色或黄色结节

图6-2-8 大口黑鲈诺卡氏菌病鳃结节型症状

【病理学特征】患病大口黑鲈皮肤溃疡灶、肝、脾、肾、心脏和鳃组织会出现不同程度的肉芽肿结节状病变。肉芽肿分主要分为3个时期：初期，肉芽肿只有坏死病灶（图6-2-10A）；中期，成熟肉芽肿出现3层结构，即中心为红染的坏死组织碎片，并见蓝染的鰤诺卡氏菌和钙盐沉着，中层为增生并趋于坏死的结缔组织和炎性细胞，外层为多层稀疏排列的结缔组织及大量上皮样细胞（单核细胞来源）（图6-2-10B）；后期，陈旧肉芽肿的坏死灶很少成熟，被外周结缔组织代替机化（图6-2-10C、图6-2-10D）。

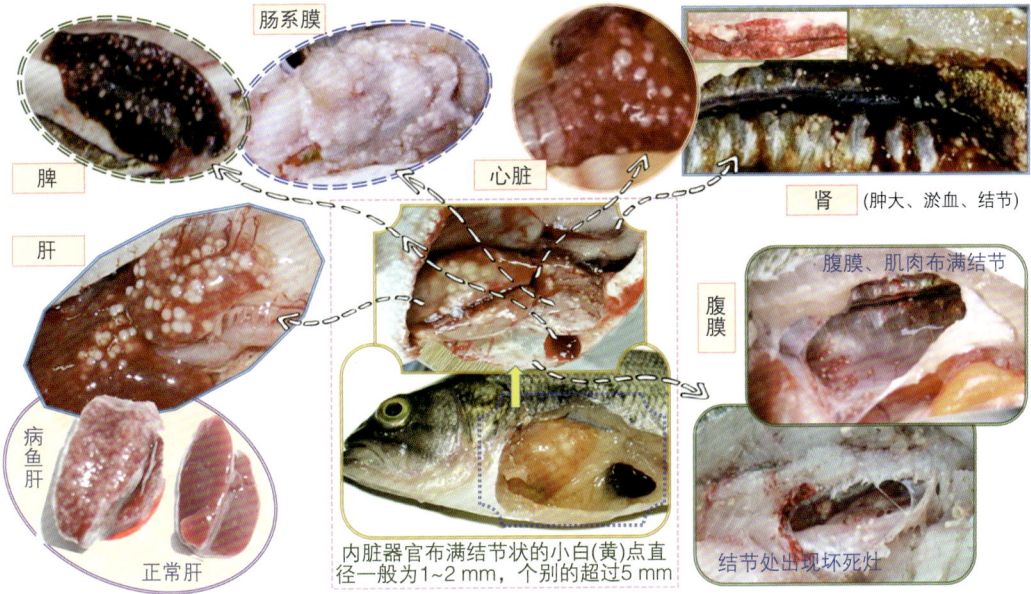

脾

肠系膜

肝

心脏

肾 (肿大、淤血、结节)

病鱼肝

腹膜

腹膜、肌肉布满结节

正常肝

结节处出现坏死灶

内脏器官布满结节状的小白(黄)点直径一般为1~2 mm，个别的超过5 mm

图 6-2-9 病鱼内脏器官布满各种大小不一的白色或黄色结节

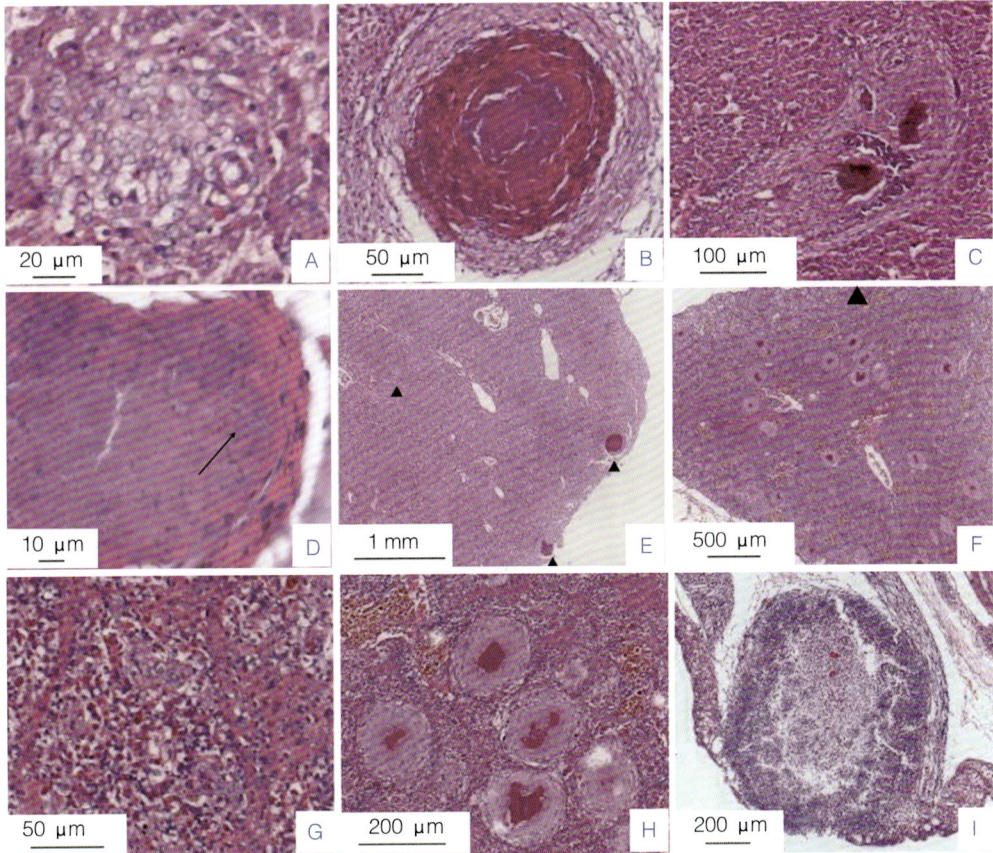

20 μm   A

50 μm   B

100 μm   C

10 μm   D

1 mm   E

500 μm   F

50 μm   G

200 μm   H

200 μm   I

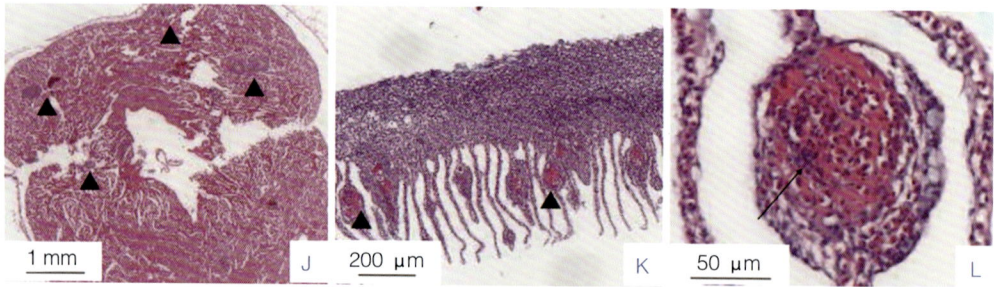

图6-2-10 大口黑鲈诺卡氏菌病组织病理学特征

A. 初期，肝肉芽肿 B. 中期，肝成熟肉芽肿的3层结构 C. 后期，肝肉芽肿

D. （C图中心放大）肉芽肿中心坏死灶内沉着钙盐或鰤诺卡氏菌（→） E. 肝内分布少量肉芽肿（▲）

F. 脾内分布大量密集的肉芽肿（▲） G. 脾实质淋巴细胞减少，脾血窦扩张充血

H. 脾内肉芽肿外层较厚，中心坏死灶较小 I. 肾内的肉芽肿 J. 心脏内分布初期和中期的肉芽肿（▲）

K. 鳃上分布多个小肉芽肿（▲），鳃小片基部增生炎性细胞

L. 鳃小片肉芽肿中心坏死灶内红细胞堆积，炎性细胞浸润（→）

（引自何晟毓等）

　　肝组织内散布有少量肉芽肿，以靠近表面的肝组织区域分布较多（图6-2-10E）。脾组织可见大量密集的肉芽肿（图6-2-10F），结缔组织明显增多、增厚，脾实质淋巴细胞减少，脾血窦扩张充血，部分毛细血管内皮细胞坏死（图6-2-10G）。脾肉芽肿分布较密，结缔组织及上皮样细胞层较厚，红染的坏死组织中心比肝组织内的肉芽肿小，且有的已经被外周结缔组织取代（图6-2-10H）。肾组织偶见少量蓝染的未成熟肉芽肿病变区域，与其他内脏组织肉芽肿病变区域相比，直径较大，约为600 μm，周边很少或缺乏结缔组织及上皮样细胞的包裹（图6-2-10I）。心脏组织多见成熟度不高的肉芽肿病变区域，也有部分形成成熟的3层肉芽肿结构（图6-2-10J）。鳃上可见较多坏死小肉芽肿，造成鳃小片病变部位膨大，鳃小片基部大量炎性细胞浸润（图6-2-10K），病灶内红细胞堆积，并伴有炎性细胞浸润，部分细胞坏死崩解，外周有残存的鳃小片组织包裹（图6-2-10L）（何晟毓等，2020）。

　　皮肤溃疡灶在病灶处从外到内可见皮肤表皮层分离，真皮层坏死崩解，呈一片红染无结构的现象，结节深入病变肌肉组织（图6-2-11A）。病灶边缘真皮层可见毛细血管充血，疏松结缔组织有大量炎性细胞浸润（图6-2-11B），坏死灶内可见大量散在沉着钙盐或鰤诺卡氏菌的蓝染小团块（图6-2-11C、D）（何晟毓等，2020）。

　　【流行与危害】大口黑鲈诺卡氏菌病是一种慢性、传染性、全身性疾病，潜伏期长，发病初期不易发现，病鱼除摄食量减少直至不摄食外没有明显症状。一般从感染到发病，直至死亡至少需要15～20 d，持续时间可长达5～6个月。但当环境一旦发生较大改变（如暴雨过后），感染的病鱼即会出现大量死亡。该病的流行季节为4—9月，流行高峰为6—9月，流行水温15～32 ℃，25～28 ℃是流行高峰。该病主要危害成鱼，发病率为35%，最高可达80%，死亡率为20%～30%，即使病鱼不死也严重影响成鱼的商品价值。

　　【诊断方法】根据大口黑鲈诺卡氏菌病可形成肉眼可见的白色或黄色结节（实际上是肉芽肿）的特征以及流行病学的情况、病原分离培养等可以做出初步判断（图6-2-12、

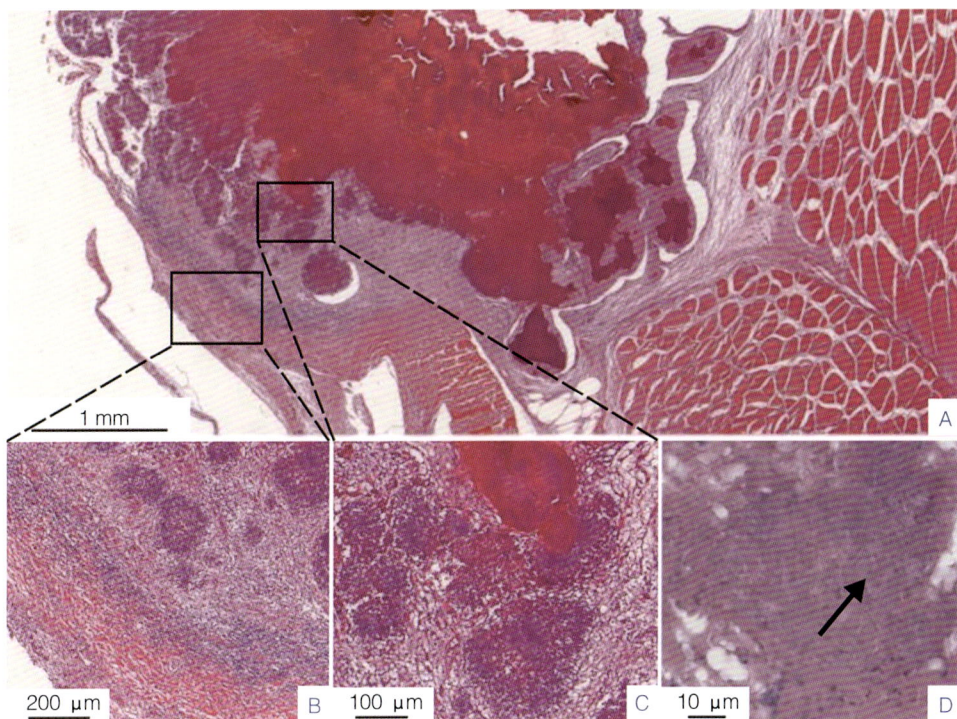

图 6-2-11　大口黑鲈诺卡氏菌病皮肤溃疡灶的组织病理学特征
A. 皮肤组织内的肉芽肿　B. 真皮层毛细血管充血，结缔组织有炎性细胞浸润
C. 蓝染团块　D. 坏死灶内沉着钙盐或鰤诺卡氏菌（→）
（引自何晟毓等）

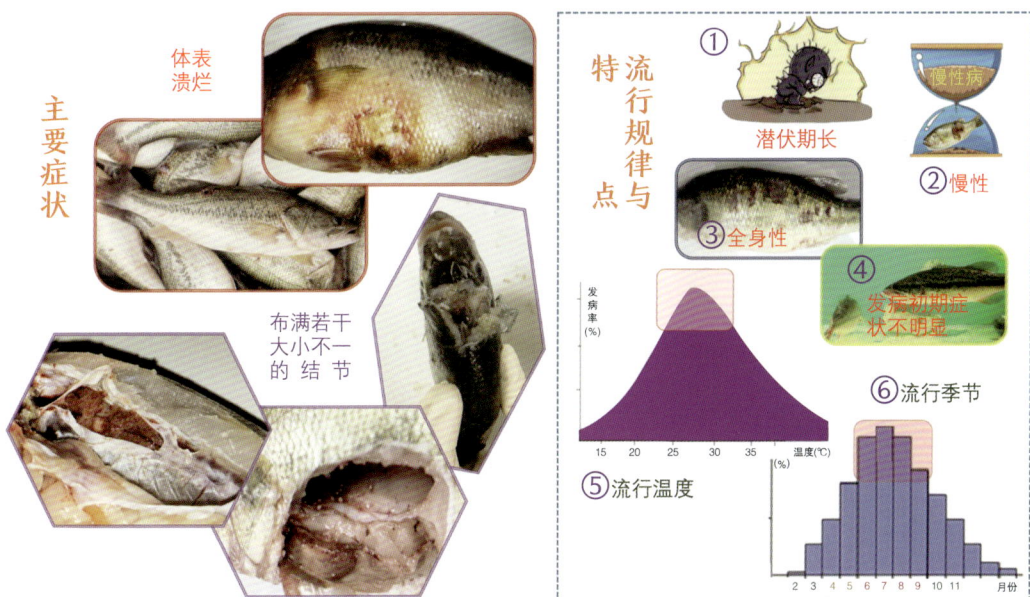

图 6-2-12　根据症状及流行特征对大口黑鲈诺卡氏菌病的初步诊断

图6-2-13）。通过环介导恒温扩增技术（LAMP）检测，以及特异性 PCR 检测，观察到在 1 000 bp 条带处出现预期大小（1 069 bp）的单一明亮条带（而对照的维氏气单胞菌无条带产生），可确诊（图6-2-14）。采用实时荧光 PCR 扩增方法检测诺卡氏菌是目前所采用的一种简单实用的诊断方法（图6-2-15）。

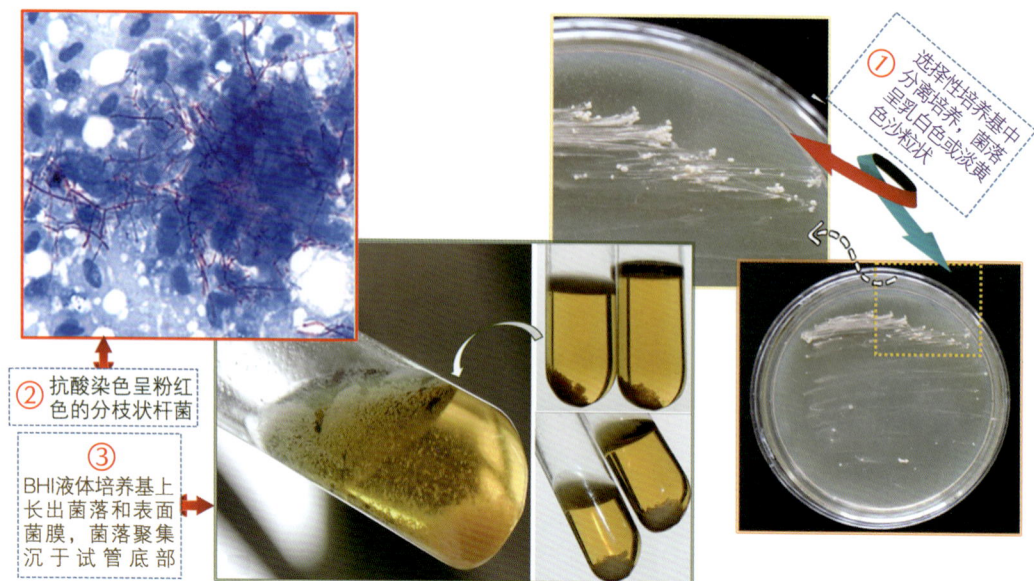

① 选择性培养基中分离培养，菌落呈乳白色或淡黄色沙粒状

② 抗酸染色呈粉红色的分枝状杆菌

③ BHI液体培养基上长出菌落和表面菌膜，菌落聚集沉于试管底部

图6-2-13　根据病灶病原菌分离培养特性对大口黑鲈诺卡氏菌病进行初步判断

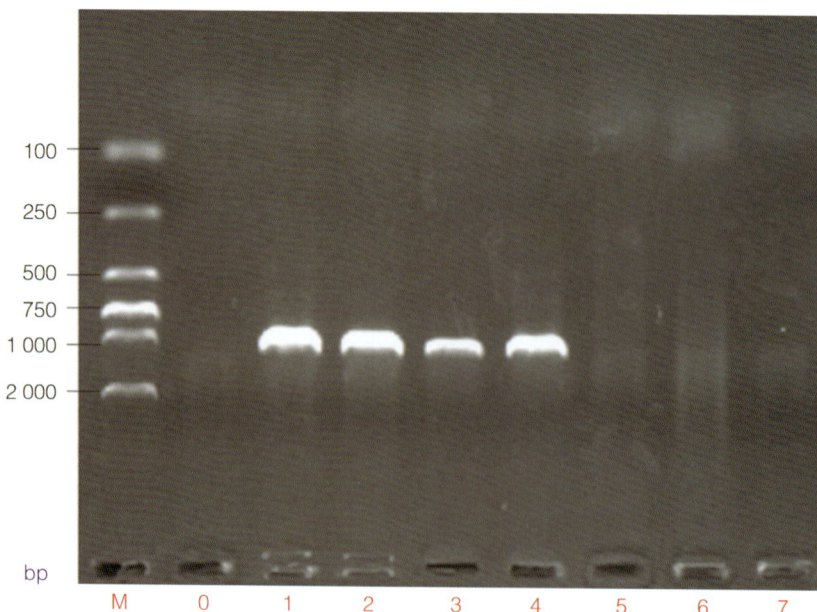

图6-2-14　大口黑鲈鰤诺卡氏菌特异性 PCR 检测

M. DNA Marker DL2000　0. 维氏气单胞菌

1～4. 分别为从自然患病病鱼各部位溃疡灶、鱼鳔腔积液等分离的病原菌　5～7. 阴性对照

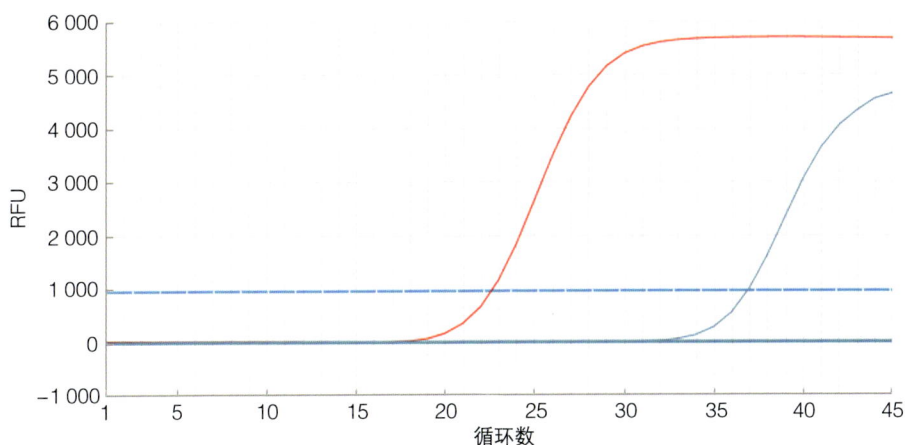

图6-2-15 实时荧光PCR扩增检测鰤诺卡氏菌

感染鰤诺卡氏菌样品Ct（平均值）≤35，且出现典型S形扩增曲线，此结果则可判定为阳性（阴性对照无Ct值）

（引自广州双螺旋）

此外，寄生虫、立克次体，以及某些真菌和卵菌、分枝杆菌、鲑肾杆菌等感染后也可出现内脏结节，因此在对大口黑鲈诺卡氏菌病进行诊断时需慎重。

【防治措施】鰤诺卡氏菌细胞壁表面存在枝菌酸，会形成一层渗透屏障，保护细菌不受外来有毒化学物质的侵害。此外，鰤诺卡氏菌在鱼类巨噬细胞中具有很强的防吞噬体酸化能力，robl/LC7蛋白可通过参与细胞凋亡调控，有效地实现免疫逃避；加之鰤诺卡氏菌细胞壁较厚，即使被破坏，也可形成L形缺陷细胞壁而继续成活，在环境适合时可恢复典型的鰤诺卡氏菌形态，造成疾病复发。因此，对大口黑鲈诺卡氏菌病目前尚无绝对有效的治疗方法。对该病的防治应以预防为主，改善养殖环境和提高鱼体免疫力（图6-2-16）。

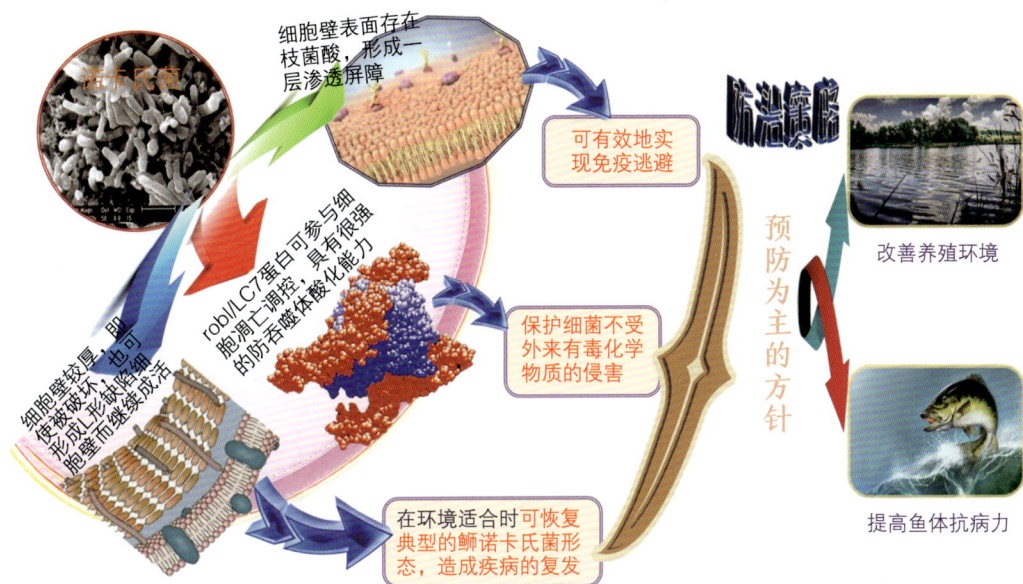

图6-2-16 大口黑鲈诺卡氏菌病的防治策略

主要预防措施是清除底泥，彻底清塘，改善水体生态环境。在养殖过程中，保持水质清洁，特别是梅雨季节，需经常换水，防止水体富营养化，每 15 d 左右使用复合光合菌调节水质，并定期在饲料中添加复合乳酸菌、芽孢杆菌、维生素 C 以及多维，以增强鱼体的抗病能力。在疾病流行季节定期用苯扎溴铵溶液（以有效成分计，每立方米水体 0.1～0.15 g）对水体进行消毒，每 2～3 d 1 次，连续 2～3 次。

由于大口黑鲈诺卡氏菌病病程进展较慢，持续时间长，一般在发病初期无症状或症状不明显，因此要及时观察鱼的状态，采取措施对疾病进行控制。发现病鱼要及时清除，防止疾病蔓延。疾病发生后可用三黄散（大黄、黄柏、黄芩、大青叶等，每千克体重 0.5 g，每天 1 次，连用 4～6 d），或氟苯尼考粉（以氟苯尼考计，每千克体重 10～15 mg，每天 1 次，连用 3～5 d），或硫酸新霉素粉（以新霉素计，每千克体重 5 mg，每天 1 次，连用 4～6 d），或恩诺沙星粉（以恩诺沙星计，每千克体重 10～20 mg，每天 1 次，连用 5～7 d），或盐酸多西环素粉（以多西环素计，每千克体重 20 mg，每天 1 次，连用 3～5 d）等拌饲投喂，同时用溴氯海因粉（以溴氯海因计，每立方米水体 30～40 mg，每天 1 次，连用 2 d），或三氯异氰脲酸粉（以有效氯计，每立方米水体 90～135 mg，每 2～3 d 1 次，连用 1～2 次），或戊二醛溶液（以戊二醛计，每立方米水体 40 mg，每天 1 次，连用 2～3 次）等全池泼洒消毒。

三、大口黑鲈溃疡综合征（ulcer syndrome of largemouth bass）

又名大口黑鲈细菌性溃疡病（bacterial ulcer disease of largemouth bass）、烂身病（body symptom）（刘春等，2010）、腐皮病（skin wound）等。

【病原或病因】病原有嗜水气单胞菌（*Aeromonas hydrophila*）、温和气单胞菌（*A. sobria*），均属于弧菌科（Vibrionaceae）气单胞菌属（*Aeromonas*）。嗜水气单胞菌为革兰氏阴性短杆菌，菌体大小多为（0.4～0.8）μm×（1.0～2.2）μm，单个或成对或短链排列，极生单鞭毛，无芽孢和荚膜，具有运动性。兼性厌氧，新分离的菌株常为两个相连（图 6-3-1、图 6-3-2）。在 BHI 培养基 28℃培养 24 h 后菌落均为圆形，中央隆起，

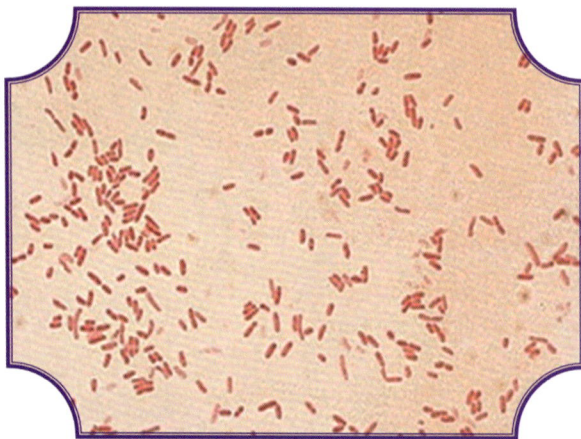

嗜水气单胞菌显微形态
(革兰氏阴性短杆菌，单个或成对或短链排列)

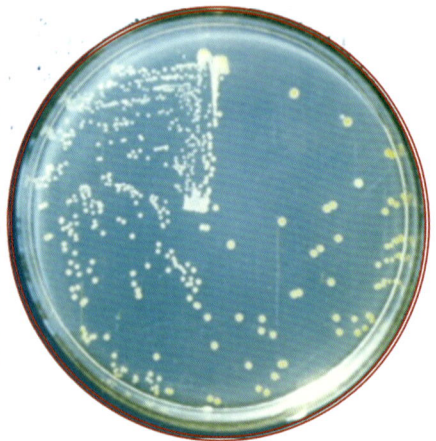

嗜水气单胞菌在TSA
培养基上的菌落形态

图 6-3-1 嗜水气单胞菌的显微形态

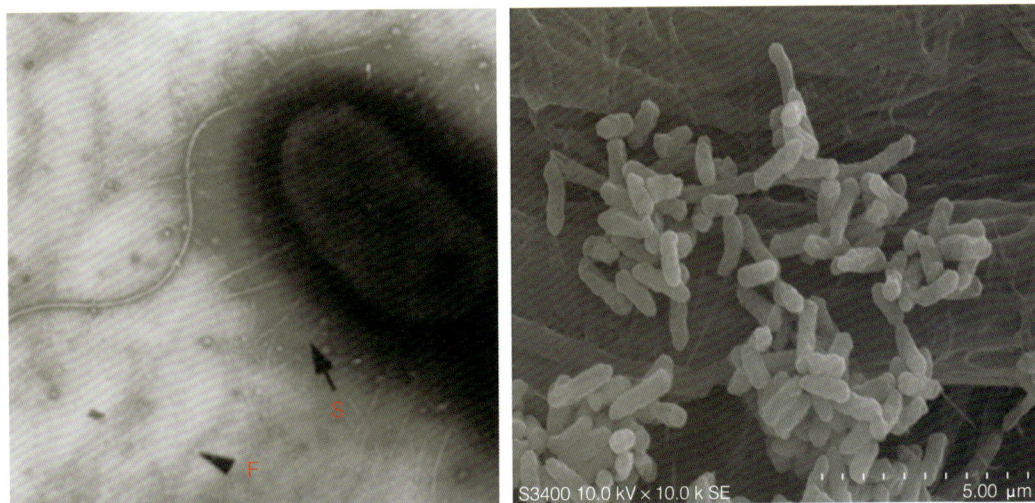

嗜水气单胞菌鞭毛　　　　　　　嗜水气单胞菌超显微形态

图6-3-2　嗜水气单胞菌的电镜形态
S. 直杆状菌毛　F. 弯曲菌毛
（引自吕利群、李梦影）

表面光滑，边缘整齐。4～37 ℃均能生长，生长适宜 pH 为 5.5～10。该菌葡萄糖产气，精氨酸双水解酶、赖氨酸脱羧酶和鸟氨酸脱羧酶阴性；阿拉伯糖、海藻糖、麦芽糖、鼠李糖和甘露醇阳性；蔗糖、纤维二糖、肌醇、D-阿拉伯醇和侧金盏花醇阴性；其蔗糖、精氨酸双水解酶、纤维二糖、鼠李糖等生化特性的结果与嗜水气单胞菌标准株存在一定差别（刘春等，2010）。

温和气单胞菌菌体也为短杆状，两端钝圆，大小为 （1.0～3.5） μm×（0.3～1.0） μm，具有长在菌体一端的鞭毛（图6-3-3）。

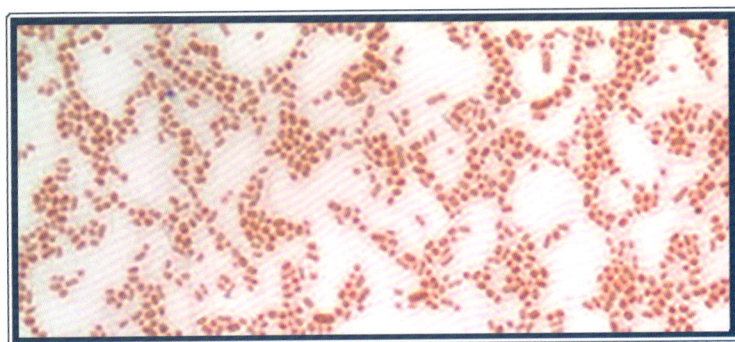

图6-3-3　温和气单胞菌的显微形态（苏木精-伊红染色）

通常认为，该病是一种综合性疾病，病因比较复杂，有人认为该病还可由镰状镰刀菌（*Fusarium fusarioides*）等感染引起（黄文芳等，1996）。镰状镰刀菌为半知菌亚门（Deuteromycotina）、子囊菌亚门（Ascomycotina）、镰刀菌属（*Fusarium*）的一种真菌，为分枝、分隔的多细胞菌丝，直径为 2.3～2.5 μm，具大型的分生孢子，弯曲成纺锤形或镰刀形，厚垣孢子圆形或椭圆形，表面光滑。出现在菌丝中间或顶端，单生或串生（图6-3-4、图6-3-5）。

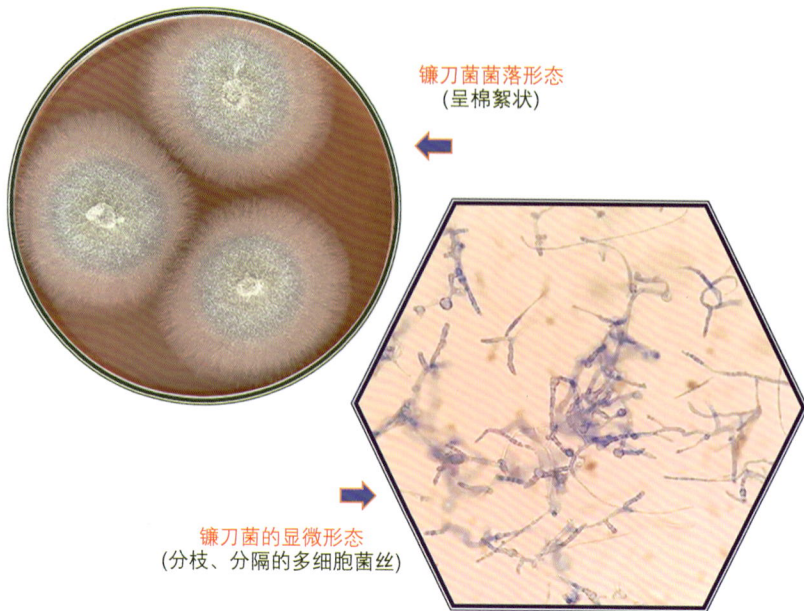

镰刀菌菌落形态
（呈棉絮状）

镰刀菌的显微形态
（分枝、分隔的多细胞菌丝）

图6-3-4　镰刀菌的显微与菌落形态

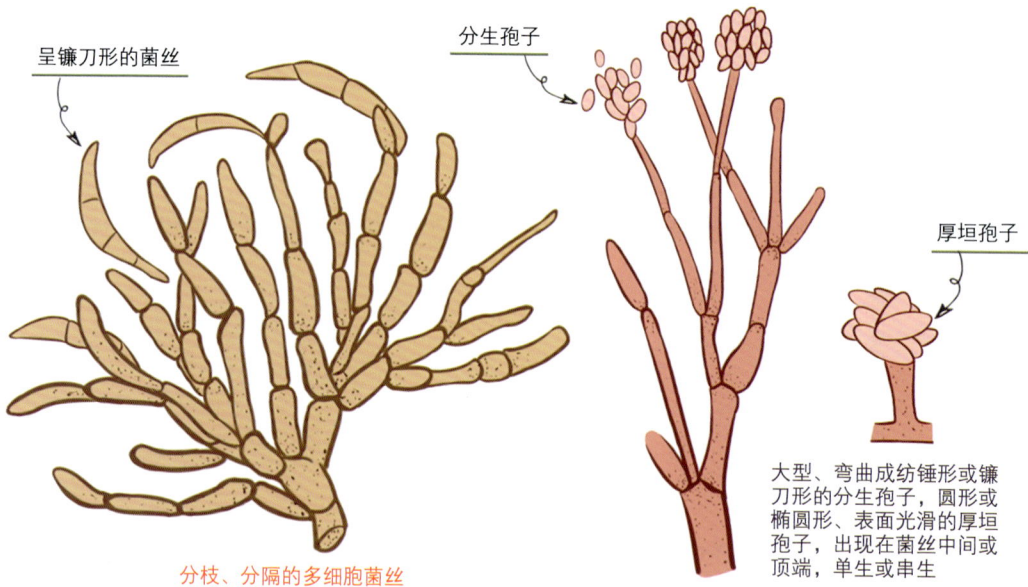

呈镰刀形的菌丝

分生孢子

厚垣孢子

分枝、分隔的多细胞菌丝

大型、弯曲成纺锤形或镰刀形的分生孢子，圆形或椭圆形、表面光滑的厚垣孢子，出现在菌丝中间或顶端，单生或串生

图6-3-5　镰刀菌示意

【临床症状】发病初期，病鱼体两侧、尾部、腹部、头部、鳍条基部出现的红斑状炎症，红斑处充血发炎，周围鳞片松动脱落，体侧有出血点（图6-3-6）。随病程进展，斑点逐渐扩大为大小不一的圆形、椭圆形或不规则溃烂病灶，但其边缘表皮界限清晰，有

的出现大量类似水霉样细小的丝状物。病灶深入表皮、真皮，导致溃烂，肌肉出血、腐烂。病灶部位鳞片或鳍条缺损、脱落，严重时烂至骨头，头骨裸露，颚骨断裂，并出现"烂脸"症状（图6-3-7）。剖检可见腹腔有腹水，胃、肠充血，肝肿大（图6-3-8）。

溃烂处充血发炎，周围鳞片松动脱落

头部、鳍条发红、鳃盖出血、腹部有红斑状溃烂灶

胸鳍溃烂、充血发红

图6-3-6 发病初期在病鱼体表鳍等部位出现溃烂性红斑，伴有出血症状

体表出现大量类似水霉样细小的丝状物

严重者烂至骨头，头骨裸露，出现"烂脸"症状

随病程进展，体表出现边缘表皮界限清晰大小不一的圆形、椭圆形或不规则溃烂病灶

图6-3-7 随着病情发展在体表出现边缘表皮界限清晰的溃烂病灶

【流行与危害】该病常年均可发生，但一般于春季流行，12月至翌年4月（南方地区），水温15～25℃，并易继发感染水霉。主要危害成鱼，尤其是受伤后的鱼很容易引发

淡红色表面有白斑的肝，腹腔大量积水

腹腔有腹水，胃、肠充血

肝异常肿大，肠充血

肝、肠出血

图6-3-8　患病鱼肝肿大，肠充血，腹腔积有腹水或血水

此病。池塘、网箱养殖均有发生。发病率可高达60%，但死亡率较低。患病后鱼虽不死但也会影响成鱼的商品价值。

【诊断方法】该病极易与大口黑鲈病毒性溃疡病混淆，除了病原有所不同外，该病主要危害成鱼。溃烂病灶一般边缘表皮界限比较清晰而且溃烂程度比大口黑鲈病毒性溃疡病较轻，不易出现暴发性死亡。此外，出现烂脸是该病的一个重要特点（图6-3-9）。随着大口黑鲈病毒性溃疡病病程的进展，一些尚存的鱼极易被气单胞菌继发感染，而转成溃

溃疡灶边缘不清晰且烂至肌肉至深层

正常鱼

大口黑鲈病毒性溃疡病

溃烂一般不出现烂脸现象

有时溃烂尚未出现就会导致大量死亡

带出血性的浅表型溃烂

烂脸

溃疡综合征

浅表性溃烂，有清晰的边缘界限

图6-3-9　大口黑鲈溃疡综合征与大口黑鲈病毒性溃疡病溃烂症状的区别

疡综合征，导致溃疡伴随终生。

【防治措施】鱼种放养前用漂白粉和生石灰做好清塘消毒工作，用量为每亩水体用漂白粉 10 kg，生石灰 75 kg，也可单用漂白粉 10 kg；鱼种下塘时用 3%～5% 食盐水浸浴 10～15 min；降低养殖密度，加强饲养管理，在养殖后期饲料中添加维生素 C 和多维，增强鱼体的抗病能力，添加量为鱼体重的 0.3%～0.5%。

发病后用二氧化氯（每升水体 0.3～0.5 mg）或苯扎溴铵溶液（每升水体 0.1～0.15 mg）等消毒剂全池泼洒，连用 2～3 次，隔 2～3 d 1 次。同时，用 100 g∶10 g 的恩诺沙星粉（每千克鱼体重 0.1～0.2 g）或复方磺胺二甲嘧啶粉（每千克鱼体重 1.5 g）等抗菌类药物拌饲投喂，每天 2 次，连喂 5～7 d。

在高温季节如果全池泼洒二氧化氯，要注意防止大口黑鲈对其产生应激反应。

四、大口黑鲈细菌性败血症 (bacteria septicemia of largemouth bass)

又名出血病（hemorrhagic disease）、花身（red and white skin）。

【病原或病因】病原是嗜水气单胞菌（见第六章三大口黑鲈溃疡综合征）。嗜水气单胞菌感染大口黑鲈和其他鱼时在利用柠檬酸、硫代硫酸钠、苦杏仁苷等方面的生化指标存在一定差异，病原菌能够产生胞外蛋白酶，在脱脂奶蔗糖胰蛋白胨平板形成的菌落周围具有清晰、透明的溶蛋白圈（叶伟东等，2018）（图 6-4-1）。

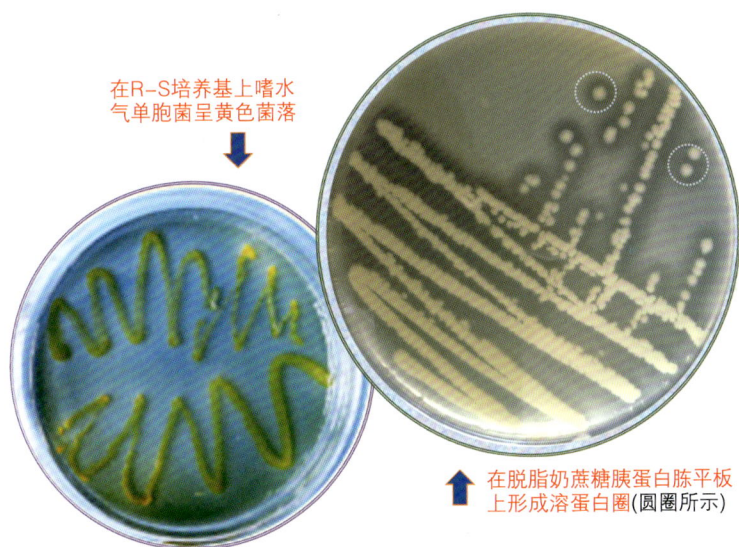

在 R-S 培养基上嗜水气单胞菌呈黄色菌落

在脱脂奶蔗糖胰蛋白胨平板上形成溶蛋白圈(圆圈所示)

图 6-4-1　患大口黑鲈细菌性败血症的病鱼分离到的嗜水气单胞菌形态与特征

【临床症状】病鱼缓慢游动，反应很迟钝，有的停留在池边不动。尾鳍、腹鳍充血，背鳍基部溃烂，鳍基、下颌到肛门的腹部发红，特别是胸鳍基部和靠近鳃盖后缘的身体两侧有垂直于身体侧线的出血条纹，呈红一块白一块的症状，广东渔民称之为"花身"（图 6-4-2）；肛门红肿突出，有些病鱼还伴有眼眶和肌肉充血和出血（图 6-4-3），并伴有鳃充血和烂鳃症状（图 6-4-4）。随着病情发展，病鱼全身充血、出血，尤以尾柄严重（图 6-4-5）。病死鱼全身发黄。剖检病鱼肝、脾肿大、充血，花肝，脾呈黑红色（图 6-4-6）。

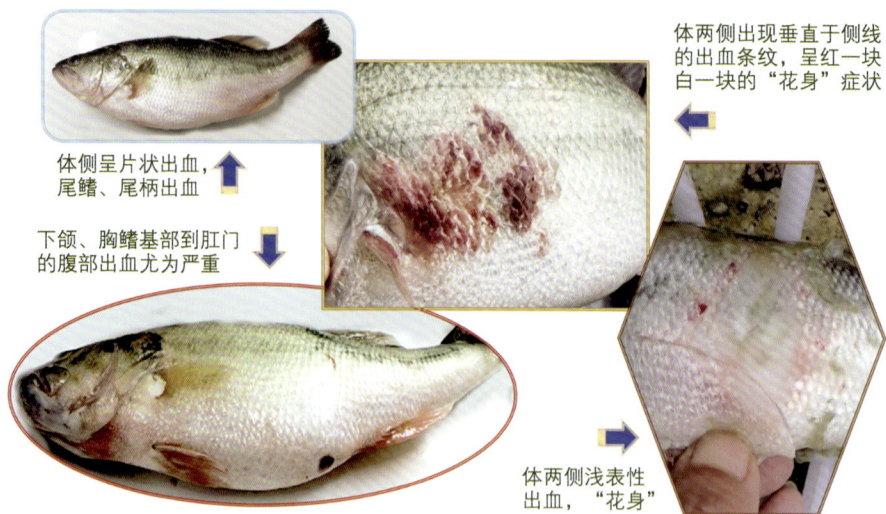

体两侧出现垂直于侧线的出血条纹，呈红一块白一块的"花身"症状

体侧呈片状出血，尾鳍、尾柄出血

下颌、胸鳍基部到肛门的腹部出血尤为严重

体两侧浅表性出血，"花身"

图6-4-2　患病大口黑鲈初期身体各部位块状出血，呈"花身"症状

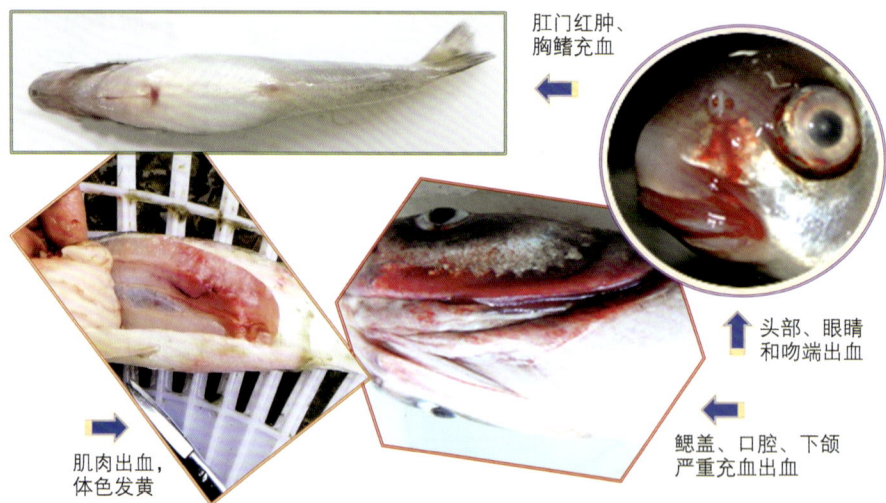

肛门红肿、胸鳍充血

头部、眼睛和吻端出血

鳃盖、口腔、下颌严重充血出血

肌肉出血，体色发黄

图6-4-3　患病大口黑鲈肛门红肿、眼眶和肌肉充血出血

图6-4-4　患病鱼鳃丝棍棒化、充血

图 6 - 4 - 5　患病后期病鱼全身充血、出血，尤以腹部、尾部严重
(引自广州双螺旋)

肝异常肿大、土黄色、花肝

肝肿大充血，脾肿大呈黑红色

空肠，肠壁充血

肝肿大、肛门红肿，体内充满黄色液体

图 6 - 4 - 6　患病鱼内脏主要症状

【病理学特征】嗜水气单胞菌感染后可导致各器官小血管及毛细血管严重充血，红细胞肿胀，有的发生溶血，组织内可见弥漫性红细胞浸润，有较多血源性色素沉着；肝细胞与胰腺细胞变性、坏死、崩解；肾小管上皮细胞变性、坏死，肾小体坏死、解体；脾的网状细胞和造血细胞变性、坏死、解体。心肌纤维肿胀、变性、变曲，心内膜坏死等(图 6 - 4 - 7)。

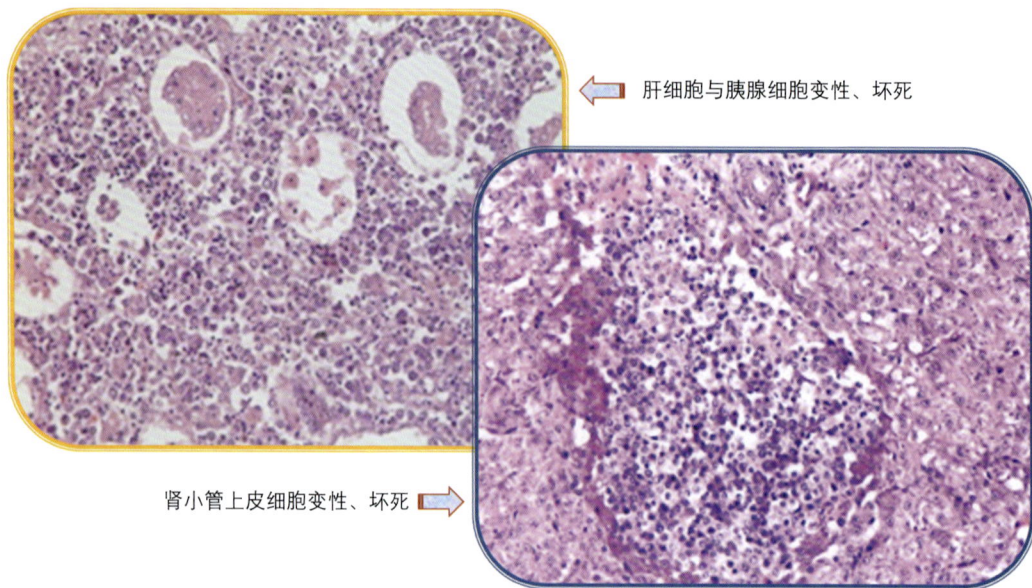

肝细胞与胰腺细胞变性、坏死

肾小管上皮细胞变性、坏死

图 6 - 4 - 7 嗜水气单胞菌导致的大口黑鲈细菌性败血症的病理学特征

【流行与危害】该病主要危害 25 cm 左右的成鱼，流行季节为 3—11 月，5—9 月为流行高峰期，流行水温 9～36 ℃。该病具有流行范围广、流行季节长、发病率高、死亡率高等特点。

【诊断方法】根据临床症状、病理学特征和流行病学，并将病灶处分离到的细菌在 R - S 培养基上培养，若出现黄色菌落，或在脱脂奶蔗糖胰蛋白胨平板形成具有清晰、透明的溶蛋白圈菌落，可做出初步诊断。确诊可采用 ELISA 等血清学方法，或用嗜水气单胞菌双重 PCR 快速检测试剂盒检测判断。

大口黑鲈患病后出现体表溃烂症状是一种常见现象，多种疾病（大口黑鲈蛙虹彩病毒病、大口黑鲈弹状病毒病、诺卡氏菌病、溃疡综合征、大口黑鲈细菌性败血症等）均会导致这一症状。但它们之间仍有区别，除了病原方面的因素外，在流行情况、其他相伴相随症状以及溃烂本身（特征、程度）也有所不同，如若判断错误，会导致防治失败，带来较大的损失，需注意区别（图 6 - 4 - 8）。

【防治措施】严格做好池塘清塘和鱼种消毒工作，清塘可用生石灰，用量为每亩 50～75 kg（池塘放水后水深保留 5～10 cm）；鱼种消毒可用高锰酸钾溶液，用量为每立方米水体 15～20 g，浸浴 15～20 min。适当减小放养密度。

疾病流行季节，定期用生石灰或漂白粉或溴氯海因等全池泼洒（同第六章烂鳃烂嘴病），也可用五倍子、乌梅、地榆等中草药的提取液泼洒。同时，用三黄散（每千克饲料 3 g）拌饲投喂，连用 3 d。

疾病发生后，可用盐酸多西环素粉或硫酸新霉素粉或恩诺沙星粉或氟苯尼考粉拌料投喂，用量是盐酸多西环素粉（100 g：2 g）每千克鱼体重 1 g，硫酸新霉素粉（100 g：5 g）每千克鱼体重 0.1 g，恩诺沙星粉（100 g：5 g）每千克鱼体重 0.2～0.4 g，氟苯尼考粉

	蛙虹彩病毒	大口黑鲈弹状病毒	诺卡氏菌	嗜水气单胞菌 温和气单胞菌 镰状镰刀菌	嗜水气单胞菌
疾病	大口黑鲈蛙虹彩病毒病	大口黑鲈弹状病毒病	诺卡氏菌病	溃疡综合征	细菌性败血症
流行规律 危害对象	各种规格的鱼类	仅鱼苗	成鱼	成鱼，尤其是受伤后的鱼	25 cm左右的成鱼
流行季节/温度	7—10月，水温25~30 ℃	3—4月与10—11月，水温30 ℃	6—9月，水温25~28 ℃	12月至翌年4月，水温15~25 ℃	3—11月，9~36 ℃
危害性	死亡率高可达60%以上	急性死亡，死亡率达40%~50%	发病率3.5%，死亡率20%~30%	发病率60%，死亡率较低	发病率高，死亡率高

大口黑鲈蛙虹彩病毒病	大口黑鲈弹状病毒病	诺卡氏菌病	溃疡综合征	细菌性败血症
①有出血现象 ②鳍基部红肿 ③肾肿大 ④围心腔出血	①呈螺旋状不规则游动(旋转病) ②身体弯曲 ③造血器官坏死，肝脾肾肿大	①肉眼可见白色或淡黄色结节 ②慢性疾病 ③发病初期症状不明显	①伴有"烂脸"、烂骨头症状 ②有红斑状炎症斑点 ③易继发感染水霉	①出血 ②体侧有出血条纹 ③尾柄症状严重 ④肛门红肿

主 要 相 伴 症 状

大口黑鲈蛙虹彩病毒病	大口黑鲈弹状病毒病	诺卡氏菌病	溃疡综合征	细菌性败血症

溃 烂 的 特 征 与 程 度

大口黑鲈蛙虹彩病毒病	大口黑鲈弹状病毒病	诺卡氏菌病	溃疡综合征	细菌性败血症
①红斑性溃烂 ②溃烂呈深层次 ③鱼体表大片溃烂，肌肉裸露	①浅表性溃烂，全身发白 ②"熟身"（即鱼体像煮熟了一样）	①遍及全身 ②大小不一 ③深入脂肪组织和肌肉	①形状大小不一 ②深入表皮、真皮 ③表皮界限清晰	①浅表型溃烂 ②"花身"（呈红一块白一块的症状）

图 6 - 4 - 8　导致大口黑鲈体表溃烂症状几种疾病的区别

(10%) 每千克鱼体重 0.1～0.15 g，连用 4～6 d；同时全池泼洒三氯异氰脲酸粉，每立方米水体 0.09～0.135 g（以有效氯计），每天 1 次，连用 2～3 d（网箱可采取泼洒与挂袋措施）。

此外，用鱼嗜水气单胞菌败血症灭活疫苗进行免疫也可预防该病暴发。

五、大口黑鲈维氏气单胞菌综合征（aeromonas veronii symptom of largemouth bass）

【病原或病因】病原是维氏气单胞菌（A. veronii），又称凡隆气单胞菌、维罗纳气单胞菌等，隶属于弧菌科（Vibrionaceae）、气单胞菌属（Aeromonas）。该细菌由法国生物学家 Veron 于 1983 年发现。该菌普遍存在于水及土壤中。维氏气单胞菌为两端钝圆的革兰氏阴性杆菌，略弯，多数单个排列，无荚膜，无芽孢。兼性厌氧菌，β-溶血。大小为 $(0.3\sim0.7)$ μm×$(1.2\sim25)$ μm（图 6-5-1）。25～30 ℃生长良好，极限温度 42 ℃和－2～10 ℃也能生存。该菌在普通营养琼脂上生长较快，培养 24 h 形成圆形、表面光滑、边缘整齐、半透明状的中央稍隆、灰白色、直径约 1.3 mm 的菌落；在 LB 培养基上 28 ℃培养 24 h 形成中央突起、直径 1～2 mm 的白色圆形菌落。维氏气单胞菌具有气溶素、肠毒素、黏附因子、磷脂酶、丝氨酸蛋白酶和核酸酶等典型的毒力因子。有人将大口黑鲈维氏气单胞菌综合征列为一种人鱼共患病。

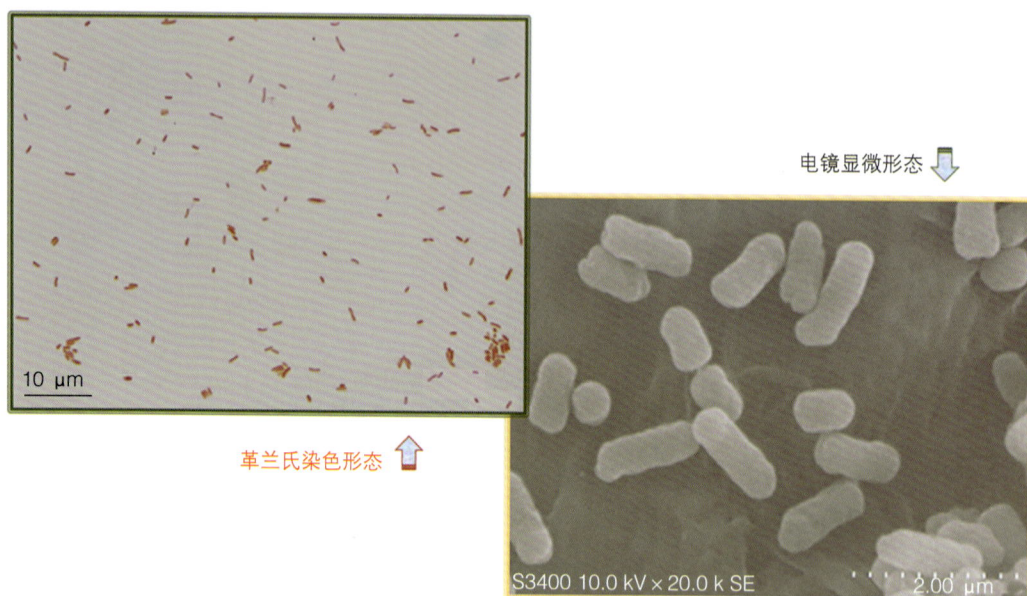

图 6-5-1　维氏气单胞菌的形态

【临床症状】出血和腹水是该病的主要症状。病鱼游动缓慢，食欲减退，甚至不摄食。体色发黑，体表黏液增多，出现出血性溃疡，甚者大片溃烂，露出肌肉，有的伴有水霉着生（图 6-5-2）；头部鳃盖出血，鳃灰白色，眼球充血，鼻孔处出现溃疡灶，烂嘴（图 6-5-3）；鳍破损，胸、腹鳍、尾鳍腐烂、出血，肛门轻微红肿。剖检可见大量腹水，内脏器官充血，肝、肾充血或出血、肿大。血液学指标显示其红细胞大量减少，白细胞大量增加（图 6-5-4）（龙波等，2016）。

【病理学特征】病鱼主要表现为体表溃疡，肝、脾与肾肿大。肝淡黄色或土黄色，也有的呈暗红色，质地较脆；胆囊肿大，胆汁充盈；肠充血，肠壁变薄（图 6-5-5）。

组织病理损伤主要表现为肌纤维呈波浪状、排列紊乱、肌纤维断裂、肌浆溶解；肝细胞肿胀、变性、坏死；脾淋巴细胞坏死、红髓出血；肾小管上皮细胞变性、坏死及肾间质大量炎性细胞浸润等（龙波等，2016）（图 6-5-6）。

【流行与危害】该病的发生具明显季节性，主要流行于 5—9 月，尤以水温持续在 28 ℃

体表鳞片脱落
溃烂性出血

尾柄充血，
烂头烂尾

体色发黑，体表有若
干大小不一的溃烂灶

图 6-5-2 维氏气单胞菌感染的病鱼体表出血性溃烂
（引自汪开毓）

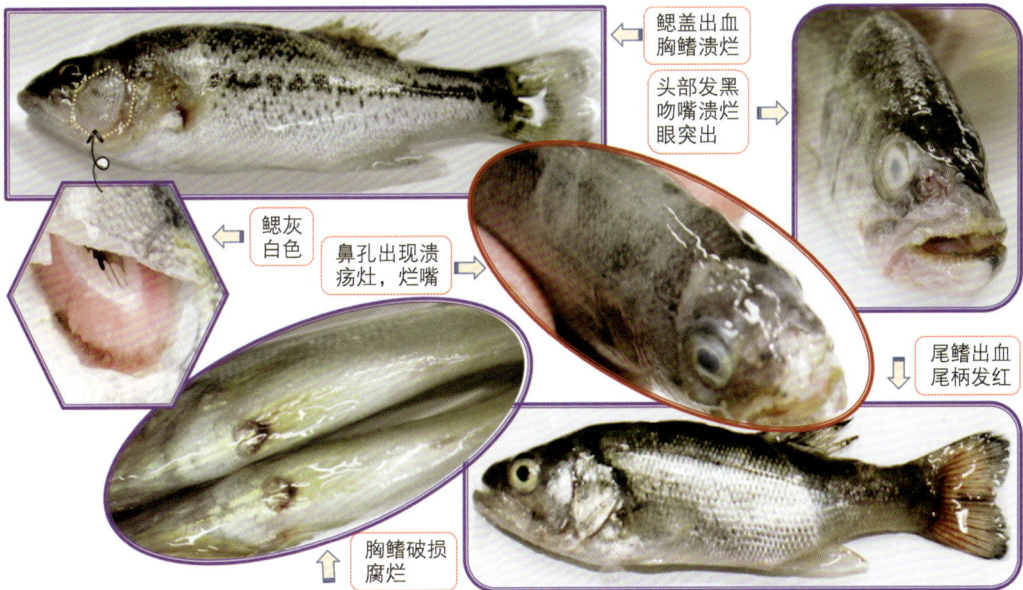

鳃盖出血
胸鳍溃烂

头部发黑
吻嘴溃烂
眼突出

鳃灰
白色

鼻孔出现溃
疡灶，烂嘴

尾鳍出血
尾柄发红

胸鳍破损
腐烂

图 6-5-3 维氏气单胞菌感染的病鱼头部、鳃部及鳍的症状
（引自汪开毓）

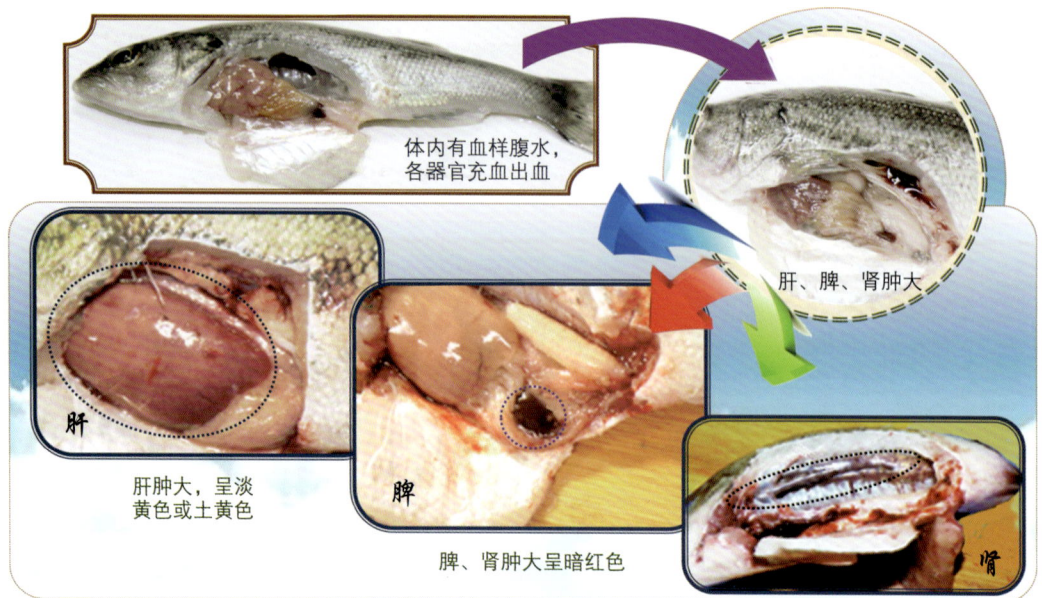

体内有血样腹水，
各器官充血出血

肝、脾、肾肿大

肝肿大，呈淡
黄色或土黄色

脾、肾肿大呈暗红色

图6-5-4　维氏气单胞菌感染的病鱼内脏的症状

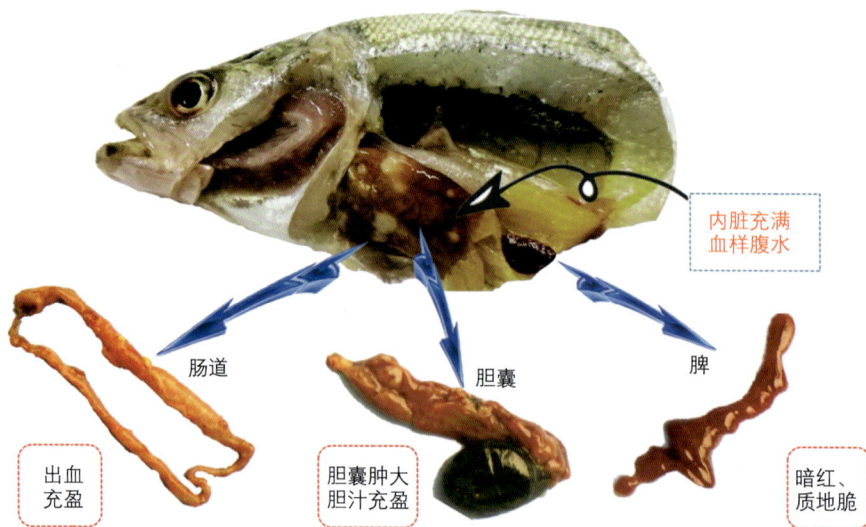

内脏充满
血样腹水

肠道

胆囊

脾

出血
充盈

胆囊肿大
胆汁充盈

暗红、
质地脆

图6-5-5　患病鱼内脏组织病理变化

以上及高温季节后水温仍保持在25℃以上时为严重。

该病可引起菌血症、脑膜炎和心内膜炎等，可造成大量死亡。

【诊断方法】根据病鱼出血、腹水以及体表出现溃烂等症状可进行初步诊断。通过细菌分纯、鉴定，或用酶联免疫吸附试验（ELISA）等可确诊（图6-5-7）。此外，针对甘油磷脂-胆固醇乙酰基转移酶基因（GCAT）所制作的探针可检测维氏气单胞菌菌株，在36 h内即可确诊，而且准确率高。

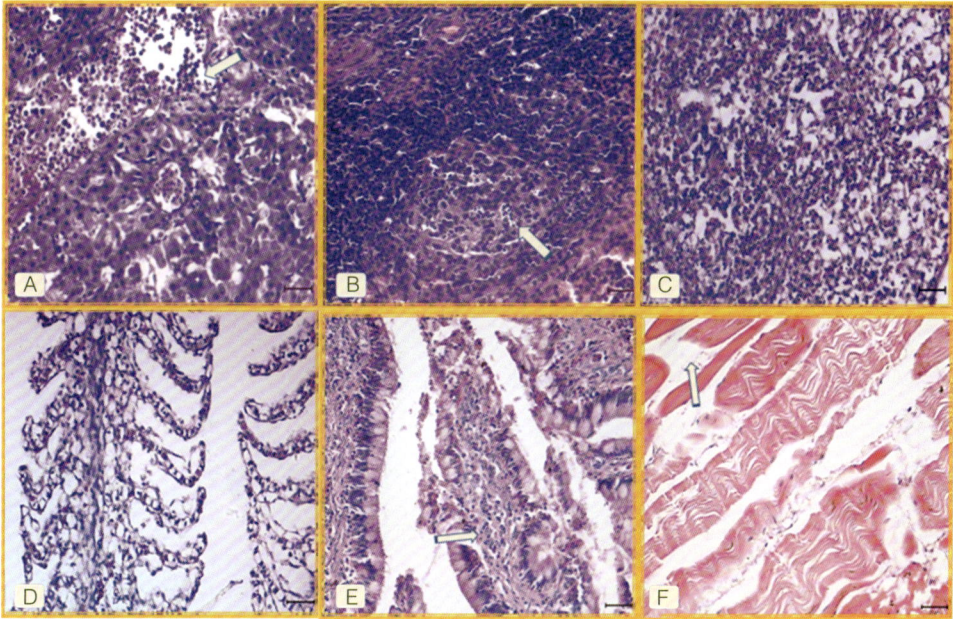

图 6 - 5 - 6 大口黑鲈维氏气单胞菌综合征的组织病理学特征（苏木精-伊红，400×，标尺＝20 μm）

A. 肝索排列紊乱，肝细胞变性、肿胀和溶解，肝微血管内充血，间质水肿，有大量炎性细胞浸润（箭头所示）

B. 在脾实质区域可见坏死灶，灶内淋巴细胞和网状细胞变性、坏死，细胞核溶解或破碎（箭头所示）

C. 肾小管上皮细胞广泛变性、坏死，甚至溶解消失，肾间质疏松、充血、出血

D. 鳃小片肿胀、充血，呼吸上皮与基膜水肿性浮离，有的区域呼吸上皮溶解消失，并伴有炎性细胞浸润

E. 肠黏膜上皮细胞坏死、脱落，固有膜与黏膜下层中性粒细胞等炎性白细胞浸润（箭头所示）

F. 骨骼肌纤维变性呈波浪状弯曲，排列紊乱，部分区域肌纤维断裂、坏死，肌浆溶解（箭头所示）

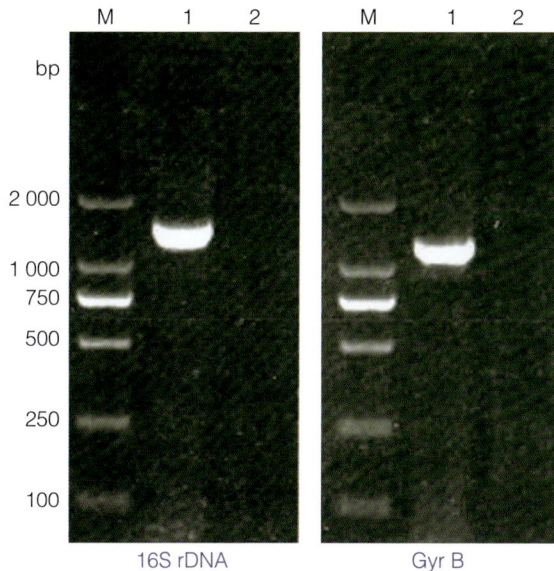

图 6 - 5 - 7 16S rDNA 限制性内切酶片段长度多态性分析技术

（M. 标准 1. 样品 2. 阴性对照）

【防治措施】加强水质管理，防止养殖环境恶化是预防该病发生的重要措施。发病后，一方面加强环境消毒；另一方面用氟苯尼考粉（以氟苯尼考计，一次量，每千克鱼体重20 mg，每天1次，连用3~5 d），或恩诺沙星粉（以恩诺沙星计，一次量，每千克鱼体重10~20 mg，每天1次，连用5~6 d），或盐酸多西环素粉（以盐酸多西环素计，一次量，每千克鱼体重20 mg，每天1次，连用3~5 d），或硫酸新霉素粉（以硫酸新霉素计，一次量，每千克鱼体重5 mg，每天1次，连用4~6 d）等药物拌饲投喂可控制该病蔓延。

使用肠道益生菌对控制维氏气单胞菌感染具有一定作用。此外，也可用五倍子、黄连的水煎剂对大口黑鲈维氏气单胞菌综合征进行防治。

六、大口黑鲈白皮病（white dermatosis of largemouth bass）

【病原或病因】病原为维氏气单胞菌（*Aeromonas veronii*）（见第六章五大口黑鲈维氏气单胞菌综合征）。导致大口黑鲈白皮病的维氏气单胞菌菌株 ZJS18004 在 RS 平板上呈亮黄色，在 TSA 平板上呈乳白色，菌落湿润光滑、边缘整齐且中央微突；透射电镜观察菌体呈短杆状（1 720 nm×900 nm）、单鞭毛、两端钝圆（图6-6-1）；该菌在相应的平板上30 ℃ 恒温静置培养 24 h，分别出现明显的透明圈、溶血圈和脂肪水解圈，证明菌株 ZJS18004 具有蛋白酶活性、溶血性与脂肪酶活性（图6-6-2）。通过 PCR 方法对 ZJS18004 菌株携带相关毒力基因进行检测，发现了该菌株携带了气溶素基因（*aer*）、细胞毒性肠毒素基因（*act*）、鞭毛蛋白结构基因（*fla*）、弹性蛋白酶基因（*ahyB*）、核酸酶基因（*exu*）、脂肪酶基因（*lip*）等6种毒力基因（图6-6-3）。该菌在 10~45 ℃、pH 4~10、盐度 0~45 均可生长，最适生长温度为 30 ℃、pH 为 8、盐度为 5（图6-6-4）（谭爱萍等，2022）。

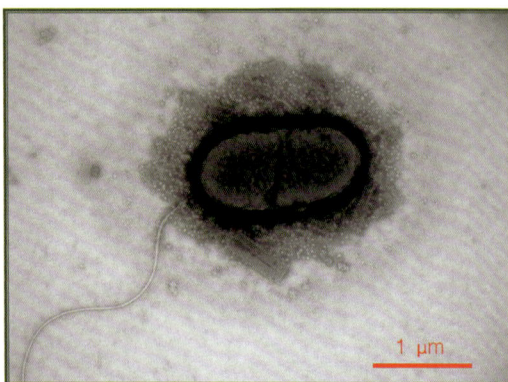

图6-6-1 导致大口黑鲈白皮病的维氏气单胞菌菌株 ZJS18004 透射电镜形态
（引自谭爱萍等）

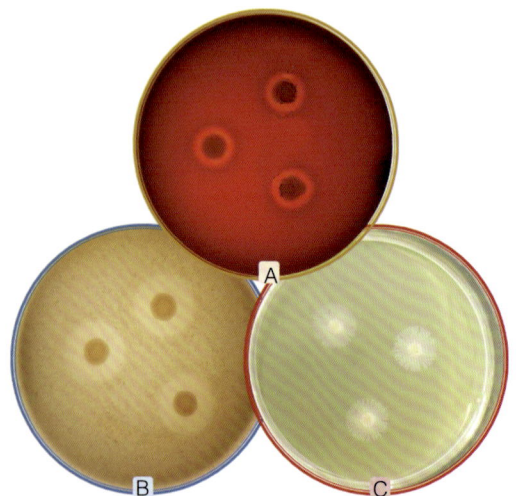

图6-6-2 导致大口黑鲈白皮病的维氏气单胞菌菌株 ZJS18004 毒力因子表型特征
A. 蛋白酶活性　B. 溶血活性　C. 脂肪酶活性
（引自谭爱萍等）

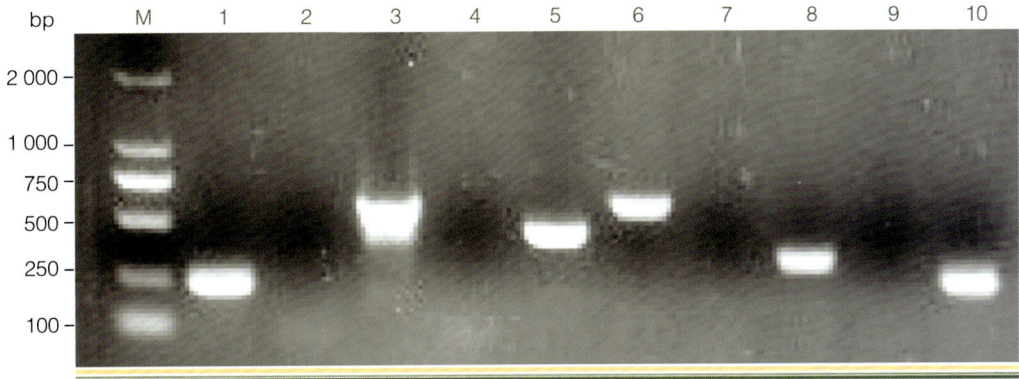

图 6-6-3 导致大口黑鲈白皮病的维氏气单胞菌菌株 ZJS18004 毒力基因 PCR 扩增结果

M. DNA Marker 1. *act* 基因 2. *alt* 基因 3. *ahyB* 基因 4. *gacT* 基因 5. *aer* 基因

6. *fla* 基因 7. *ser* 基因 8. *exu6* 基因 9. *ast* 基因 10. *lip* 基因

（引自谭爱萍等）

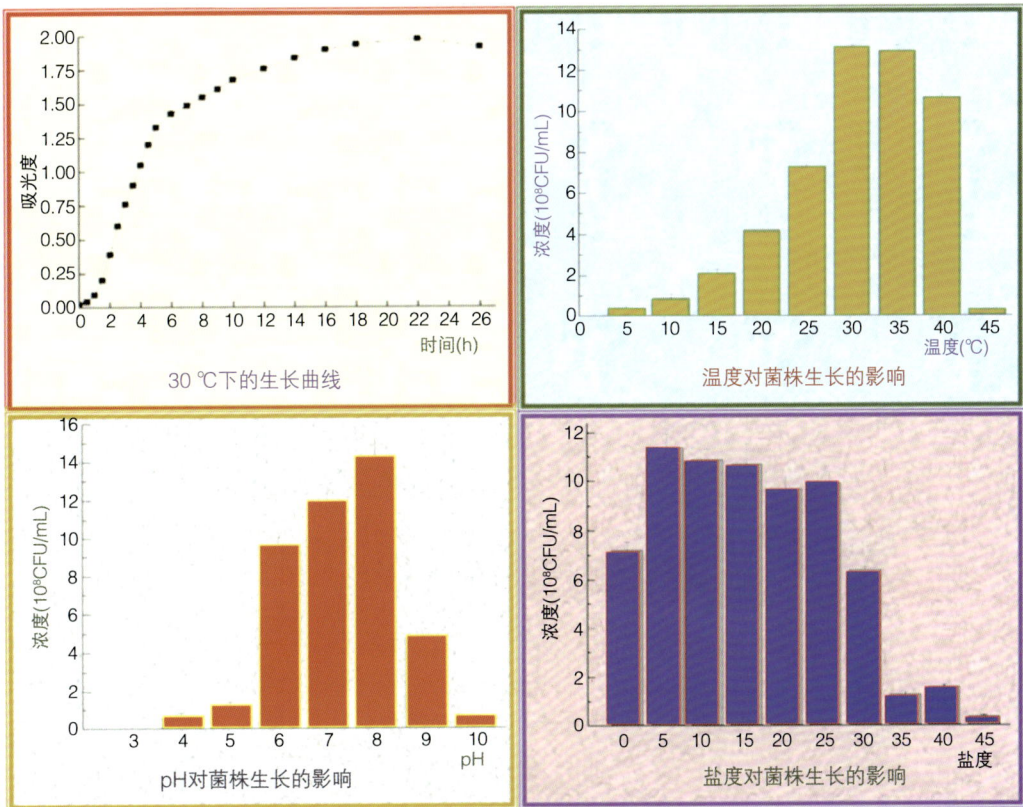

图 6-6-4 温度、pH、盐度对维氏气单胞菌菌株 ZJS18004 生长的影响

此外，白皮假单胞菌（*Pseudomonas dermoalba*，曾称为白皮极毛杆菌）也是大口黑鲈白皮病的病原之一。该菌属假单胞菌科（Pseudomonadaceae）、假单胞菌属（*Pseudo-monas*）。革兰氏阴性短杆菌。大小为 0.8 μm×0.4 μm，多数两个相连。极端单鞭毛或双

鞭毛，有运动力。无芽孢，无荚膜，其最适生长温度为 30 ℃，盐度为 5，pH 为 9.0。

【临床症状】初期病鱼体色发黑，头部分泌大量黏液，在池塘边或网箱边缘缓慢游动，反应迟钝（图 6-6-5）。此后，体表逐渐出现白点或白斑，进而白点迅速蔓延，白点和白斑之间相互融合，形成一层白色薄膜附着在体表，皮肤发白，呈毛絮状，并从头部，背部扩大到尾鳍基部（图 6-6-6）。有的病鱼还出现浅表性溃疡。鳃丝黏液增多，少数病鱼口腔周围至眼球处皮肤糜烂肿胀，眼球混浊发白。由于该类维氏气单胞菌对大口黑鲈的感染体表不表现明显大面积充血或出血症状，体表溃烂也不表现出血性症状，故称其大口黑鲈白皮病（图 6-6-7）。剖检病鱼内脏器官未见明显的出血或肿大症状。但病鱼除具典型白皮症状外，还可见病鱼鳞片脱落或竖起，体表和鳍充血、出血，病鱼肝、肾充血等病变（图 6-6-8）。

鱼体色发黑，头部分泌大量黏液，
在池塘边缓慢游动，反应迟钝

图 6-6-5　发病初期的病鱼体发黑，在水中缓慢游动

患病鱼

健康鱼

图 6-6-6　病鱼形成一层白色薄膜附着体表，皮肤发白，呈毛絮状

眼球处皮肤糜烂肿胀，眼球混浊发白

病鱼口腔周围、体表皮肤糜烂发白

病鱼鳃丝黏液增多，鳃上粘有较多污物

病鱼体表出现浅表性溃疡，但不表现出血性症状

图 6-6-7 病鱼皮肤糜烂，呈现浅表性溃疡，但无大面积出血症状

病鱼鳞片脱落或竖起，体表、鳍等部位充血、出血，肝、肾肿大、充血与出血

图 6-6-8 大口黑鲈白皮病的病鱼除出现"白皮"症状外的其他症状

在池边水中极易观察到有"白皮""白头白嘴"症状的病鱼在水面游动，头上尾下，不久即死亡（拓展阅读 15）。

【病理学特征】维氏气单胞菌感染的大口黑鲈白皮病组织病理结果表明，肌肉组织出现局部溶解（图 6-6-9A）；肝中少量肝细胞弥散性坏死，细胞核固缩深染，少量炎性细胞浸润（图 6-6-9B）；脾组织内细胞排列相对疏松，存在较大的坏死灶，坏死细胞的细胞核固缩深染或碎裂溶解（图 6-6-9C）；肾小管广泛损伤，肾小管上皮细胞脱离基底膜，且上皮细胞排列紊乱，并伴有上皮坏死现

拓展阅读15
大口黑鲈
白皮病

象（图6-6-9D）（谭爱萍等，2022）。

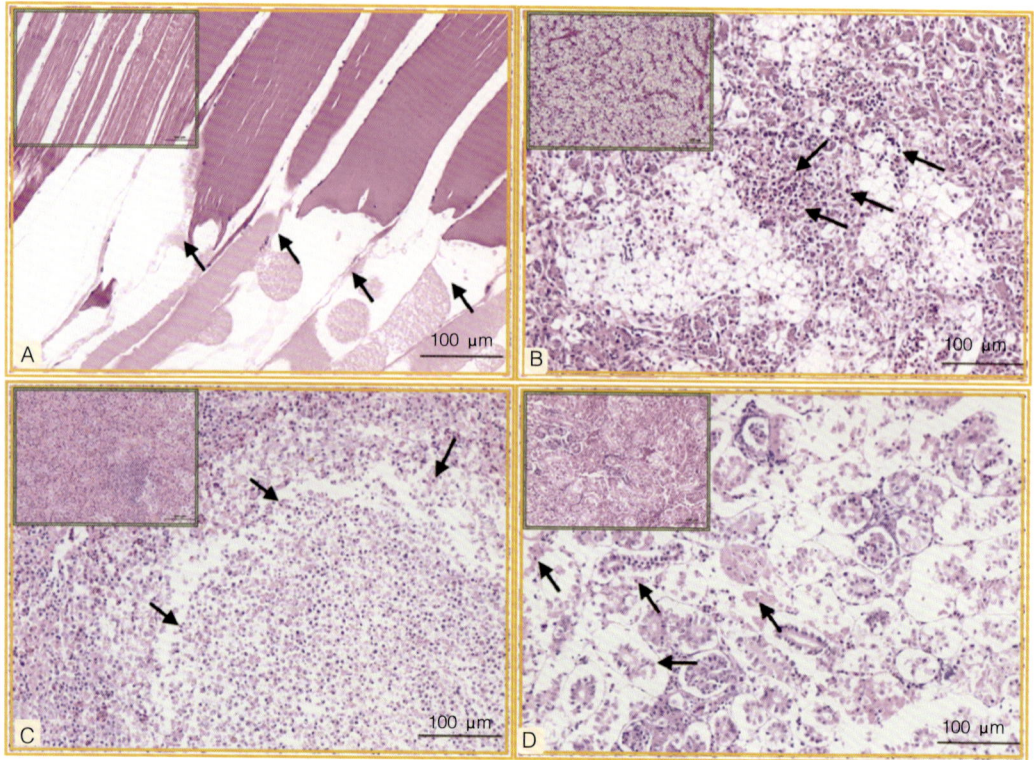

图6-6-9 维氏气单胞菌感染大口黑鲈的组织病理变化（图中的小框为相应器官的对照；箭头示相应的病理变化）

A. 肌肉 B. 肝 C. 脾 D. 肾

（引自谭爱萍等）

【流行与危害】该病主要危害5 cm以下的大口黑鲈苗种，尤其在夏花分养前后因过筛分箱（塘）操作不慎，或因体表寄生大量车轮虫、锚头鳋、鲺等，对鱼体造成损伤，病原菌侵入，而造成暴发流行。此外，池塘中施用未发酵的粪肥也是导致该病发生的一个原因。该病主要流行季节为春夏季，2—6月（广东等南方地区为2—4月）苗种培育期为流行高峰，流行水温为22～25 ℃或以上。该病传染性强，发病急，发病2～3 d后即开始死亡，死亡率可高达80%，对大口黑鲈苗种的危害极大。

维氏气单胞菌的感染和水温密切相关，而且病原毒力强弱也与水温高低呈正相关，这是因为高温加快了病原菌生长繁殖（图6-6-10）。

【诊断方法】根据临床症状、流行情况，并刮取体表黏液镜检，排除寄生斜管虫、车轮虫等原虫后可初步诊断。进行病原分离、鉴定，根据组织病理学观察可确诊。

对分离到的病原菌通过PCR扩增若获得1 453 bp的16S rRNA和1 073 bp的$gyrB$基因片段可确诊为该病为维氏气单胞菌感染。

【防治措施】放养前用生石灰（每亩1 m水深用75 kg）或三氯异氰脲酸粉（每亩水深

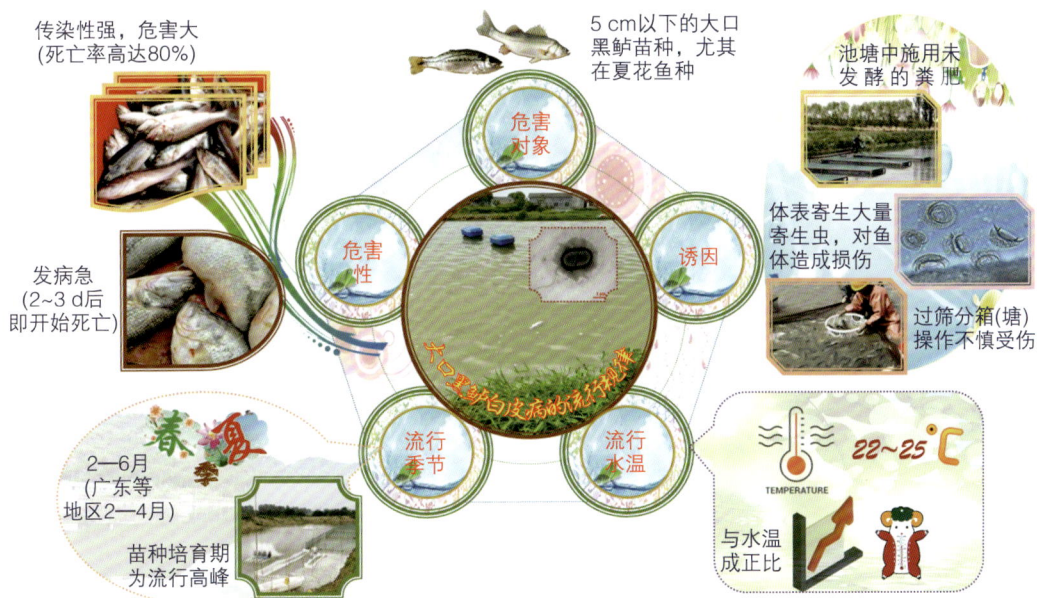

图6-6-10 大口黑鲈白皮病的流行与危害

1 m用0.66～1.33 kg）彻底清塘；选择优质健康苗种，在鱼种下塘前用食盐水（2%～4%）或高锰酸钾溶液（每立方米水体15～20 g）药浴5～10 min；保持池塘水质清新，不施用未发酵的粪肥；保证饵料充足，营养丰富；及时杀灭寄生于鱼体表的寄生虫，捕捞、筛鱼、运输等操作要避免鱼体擦伤，预防病原菌感染。

发病后每立方米水体可用0.5 g三氯异氰脲酸粉全池泼洒，每天1次，连用2 d；或用10%苯扎溴铵溶液（新洁尔灭）（每立方米水体1～1.5 g）全池泼洒，每2～3 d 1次，连用2～3次。同时用下列药物拌饲投喂：10%氟苯尼考粉，一次量，每千克鱼体重0.1～0.15 g，连用4～6 d；或甲砜霉素粉（100 g：5 g），一次量，每千克鱼体重用0.35 g，每天2～3次，连用3～5 d；或用盐酸多西环素粉（100 g：5 g），一次量，每千克鱼体重0.4 g，每天1次，连用3～5 d；或硫酸新霉素粉（100 g：5 g），一次量，每千克鱼体重0.1 g，每天1次，连用4～6 d。

七、大口黑鲈爱德华氏菌病 （edwardsiellosis of largemouth bass）

【病原或病因】病原是爱德华氏菌（*Edwardsiella* spp.），属肠杆菌科（Enterobacteriaceae）、爱德华氏菌属（*Edwardsiella*），该属主要有迟缓爱德华氏菌（*E. tarda*，又称迟钝爱德华氏菌或缓慢爱德华氏菌）、鲇爱德华氏菌（*E. ictaluri*，又称为鮰爱德华氏菌等）和保科爱德华氏菌（*E. hoshinae*，又称霍欣爱德华氏菌或浩辛爱德华氏菌）3个种。革兰氏阴性短直杆菌，菌体大小为1 μm×（2～3）μm，兼性厌氧，靠周生鞭毛运动（但鲇爱德华氏菌在25 ℃时有动力，37 ℃时无动力）（图6-7-1）。目前发现感染大口黑鲈的主要是迟缓爱德华氏菌。

迟缓爱德华氏菌呈直短杆状，大小为（0.5～1）μm×（1～3）μm，无荚膜，不形成芽孢（图6-7-1）。生长温度为15～42 ℃，最适为37 ℃；适宜pH为5.5～9.0，最适为

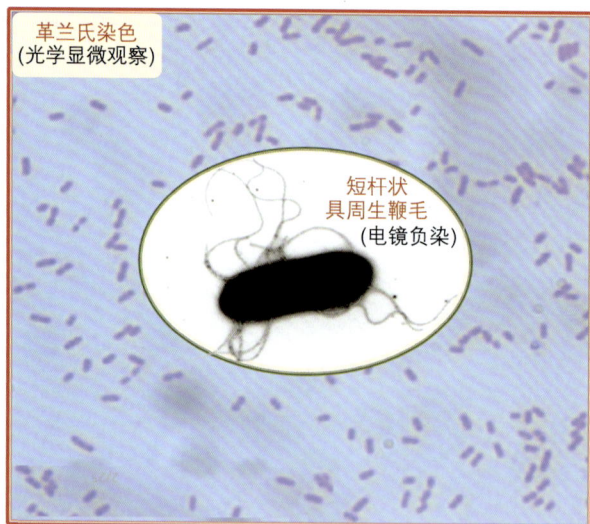

图 6-7-1 迟缓爱德华氏菌的形态

7.2；生长盐度为 0～4，个别在 4.5 的条件下也能生长。该菌在普通营养琼脂培养基上 25 ℃ 培养 24 h，即形成圆形、隆起、灰白色、湿润，并带有光泽、呈半透明状的菌落，菌落直径为 0.5～1.0 mm。在含 5％～10％ 绵羊或家兔脱纤血液的营养琼脂培养基上可形成狭窄的 β 溶血环。在胰蛋白胨大豆琼脂培养基（TSA）上培养 2～3 d 可形成光滑、湿润、半透明、浅白色的小菌落。

【临床症状】发病初期，病鱼在水面或水体上层缓慢游动。随病情发展，病鱼食欲减退，游动无力，反应迟钝，离群独游。体表轻微出血，出现花斑（图 6-7-2），或鳞片脱落，眼球突出，生殖孔发红，腹部膨大，有头穿孔现象（图 6-7-3）。剖检可见，肝

图 6-7-2 病鱼在水面离群独游，体表有"花斑"症状

肿大、发白，或有针尖状白点；脾肿大发黑；肾（尤为后肾）明显肿大、发白，腹腔有大量腹水，空肠、空胃（图6-7-4）。

图6-7-3　病鱼头穿孔、眼球突出、腹部膨大
（引自广州利洋）

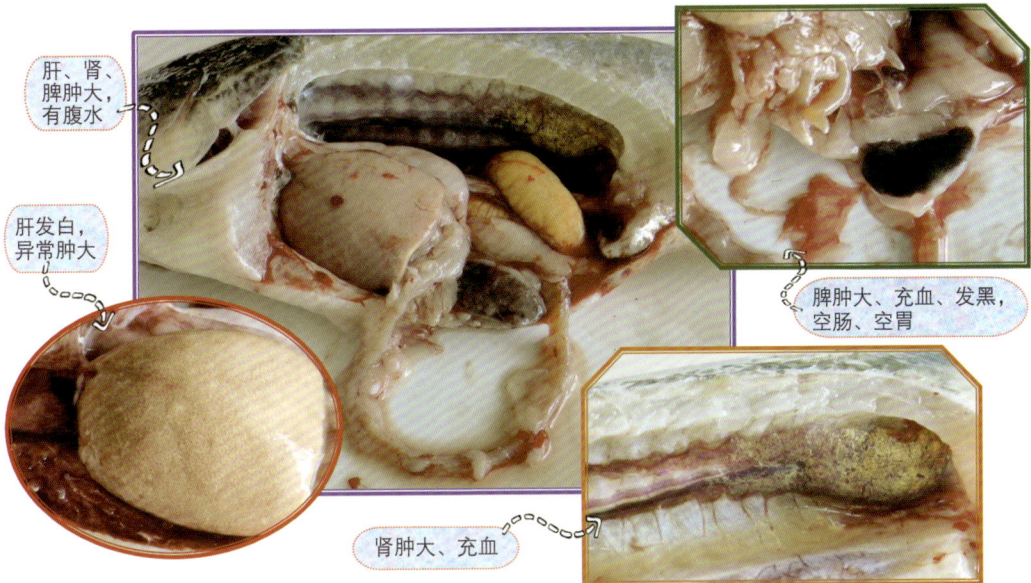

图6-7-4　大口黑鲈迟缓爱德华氏菌病病鱼内脏器官病变
（引自广州利洋）

【病理学特征】病鱼肝出现较多坏死灶，细胞呈水样变性、颗粒变性以及轻微脂肪变性；脾组织中有大量的黑色素巨噬细胞中心；肾组织可见多个巨噬细胞中心，轻微淤血；鳃小片弯曲、缺血，局部增生（图6-7-5）。

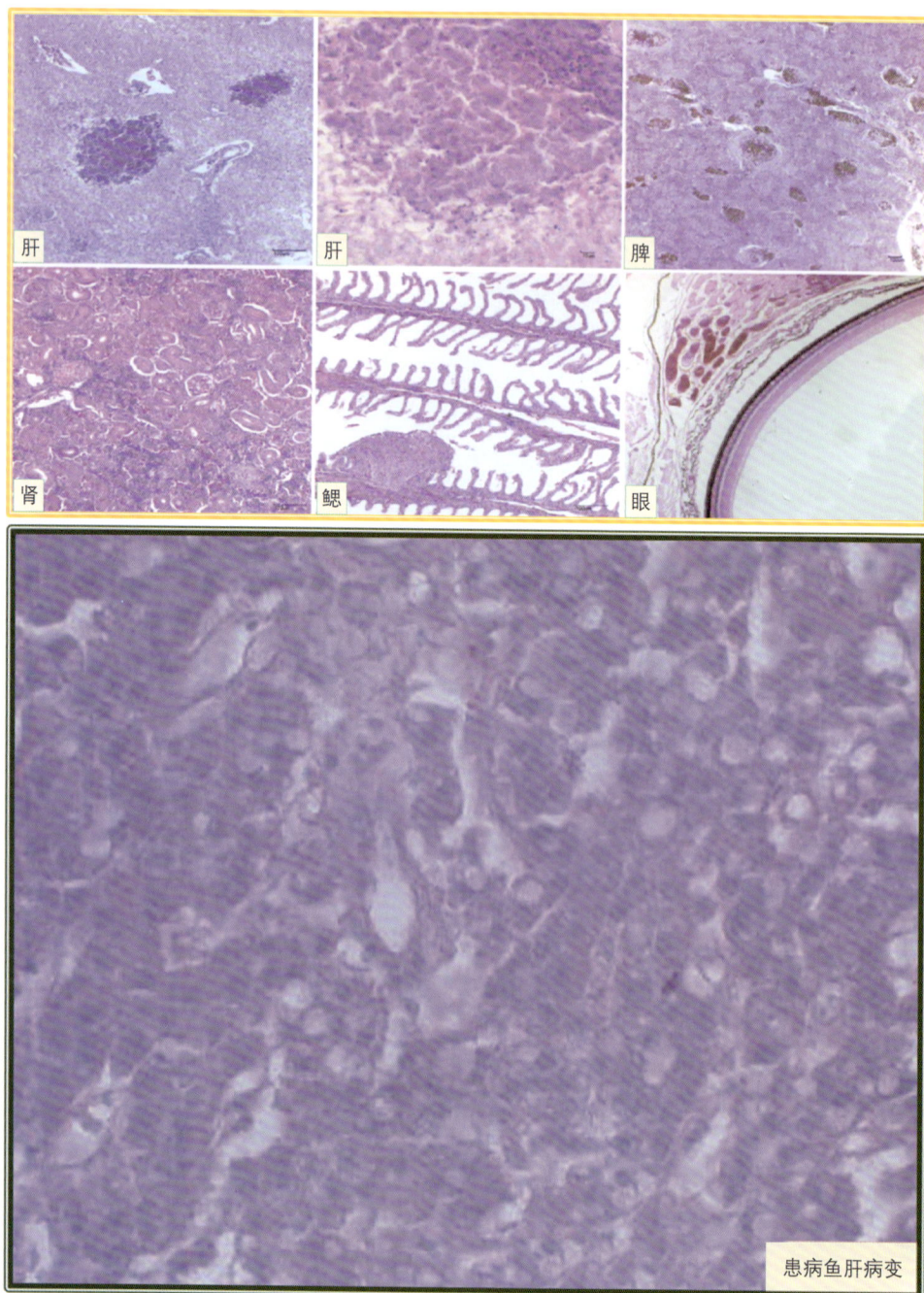

图6-7-5　大口黑鲈迟缓爱德华氏菌病病鱼的组织病理变化
（引自广州利洋）

【流行与危害】该病发生有明显的季节性，与温度关系较大，主要流行季节为初冬或早春，即 3—4 月或 11—12 月；流行水温 15～25 ℃，20 ℃左右是发病高峰。但该病死亡率较低，随着水温降低死亡减少。多数池塘在发病前病鱼会出现吃料特别好的状况，如若大量投喂或加料过急，以及过量投喂即会导致该病发生（图 6-7-6）。该病主要危害体重为 0.4～0.7 kg 的成鱼，仔鱼感染弹状病毒后，也会继发感染迟缓爱德华氏菌。

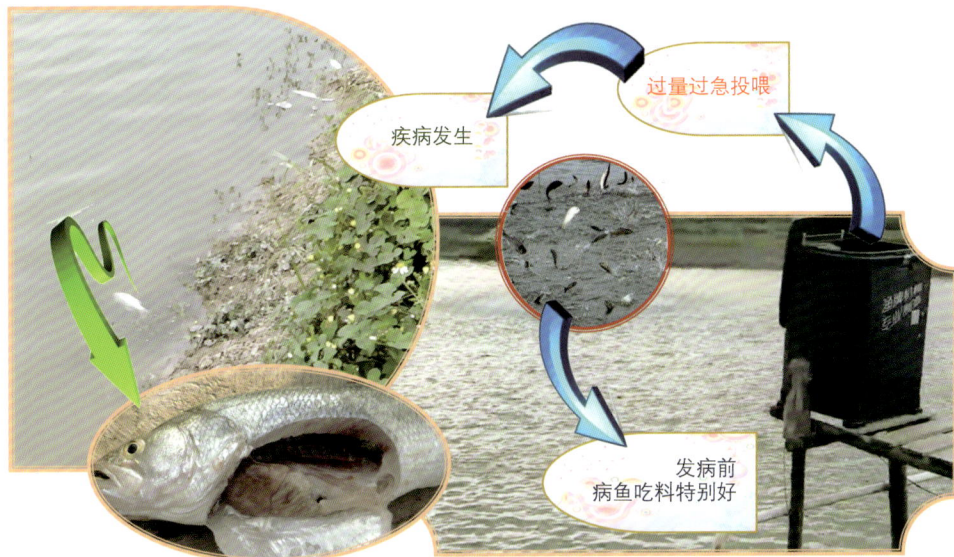

图 6-7-6　投饲与大口黑鲈迟缓爱德华氏菌病之间的关系

【诊断方法】肝肿大、发白和腹水是该病的一个典型、重要特征，可根据流行情况、发病临床症状进行初步诊断（图 6-7-7）；但需注意的是，某些病毒、细菌感染也会导

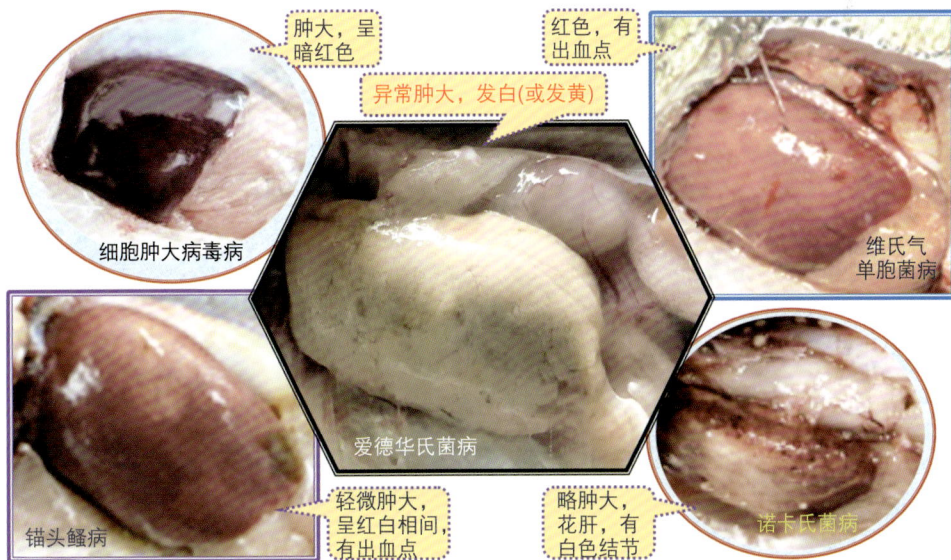

图 6-7-7　大口黑鲈迟缓爱德华氏菌病肝病变与其他病的区别

致肝肿大的现象，需注意区别。确诊需对从靶组织内对病菌进行分离鉴定，也可通过 PCR 方法（图 6-7-8）、酶联免疫吸附试验（ELISA），并结合临床症状和病理学特征进行综合判断。

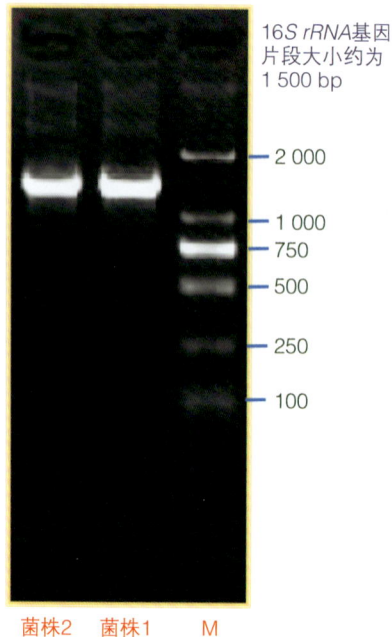

图 6-7-8　迟缓爱德华氏菌 16S rRNA 基因扩增电泳图谱

　　如若发病前几天鱼吃料很好，迅速加料，投喂过量时有较大可能诱发该病，可帮助进行判断。

　　【防治措施】该病的发生与水温、投喂关系较为密切，把握好投喂与鱼摄食需求的关系是防止该病发生的一个重要措施。具体而言，入冬期间温度开始降低时，鱼摄食量减少，应该逐步控制投喂量，投喂过量易引发该病；初春季节，温度开始回升，因鱼摄食量增加需加料，但不宜加料过急，否则也容易诱发该病。在该病的流行季节适当控料并增强鱼体的抵抗力是预防该病的一个关键。此外，还应注意改善底质、稳定池水水质（图 6-7-9）。

　　在疾病流行季节，用含有效碘 1% 的聚维酮碘溶液，一次量（按有效碘计），每立方米水体 4.5～7.5 mg 全池泼洒，每 7 d 1 次，可预防该病发生。治疗可用同样浓度的该药全池泼洒，每 2 d 1 次，连用 2～3 次，同时用 10% 磺胺间甲氧嘧啶钠粉，或 10% 氟苯尼考粉等拌饲投喂，前者用量是一次量（按本品计），每千克鱼体重 0.8～1.6 g，每天 2 次，连用 4～6 d，后者用量是一次量（按本品计），每千克鱼体重 0.1～0.15 g，每天 1 次，连用 4～6 d。此外，在投喂抗菌药物一个疗程后，口服保肝类药物，以恢复体质，预防其他疾病发生。

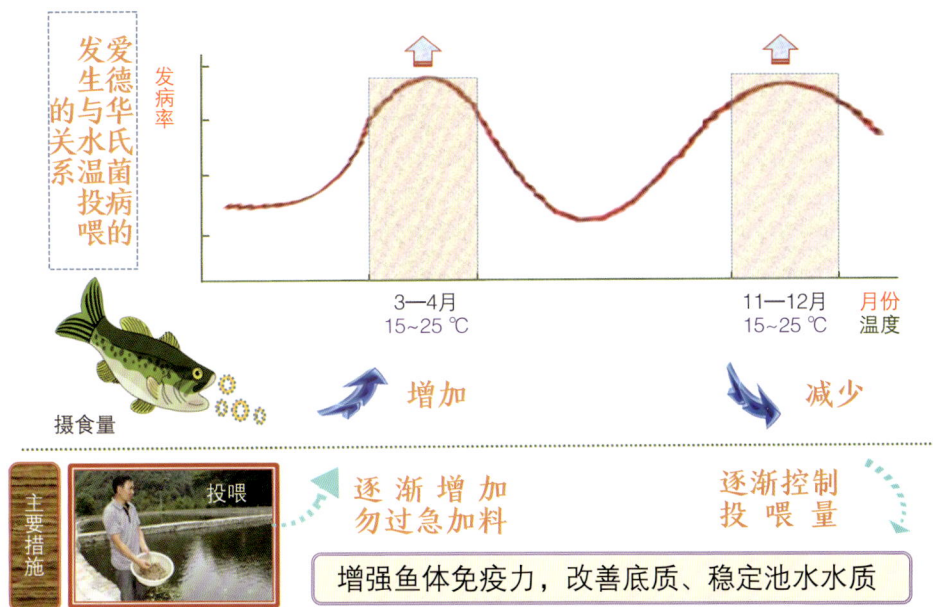

图 6-7-9 正确投喂控制大口黑鲈爱德华氏菌病的发生

八、大口黑鲈肠炎（largemouth bass enteritis）

【病原或病因】病原为肠型豚鼠气单胞菌（*Aeromonas caviae*），曾命名为肠型点状产气单胞菌（*A. punotata* f. *intestinalis*）。革兰氏阴性菌短杆菌，两端钝圆，单个或两个相连，极端单鞭毛，有运动力，无芽孢。菌落在 R-S 培养基上呈黄色（图 6-8-1）。

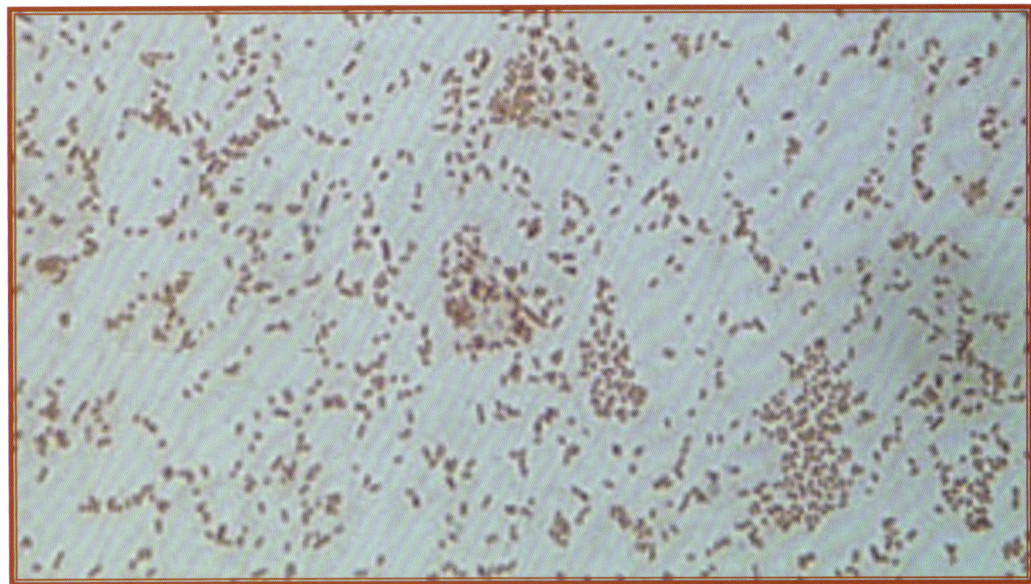

图 6-8-1 肠型豚鼠气单胞菌革兰氏染色的普通显微形态

【临床症状】病鱼腹部胀大，下颌及腹部呈暗红色，肛门红肿外突。轻压病鱼腹部或者将头部提起，即有淡黄色腹水从肛门流出（图6-8-2）。剖检可见，腹腔积有腹水，流出的腹水经几分钟后呈"琼脂状"；肠道发炎，呈紫红色，肠壁充血发红，肿胀，上皮细胞坏死脱落；肠内无食或者仅后肠有少量食物，充满白色或黄色黏液。严重的病鱼，整个腹腔内壁充血（图6-8-3），肝呈淡黄色、坏死，脾肿大，肾肿大、淤血，呈褐色，胆囊肿大（图6-8-4）。

病鱼腹部异常膨大

病鱼腹部发红出血

红肿外突的肛门

腹部发红（一点红）

图6-8-2　患病鱼腹部膨大、红肿，肛门外突、发红

肠壁充血发红，肠内无食

肠道糜烂、松弛，肠壁充血、无弹性，充塞白色或黄色黏液

肠道发炎，呈紫红色

图6-8-3　患病鱼肠道发红、肿胀，肠壁充血，肠无食是大口黑鲈肠炎的主要症状之一

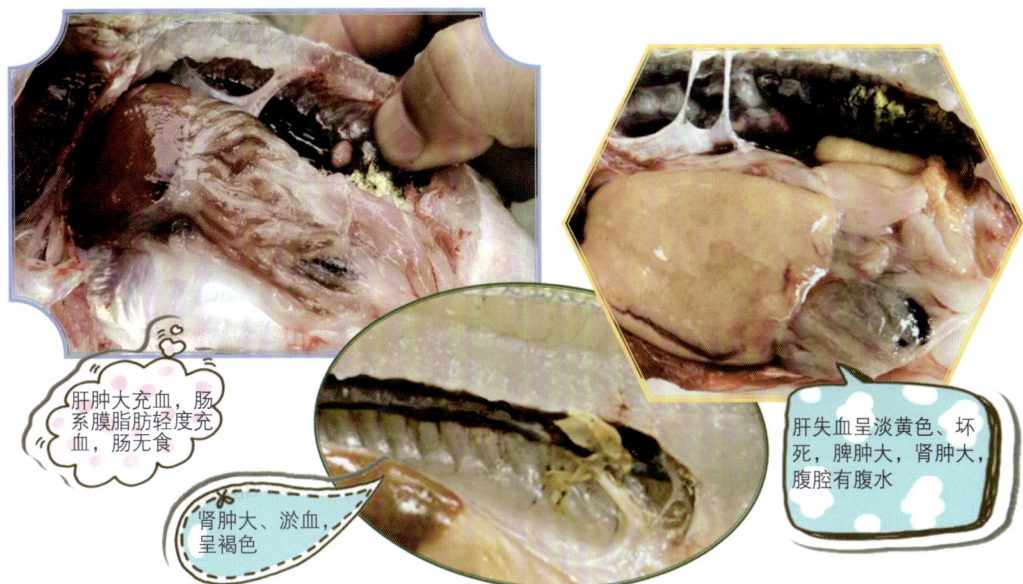

肝肿大充血，肠系膜脂肪轻度充血，肠无食

肾肿大、淤血，呈褐色

肝失血呈淡黄色、坏死，脾肿大，肾肿大，腹腔有腹水

图6-8-4 患病鱼肝、脾、肾的病变

【病理学特征】显微观察可见肠绒毛大量坏死、脱落于肠腔，甚至固有膜大量炎症细胞浸润，整个肠壁坏死（图6-8-5）。

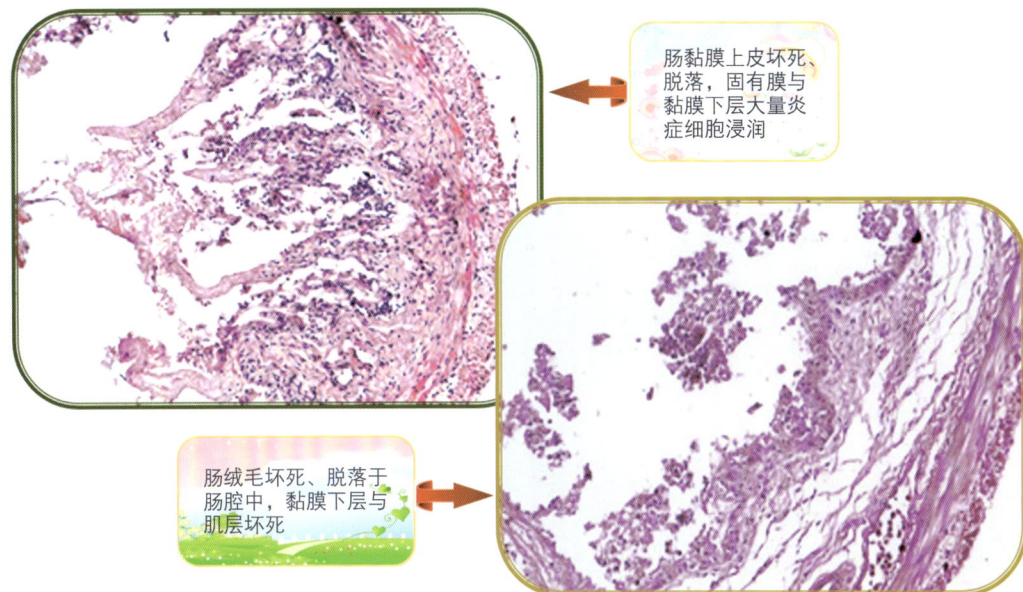

肠黏膜上皮坏死、脱落，固有膜与黏膜下层大量炎症细胞浸润

肠绒毛坏死、脱落于肠腔中，黏膜下层与肌层坏死

图6-8-5 大口黑鲈肠炎病鱼肠道的主要病理特征（苏木精-伊红染色）
（引自汪开毓）

【流行与危害】该病全年均可发生，春夏两季尤为严重，通常是投喂变质或不洁的冰鲜鱼或人工饲料引起。危害对象以鱼种和成鱼为主，急性发病，死亡率较高。

【诊断方法】根据肛门严重红肿、外突，肠道（尤其是后肠）黏膜充血、出血，或肠壁变薄，肠腔内充满大量淡黄色黏液可初步诊断（图6-8-6）。大口黑鲈肠炎发生时水面常漂浮大量粪便也是判断的依据之一（图6-8-7）。从病鱼的肝、肾或血中分离并鉴定为肠型点状气单胞菌，或用酶联免疫吸附试验（ELISA）等免疫学方法可确诊。

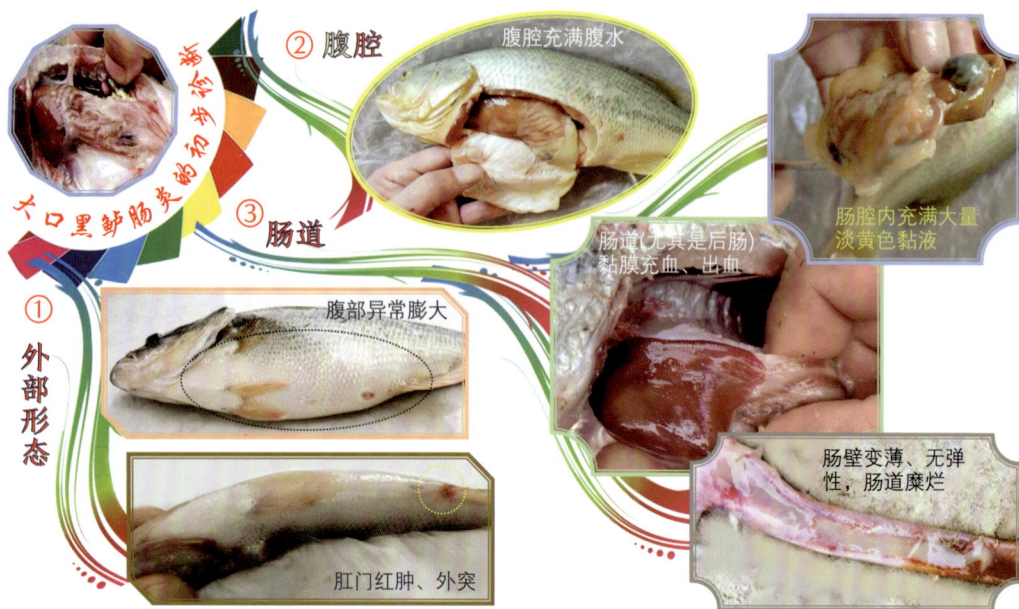

大口黑鲈肠炎的初步诊断

② 腹腔

腹腔充满腹水

肠腔内充满大量淡黄色黏液

③ 肠道

肠道(尤其是后肠)黏膜充血、出血

① 外部形态

腹部异常膨大

肠壁变薄、无弹性，肠道糜烂

肛门红肿、外突

图6-8-6　根据症状对大口黑鲈肠炎进行初步诊断

图6-8-7　水面漂浮大量粪便（箭头所指）是大口黑鲈肠炎发生的早期症状

　　【防治措施】加强水质管理，勿投喂储存过久或原料已变质的饲料，做到定时、定质、定量投饲，可避免该病发生。预防可用漂白粉（每立方米水体1g，每15d1次）或生石灰或戊二醛苯扎溴铵溶液（5g∶5g，每立方米水体0.15g，15d1次，连用2次），全池泼洒。

　　疾病发生后，可用溴氯海因粉（以溴氯海因计，每立方米水体30～40mg，每天1次，连用2次）全池泼洒，同时用100g∶2g的盐酸多西环素粉（以多西环素计，一次量，每千克鱼体重20mg，每天1次，连用3～5次），或用100g∶5g的甲砜霉素（一次量，每千克鱼体重0.1～0.15g，每天2～3次，连用3～5d），或10%的氟苯尼考粉（一次量，每千克鱼体重0.35g，每天1次，连用4～6d），或用250g∶磺胺二甲嘧啶10g＋甲氧苄啶2g的磺胺二甲嘧啶复合粉（一次量，每千克鱼体重1.5g，每天2次，连用6d，首次用量加倍）拌饲投喂。治疗也可用大蒜（或大蒜素）拌饲投喂，并适当添加酵母等助消化利胃药物。

九、大口黑鲈白云病（white cloud disease of largemouth bass）

　　【病原或病因】病原是洋葱伯克霍尔德菌（*Burkholderia cepacia*），属伯克霍德氏菌属（*Burkholderid*）。该属是1993年Yabuuchi等人提出的一个新属，从原来的假单胞菌属（*Pseudomonas*）中分离出来，在《伯杰系统手册》中，洋葱伯克霍尔德菌称为洋葱假单胞菌（*P.cepacid*），归属于假单胞菌属。洋葱伯克霍尔德菌为革兰氏阴性短杆菌，菌体直，大小为（0.6～0.9）μm×（1.6～3.4）μm，单个或成双排列，具有多根极端鞭毛，以极生丛毛运动，无荚膜，无芽孢，在普通营养琼脂培养基上25℃培养24h，菌落直径为1～2mm，呈圆形、黄白色，湿润，中间略突起、边缘光滑。该菌不发酵葡萄糖（图6-9-1）（金珊等，2005）。

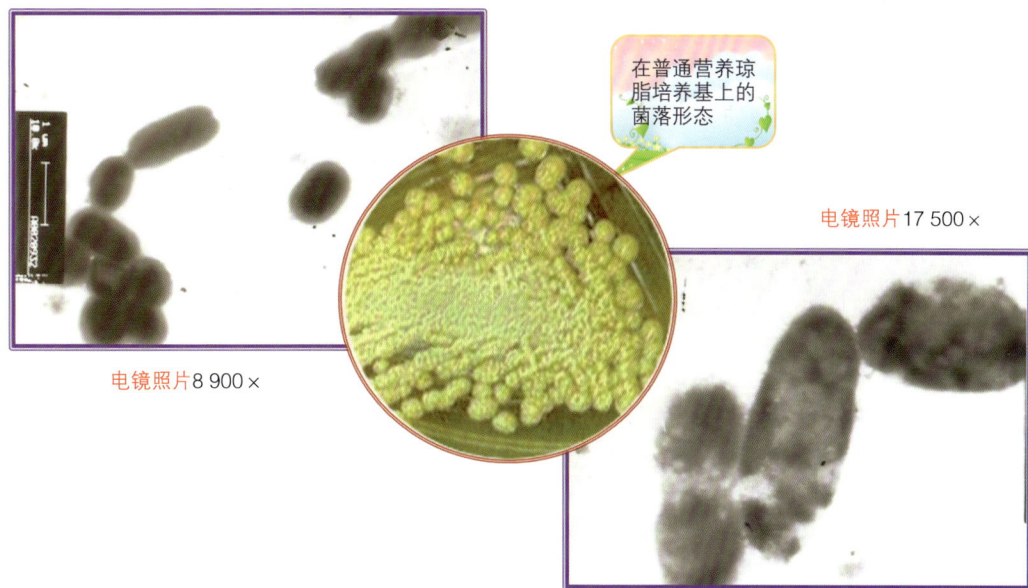

图6-9-1　洋葱伯克霍尔德菌的形态
（引自金珊等）

【临床症状】发病初期病鱼体色变深、离群、上浮、活力减退、反应迟钝。随着病情发展，体表分泌大量黏液，形成白色浆状膜，尤其在背鳍两侧及鳃盖附近黏液浓厚，肉眼观察似层层云朵，故名白云病（图6-9-2）。后期，病鱼胸鳍、尾鳍基部严重充血、尾柄溃烂，头尾相对严重，部分病鱼鳞片脱落，有的病鱼体表多处感染水霉（图6-9-3）。剖检可见内部器官有明显病变，胃肠肾充血、出血，肝表面有土黄色浊斑，部分呈糜烂状，肾略肿（图6-9-4）。一般体表出现症状后，病鱼在1～7 d内即死亡。

体表形成若干大小不一的白云状斑块

病鱼背鳍两侧及鳃盖附近黏液浓厚，肉眼观察似层层云朵，病鱼在水中缓慢游动

病鱼胸鳍、尾鳍等处发白，无力地横卧于水面

图6-9-2 病鱼体表形成白色浆膜，如层层云朵

病鱼背部发黑，头部、下颌、鳃盖、胸鳍、尾鳍、臀鳍充血

尾鳍基部严重充血，尾柄溃烂并感染水霉

图6-9-3 病鱼后期体表充血、溃烂，继发性感染水霉

肝土黄色，有浊斑，部分糜烂，肾肿大、发黑

胃肠肾充血、出血

图6-9-4　剖检可见病鱼内部器官有明显病变

【病理学特征】 病鱼多项血液生理生化指标都会发生显著变化。如主要分布于鱼体肝、肾、肌肉等组织细胞中的ALT、AST、LDH等血清酶类水平显著上升，可导致肝、肾、肌肉等组织发生严重损坏，血糖、胆固醇等水平下降，表明鱼体肾单位滤过及重吸收功能失调，肾功能不全，血清中的尿素、肌酐、K^+、Na^+、Cl^-等发生显著变化。血清总蛋白、尿素、肌酐等水平上升，使病鱼严重脱水、血液浓缩，以致出现病鱼分泌大量黏液的现象（金珊等，2005）。

【流行与危害】 该病发生于冬末春初，水温18℃以下，水库网箱养殖的大口黑鲈总感染率可达80%，累计死亡率为50%～70%，但池塘养殖的大口黑鲈却少见此病。如果把发病的大口黑鲈转至池塘中或在饵料中添加维生素C，该病可缓慢好转（图6-9-5）。

图6-9-5　大口黑鲈白云病的流行特点

【诊断方法】根据患病鱼出现白云状症状可进行初步诊断。通过细菌分离、鉴定，或用 16S rDNA 限制性内切酶片段长度多态性分析技术可确诊。

【防治措施】加强水质管理，防止养殖环境恶化是预防该病发生的重要措施。发病后，一方面加强环境消毒；另一方面可用规格为"250 g：磺胺二甲嘧啶 10 g＋甲氧苄啶 2 g"的复方磺胺二甲嘧啶粉，或规格为"100 g：磺胺甲噁唑 8.33 g＋甲氧苄啶 1.67 g"的复方磺胺甲噁唑粉拌饲投喂，一次量（以本品计），前者每千克鱼体重 1.5 g，每天 2 次，连用 6 d，后者每千克鱼体重 0.45～0.6 g，每天 2 次，连用 5～7 d，首次用量均加倍。此外，还可用五倍子、乌梅、五味子等中草药控制该病蔓延。

十、大口黑鲈疖疮病（largemouth bass furunculosis）

【病原或病因】病原为疖疮型点状产气单胞杆菌（*A. punctata* f. *furunutus*）。革兰氏阴性短杆状，两端圆形，大小为（0.8～2.1）μm×（0.35～1.0）μm。单个或两个相连，极端单鞭毛，有运动力，有荚膜，无芽孢，染色均匀。在肉汤琼脂培养基上 25 ℃ 培养 24 h，菌落呈圆形，直径 2～3 mm，微突，表面光滑，边缘整齐，灰白色，半透明，奶油状，易液化。将特性菌落在席萨腊培养基（蛋白胨 2%、甘油 4%、琼脂 3%）中进一步培养，菌落线形生长，高起，表面光滑，边缘整齐；在马铃薯培养基中菌落呈橙黄色，中等生长；在羊血琼脂中呈 β 型溶血。

【临床症状】病鱼消瘦，游泳迟缓。病鱼躯干部皮下肌肉组织、鳍条基部红肿发炎，出现红斑，鳍条裂开，尤其背鳍基部两侧或肛门附近、尾柄皮肤和肌肉发炎充血或脓疮更为常见（图 6-10-1）。随着病情发展，发炎部位的鳞片脱落、红肿，肌肉腐烂，形成边缘充血发红、呈圆形或椭圆形隆起病灶，触摸有浮肿感，似脓疱状的疖疮，疖疮内充满带血脓汁、血液，并有大量病菌（图 6-10-2、图 6-10-3）。剖检可见肠道充血（图 6-10-4）。

病鱼躯干鳞片脱落，皮下肌肉组织红肿发炎，出现红斑

背部、躯干体侧多处疖疮，疖疮周围发炎充血，有红斑

尾柄形成隆起的疖疮，皮肤溃烂，尾鳍开裂

图 6-10-1　病鱼躯干出现若干疖疮，周围红肿发炎

发病严重时，病鱼陆续死亡。

背鳍基部形成椭圆形隆起脓胞状疖疮

病鱼体侧出现溃烂状的疖疮、深陷于肌肉

体表疖疮

图 6-10-2　病鱼疖疮处发炎，鳞片脱落，红肿，肌肉溃烂

尾柄形成隆起疖疮，皮肤溃烂，尾鳍充血，开裂

脓疱状疖疮溃烂，疖疮内充满带血脓汁、血液

图 6-10-3　疖疮向深层发展，病灶处肌肉溃烂，鳍条开裂，出血

【流行与危害】该病没有明显的流行季节，一年四季均可发生，但以冬春季常见，大多为散发。主要感染成鱼和亲鱼，尤其是水质不清洁或鱼体受到损伤时，最易感染该病（图 6-10-5）。

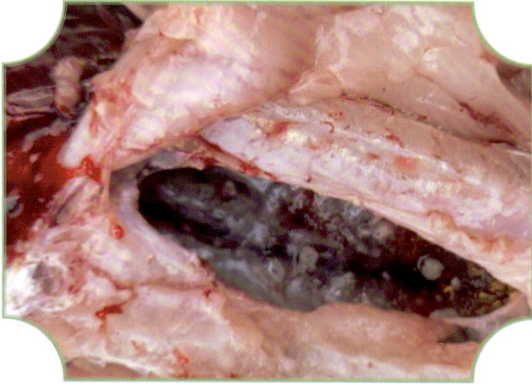
图 6-10-4 病鱼内脏器官病变主要表现为
肠道充血、出血

图 6-10-5 病体受伤，疖疮型点状产气
单胞杆菌感染而死亡的成鱼

【诊断方法】根据症状和流行规律可诊断。当疖疮部位尚未溃烂时，可引起体表隆起，患处肌肉失去弹性，切开疖疮，明显可见肌肉溃疡，有脓血状的液体；但需注意的是，如果黏孢子虫寄生于肌肉中时也可导致体表隆起症状，注意区别。从患病鱼病灶中心处取样压片检查，如果患大口黑鲈疖疮病，在显微镜下可以看到大量杆菌和白细胞。用荧光抗体法、PCR 等方法可确诊。

【防治措施】预防：①用生石灰或漂白粉彻底清塘，生石灰干法清塘（留池水深 6～10 cm），用量为每亩 50～75 kg，带水清塘用量为每立方米水体 75～400 g；漂白粉干法清塘（留池水 5～10 cm）用量为每亩 6.7～13.4 kg，带水清塘用量为每立方米水体 20 g。②在捕捞和运输等操作时防止鱼体受伤。③鱼种放养前，每立方米水体 8～10 g 漂白粉浸浴 10～20 min，或用 2% 食盐水浸浴 3～5 min。④在养殖期间注意调节水质，定期用漂白粉（每立方米水体 1 g）或五倍子（每立方米水体 2～4 g，煎汁）全池泼洒。

治疗：用复方磺胺甲噁唑粉（100 g∶10 g），或甲砜霉素粉（100 g∶5 g）拌饲投喂，前者每千克鱼体重用量 0.45～0.6 g，每天 2 次，连用 5～7 d，首次用量加倍，后者每千克鱼体重 0.35 g，每天 2～3 次，连用 3～5 d。同时用 30% 的三氯异氰脲酸粉每立方米水体 0.5～0.8 g 全池泼洒。

较大型的病鱼，可用手术刀剖开脓疮排脓，然后用聚维酮碘溶液或高锰酸钾溶液冲洗干净；或注射 4 万～8 万 IU 的青霉素，再用药液冲洗疖疮创面；严重的病鱼需单独饲养治疗，或直接淘汰。

第七章 PART SEVEN

大口黑鲈真菌以及其他
微生物所引起的疾病

一、水霉病 (saprolegniasis)

又名肤霉病 (dermatomycosis)、白毛病 (white defect)。

【病原或病因】 病原是水霉 (*Saprolegnia*) 和绵霉 (*Achlya*) 两个属的一些种类，属水霉目 (Saprolegniales)、水霉科 (Saprolegniaceae)。水霉菌的菌丝 (营养体) 透明，为管形没有横隔的多核体，直径为 $7\sim40~\mu m$。它由纤细而分枝繁多、蔓延在基物之内的内菌丝 (mycelia) 和粗壮而分枝少的外菌丝 (hyphae) 组成 (夏文伟, 2011) (图 7 - 1 - 1)。在马铃薯葡萄糖琼脂 (PDA) 培养基上菌落呈白色、疏松、棉絮状 (图 7 - 1 - 2)。内菌丝深入到

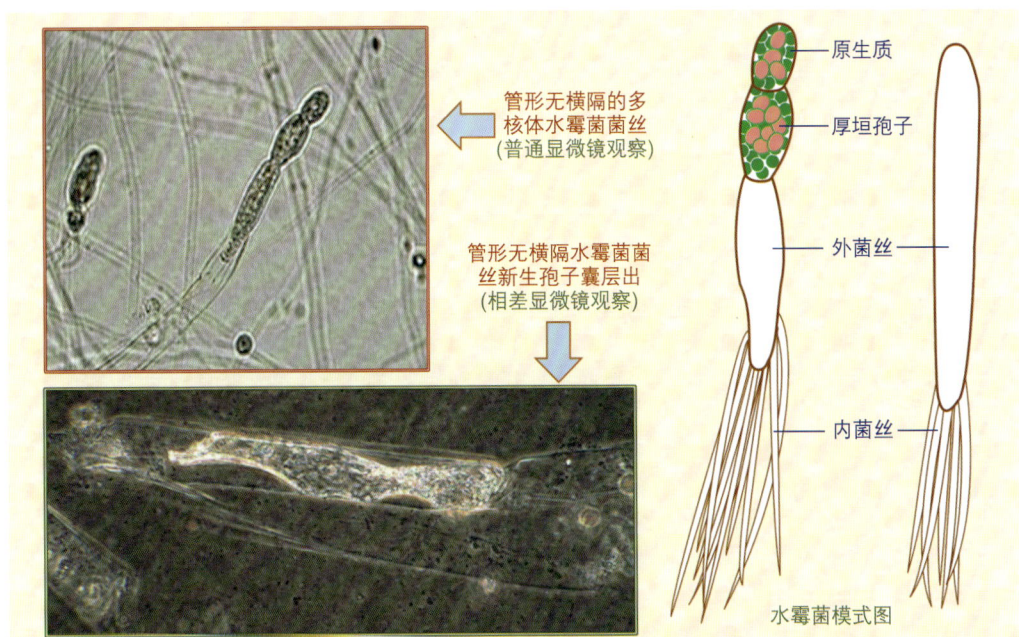

图 7 - 1 - 1　水霉菌的形态

鱼体损伤、坏死的皮肤及肌肉，吸收寄主的营养；外菌丝伸出体外，在动孢子囊口形成肉眼可见的灰白色棉絮状物（图 7 - 1 - 3）。绵霉游动孢子囊棍棒形，产生在菌丝的顶端，孢子囊具层出现象，游动孢子在孢子囊内呈多行排列，但第 1 次游动时期很短，休止孢在孢子囊顶部孔口外形成并聚集成团，藏卵器内产生多个卵孢子，雄器侧生。绵霉菌丝肉眼观察一般较水霉粗。二者的另一重要区别是无性繁殖孢子释放方式不同（图 7 - 1 - 4）（拓展阅读 16、拓展阅读 17）。

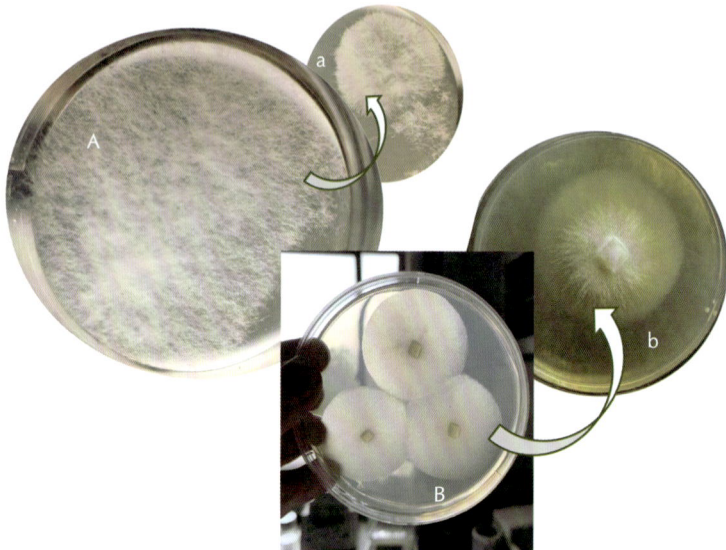

拓展阅读 16
水霉无性繁殖
孢子释放方式

拓展阅读 17
绵霉无性繁殖
孢子释放方式

图 7 - 1 - 2　水霉菌的菌落形态——呈白色、疏松的棉絮状
（在含有 100 mg/L 链霉素-青霉素的马铃薯葡萄糖琼脂培养基上）
A. 解剖镜观察　　a 图是 A 图菌落的放大照片
B. 肉眼观察　　B 图是 3 个菌落群体，b 图是单个菌落培养的放大照片

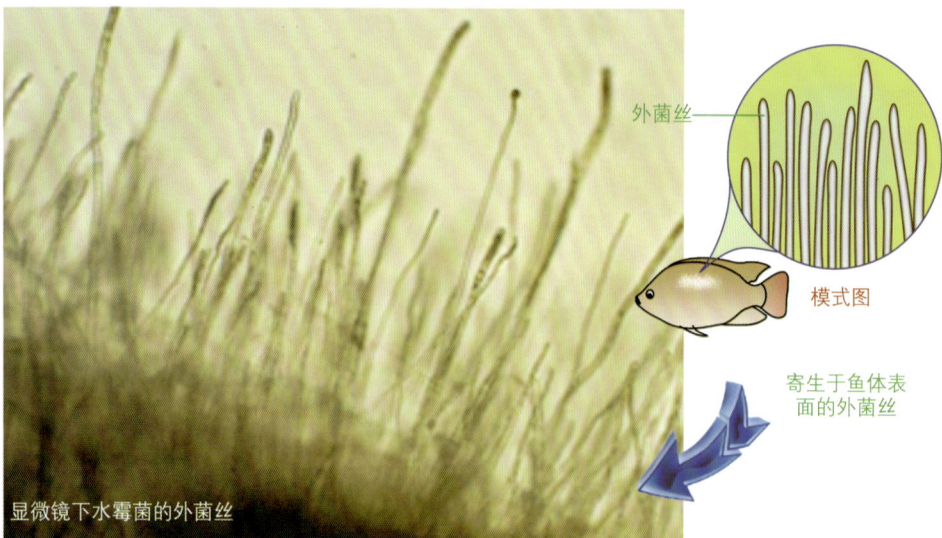

外菌丝

模式图

寄生于鱼体表面的外菌丝

显微镜下水霉菌的外菌丝

图 7 - 1 - 3　伸出鱼体外的水霉菌外菌丝（菌丝较粗壮，分枝较少）

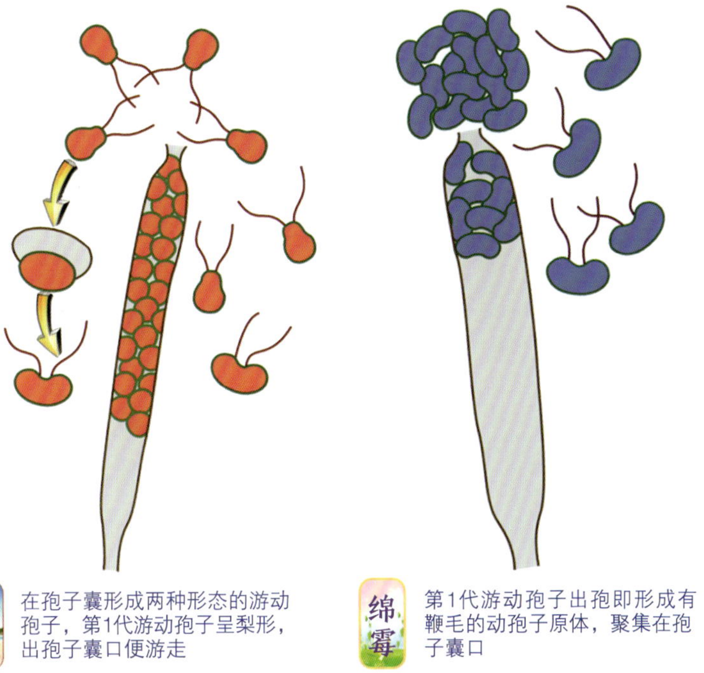

水霉　在孢子囊形成两种形态的游动孢子，第1代游动孢子呈梨形，出孢子囊口便游走

绵霉　第1代游动孢子出胞即形成有鞭毛的动孢子原体，聚集在孢子囊口

图 7 - 1 - 4　水霉和绵霉的区别——无性繁殖孢子释放方式不同（示意图）

　　当环境条件不良时，外菌丝的尖端膨大成棍棒状，同时其内积聚稠密的原生质，并生出横壁与其余部分隔开，形成抵抗恶劣环境的厚垣孢子（图 7 - 1 - 5）。在环境适宜时，厚垣孢子就萌发成菌丝或形成动孢子囊（图 7 - 1 - 6），囊中稠密的原生质不久分裂成很多的单核孢子原细胞，并很快发育成动孢子（张书俊等，2009，俞军等，2015）（图 7 - 1 - 7）。

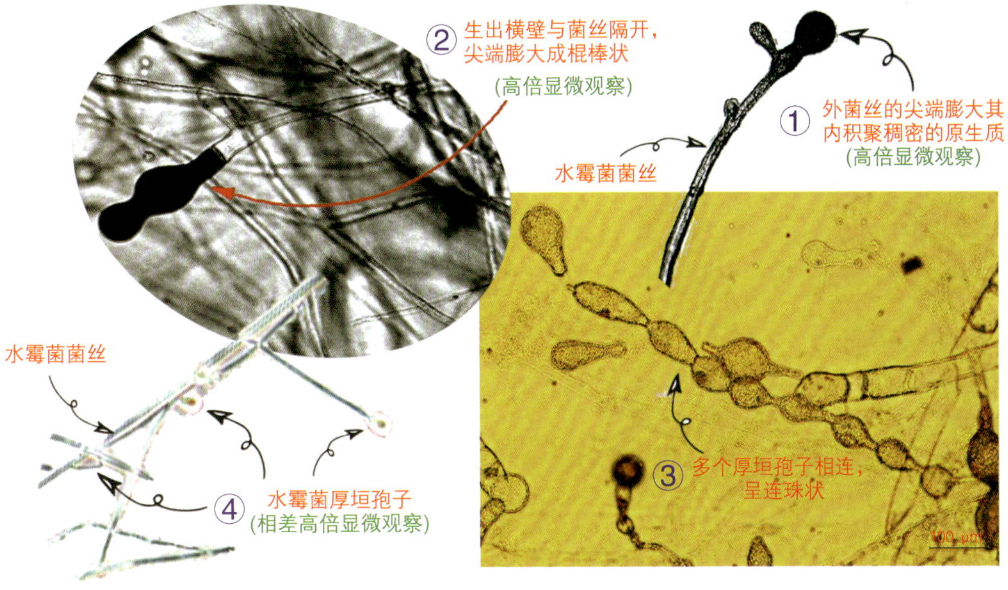

② 生出横壁与菌丝隔开，尖端膨大成棍棒状（高倍显微观察）

① 外菌丝的尖端膨大其内积聚稠密的原生质（高倍显微观察）

水霉菌菌丝

水霉菌菌丝

③ 多个厚垣孢子相连，呈连珠状

④ 水霉菌厚垣孢子（相差高倍显微观察）

图 7 - 1 - 5　水霉菌厚垣孢子及其形成

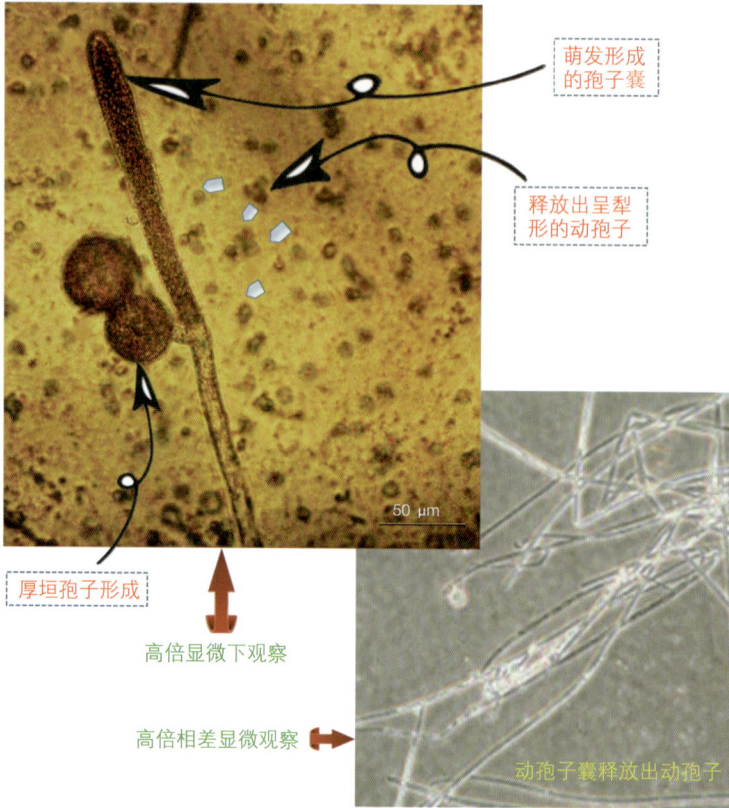

萌发形成的孢子囊

释放出呈犁形的动孢子

50 μm

厚垣孢子形成

高倍显微下观察

高倍相差显微观察

动孢子囊释放出动孢子

图 7-1-6 厚垣孢子萌发形成动孢子囊

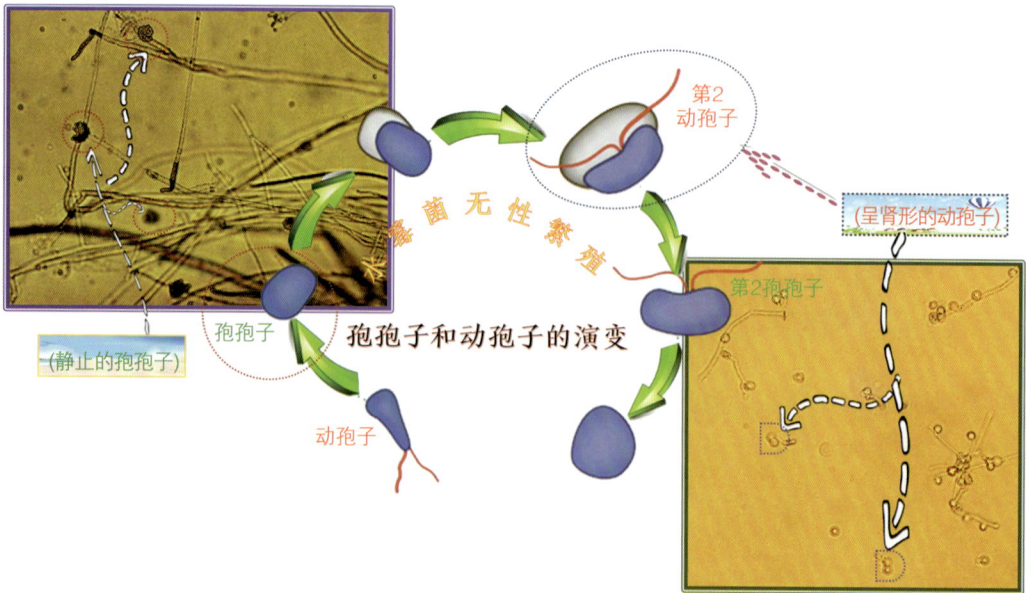

第2动孢子

(呈肾形的动孢子)

水霉菌无性繁殖

(静止的孢孢子)

孢孢子

第2孢孢子

孢孢子和动孢子的演变

动孢子

图 7-1-7 水霉菌动孢子、孢孢子的演变

　　水霉的生活史包括有性生殖和无性生殖两个阶段。无性生殖产生动孢子，游动孢子进行短距离游动，以找到潜在基质和寄主，最后形成芽管以产生新的菌丝；有性生殖时期分别产生藏卵器和雄器（图7-1-8），雄器通过受精管穿过藏卵器壁到达卵球，进行质配和核配，最后萌发产生具有短柄的动孢子囊或菌丝，完成整个生活史（图7-1-9）。

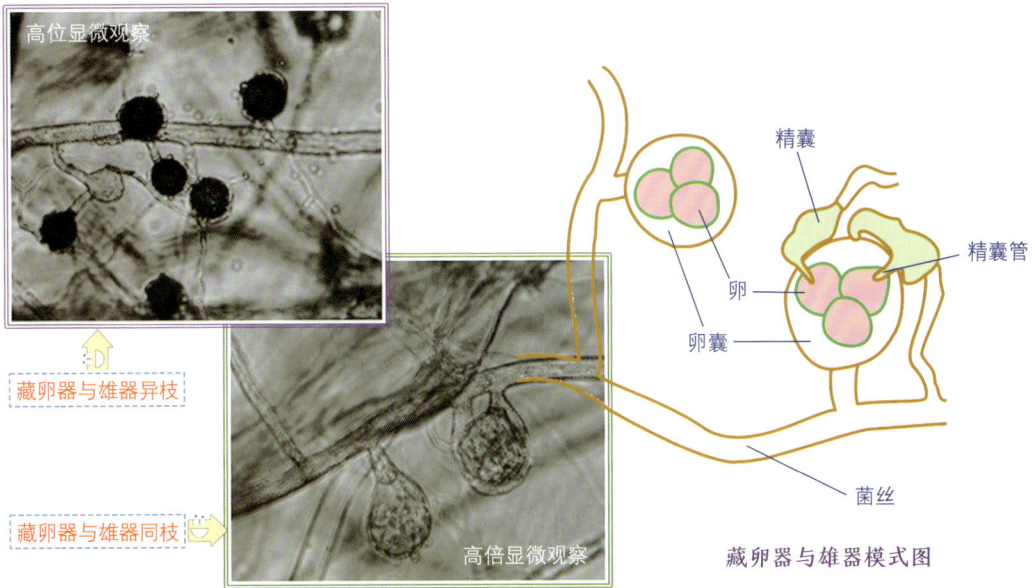

图7-1-8　水霉菌有性殖中的藏卵器与雄器

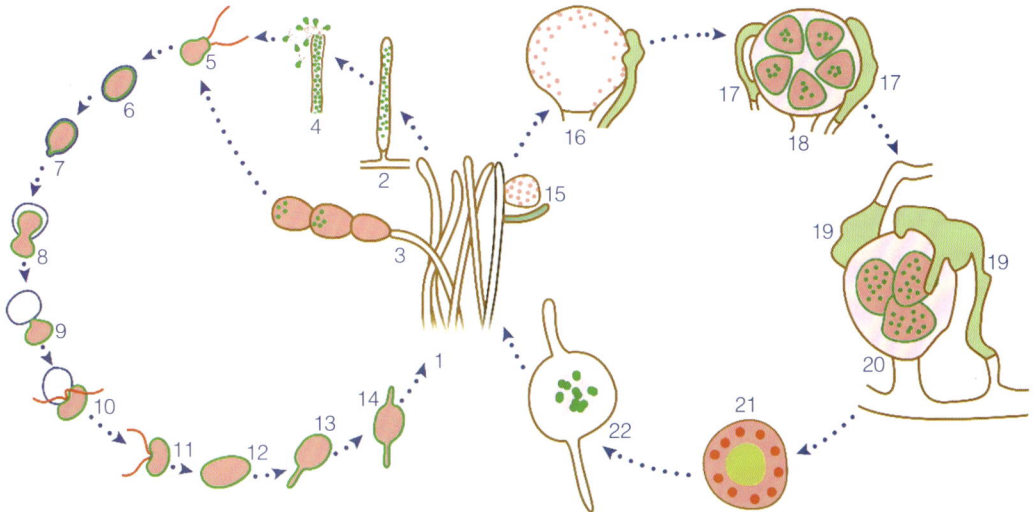

图7-1-9　水霉生活史模式图

1. 外菌丝　2. 动孢子囊　3. 厚垣孢子及其菌丝　4. 动孢子囊破裂　5. 第1游动孢子　6. 第1孢子
7~10. 第2游动孢子萌发　11. 第2游动孢子　12. 第2孢子　13~14. 第2孢子萌发
15. 产生雌雄器官的菌丝及未成熟的藏卵器和雄器　16. 藏卵器中多数的核退化，存留的核分布在周缘　17. 成熟的雄器
18. 藏卵器中未成熟的卵器　19. 雄器受精　20. 藏卵器中卵球已受精和卵孢子形成　21. 卵孢子　22. 卵孢子萌发

【临床症状】患病早期，被感染的鱼肉眼看不出有什么异常，当肉眼能看出时，菌丝不仅在伤口侵入，且已向外长出外菌丝，似灰白色棉毛状，故又俗称白毛病（图7-1-10、图7-1-11）。大口黑鲈水霉感染，大部分是因为皮肤受伤而导致（图7-1-12）。由于霉菌能分泌大量蛋白质分解酶，机体受刺激后分泌大量黏液，病鱼开始焦躁不安，与其他固体物发生摩擦，以后鱼体负担过重，游动迟缓，食欲减退，最后瘦弱而死。水霉感染引起创伤、溃疡，从而导致病灶处因细菌或纤毛虫继发感染，出现大量死亡的现象（图7-1-13）。

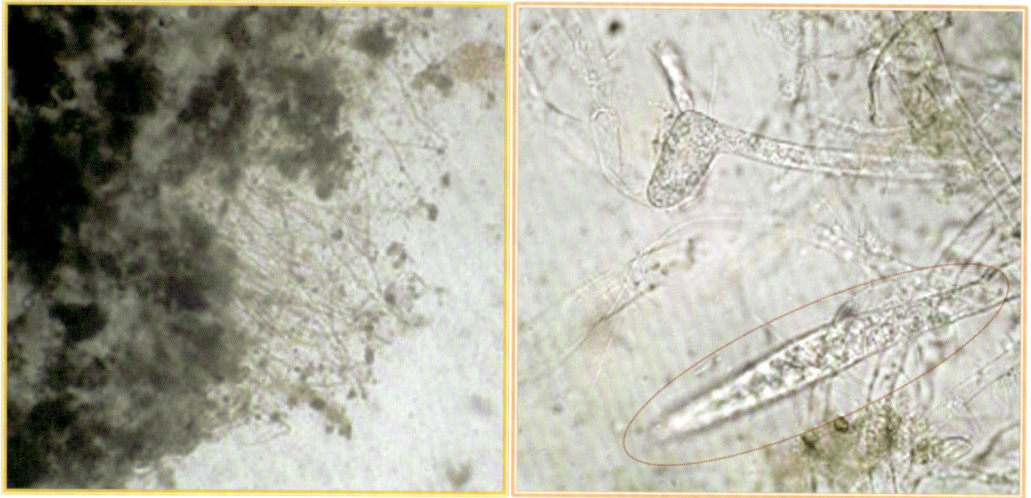

病鱼鳃部布满水霉菌丝

水霉菌丝在病鱼鳃部形成的动孢子囊
（高倍显微观察）

图7-1-10 寄生于病鱼鳃上的水霉

体表寄生絮状物

病鱼体表絮状物的显微观察

显微观察

病鱼体表布满一层绒毛样的絮状物，漂浮于水中

图7-1-11 大口黑鲈体表感染水霉

图 7-1-12　受伤导致大口黑鲈体表布满厚厚一层毛状物的斑块

因水霉病以及继发性
感染造成大量死亡

水霉感染导致创伤、溃疡，从而
使病灶处因细菌或纤毛虫继发感
染，大量病鱼漂浮于水中

图 7-1-13　水霉病以及继发性感染导致病鱼大量死亡

水霉感染鱼卵时，内菌丝侵入卵膜内，大量外菌丝则丛生于卵膜外，故又将该病称为"卵丝病"；被寄生的鱼卵，因外菌丝呈放射状，又常称为"太阳籽"（图 7-1-14）。在鱼卵孵化过程中，当胚胎因某种原因死亡时，内菌丝迅速延伸入死胚胎而繁殖，同时外菌丝也随之长出，当菌丝长得多时，附近发育正常的卵也因菌丝覆盖窒息而死，这样恶性循环，有时可引起全部鱼卵死亡（图 7-1-15）。

【病理学特征】水霉附着在鱼体体表伤口处，菌丝伸入表皮使表皮细胞坏死、剥落；当菌丝在体表严重扩散时，即直接侵入真皮层，导致真皮组织坏死（图 7-1-16）。菌丝进而由真皮侵入皮下脂肪和躯干肌组织，导致被侵入的皮下脂肪组织充血、淤血及出血，肌肉组织出现类似的血液循环障碍和肌纤维的变性坏死症状（图 7-1-17）。

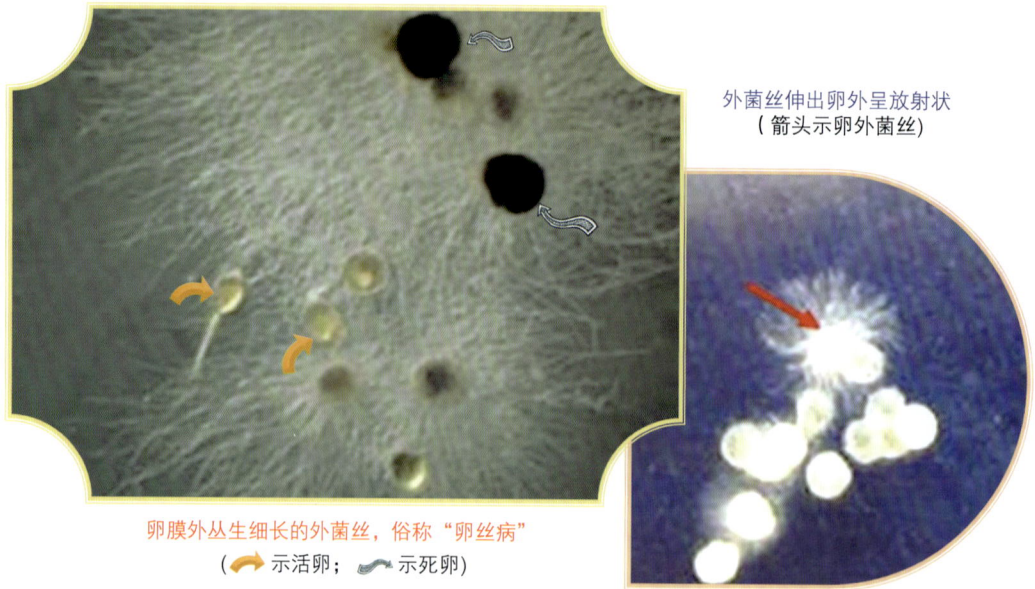

外菌丝伸出卵外呈放射状
（箭头示卵外菌丝)

卵膜外丛生细长的外菌丝，俗称"卵丝病"
（ ⤴ 示活卵； ～ 示死卵)

图 7-1-14 感染水霉的鱼卵外长满细长、呈放射状的外菌丝

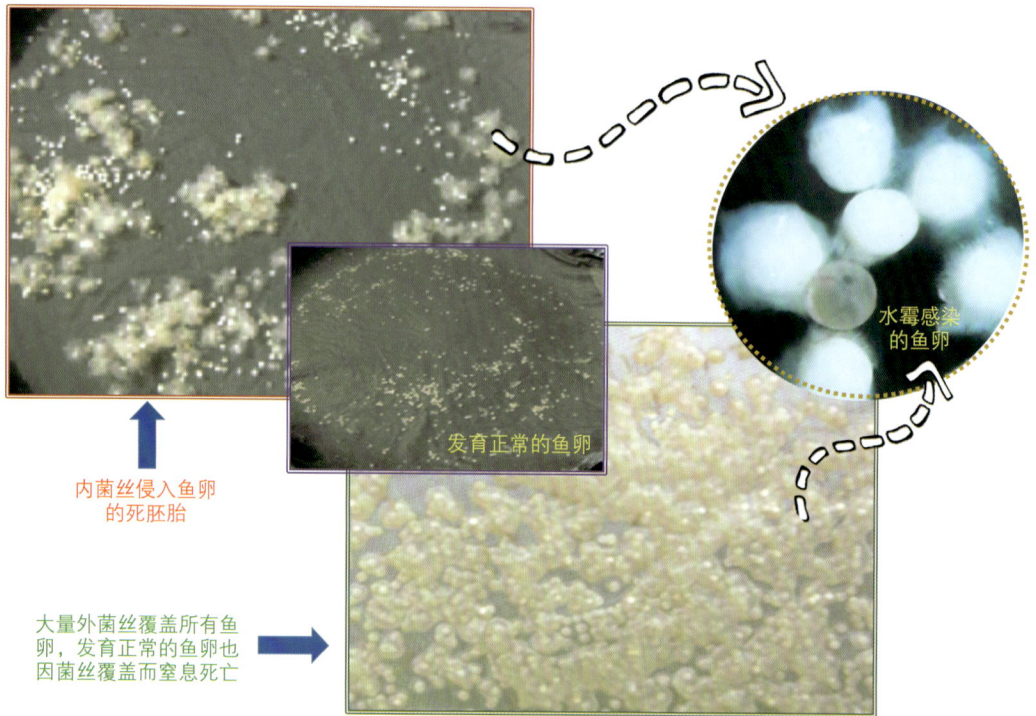

内菌丝侵入鱼卵
的死胚胎

大量外菌丝覆盖所有鱼
卵，发育正常的鱼卵也
因菌丝覆盖而窒息死亡

发育正常的鱼卵

水霉感染
的鱼卵

图 7-1-15 孵化鱼卵感染水霉致鱼卵窒息死亡

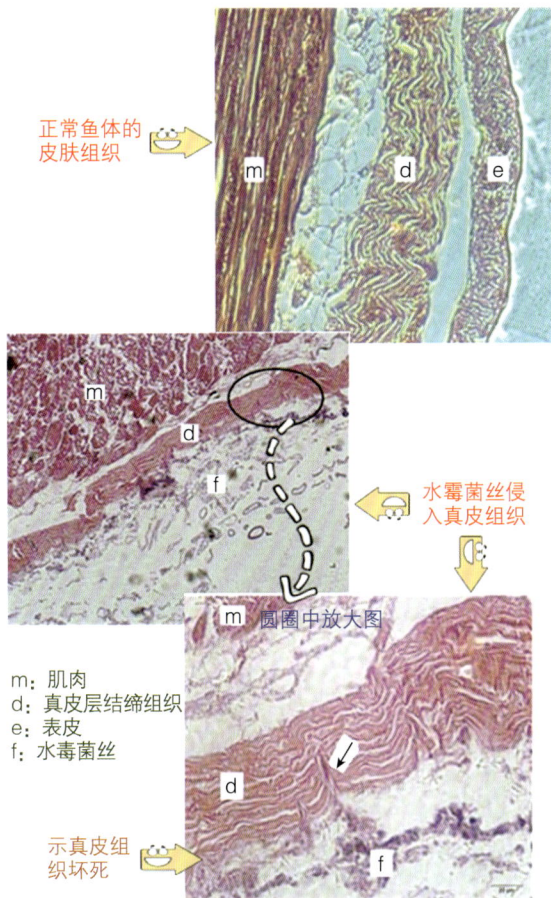

正常鱼体的
皮肤组织

水霉菌丝侵
入真皮组织

圆圈中放大图

m：肌肉
d：真皮层结缔组织
e：表皮
f：水霉菌丝

示真皮组
织坏死

箭头示坏死的肌肉组织

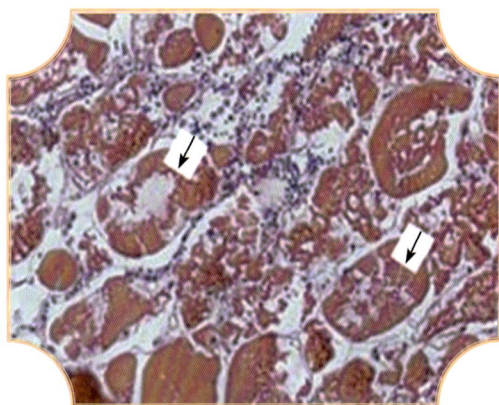

图 7-1-16　水霉菌丝侵入真皮组织的病理变化　　图 7-1-17　水霉菌丝侵入肌肉后，导致肌肉
（苏木精-伊红染色）　　　　　　　　　　　组织坏死（苏木精-伊红染色）

【流行与危害】水霉在淡水水域中广泛存在，对温度的适应范围很广，一年四季均可发生，从鱼卵到各龄段的大口黑鲈都可感染，尤其在密养的越冬池冬季和早春更易流行。感染一般从鱼体的伤口开始。鱼卵也是水霉菌感染的主要对象，特别是阴雨天，水温低时，水霉病极易发生并迅速蔓延，导致大批鱼或鱼卵死亡（图 7-1-18、图 7-1-19）。

【诊断方法】在鱼体上见到灰白色棉絮状菌丝，患处伴有肌肉腐烂（图 7-1-20），病鱼行动迟缓，食欲减退，可初步判断为水霉病。鱼卵的水霉病，菌丝侵附在卵膜上，卵膜外的菌丝丛生在水中，菌丝呈放射状（图 7-1-21）。若在显微镜下能观察到管形没有横隔、分枝多而纤细的菌丝则可确诊（图 7-1-22）。

【防治措施】在捕捞、搬运和放养等操作过程中，防止鱼体受伤（包括冻伤），注意合理的放养密度，寒潮期间应做好预防措施，采用生石灰或氯制剂彻底清塘是最主要的预防措施（同第六章中烂鳃烂嘴病）。水霉病发生后可用食盐和碳酸氢钠合剂（1∶1），或三氯异氰脲酸（30%）与硫酸铜、硫酸亚铁，或五倍子和大蒜全池遍洒有一定的控制作用。国家"十二五"863项目研制的替代孔雀石绿药物复方甲霜灵粉（美婷），对水霉病防治有较好的疗效，其用量是：每立方米水体 0.75～1.5 g 兑水泼洒，每天 1 次，连用3 d（图 7-1-23），或每立方米水体 20～40 g，浸浴鱼苗或鱼卵 20～30 min，每天 2 次，连用 3 d（图 7-1-24）。

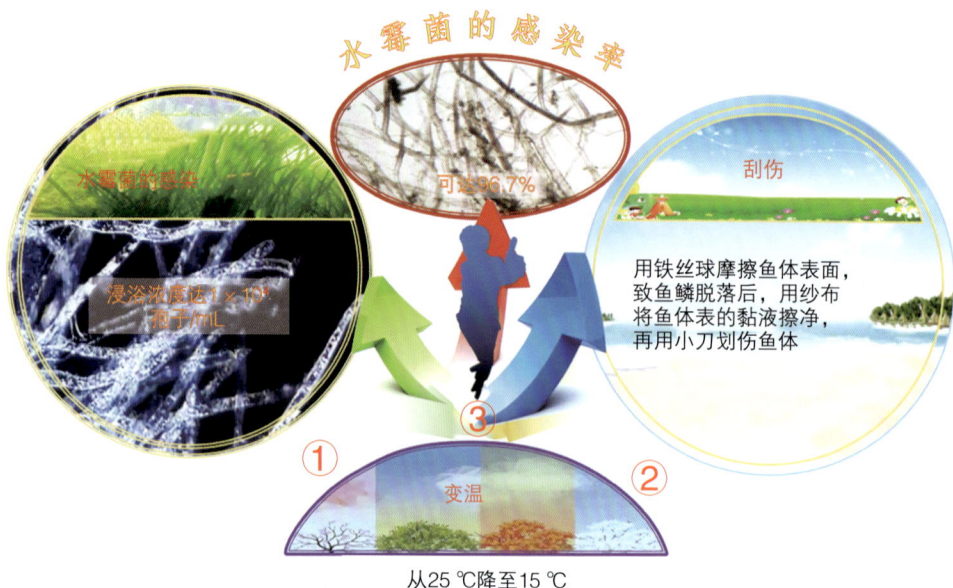

图 7-1-18　实验条件下水霉菌对鱼体造成感染的 3 个必需条件

图 7-1-19　水霉病的流行与危害

头部、体表两侧
可见若干灰白色
棉絮状白斑

病鱼体表腐烂，
严重挂脏

图 7-1-20 肉眼观察：水霉感染的病鱼全身可见灰白色棉絮状菌丝，患处体表发红腐烂

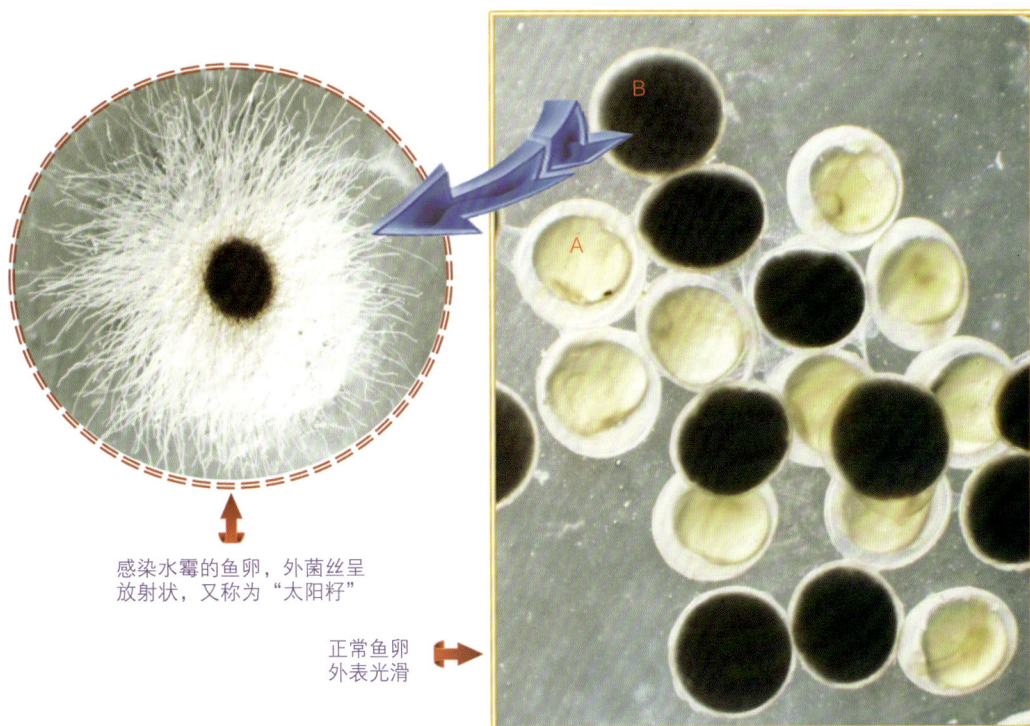

感染水霉的鱼卵，外菌丝呈
放射状，又称为"太阳籽"

正常鱼卵
外表光滑

图 7-1-21 显微镜观察：根据鱼卵呈现状况判断是否感染水霉
A. 正常卵　B. 死卵

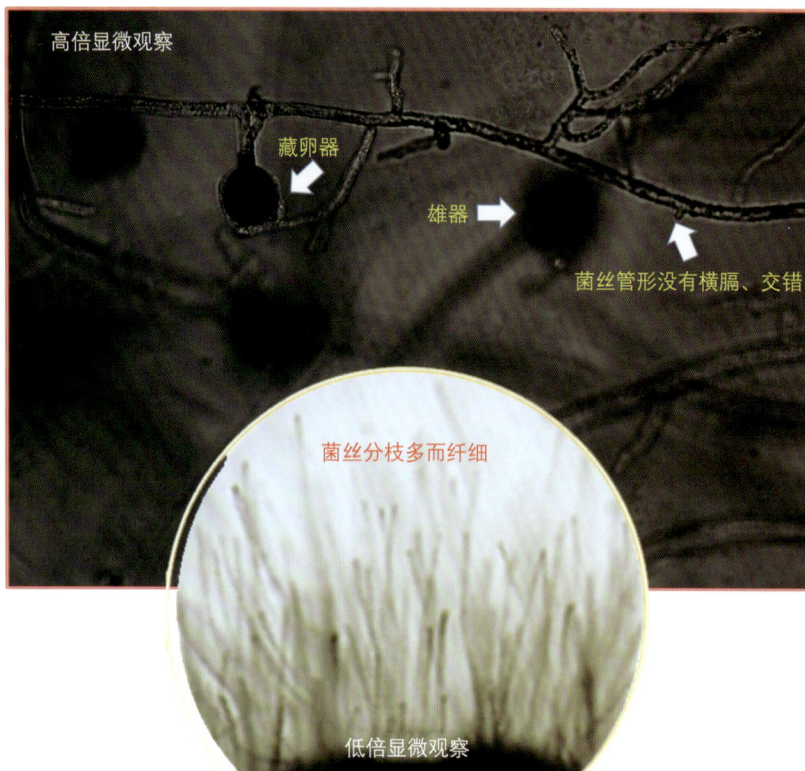

图 7-1-22　显微镜观察：水霉菌菌丝分枝多而纤细、菌丝管形没有横膈、交错，可根据有性生殖的藏卵器与雄器的形态进行判断

图 7-1-23　泼洒美婷治疗网箱养殖鱼类水霉病

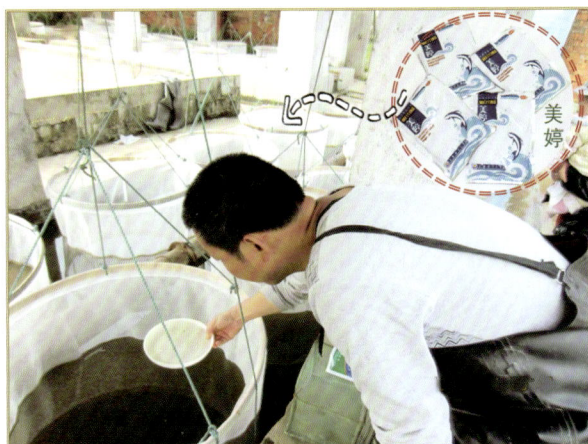

图 7 - 1 - 24 美婷浸浴鱼卵防治鱼卵水霉病

二、鳃霉病 (branchiomycosis)

【病原或病因】病原为鳃霉（*Branchiomyces* spp.），常见的有血鳃霉（*B. sanguinis*）、穿移鳃霉（*B. demigrans*）等，属水霉目（Saprolegniales），由动孢子传播（图 7 - 2 - 1）。

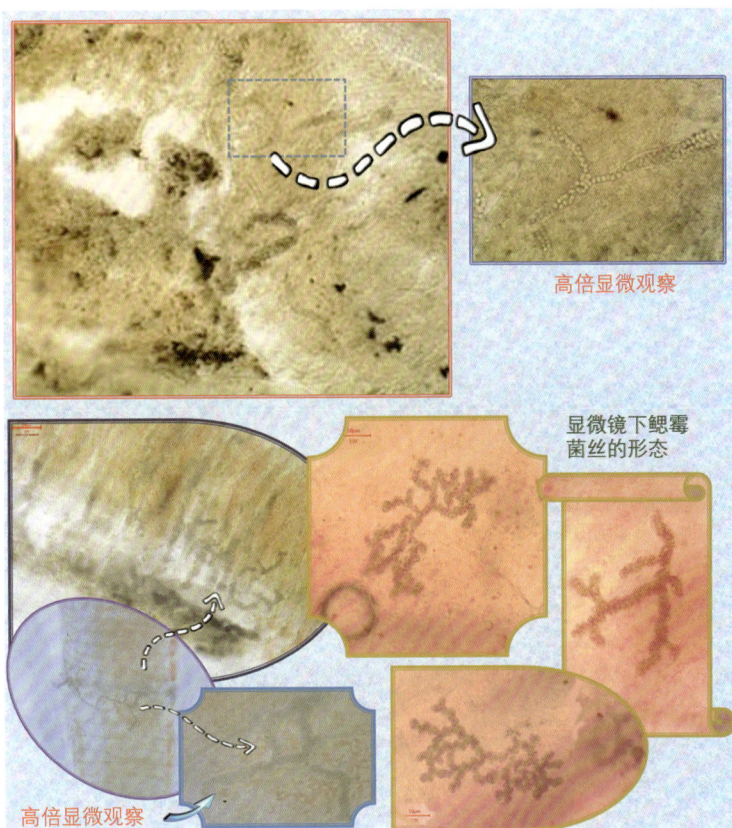

图 7 - 2 - 1 寄生于鳃上的鳃霉

血鳃霉（Plehn，1921）的菌丝通常是单枝延生生长，较粗、直而少弯曲、分枝很少，不进入血管和软骨，仅在鳃小片组织生长，菌丝直径为 $20\sim25\ \mu m$，孢子较大，直径为 $7.4\sim9.6\ \mu m$，平均 $8\ \mu m$（图7-2-2）。穿移鳃霉（Wundseh，1930）菌丝较细，壁厚，常弯曲，呈网状，分枝特别多，分枝沿鳃丝血管或穿入软骨生长，纵横交错，充满鳃丝和鳃小片，菌丝的直径为 $6.6\sim21.6\ \mu m$，孢子的直径为 $4.8\sim8.4\ \mu m$（图7-2-3）。

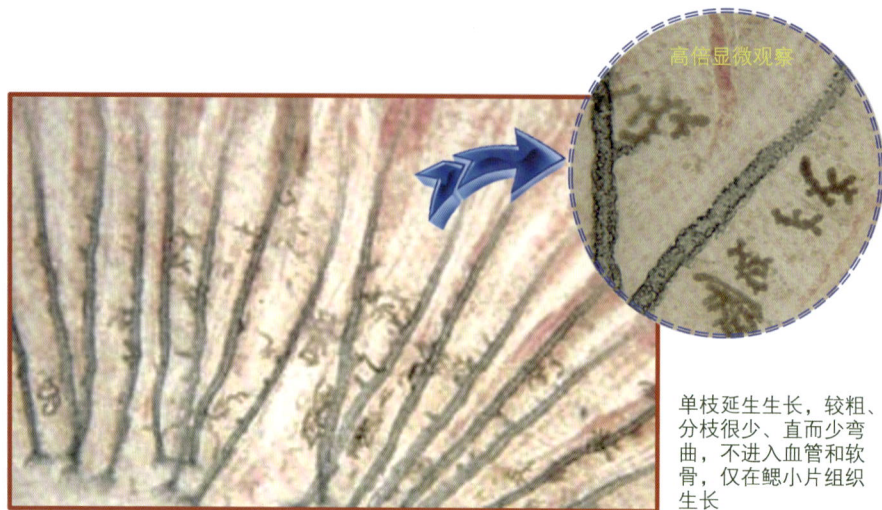

高倍显微观察

单枝延生生长，较粗、分枝很少、直而少弯曲，不进入血管和软骨，仅在鳃小片组织生长

图7-2-2　血鳃霉（黑色部分）的基本形态（菌丝单枝、直而少弯曲、较粗、分枝少）

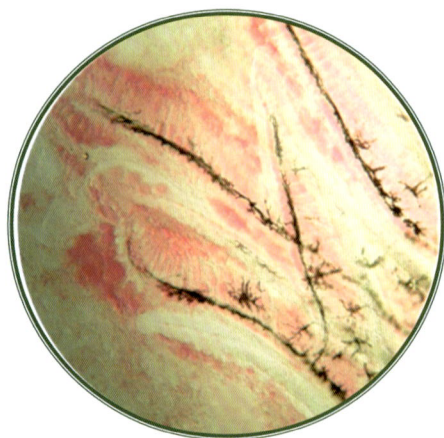

图7-2-3　寄生于鳃的穿移鳃霉菌丝（黑色部分，菌丝分枝较多、弯曲）

【临床症状】患病初期，病鱼除鳃盖发红、鳍基充血外体表无明显症状（图7-2-4）。严重时病鱼食欲废绝，呼吸困难，游泳姿势不正常，受惊后游动时晃头，如不及时治疗，会因呼吸受阻而死亡（图7-2-5）。病鱼鳃组织侵蚀破坏，鳃瓣肿大，粘连，鳃黏液分泌量增多及上皮增生，常附有脏物（图7-2-6）。鳃失去正常的鲜红色，有不

规则的白点，呈现苍白色或青灰色，轻压鳃部流出带脏物的血色黏液，鳃小瓣外观常呈红白相间状（图7-2-7、图7-2-8），鳃丝溃烂缺损，溃烂处鳃丝被鳃霉大量感染，纵横交错（图7-2-9）；严重时鳃布满棉絮状物，像一块小棉球。体表有点状充血现象，有的胸鳍、臀鳍充血。病鱼肝肿大，色淡，具出血点，肾肿大呈褐色，肠道无食物，肠壁充血。

图7-2-4 患病鱼除鳃盖发红、鳍基充血外体表无明显症状

病鱼鳃盖发红
鳍基充血出血

水中缓慢游动的病鱼，
游泳姿势不正常

图7-2-5 鳃霉感染初期病鱼鳃盖发红，鳍基部充血，病鱼游泳姿势不正常

病鱼鳃组织侵蚀破坏，鳃瓣肿大，粘连，鳃黏液分泌量增多及上皮增生，常附有脏物

显微镜下的鳃霉菌丝

图7-2-6 患病大口黑鲈鳃组织侵蚀破坏

鳃瓣呈红白相间状

鳃失去正常鲜红色，腐烂

图7-2-7 患病大口黑鲈的鳃失去正常的鲜红色、腐烂，轻压鳃部有带脏物的血色黏液，鳃小瓣外观常呈红白相间状

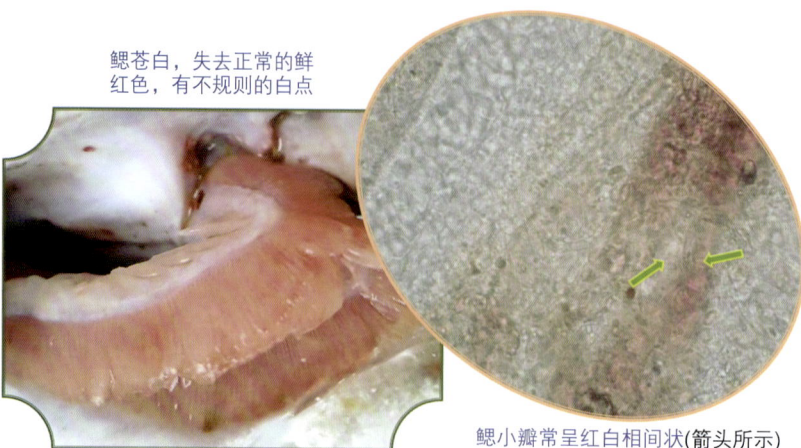

鳃苍白，失去正常的鲜红色，有不规则的白点

鳃小瓣常呈红白相间状(箭头所示)

图7-2-8 鳃丝呈现红白相间症状，鳃霉菌丝贯穿鳃丝血管造成血液循环障碍

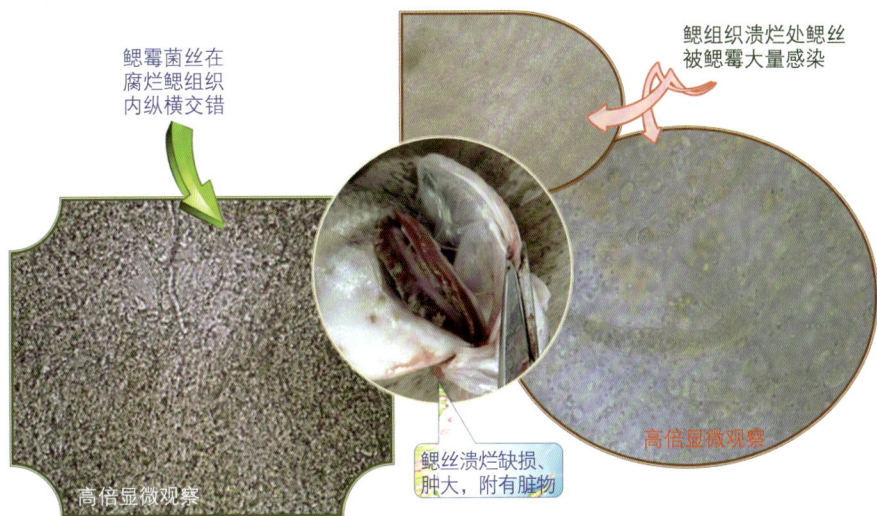

鳃霉菌丝在腐烂鳃组织内纵横交错

鳃组织溃烂处鳃丝被鳃霉大量感染

高倍显微观察

鳃丝溃烂缺损、肿大，附有脏物

高倍显微观察

高倍显微观察

图 7-2-9　鳃霉大量感染，菌丝在溃烂鳃组织内纵横交错

【流行与危害】该病与水霉病不同，主要在高水温期发生，每年5—10月的夏秋季节为流行季节，尤以6—7月为甚。该病发生往往呈急性，1～2 d 内暴发，引起养殖鱼类大量死亡。尤其在水质不良、池底老化的砂石底养殖池中易发生。鳃霉病的发生，与鱼体受伤后受寄生虫或细菌感染，或水质不良导致鱼体鳃部损伤、黏液分泌量增多或上皮细胞增生等因素有关，发病率可达 70%～80%，死亡率可达 90%以上。该病在全国大口黑鲈养殖区均有流行，但尤以南方严重（图7-2-10）。

图 7-2-10　鳃霉病的流行规律

【诊断方法】在流行季节，发现鳃瓣呈红白相间，严重时见部分鳃丝溃烂、黏脏，整个鳃丝呈苍白色可进行初步诊断。取白色鳃丝制作水封片，用显微镜观察发现鳃丝内具分枝菌丝基本上可确诊；但在感染的前期，用显微镜检查难以发现菌丝，确诊需进行病理切片观察。

【防治措施】严格执行检疫制度，防止该病蔓延。清除池塘过多淤泥，用生石灰或漂白粉消毒（同第六章 一、烂鳃烂嘴病），及时治疗寄生虫及细菌性疾病，避免引起鳃创伤，以防鳃霉继发性感染。疾病发生后应换水，并采用调水改水措施改善池塘水质。可用0.7%～1.0%食盐浸浴病鱼、硫酸铜或螯合铜（每立方米水体0.7 g）全池泼洒，或在饲料中添加抗霉的药物，连续投喂，以控制疾病蔓延。

三、丝囊霉病（aphanomycosis）

又名流行性肉芽肿性丝囊霉菌病（epizootic granulomatous aphanomycosis，EGA），俗称流行性溃疡综合征（epizootic ulcerative syndrome，EUS）、红点病（red spot disease）、霉菌性肉芽肿（mycotic granulomatosis）、溃疡性霉菌病（ulcerative mycosis）等，该病是世界动物卫生组织（OIE）《水生动物卫生法典》所列的疫病（彭开松等，2018）。

【病原或病因】病原是侵袭丝囊霉菌（*Aphanomyces invadans*），属鞭毛菌亚门（Mastigomycotina）、卵菌纲（Oomycotes）、水霉目（Saprolegniales）。在宿主体内，侵袭丝囊霉菌形成无隔膜的菌丝结构、初级游动孢子和次级游动孢子（图7-3-1、图7-3-2）。孢子囊顶端的圆形初级游动孢子可转化为侧生双鞭毛的肾形次级游动孢子。游动孢子在条件不适宜时会变成囊孢，待条件适宜后，囊孢又萌发出新菌丝，并释放三级游动孢子。周期性囊孢化造成了该病周期性暴发。囊孢在体外试验中可存活19 d（Kar，2016）（图7-3-3）。

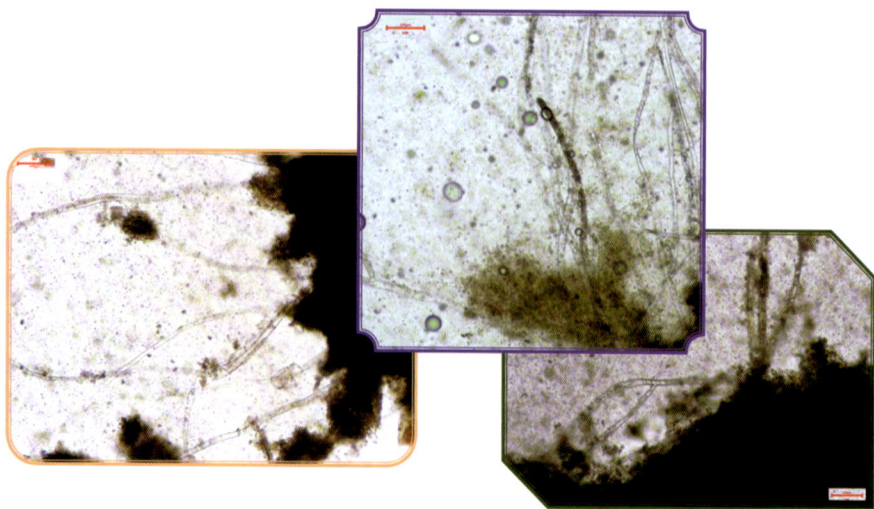

图7-3-1 无隔膜、细长的丝囊霉菌丝
（引自活宝源公司）

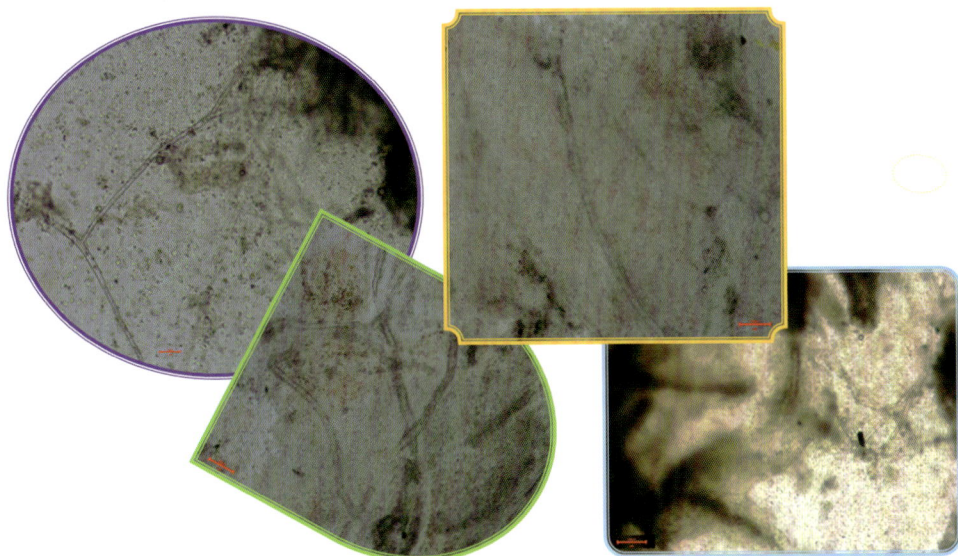

图7-3-2 丝囊霉菌丝形成初级游动孢子和次级游动孢子

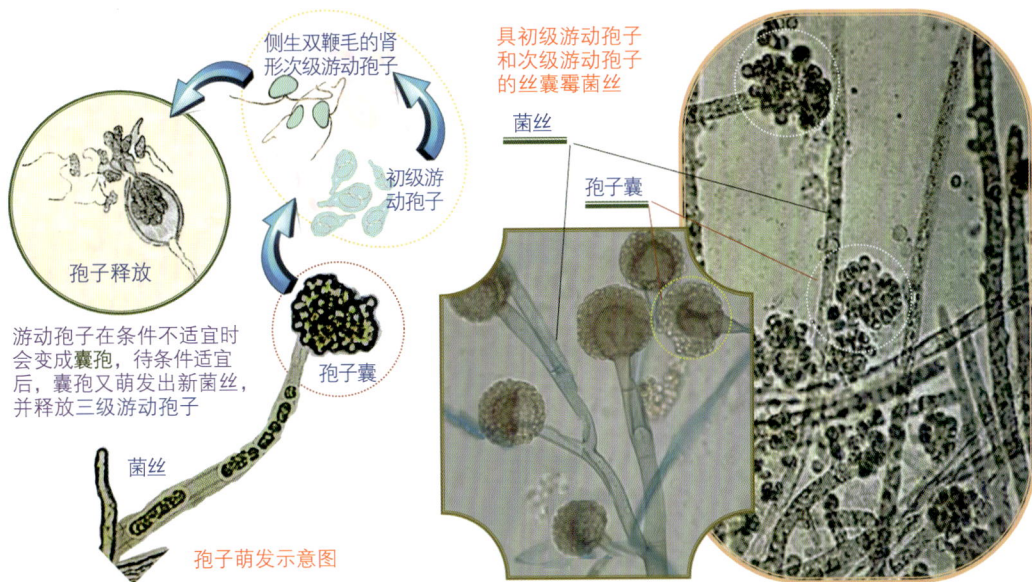

图7-3-3 丝囊霉菌的孢子囊和游动孢子

【临床症状】病鱼早期食欲不振、在水面忽上忽下游动，体色发黑（图7-3-4），鳃肿胀、发白，内脏器官出现病变（图7-3-5）。继而病鱼头、鳃盖、体表和尾部出现红点，此后发展成红色或灰色溃疡，甚至成为棕色坏疽（图7-3-6）。病鱼的腹侧或背部会出现大面积皮肤损伤，严重感染后皮肤受损范围扩大，部分完全糜烂，以至头骨及软组织出现坏疽而暴露脑部（图7-3-7，图7-3-8）。患病鱼逐渐死亡。

患病早期，病鱼食欲不振，体色发黑，游泳乏力，病死于池边

病鱼在水面忽上忽下游动

图7-3-4　患病早期病鱼体色发黑，在水面不规则地游动

图7-3-5　病鱼鳃发白，肝肿胀，呈花斑状
（引自广州利洋）

病鱼头、鳃盖、体表和尾部出现红点，继而发展成红色或灰色溃疡或棕色坏疽

图7-3-6　病鱼体表各处出现红点，进而发展成红色溃疡和棕色坏疽

病鱼体表大面积损伤，严重感染后皮肤受损范围扩大，部分完全糜烂，深入肌肉深层

图7-3-7 病鱼体表大面积皮肤损伤，部分完全糜烂，肌肉外露

溃疡深入到肌肉深层

尾鳍、背部、腹部等处出现大面积溃烂

图7-3-8 病鱼体表各处出现溃疡是丝囊霉病典型特征

【病理学特征】侵袭丝囊霉菌的次级或三级游动孢子黏附到受损皮肤并发育为菌丝，向宿主深部皮肤肌肉侵染。患病早期的红斑性皮炎组织中一般没有卵菌，但随着菌丝在骨骼肌中生长，轻微的慢性皮炎会发展为严重的弥散性坏死性肉芽肿，并伴有肌肉表面絮状变化。

【流行与危害】该病主要流行温度为20～30 ℃，18～22 ℃为发病高峰，37 ℃时病原菌在宿主体外停止生长。南方地区多发于2—4月，12月至翌年1月仅零星发病，易形成区域性流行。主要危害大口黑鲈稚鱼和幼鱼，寄生虫、细菌、病毒或水质不良等因素造成皮肤损伤后是侵袭丝囊霉菌感染的重要诱发因素。该病具有感染周期短、死亡周期长、累计死亡率高的特点。

【诊断方法】根据流行季节（低温或暴雨后），若出现溃疡症状，取红点或溃疡组织，用显微镜检查，见无隔膜菌丝（直径 12～25 μm）可进行初步诊断。确诊需进行组织病理学诊断（菌丝和肉芽肿），病原分离鉴定（诱导无性生殖结构——孢子）以及侵袭丝囊霉菌 DNA 的 PCR 鉴定等（图 7-3-9）。

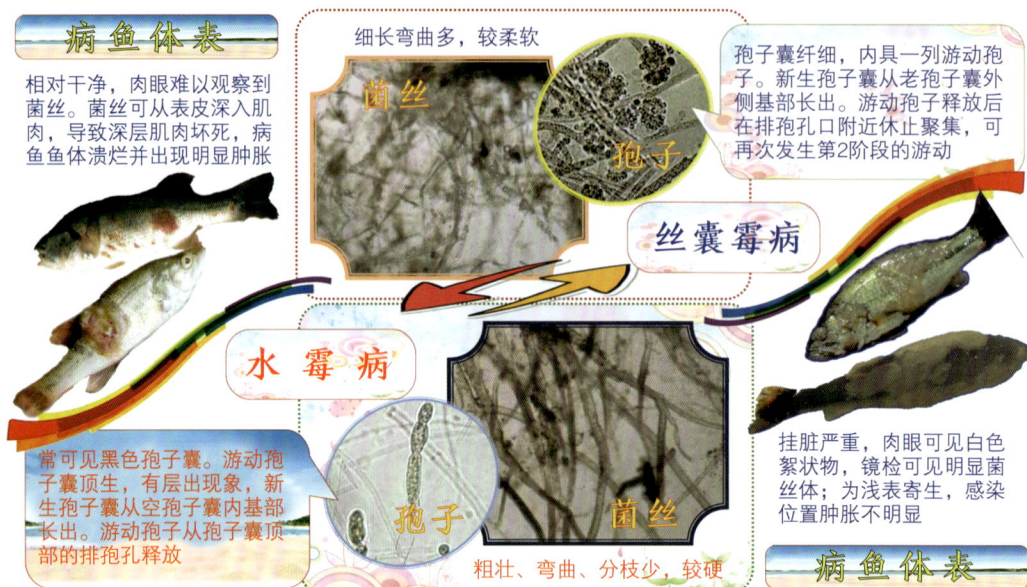

图 7-3-9　丝囊霉病与水霉病的主要区别

【防治措施】加强水质与底质管理，杜绝带菌水流入池塘，并定期泼洒生石灰、印楝素、香樟素和姜黄素，以及对鱼卵或幼鱼进行消毒等可控制该病发生。通过注射 Salar-bec 免疫刺激剂（每千克含 300 g 维生素 C、150 g B 族维生素，以及痕量维生素，维生素 B_1、维生素 B_2、维生素 B_6 和维生素 B_{12} 等）可有效控制该病。在饲料中添加鱼腥草、四叶萝芙木（*Rauvolfia tetraphylla*）叶的酒精提取物、4% 或 6% 的沸石粉、1% 甲壳素或壳聚糖，有助于鱼体抵抗侵袭丝囊霉菌的感染。

冬春季养殖期间每隔半月左右泼洒 1 次聚维酮碘，减少水体中的丝囊霉菌孢子数量，在捕鱼或者运输时避免鱼体损伤。

第八章 PART EIGHT

大口黑鲈寄生虫病

一、车轮虫病（trichodiniasis）

又名跑马病（circulating running disease）、白头白嘴病（white head‑mouth disease）。

【病原或病因】病原主要是车轮虫（*Trichodina* spp.），属纤毛亚门（Ciliophora）寡膜纲（Oligohynenophora）缘毛目（Peritrichida）车轮虫科（Trichodinidae）。危害鱼类的车轮虫种类较多，有显著车轮虫（*T. nobillis*）、杜氏车轮虫（*T. domergues*）、卵形车轮虫（*T. oviformis*）、微小车轮虫（*T. minuta*）、眉溪小车轮虫（*T. myakkae*）、东方车轮虫（*T. orientalis*）、球形车轮虫（*T. bulbosa*）、日本车轮虫（*T. japonica*）、亚卓车轮虫（*T. jadranica*）和小袖车轮虫（*T. murmanica*）等。目前发现危害大口黑鲈的种类主要是直钩车轮虫（*Trichodina retuncinata*）（夏焱春等，2018）。

车轮虫虫体呈圆筒状、高脚杯状、盘状或盔状等，顶部尖或平。口区有螺旋状环绕的口沟，其末端与胞口相通，胞口下接胞咽（图8‑1‑1）。大核马蹄形，小核球状或短杆状。反口区具有后纤毛带，其上方有上缘纤毛、下方有下缘纤毛；下缘纤毛之后为一透明

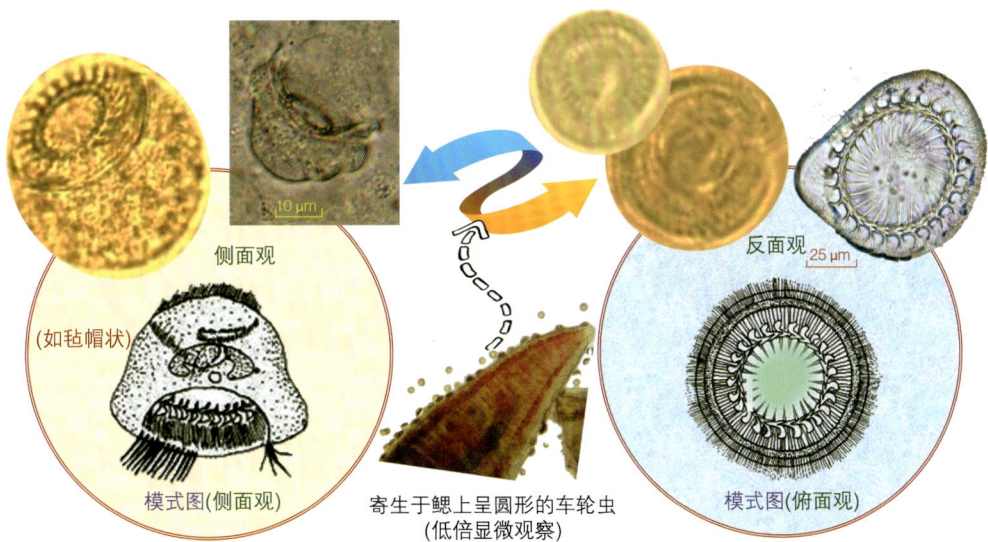

侧面观

（如毡帽状）

模式图(侧面观)

反面观 25 μm

寄生于鳃上呈圆形的车轮虫
(低倍显微观察)

模式图(俯面观)

图8‑1‑1　车轮虫的形态

的缘膜；上、下缘纤毛和缘膜因种类不同而缺乏其中一两种结构。齿环是车轮虫科最突出的结构，由齿钩、齿锥和齿棘组成（图8-1-2）。

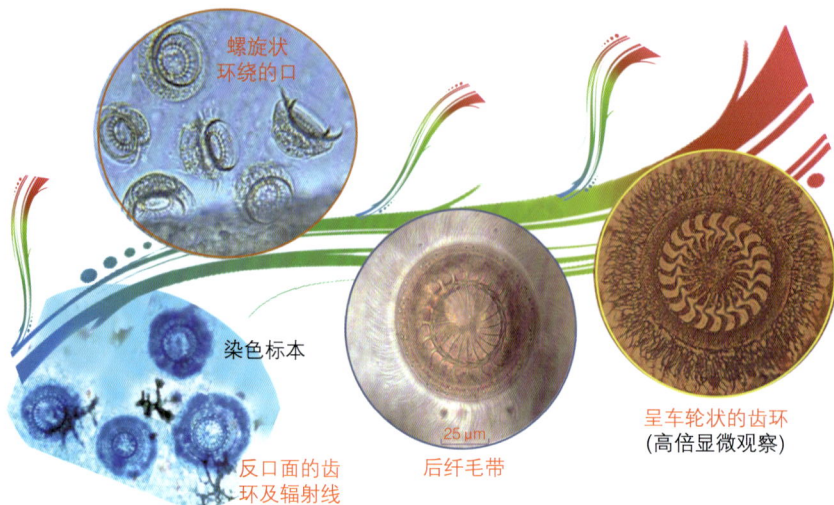

图8-1-2 车轮虫的部分构造

【临床症状】车轮虫主要寄生于大口黑鲈的鳃、体表或鳍条等处，鱼种（苗）期一般寄生于体表和鳍条（图8-1-3），成鱼主要寄生于鳃部。寄生车轮虫的鱼苗体表黏液较多，在池塘中会出现"白头白嘴"症状或体表出现一层白翳（图8-1-4）。患病鱼体色暗淡，食欲不振，游动缓慢，或离群独游、反应迟钝、摄食减少，甚至不摄食，严重者在水体上层打转，成群结队地围绕池边狂游，呈"跑马"状，可致大量死亡甚至全部死亡。成鱼寄生数量较少时，大多症状不明显。若大量寄生时，寄生处会大量分泌黏液，形成一层黏膜（图8-1-5至图8-1-7）。

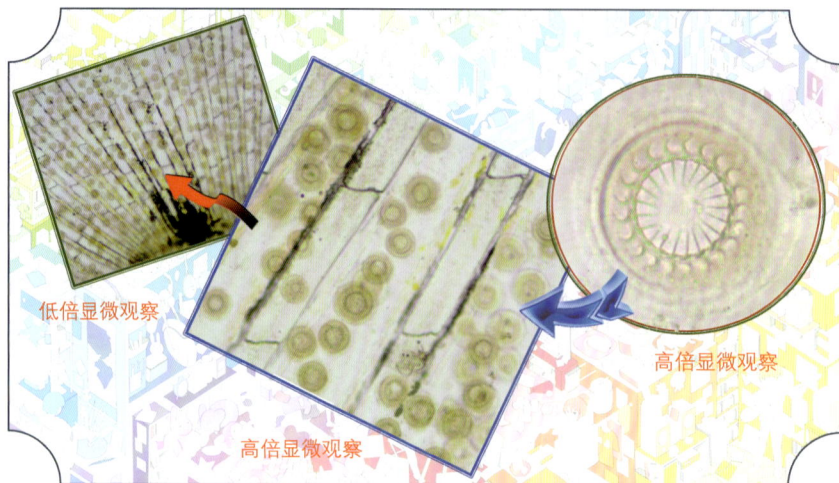

图8-1-3 寄生于鳍条上的车轮虫

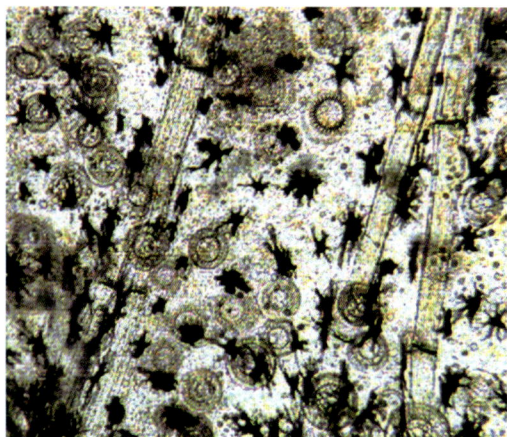

图 8-1-4 车轮虫寄生于鱼体表导致体色暗淡

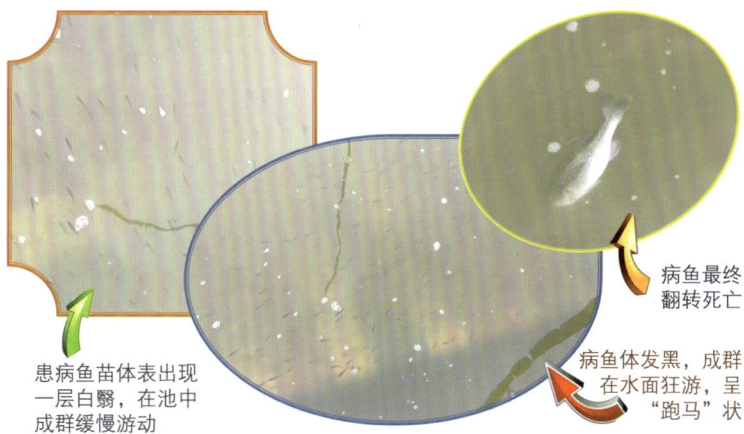

患病鱼苗体表出现一层白翳，在池中成群缓慢游动

病鱼最终翻转死亡

病鱼体发黑，成群在水面狂游，呈"跑马"状

图 8-1-5 病鱼在池塘中成群或离群游动，有的成群狂游，呈"跑马"状

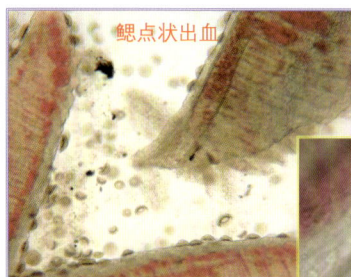

鳃点状出血

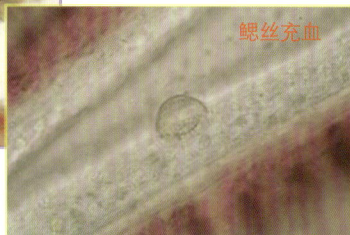

鳃丝充血

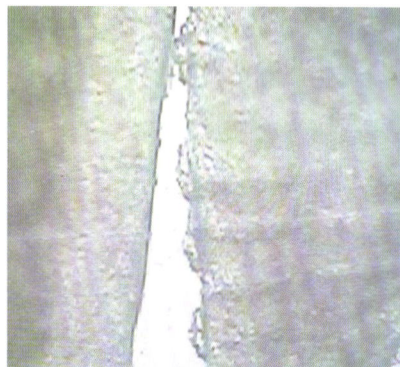

图 8-1-6 车轮虫寄生于鳃部导致鳃出血、充血   图 8-1-7 车轮虫寄生导致鳃黏液大量分泌

【病理学特征】车轮虫寄生鱼体后，虫体通过附着盘对鳃丝的固着与滑动，引起鳃部黏液分泌增多，邻近鳃小片愈合。虫体使宿主组织细胞拉伤，以及虫体附着导致鳃小片缺损或整个鳃小片丢失，最终仅残留一些组织碎屑。车轮虫群集附着鳃丝时，尤其是鳃丝的

鳃小片之处，黏液分泌物明显增多，在组织碎屑的掺杂下，以至无法辨别出明显的细胞组织，结构出现明显紊乱。

【流行与危害】该病一年四季均可流行，流行的适宜水温为 20～28 ℃，流行高峰季节为夏、秋两季。一般在池塘面积小、水较浅而又不易换水、水质较差、有机质含量较高且放养密度较大的水体，容易造成此病流行。3—5 月在大口黑鲈培苗期间或室内工厂化循环水体鱼苗标粗阶段（鱼体长 5～10 cm）该病极为常见，并可造成大量死亡（图 8-1-8）。

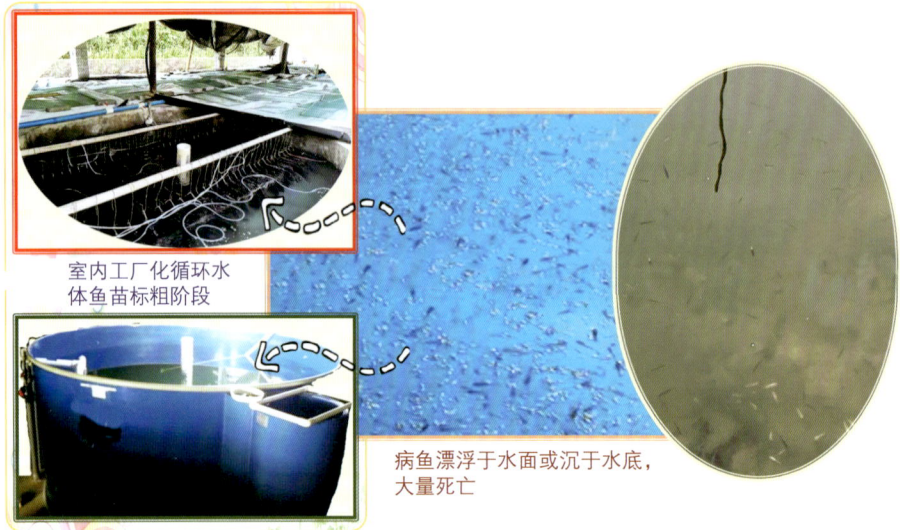

室内工厂化循环水体鱼苗标粗阶段

病鱼漂浮于水面或沉于水底，大量死亡

图 8-1-8　室内工厂化循环水体鱼苗标粗阶段车轮虫病暴发，导致大量死亡

【诊断方法】剪取鳃丝或从鳃上、体表刮取黏液，置于载玻片上制成水浸片，显微镜下观察到车轮虫且数量较多时可确诊；若仅仅见到少量虫体，则不能认为是车轮虫病，因为少量虫体附着在鳃上很常见。种类鉴定，需用蛋白银染色或硝酸银染色。

车轮虫外形侧面观呈帽形或碟形，反口面观为圆盘形，内部结构主要为许多个齿体逐个嵌接而成的齿轮状结构——齿环，故有车轮虫之称（图 8-1-9）。此外，具有辐线、

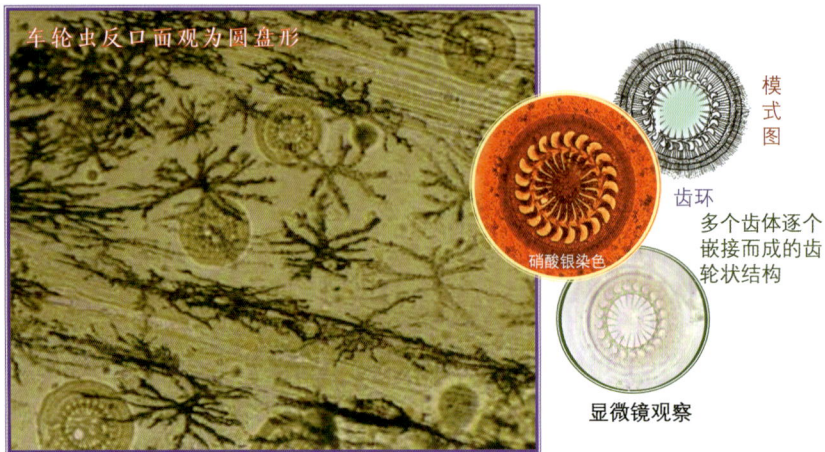

车轮虫反口面观为圆盘形

模式图

齿环
多个齿体逐个嵌接而成的齿轮状结构

硝酸银染色

显微镜观察

图 8-1-9　车轮虫病的显微镜诊断

一个马蹄形大核和一棒状小核也是其主要特征（图 8-1-10）。

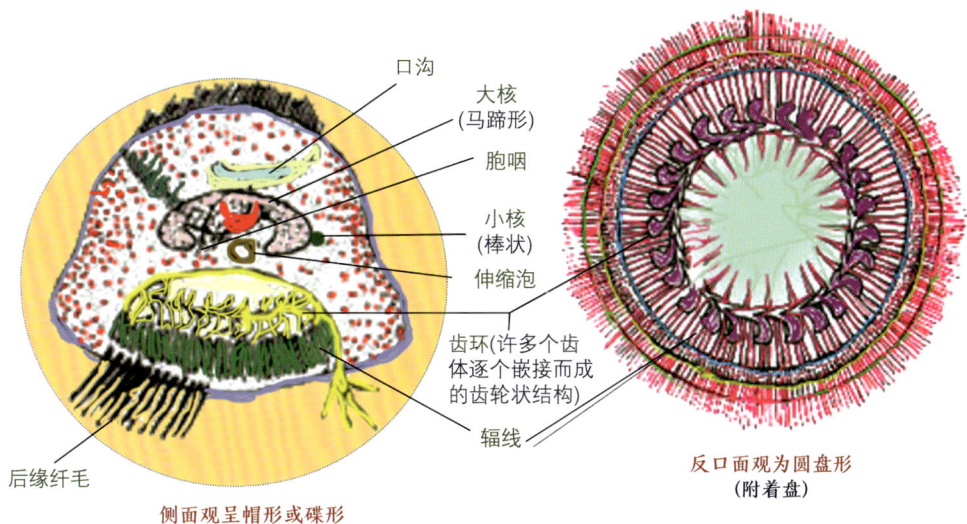

口沟
大核（马蹄形）
胞咽
小核（棒状）
伸缩泡
齿环(许多个齿体逐个嵌接而成的齿轮状结构)
辐线
后缘纤毛
侧面观呈帽形或碟形

反口面观为圆盘形（附着盘）

图 8-1-10　侧面观帽形或碟形，具辐线、齿环、马蹄形大核和棒状小核的车轮虫
（仿陈启鎏）

【防治措施】大口黑鲈车轮虫病的防治目前还存在着较多尚未解决的问题，其主要原因，一方面，车轮虫可通过无性二分裂和有性接合 2 种方式进行繁殖，繁殖周期仅 24 h，容易造成疾病暴发；另一方面，该病主要发生在大口黑鲈种苗标粗期，鱼苗对药物的耐受力差，容易造成药害，加上车轮虫对药物的抗药性增强等方面的原因，目前尚无较理想的药物控制该病（李鸳鸳等，2014）（图 8-1-11）。

彻底对池塘进行消毒，加强管理，注

大口黑鲈车轮虫病防治所面临的问题

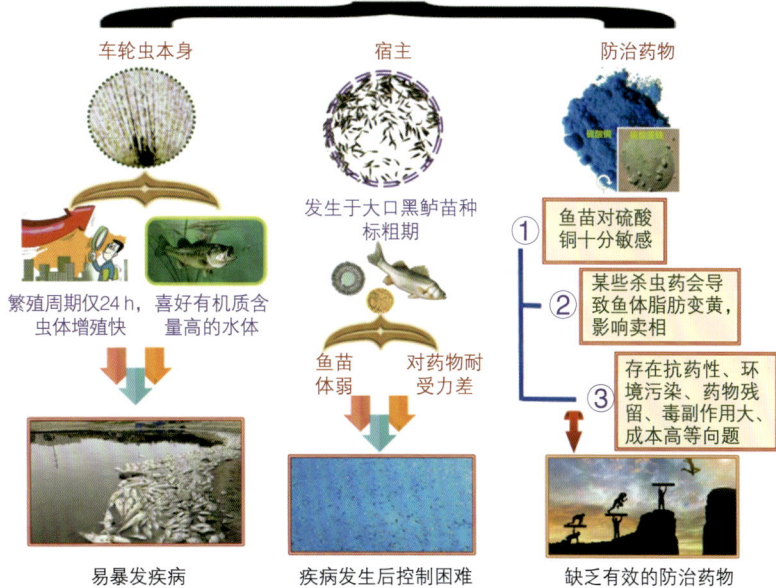

车轮虫本身　　宿主　　防治药物

繁殖周期仅24 h，虫体增殖快　　喜好有机质含量高的水体

发生于大口黑鲈苗种标粗期

鱼苗体弱　　对药物耐受力差

① 鱼苗对硫酸铜十分敏感
② 某些杀虫药会导致鱼体脂肪变黄，影响卖相
③ 存在抗药性、环境污染、药物残留、毒副作用大、成本高等问题

易暴发疾病　　疾病发生后控制困难　　缺乏有效的防治药物

图 8-1-11　大口黑鲈车轮虫病防治所面临的问题

意水质变化，保持池水清澈是有效的预防措施。鱼苗下塘前用每立方米水体 15～20 g 的高锰酸钾溶液浸浴 5～10 min，或用 476 mg/L 的冰醋酸浸浴 1 h 可防治车轮虫病发生。

发生疾病后适当减缓进水流速，使用药物时不投喂饲料。控制疾病可用硫酸铜和硫酸亚铁粉每立方米水体 0.7 g 全池泼洒。由于鱼苗对硫酸铜十分敏感，使用时需注意浓度和水温，还需经过药物小型试验后再全池泼洒。此外，还可用苦楝树枝叶（每立方米水体用 0.5 kg 煮水，或扎成小梱沤水）后全池泼洒，或用乙撑双二硫代氨基甲酸铵（非国标药物）每立方米水体 120 mL 药浴。此外，用浓度为 0.8 mg/L 的白屈菜红碱浸浴可以有效去除车轮虫（Yao et al.，2011）（图 8 - 1 - 12）。

图 8 - 1 - 12　大口黑鲈车轮虫病的防治

二、斜管虫病（chilodonelliasis）

又名拖泥病（drag mud disease）。

【病原或病因】病原为斜管虫（*Chilodonella* sp.），属纤毛门（Ciliophora）动基片纲（Kinetofragminophorea）下口亚纲（Hypostomatia）管口目（Cyrtophorida）斜管虫科（Chilodonellidae），主要寄生于大口黑鲈苗种鳃部，体表也偶有寄生。虫体腹面观卵圆形，后端稍凹入。侧面观背部隆起，腹部平坦，前端较薄，后端较厚。背面前端左角上有一横列短刚毛，其余部分裸露（图 8 - 2 - 1）。腹面有一胞口，由 16～20 根刺杆以圆形围绕成漏斗状的口管，末端弯转处为胞咽。腹面具纤毛线，每条纤毛线上长着等长的纤毛；大核呈椭圆形，位于虫体后部，小核呈球形，一般在大核的一侧或后面；伸缩泡 2 个，分别位于虫体前部偏左及后部偏右（图 8 - 2 - 2、图 8 - 2 - 3）。

【临床症状】斜管虫主要寄生在大口黑鲈鳃部，导致鳃充血、糜烂，并有拖泥症状。病鱼呼吸困难，最终窒息死亡（图 8 - 2 - 4、图 8 - 2 - 5）。此外，也会在鱼体表、鳍等处

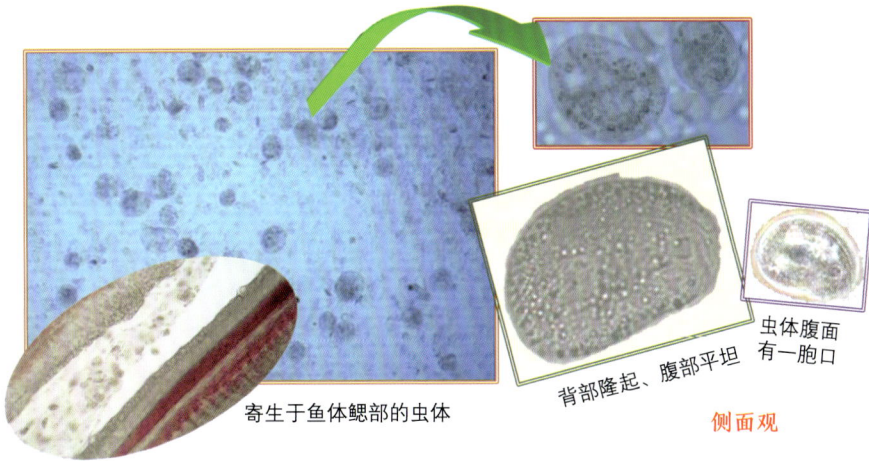

寄生于鱼体鳃部的虫体

背部隆起、腹部平坦

虫体腹面有一胞口

侧面观

图 8-2-1　显微镜下斜管虫的形态

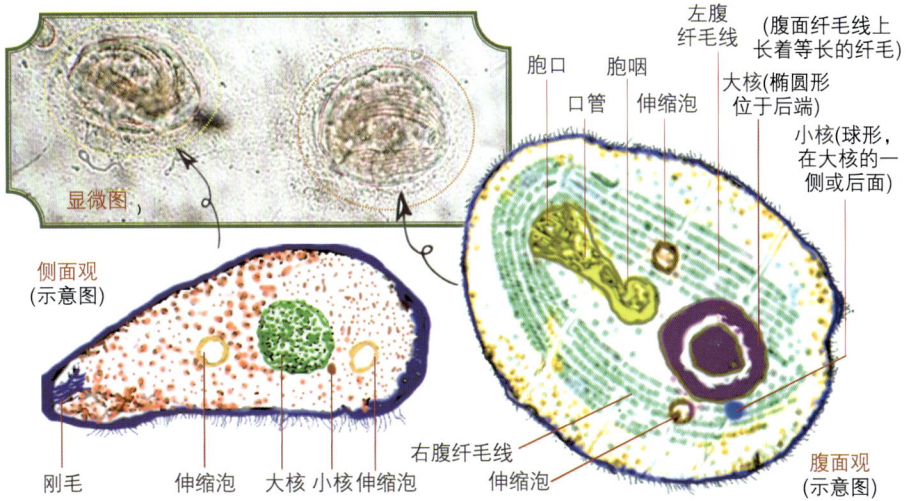

显微图

侧面观
(示意图)

胞口　胞咽
口管　伸缩泡

左腹
纤毛线
（腹面纤毛线上
长着等长的纤毛）

大核(椭圆形
位于后端)

小核(球形,
在大核的一
侧或后面)

刚毛　伸缩泡　大核　小核伸缩泡

右腹纤毛线

伸缩泡

腹面观
(示意图)

图 8-2-2　斜管虫腹面观与侧面观的形态及其主要构造

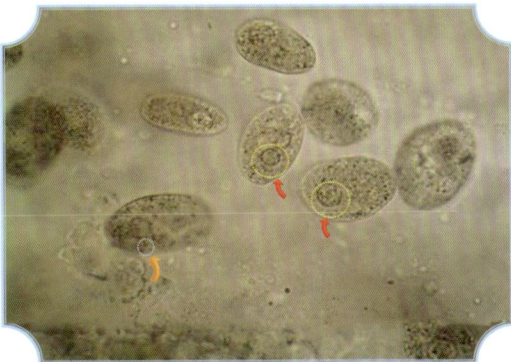

图 8-2-3　斜管虫腹面观（显微图）：体后部
椭圆形的大核（红箭头）及在大核
一侧或后部的球形小核（黄箭头）

图 8-2-4　斜管虫寄生鳃部导致鳃丝糜烂，
并有拖泥现象

寄生。患病鱼在池边摩擦，侧卧池边或漂于水面，体表黏液增多，形成苍白色或淡蓝色的一层黏液层，组织损伤，寄生处组织被破坏、溃烂。鱼体发黑，食欲减退或不上台摄食，消瘦（图8-2-6、图8-2-7）。斜管虫寄生于亲鱼后可影响生殖机能。

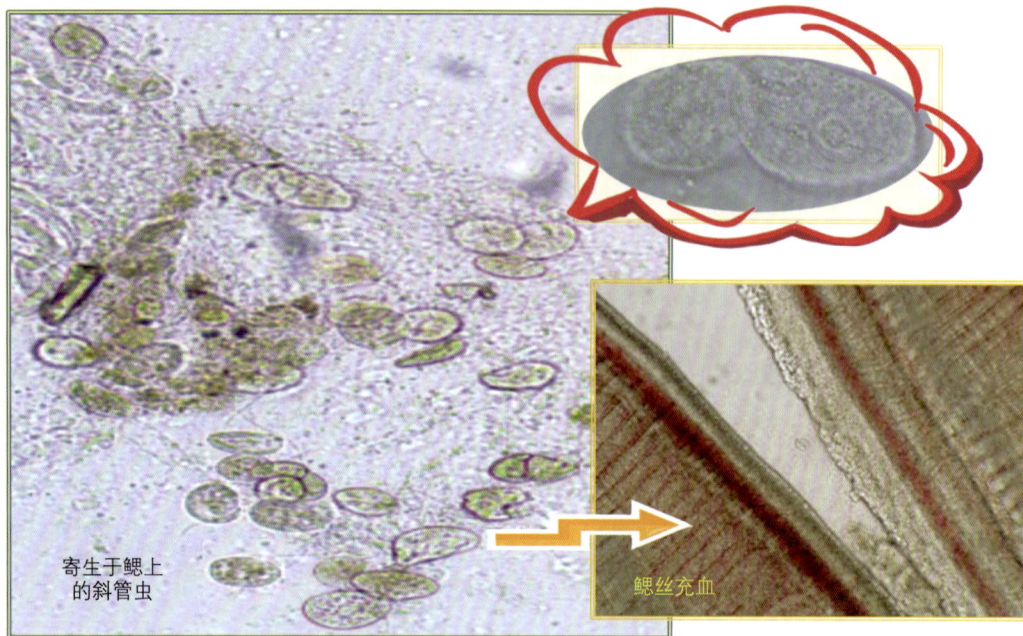

寄生于鳃上的斜管虫

鳃丝充血

图8-2-5 寄生于鱼体鳃部的斜管虫导致病鱼鳃丝充血

病鱼侧卧池边或漂于水面

病鱼体发黑，在水面上缓游

病鱼体表黏液增多，形成苍白色或淡蓝色的一层黏液层

虫体寄生于体表造成组织损伤，鱼体发黑，寄生处组织被破坏、溃烂

图8-2-6 鱼体表寄生斜管虫，其体表黏液增多，组织损伤，呼吸困难

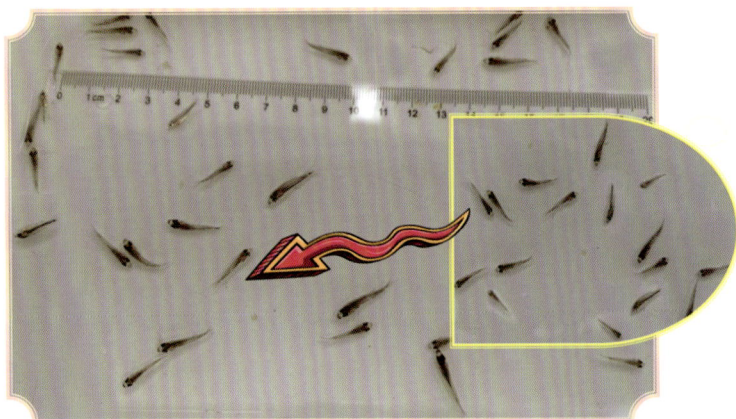

图 8 - 2 - 7　病鱼体发黑，漂浮于水面，在池边或硬物边摩擦

【流行与危害】斜管虫病的流行范围较广，我国大口黑鲈养殖区都有发生和流行。主要危害鱼苗、鱼种，尤其是高密度养殖情况下更易发生该病，往往可引起苗种大量死亡，甚至全塘覆没；对于中成鱼也可导致持续性死亡。3—5 月的培苗期高发，可对鱼苗标粗阶段造成较大危害。珠三角地区从 11 月中下旬至翌年 3 月为流行高峰，在水质恶化的情况下 4 月小规格苗种仍可发病。流行水温为 15～20 ℃。该病在水温及其他适合病原大量繁殖的条件下，2～3 d 内可导致鱼种、鱼苗大量死亡。

【诊断方法】刮取活体病鱼体表黏液或取鳃丝、鳍条制作水封片，用显微镜观察，若发现有大量虫体，虫体背腹之分，侧面观椭圆形、腹面观卵圆形，大小为（40～60）μm×（25～47）μm，腹面左右两边具有若干条纤毛带，中部有一条喇叭状口管。体后有一椭圆形大核，其边有一球状小核，身体左右两边各有 1 个伸缩泡，斜列于两侧，即可确诊（图 8 - 2 - 8）。

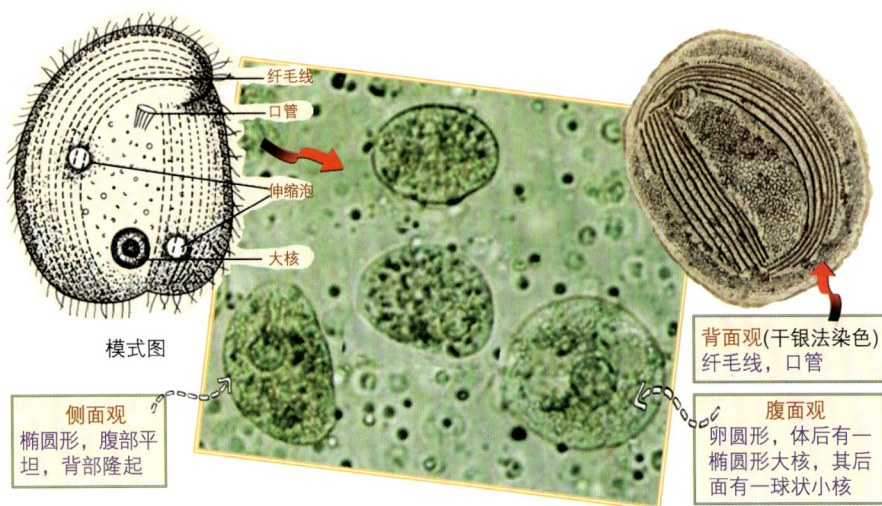

纤毛线
口管
伸缩泡
大核

模式图

侧面观
椭圆形，腹部平坦，背部隆起

背面观(干银法染色)
纤毛线，口管

腹面观
卵圆形，体后有一椭圆形大核，其后面有一球状小核

图 8 - 2 - 8　斜管虫病的显微诊断

【防治措施】放养前彻底清塘，鱼开始摄食时，投喂营养丰富的饲料，保持水质清洁，彻底排污可预防该病发生。发病后可用硫酸铜、硫酸亚铁粉（5：2）（每立方米水体 0.7 g）全池泼洒。对于该病常需要多次用药，一般每隔 3 d 1 次。此外，在治疗过程中需配合使用相应的抗菌药物，以防止细菌性疾病的继发性感染。

三、鳃隐鞭虫病（gill cryptobiasis）

【病原或病因】病原是鳃隐鞭虫（*Cryptobia branchialis*），虫体形状似一柳叶，扁平，前端较宽，后端较狭，有 2 根鞭毛，1 根向前称为前鞭毛，1 根向后称为后鞭毛。后鞭毛与体表形成一波动膜。伸出体外像一条尾巴。活动时，前鞭毛和波动膜不断地摆动。虫体中部有一圆形胞核。胞核前有一形状和大小相似的动核（图 8-3-1、图 8-3-2）。

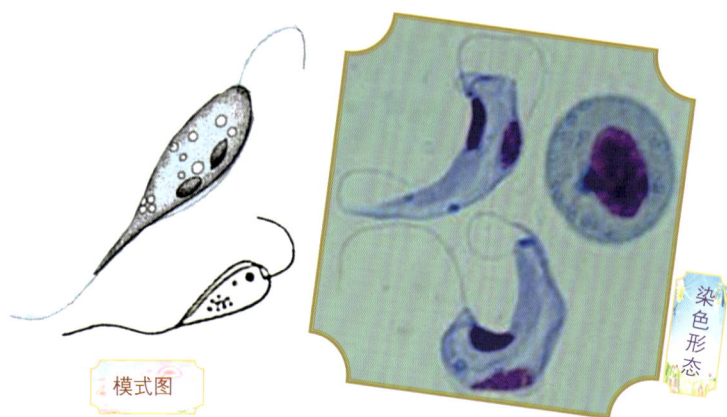

模式图　染色形态

图 8-3-1　鳃隐鞭虫的形态

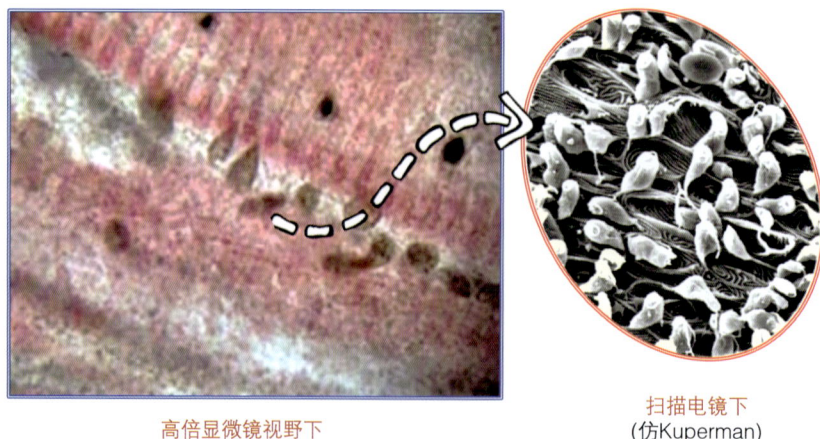

高倍显微镜视野下　扫描电镜下（仿Kuperman）

图 8-3-2　寄生于鳃上的鳃隐鞭虫

【临床症状】鳃隐鞭虫主要寄生于大口黑鲈的鳃部以及体表和鼻腔，也有的出现在血液中。病鱼鳃部黏液分泌增多，鳃丝和鳃小片肿胀、充血（图 8-3-3）。严重时鱼体可出现呼吸困难，不摄食，离群独游或靠近岸边水面，体色暗黑，鱼体消瘦，以致呼吸困难，窒息死亡（图8-3-4）。鱼感染鳃隐鞭虫后易继发细菌性烂鳃病。

黏液分泌增多
鳃丝和鳃小片肿胀、充血

图8-3-3 鳃隐鞭虫寄生导致鱼鳃黏液分泌增多，鳃丝和鳃小片肿胀、充血

病鱼成群、不安地在池边游动

体色暗黑、消瘦、离群独游的病鱼

患病鱼体色发黑，眼突，腹部充血

病鱼下颌、鳃盖充血

图8-3-4 鳃隐鞭虫寄生的鱼，其体色暗黑、鳃盖充血，在水面或池边漂浮，呼吸困难

【病理学特征】大量寄生时能破坏鳃片上皮细胞和产生凝血酶，导致鳃小片血管阻塞，鱼体呼吸困难，窒息而死。

【流行与危害】鳃隐鞭虫病对大口黑鲈的年龄没有选择性，鱼苗、鱼种、成鱼都可能被感染，尤其在鱼苗标粗阶段因饲养密度大、规格小、体质弱，更容易发生此病。反季节养殖的大口黑鲈也常有此病发现。主要流行于5—7月，广东是该病的主要流行地区。

【诊断方法】根据水质和病鱼的临床症状可做出初步判断。取病鱼的鳃、鳍条制成水浸片镜检，若见不断地扭动身体和颤动的虫体，即可确诊。血液中的隐鞭虫在显微镜下活体观察时易与锥体虫混淆，但隐鞭虫具前后2根鞭毛，锥体虫仅1根，是区别二者的重要依据（图8-3-5）。

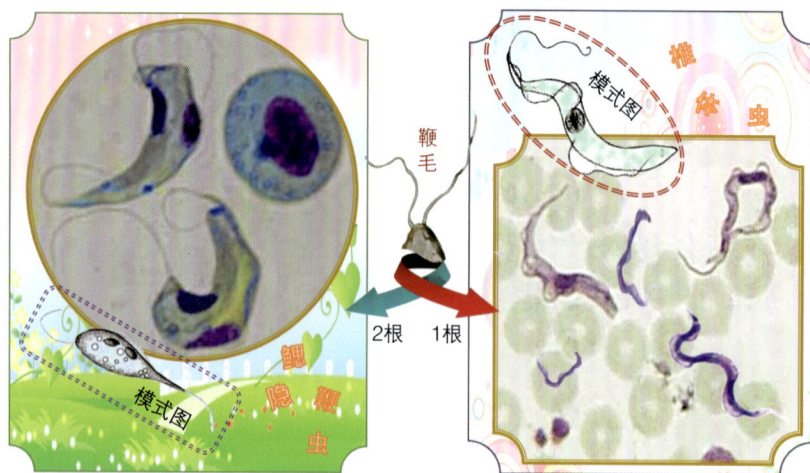

图 8-3-5　血液中寄生的鳃隐鞭虫和椎体虫的区别

【防治措施】对鳃上寄生隐鞭虫，可用淡水浸浴 3～5 min，也可全池泼洒硫酸铜、硫酸亚铁粉 5∶2（每立方米水体 0.7 mg）。

四、锥体虫病（trypanosomiasis）

【病原或病因】病原为锥体虫（*Trypanosoma* spp.），感染鱼类的锥虫有 200 余种，我国有 30 多种，常见的种类有：鳜锥虫（*T. siniperca*）、黄颡锥虫（*T. pseudobagri*）和鳢锥虫（*T. ophiocephali*）等。锥虫的身体狭长，两端较尖，形如柳叶，但常常弯曲成 S 形、波浪形或环形。具有细胞核、动基体及 1 根由后端向前延伸的鞭毛等细胞器（图 8-4-1 至图 8-4-3）。在宿主体内繁殖为纵二分裂，需要经过媒介，如吸血的节肢动物（如蚤）或环节动物（如水蛭）的叮咬和吸血才能完成感染过程。

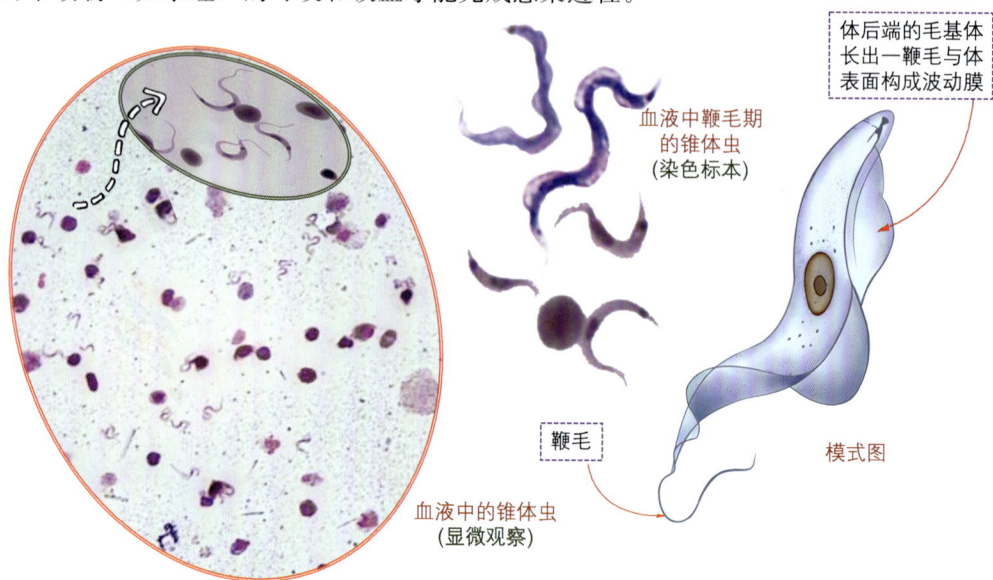

图 8-4-1　锥体虫的基本形态

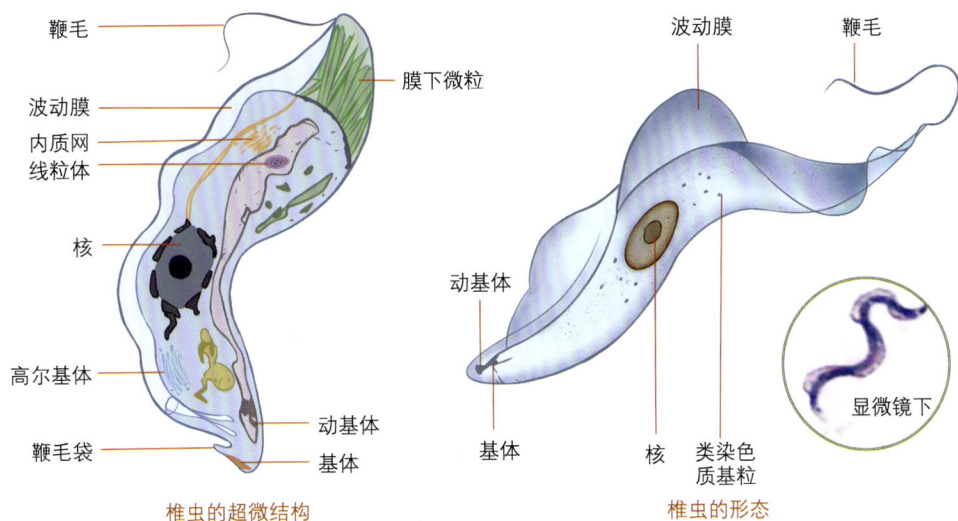

鞭毛
膜下微粒
波动膜
内质网
线粒体
核
高尔基体
鞭毛袋
动基体
基体
锥虫的超微结构

波动膜
鞭毛
动基体
基体
核
类染色质基粒
显微镜下
锥虫的形态

图 8-4-2 锥体虫及其主要细胞器（模式图）

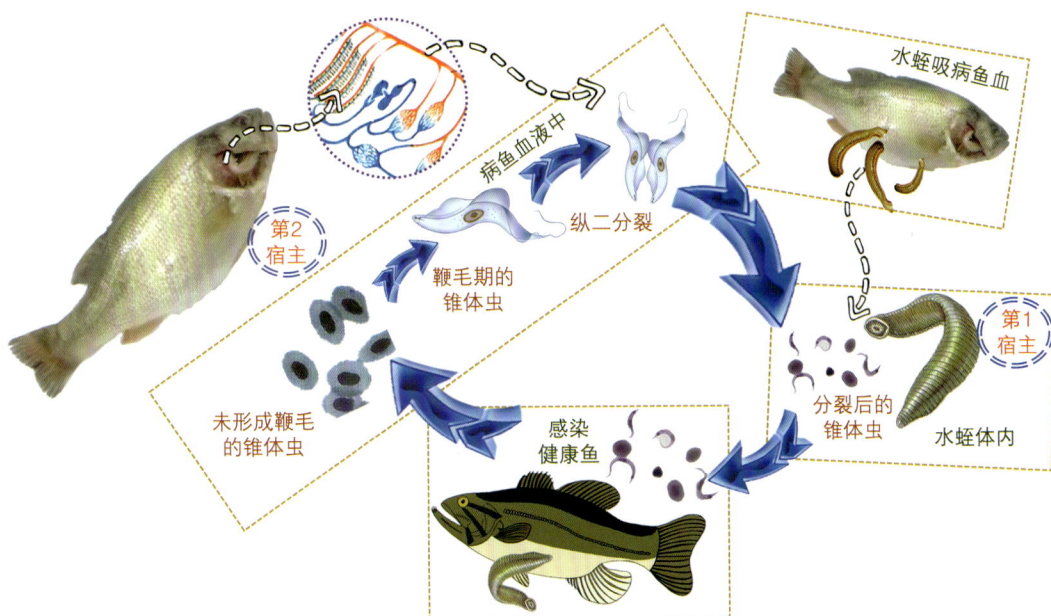

第2宿主
病鱼血液中
纵二分裂
鞭毛期的锥体虫
未形成鞭毛的锥体虫
感染健康鱼
水蛭吸病鱼血
第1宿主
分裂后的锥体虫
水蛭体内

图 8-4-3 锥体虫的生活史

【临床症状】锥体虫寄生在鱼体血液中，以渗透方式获取营养。少量锥体虫感染时，大口黑鲈并无明显异常症状，体表基本完好，仅鳃丝灰白或糜烂（图 8-4-4、图 8-4-5）。但随着感染数量的增多，病鱼血液循环系统被破坏，血液凝固很慢甚至不凝，肝、肾、脾肿大，呼吸困难（图 8-4-6）。病鱼厌食、虚弱、消瘦，严重时可导致持续性死亡。

【病理学特征】大口黑鲈感染锥虫后，会导致血液中红细胞数量减少，血红蛋白和血浆蛋白的含量减少，淋巴细胞数量增加以及血液不凝等病理现象。

椎体虫少量感染时，鳃略充血，颜色变浅

病鱼体表基本完好，无明显症状

图 8-4-4　患病初期除鳃略有病变外，大口黑鲈体表无明显异常症状

血液中大量寄生的锥体虫

图 8-4-5　随着感染进程加剧，患病大口黑鲈鳃丝灰白、糜烂

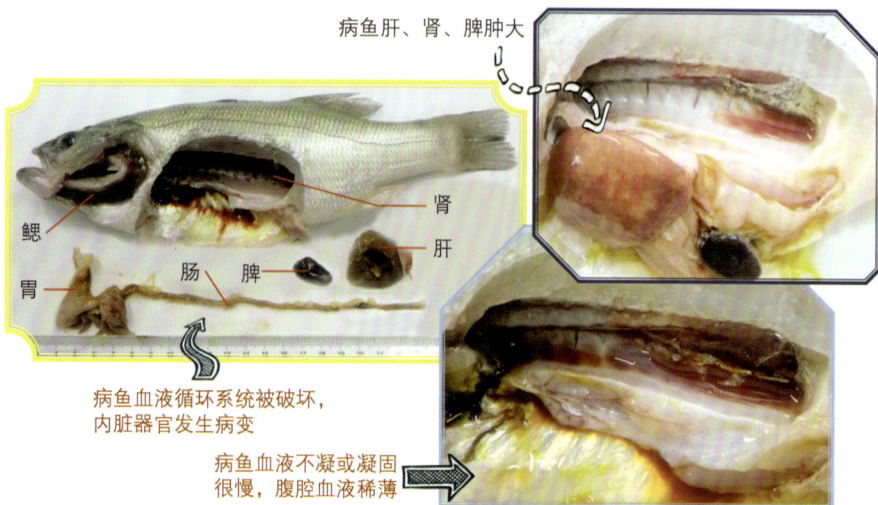

病鱼肝、肾、脾肿大

鳃　胃　肠　脾　肾　肝

病鱼血液循环系统被破坏，内脏器官发生病变

病鱼血液不凝或凝固很慢，腹腔血液稀薄

图 8-4-6　患病大口黑鲈血液循环系统被破坏，血液凝固很慢甚至不凝，肝、肾、脾肿大

【流行与危害】该病在大口黑鲈土池养殖中常见。全年均可流行，主要流行于6—8月。因锥体虫体型小，寄生于血液中，感染后又无明显症状，容易被忽略。

【诊断方法】从鱼的入鳃动脉或心脏抽取血液，在载玻片上制成血涂片，在显微镜下观察，看到在血细胞之间有扭曲运动的虫体时基本可以诊断（图8-4-7）。

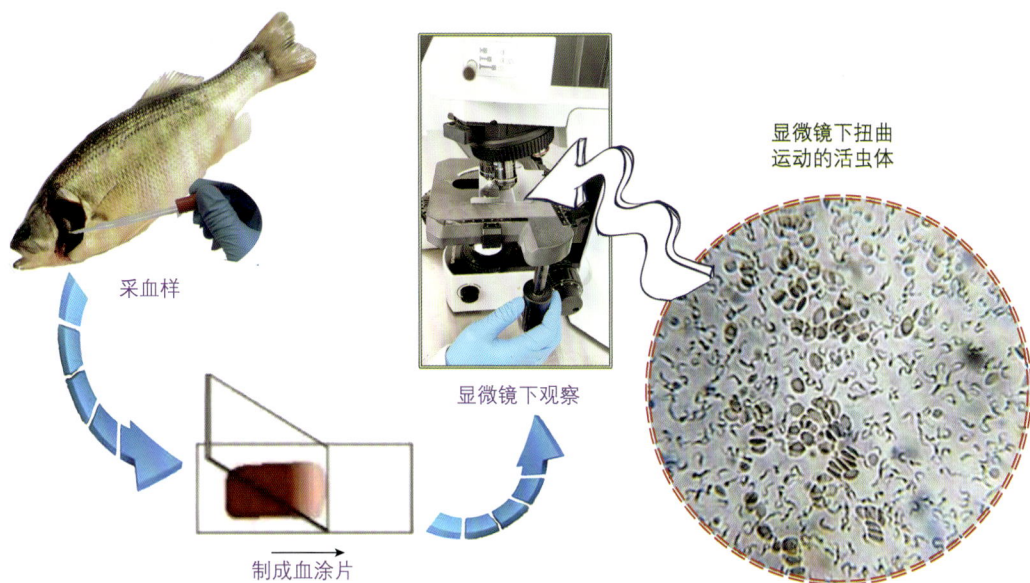

图8-4-7　锥体虫病的诊断——显微镜检测血涂片上的活锥体虫

【防治措施】鱼类的锥虫病是由吸食鱼血的蛭类或鲺传播的，目前主要防治措施是通过杀灭养殖池塘中的鱼蛭等环节动物（见第十章三水蛭）或鲺（见下附）等节肢动物来控制。

附：鲺及其防治

鲺（Caligus spp.），属节肢动物门甲壳纲（Crustaceans）桡足亚纲（Copepoda）鲺目（Caligoida）鲺科（Argulidae）鲺属（Caligus），是附着在鱼体表的一种节肢动物，扁圆形，似臭虫，通体透明，呈青白色，它在低温季节极易繁殖，致使鱼体瘦弱（图8-4-8）。一般鲺可在大口黑鲈体表自由爬行，形成创伤，使鱼体出现溃疡，除继发锥体虫等寄生虫感染外，还可导致细菌性疾病发生。对鲺的主要防治方法是：

（1）生石灰或茶粕清塘消毒，杀死鲺的成虫、幼虫和卵块。用量是生石灰带水清塘每立方米水体15～20 g，干法清塘每亩50～75 kg；茶粕每立方米水体1.0～1.5 g。

（2）鱼种放养前可用3%的氯化钠（食盐）溶液浸浴鱼体消毒5 min（水温20 ℃）。

（3）个别鱼（如亲鱼或转塘时的中成鱼）感染少量鲺时，可用镊子夹除，并在鱼体出血的地方涂抹甲紫（或高锰酸钾溶液）消毒。

（4）若鲺大量发生，需将病鱼全部捞出，每立方米水体用0.1～0.3 g 90%的晶体敌百虫溶液浸浴2～5 min，再将鱼放入已经消毒换过水的池塘中，病鱼会很快恢复正常。

（5）还可用中草药去除鲺，用法是每亩水深1 m用捣烂的樟树叶15 kg，连渣带汁全池泼洒；或用马尾松针15 kg捣碎浸出汁液全池泼洒，一般3 d左右鲺可自行脱落；也可用新鲜带针松枝20 kg扎成大捆放入池中，5 d左右鲺可脱落。

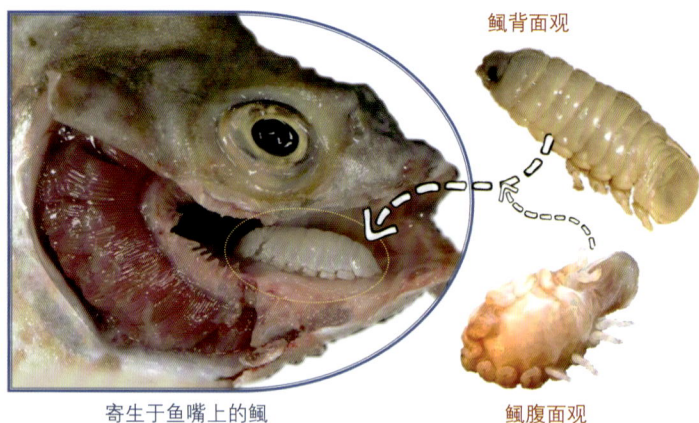

鳋背面观

寄生于鱼嘴上的鳋

鳋腹面观

图8-4-8　在鱼体上寄生的鳋

五、小瓜虫病（ichthyophthiriasis）

又名白点病（white spot disease）。

【病原或病因】病原为多子小瓜虫（*Ichthyophthirius multifiliis*），属动基片纲（Kinetofragminophorea）膜口亚纲（Hymenostomatia）膜口目（Hymenostomatida）凹口科（Ophryoglenidae）小瓜虫属（*Ichthyophthirius*）。多子小瓜虫是一种专性寄生虫，只有依赖宿主（鱼）才能生存，其生活史分为幼虫（theront）、成虫（trophont）及包囊（tomont）等几个阶段（图8-5-1）。

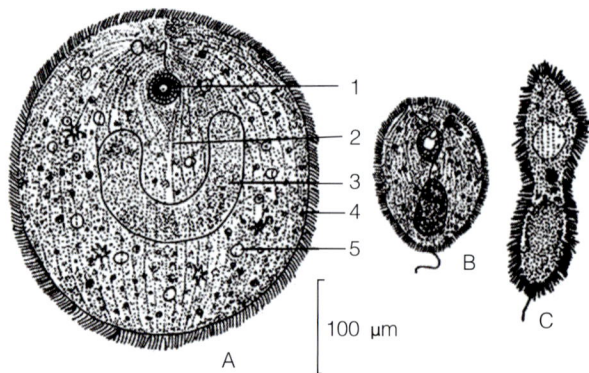

100 μm

图8-5-1　多子小瓜虫的结构模式图

A. 成虫　B、C. 幼虫

1. 胞口　2. 纤毛线　3. 大核　4. 食物粒　5. 伸缩泡

（仿倪达书）

多子小瓜虫生活史：包囊内的虫体胞口消失，马蹄形的大核变为圆形或卵形，小核可见。囊内虫体不断转动，非常活跃，2～3 h后开始分裂。经9～10次连续等分裂后，产生300～500个纤毛幼虫，纤毛幼虫越出包囊又再感染鱼体，钻入体表上皮细胞层中或鳃间组织，刺激周围的上皮细胞增生，发育为成虫，然后离开宿主，形成包囊。生活史中无中间宿主。成虫期的虫体又称滋养体，个体较大，直径可达1 mm，肉眼可见（图8-5-2）。

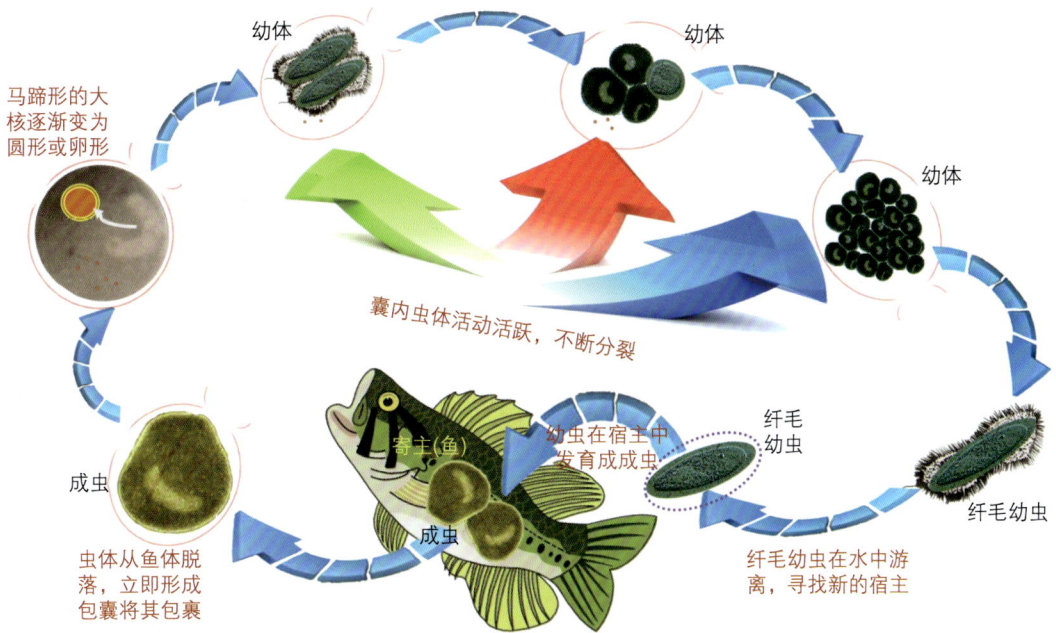

图 8-5-2　多子小瓜虫的生活史示意

多子小瓜虫成虫：卵圆形或球形，大小为（350～800）µm×（300～500）µm，肉眼可见；虫体柔软，全身密布短而均匀的纤毛，胞口位于体前端腹面，围口纤毛有5～8行，做反时针方向转动，一直到胞咽；大核呈马蹄形或香肠形，小核圆形，紧贴在大核上；胞质外层有很多细小的伸缩泡，胞质内有大量食物粒（图 8-5-3、图 8-5-4）。

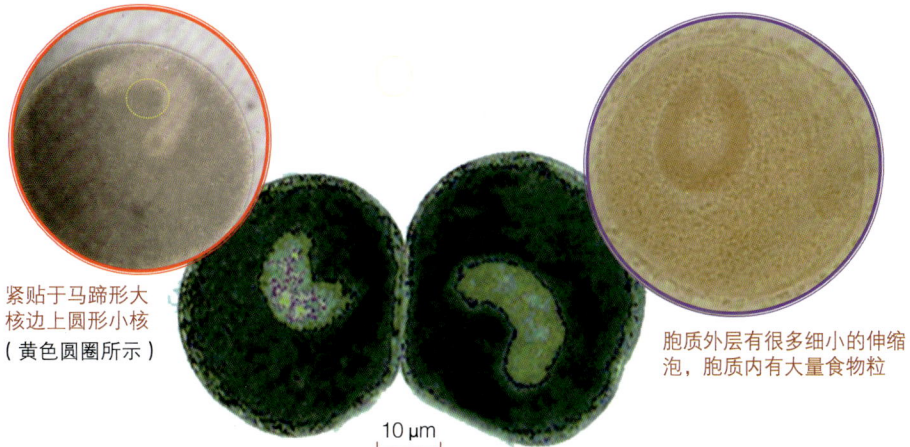

图 8-5-3　多子小瓜虫成虫的显微形态

多子小瓜虫幼虫：体呈卵形或椭圆形，前端尖，后端钝圆，大小为（33～54）µm×（19～32）µm。前端有一个乳突状的钻孔器，后端有1根长而粗的尾毛，全身披有等长的纤毛。大核椭圆形或卵形，小核球形，体前端有1个大的伸缩泡（图 8-5-5）。

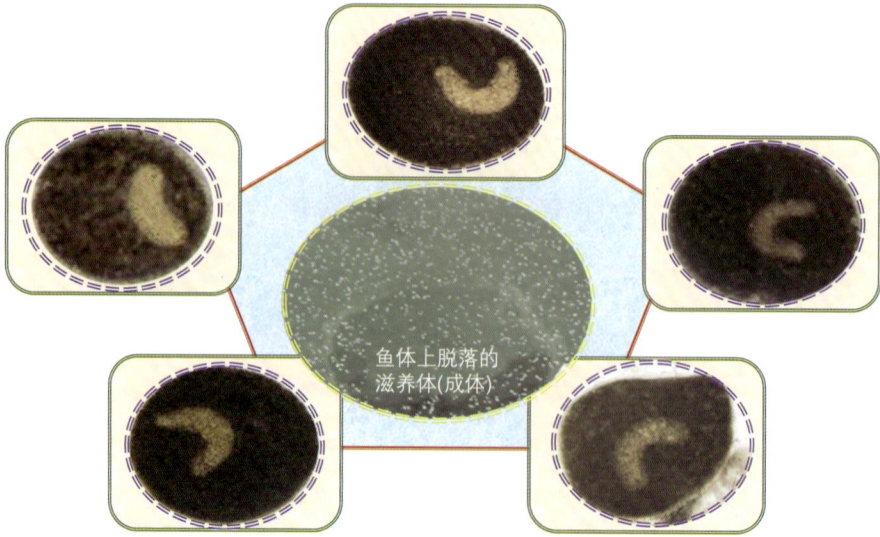

图 8-5-4　不同显微视野下多子小瓜虫成虫马蹄形大核形态

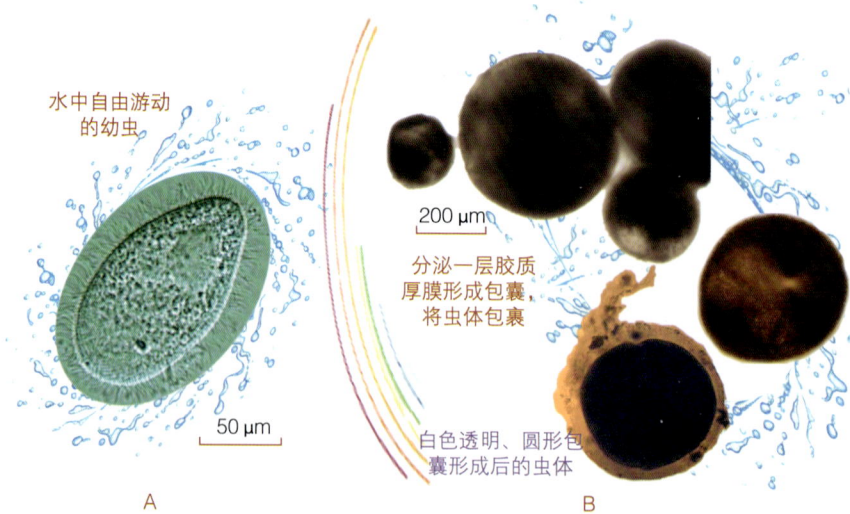

图 8-5-5　脱落鱼体后的多子小瓜虫幼虫（显微照片）
A. 包囊形成初期　B. 包囊形成后

【临床症状】多子小瓜虫主要寄生于大口黑鲈的鳃、体表，也有的寄生于鳍条（图 8-5-6 至图 8-5-8）。患病鱼反应迟钝，消瘦，浮于水面缓游或集群绕池，或附着于固着物上，与固体物摩擦。病鱼表皮糜烂、脱落（图 8-5-9），一旦受其他刺激，即可造成大量死亡。虫体寄生后肉眼可见患病处形成白色点状囊泡，用镊子挑取小白点在显微镜下观察，可见若干球状或近似球状的小核和 1 个 U 形大核、活动时形态多变的虫体。因虫体引起宿主病灶组织增生，分泌大量黏液，形成一层白色薄膜覆盖病鱼体表。严重时，体表黏液脱落，鱼体披上白云状黏液，患病组织发炎，被细菌感染后形成溃疡。在鳃上寄生时，鳃表面黏液分泌量增加、脱落，鳃丝充血（图 8-5-10），幼虫易寄生于鳃丝内形成外包膜，在显微镜下可发现虫体内的细胞质流动。有些小瓜虫病虽不致鱼大量死亡，但可导致细菌继发性感染，出现烂鳃、黏脏等症状（图8-5-11）。

图8-5-6 寄生于尾鳍上的多子小瓜虫，肉眼可见若干小白点

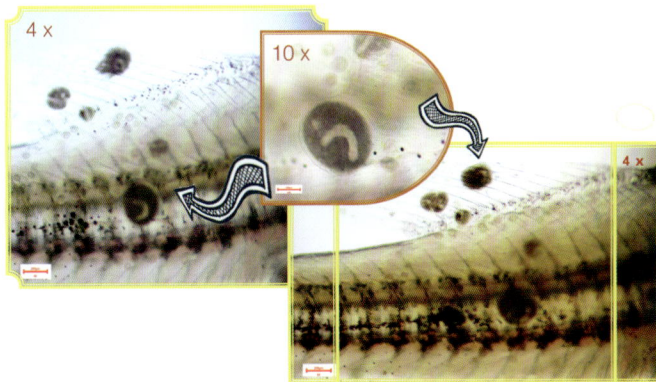

图8-5-7 寄生于鳍条上的多子小瓜虫，可见马蹄形的大核和圆形小核（低倍显微镜观察）

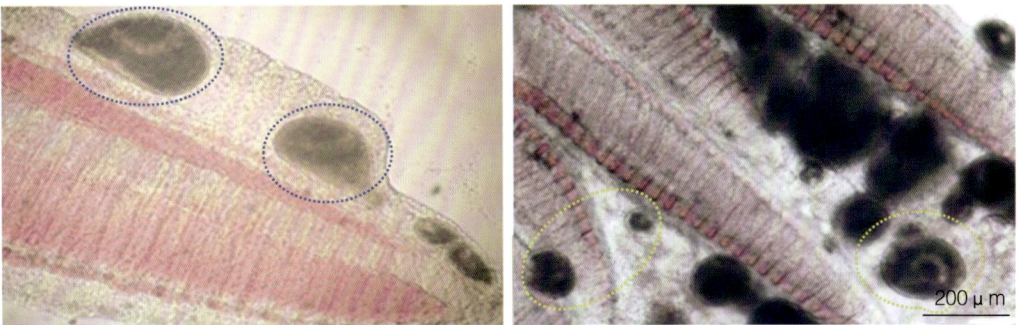

虫体寄生导致鳃充血发炎   虫体寄生导致鳃分泌大量黏液

图8-5-8 寄生于鳃上的多子小瓜虫，导致鳃充血、发炎，刺激鳃分泌大量黏液

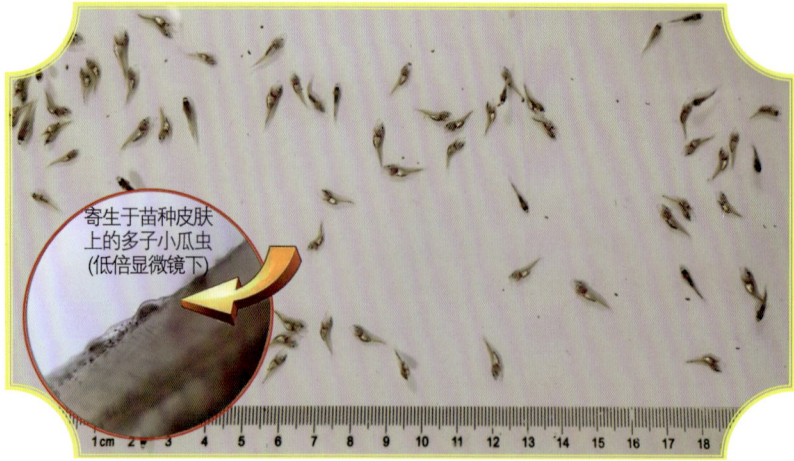

图8-5-9 多子小瓜虫寄生于大口黑鲈苗种体表使其浮于水面缓游或乱窜

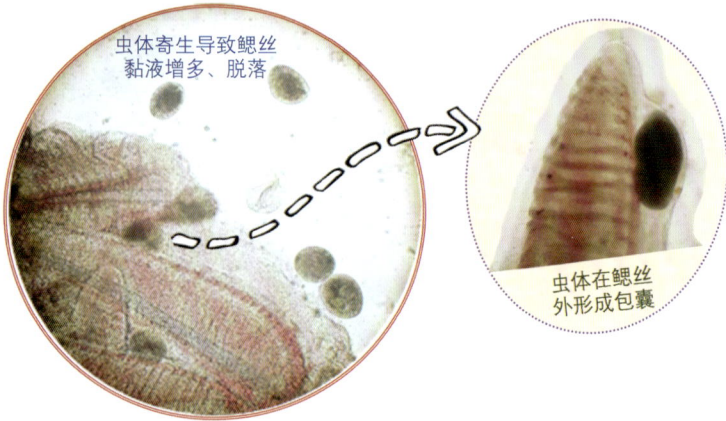

图8-5-10 多子小瓜虫寄生于鳃导致鳃丝黏液分泌量增多、脱落，虫体在鳃丝外形成包囊

图8-5-11 多子小瓜虫寄生导致细菌继发性感染

【病理学特征】患小瓜虫病的大口黑鲈上皮细胞增生，淋巴细胞减少，单核细胞、中性粒细胞增加，出现嗜酸性细胞，并可见大量不正常的白细胞、单核细胞、血栓细胞、嗜酸性细胞和未成熟的红细胞。

【流行与危害】该病对鱼的年龄没有选择性，但主要危害3～10 cm的苗种，特别是在养殖密度大的小水体更易发生。发病后如不及时采取措施，即可造成大量死亡。该病的流行温度是20～25 ℃，28 ℃以上小瓜虫易死亡，15 ℃以下增殖较缓慢。主要流行时间为3—5月。

【诊断方法】通过病鱼的临床症状，如病鱼体表、鳃或鳍条上有许多小白点，严重时体表似覆盖一层白色薄膜，鳞片脱落，鳍条裂开、腐烂，体表和鳃部的黏液增多，鱼在池底和池壁上蹭擦，聚集在流水的四周游动缓慢，有时在水面做短时的翻肚运动，出现窒息等症状可初步判断。确诊需在显微镜下观察，虫体符合小瓜虫的主要形态特征则可鉴定为小瓜虫病：成虫呈卵圆形，体被均匀、整齐的纤毛，胞口位于体前端，体中部有1个马蹄形或香肠状的大核，小核球状，紧贴于大核之上，细胞质内常有许多食物粒和小伸缩泡；幼虫期虫体椭圆形，全身披有纤毛，前端尖，后端钝圆，有1根长而粗的尾毛，大核椭圆形，体前有一大的伸缩泡（图8-5-12）。

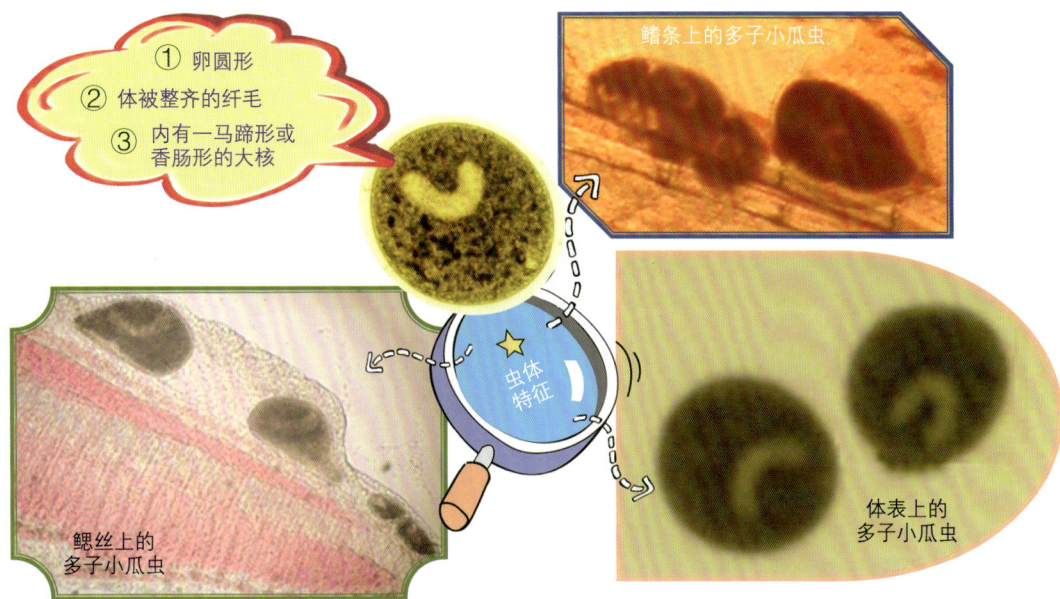

① 卵圆形
② 体被整齐的纤毛
③ 内有一马蹄形或香肠形的大核

鳍条上的多子小瓜虫

虫体特征

体表上的多子小瓜虫

鳃丝上的多子小瓜虫

图8-5-12　小瓜虫病的诊断

【防治措施】减小养殖密度和提高水温是预防该病发生的措施。疾病发生后可用食盐、冰醋酸、辣椒和生姜混合剂等进行控制，辣椒和生姜混合剂的用法和用量是：每亩1 m水深，干辣椒200 g和干姜片100 g混合煮水全池泼洒，连续2次（图8-5-13）。还可用0.017％～0.02％的福尔马林溶液浸洗病鱼1 h。

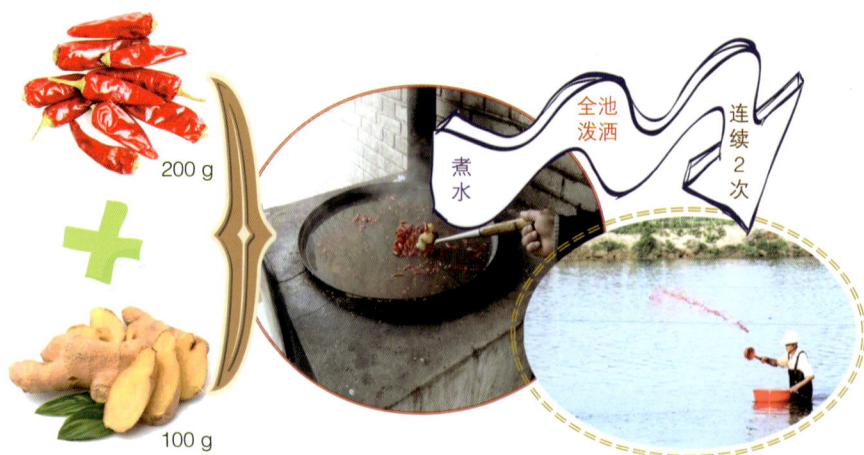

图 8-5-13　水煮生姜和辣椒控制小瓜虫病

六、杯体虫病（apiosomiasis）

【病原或病因】病原为杯体虫（*Apiosoma* spp.），属原生动物门（Protozoa）纤毛亚门（Ciliophora）寡膜纤毛纲缘毛亚纲（Peritxiehia）缘毛目（Peritrichida）累枝科（Epistylididae）杯体虫属（*Apiosoma*），主要种类有筒形杯体虫（*A. cylindriformis*）、卵形杯体虫（*A. oviformis*）、变形杯体虫（*A. amoebae*）、长形杯体虫（*A. longiformis*）等。虫体易伸缩，身体充分伸展时轮廓呈喇叭形或高脚杯状，故名杯体虫（图 8-6-1）。虫体前端粗，向后变狭；大小为 (36~62) μm×(16~27) μm。前端有 1 个圆盘形的口围盘，口围盘四周有 3 层透明的口缘膜，口缘膜由纤毛构成，但不一定全连成一片。口围盘内有 1 条螺旋状的口沟，后端与前庭相接，前庭不接胞咽。口缘膜中间的 2 圈，沿口沟两边随口沟环绕，外面一圈直至前庭，变为波动膜。在体中部或之后，有 1 个呈倒锥形或尖端向下的锐三角形的大核，在大核中部的旁边有 1 个呈球形或细棒状的小核，在大核中部

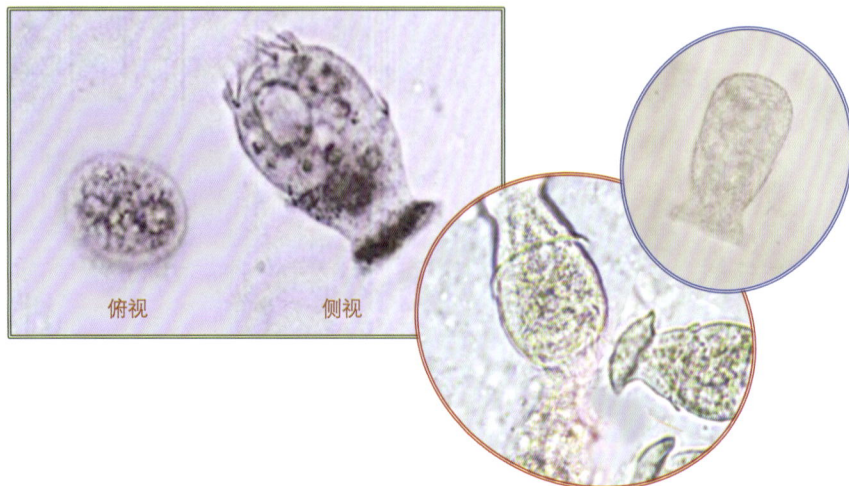

俯视　　侧视

图 8-6-1　呈高脚杯状的杯体虫（高倍显微形态）

还有1圈横纤毛带。在前庭附近有1个伸缩泡。体后端有1个附着盘，具有弹性纤维丝（图8-6-2）。体表有细致横纹，身体后部的体柄一般紧缩为长柄状，基部稍扩大为扫帚状吸盘的茸毛器，称为附着器，借此把身体黏附在鱼体上。虫体收缩时，口围盘先收缩。口围盘纤毛呈束状，伸于体外，再渐缩入。身体顶端仅留一小孔，有时缩成茄子状（图8-6-3、图8-6-4）。

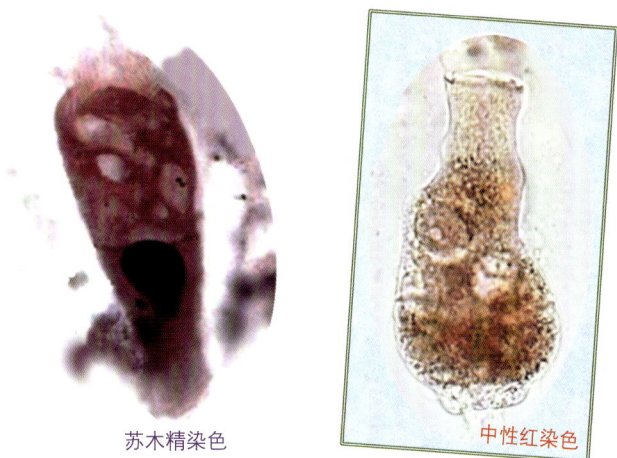

苏木精染色 中性红染色

图8-6-2 不同染色状态下杯体虫的形态与结构

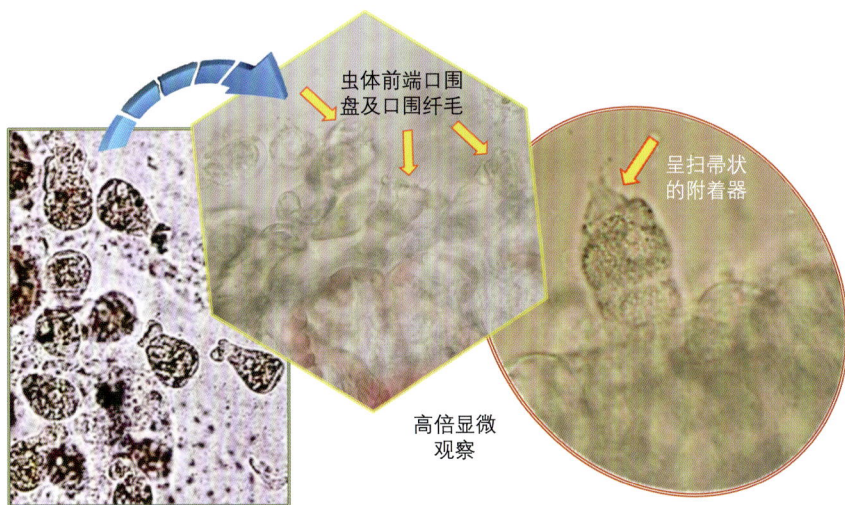

虫体前端口围盘及口围纤毛

呈扫帚状的附着器

高倍显微观察

图8-6-3 杯体虫的附着器、口围盘及其口围盘纤毛

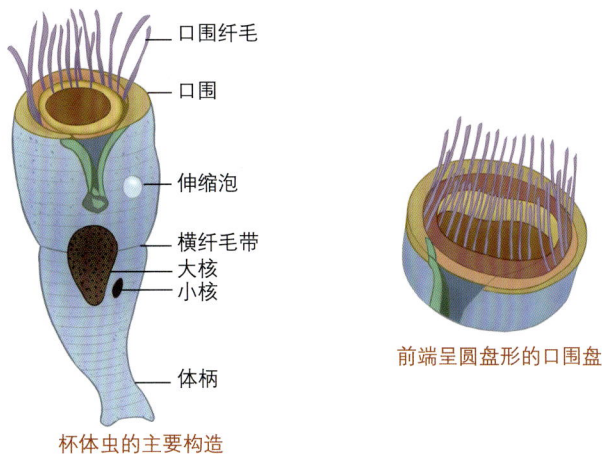

口围纤毛
口围
伸缩泡
横纤毛带
大核
小核
体柄

杯体虫的主要构造

前端呈圆盘形的口围盘

图8-6-4 杯体虫示意

【临床症状】杯体虫主要寄生于大口黑鲈鱼苗体表，此外也可寄生于鳍条和鳃部。病鱼体表如果附着了大量丛生的杯体虫，即分泌大量黏液，身上像长了一层白色或灰白色絮状绒毛，粗看似水霉感染，但在显微镜下观察可见大量易伸缩、呈杯状或喇叭状的虫体（图8-6-5）。寄生于鳃的虫体刺激鳃丝，导致鳃丝水肿充血，黏液分泌量增加，血窦数量明显增加，鳃盖后缘发红（图8-6-6、图8-6-7）。寄生于鳍后可使鳍条残损（图8-6-8）。患病鱼体色发黑，漂浮于水面，呼吸困难，成群地在池边缓游，反应迟钝，有时在池边下风口集群，常呈缺氧浮头状，因不能正常游泳和摄食，最终大量死亡。

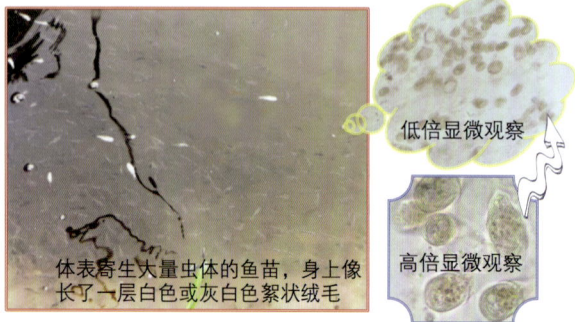

低倍显微观察

高倍显微观察

体表寄生大量虫体的鱼苗，身上像长了一层白色或灰白色絮状绒毛

图8-6-5　寄生于鱼苗体表的杯体虫

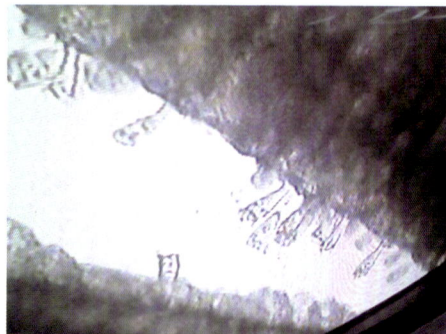

图8-6-6　病鱼鳃上聚集大量的杯体虫

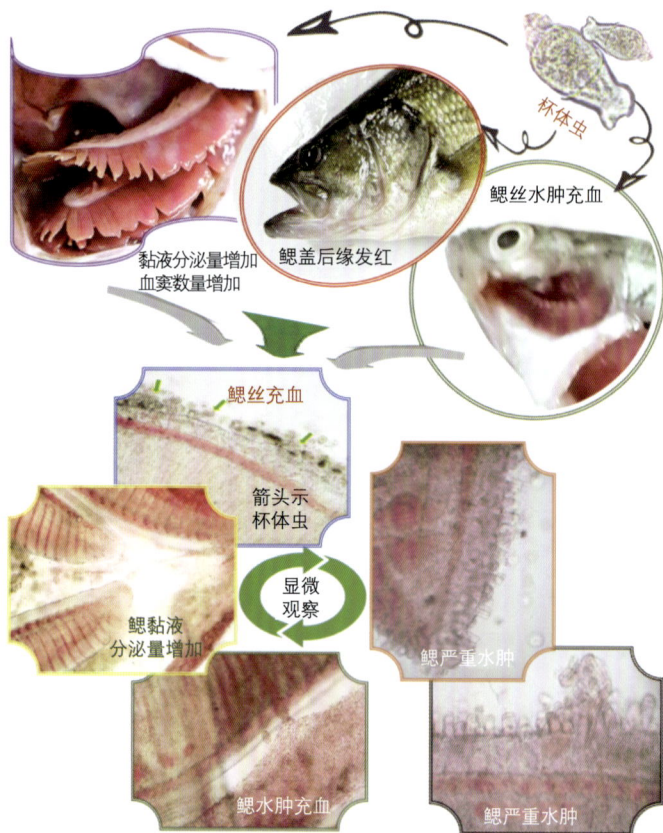

杯体虫

鳃丝水肿充血

黏液分泌量增加
血窦数量增加

鳃盖后缘发红

鳃丝充血

箭头示
杯体虫

显微
观察

鳃黏液
分泌量增加

鳃严重水肿

鳃水肿充血

鳃严重水肿

图8-6-7　杯体虫在鳃部大量附着，导致鳃发生严重病变

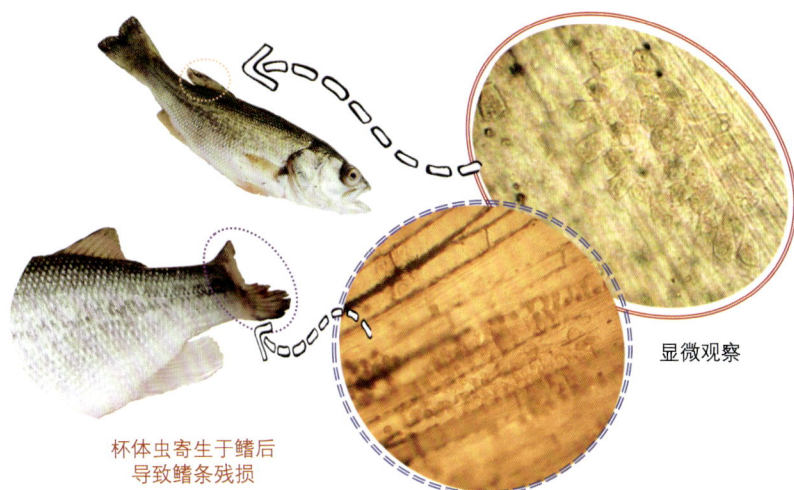

显微观察

杯体虫寄生于鳍后
导致鳍条残损

图 8-6-8　寄生于鳍条上的杯体虫

【流行与危害】该病主要危害鱼苗（包括夏花）、鱼种，当水体混浊、有机物含量丰富、换水条件差以及池塘老化时发病率较高，但该病很少有大范围流行的情况。流行时间主要为 3—5 月的育苗期。该病的特点是发病时间短，病情急，鱼苗死亡率高，杯体虫寄生后病鱼易发生继发感染。

杯体虫与鱼体关系并不是真正的寄生关系，而是一种附生（共生）关系（Lom，1973；李明等，2007）。杯体虫附着在鱼体皮肤或鳃，摄取周围水中的食物粒作为营养，所以对寄主的组织一般不会产生严重的破坏作用，对年龄大的鱼影响不大（图 8-6-9）。如果是稚幼鱼，且被附着的数量多，其呼吸功能就受到阻碍，会影响鱼的正常生长，使鱼体逐渐瘦弱，以至死亡。

图 8-6-9　杯体虫与宿主大口黑鲈共生关系的证据

【诊断方法】根据病鱼的症状可进行初步判断。确诊需选择典型症状的病鱼活体，取发病部位（如鳃丝、鳍条）通过显微镜进行确诊（图8-6-10、图8-6-11）。

图8-6-10 大口黑鲈杯体虫病的诊断

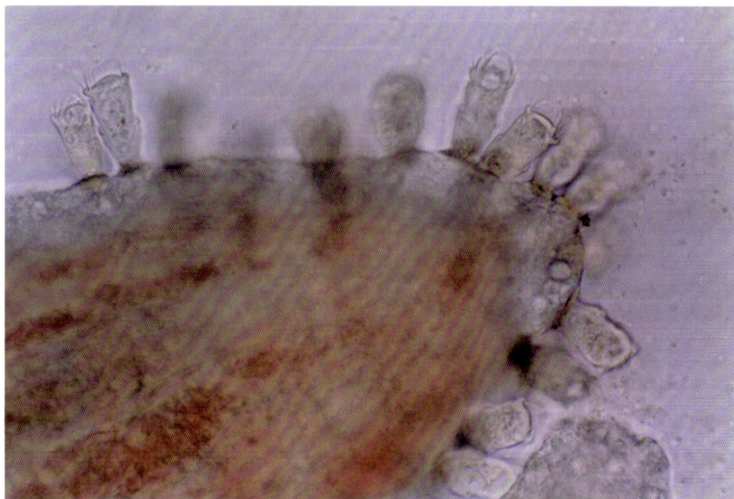

图8-6-11 显微镜下观察到大量吊钟状虫体附着在鳃上可基本做出诊断

大口黑鲈杯体虫病和水霉病均会出现体表披一层白色或灰白色絮状绒毛的症状，要注意区别，不要误诊（图8-6-12）。

【防治措施】放养前彻底清塘消毒。鱼苗下塘前每立方米水体用8～10 g的硫酸铜、硫酸亚铁粉，或每立方米水体10～20 mL的高锰酸钾溶液浸浴10 min，或用2％～4％的食盐浸浴5～10 min。保持池水清洁，彻底排污，使养殖水体透明度保持在40 cm以上，雨季避免混浊水源进入，并定期泼洒生石灰。疾病发生后，可采取大换水，将水体透明度

图 8-6-12　大口黑鲈杯体虫病和水霉病的区别

保持在 50 cm 以上，同时用高锰酸钾溶液（每立方米水体 2～3 g），或硫酸铜、硫酸亚铁粉（每立方米水体 0.5～0.7 g）全池泼洒，并防止细菌继发性感染。

七、累枝虫病（epistylis disease）

【病原或病因】病原为累枝虫（*Epistylis* spp.），属累枝虫科（Epistylidae）累枝虫属（*Epistylis*），主要有蟹累枝虫（*E. eriocheiri*）、厚盘累枝虫（*E. balatonica*）、褶累枝虫（*E. plicatilis*）、长累枝虫（*E. elongata*）和珠蚌累枝虫（*E. unioi*）等。累枝虫虫体伸展时为长筒状，体长 110～170 μm，体宽 50～100 μm；伸缩泡较大，直径约 15 μm，位于口围缘的斜下方；大核马蹄形，横卧于口围盘下方。胞咽长而明显，漏斗状，由口围下方一直延伸至虫体体长 2/3 处，胞咽以下部分几乎不存在胞器，呈半透明状，胞咽内可见 3 组咽膜在不停地摆动。虫体收缩时呈卵圆形，收缩间隔约为 30 s，当口围纤毛收缩时，在虫体最顶端形成一个特殊的锥状小乳突结构（图 8-7-1 至图 8-7-3）。

【临床症状】累枝虫与大口黑鲈为共生关系，它主要附着于大口黑鲈的体表，肉眼可见附着部位有大量淡黄色或者淡黑色绒毛状物，手摸有滑腻感（图 8-7-4）；累枝虫寄生后鱼体侧具浅表性溃疡灶，有的溃疡甚至会深入肌肉（图 8-7-5）。病鱼躁动不安，四处游动，甚至在水中硬物上磨蹭，呼吸困难（图 8-7-6）。

体柄较短，枝柄及基柄较长的分枝群体

累枝虫生长形态类似树枝状

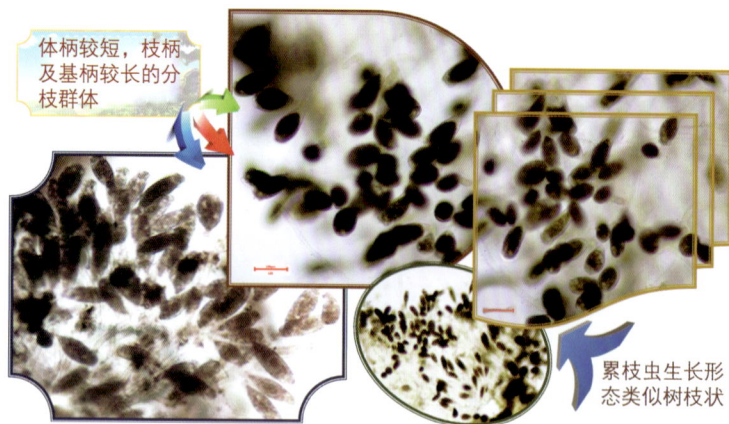

图 8-7-1　累枝虫的群体形态（低倍显微观察）

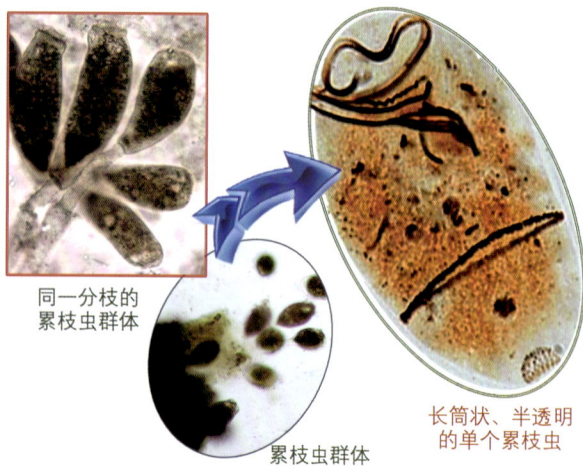

同一分枝的累枝虫群体

累枝虫群体

长筒状、半透明的单个累枝虫

图 8-7-2　累枝虫的个体形态（高倍显微观察）

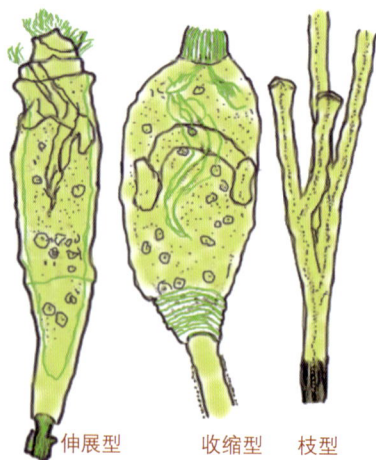

伸展型　　收缩型　　枝型

图 8-7-3　不同形态的累枝虫（示意图）

附着于鱼体的累枝虫

鱼体色发黑，附着部位有淡黄色绒毛状物

图 8-7-4　累枝虫附着于鱼体表有大量黑色或淡黄色绒毛状物

病鱼溃疡深入肌肉，形成深层次溃疡

病鱼体表具浅表性溃疡

图8-7-5 累枝虫附着于鱼体后导致体表溃烂

病鱼在水中躁动不安，四处游动，呼吸困难

病鱼体色发黑，在水中硬物上磨蹭

病鱼在池边刷蹭，最终死亡

图8-7-6 病鱼躁动不安，四处游动，在水中硬物上磨蹭

【流行与危害】该病主要流行于5—8月，主要危害苗种（包括越冬鱼种），尤其是网箱养殖的鱼类易发生该病。

累枝虫少量附着时，不会给水生动物造成大的危害，但大量附着时，影响宿主的活动、呼吸、摄食，并可导致大量死亡。累枝虫病在我国大口黑鲈各养殖区均有发生，但大面积流行的情况比较少见。该病的发生没有明显的季节性，在养殖水质状况较差时，累枝虫病更易发生。

【诊断方法】根据病鱼的临床症状可做初步判断。确诊需要取适量病灶处鳞片、黏液，显微镜观察诊断。若见大量聚集的虫体群体，虫体为双叉分枝，体柄细长光滑，不能收缩；虫体伸展时为长筒状，虫体内部可见胞咽、食物泡、伸缩泡、马蹄形大核等结构可判断为该病（图8-7-7）。

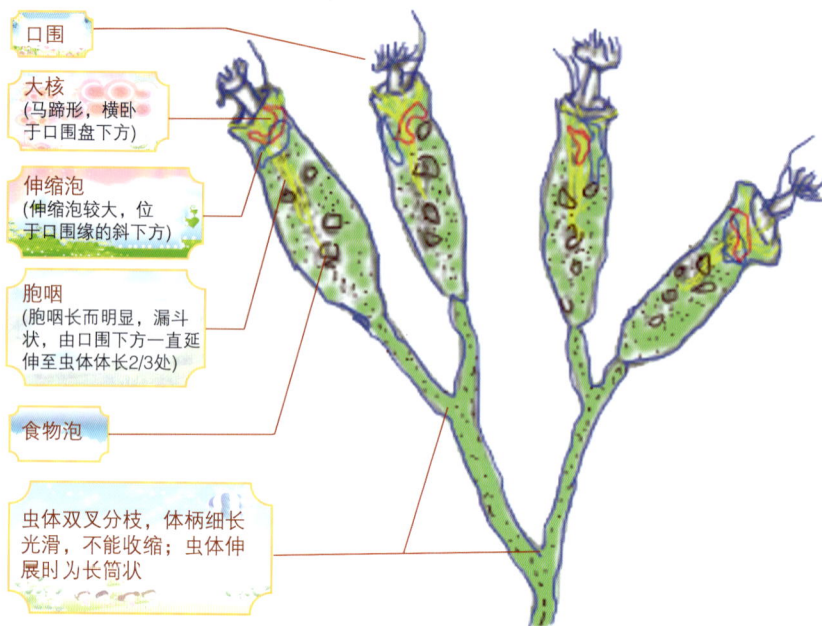

口围

大核
(马蹄形，横卧于口围盘下方)

伸缩泡
(伸缩泡较大，位于口围缘的斜下方)

胞咽
(胞咽长而明显，漏斗状，由口围下方一直延伸至虫体体长2/3处)

食物泡

虫体双叉分枝，体柄细长光滑，不能收缩；虫体伸展时为长筒状

图8-7-7 累枝虫病的诊断——虫体的主要特征示意

【防治措施】合理放养和投喂，注意换水，保持水质清爽和适宜的肥度。发病季节可全池泼洒三氯异氰脲酸粉（每立方米水体0.5 g）进行预防。发病后可用新洁尔灭［一次量（以苯扎溴铵计），每立方米水体0.10~0.15 g，每2~3 d 1次，连用2~3次］，或硫酸铜、硫酸亚铁粉（每立方米水体0.5~0.7 g），或高锰酸钾（每立方米水体1~2 g），或硫酸锌（每立方米水体0.7 g）等全池遍洒。

八、毛管虫病（trichophryiasis）

【病原或病因】病原为毛管虫（*Trichophrya* spp.），属原生动物门纤毛亚门动基片纲（Kinetofragminophorea）吸管亚纲（Suctoria）吸管目（Suctorida）枝管科（Dendrosomidae）毛管虫属（*Trichophrya*）。主要种类有中华毛管虫（*T. sinensis*）、辽河毛管虫（*T. liaohoensis*）、湖北毛管虫（*T. hupehensis*）、变异毛管虫（*T. variformis*）、双泡毛管虫（*T. bivacuola*）等。

毛管虫形状不定，有长形、卵形或圆形，大小变化也很大，有的前端有1簇吸管，如中华毛管虫，有的虫体有2~3簇吸管，或遍布全身，如湖北毛管虫。吸管膨大成球棒状。大核1个，呈棒状或香肠状，内有核内体。小核1个，球状，位于大核之侧。体内还有3~5个伸缩泡及食物粒（图8-8-1至图8-8-5）。

毛管虫用内出芽的方法进行繁殖，即在母体的细胞质内形成胚芽，胚芽离开母体以后，成为自由活动的纤毛幼虫。幼虫在水中游动，侧面观像小碟，正面观呈圆形，中央凹陷。幼虫如遇到鱼体就吸附上去，失去纤毛，长出吸管，渐渐发育成为成虫（图8-8-5）。

【临床症状】病鱼一般没有明显症状，仅在毛管虫大量寄生时影响病鱼食欲。毛管虫在鳃瓣寄生时常把身体延长，伸入鳃丝缝隙，将有吸管的一端露在外面，破坏鳃组织。虫体大量寄生时，严重妨碍鱼的呼吸，影响鱼的生长发育。病情严重时，鱼体瘦弱，游动缓慢，鳃上黏液增多，呼吸困难。因该病导致细菌继发性感染，会出现烂嘴烂尾等症状（图8-8-6至图8-8-8）。

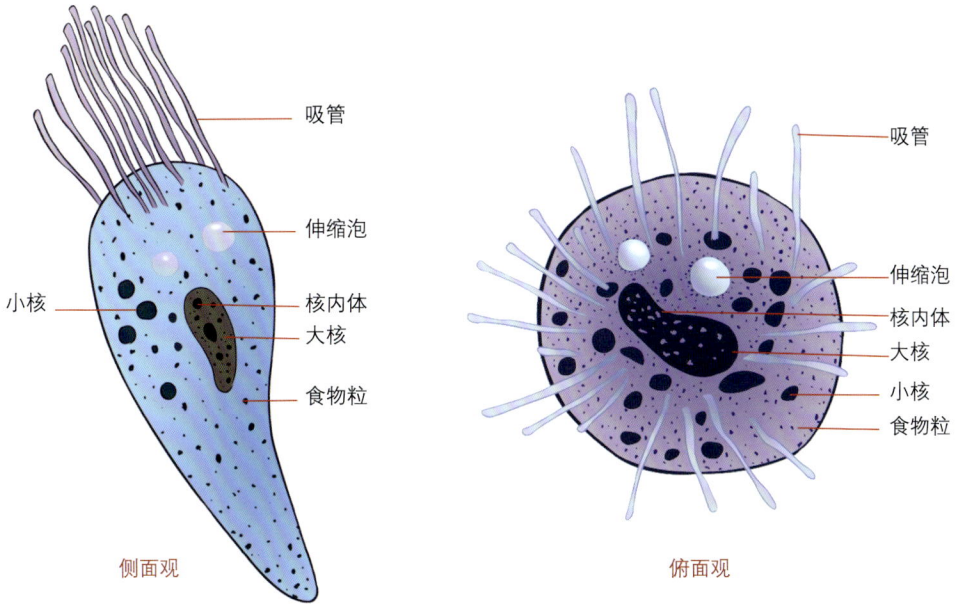

侧面观　　俯面观

图8-8-1　毛管虫成虫的形态和结构（示意图）

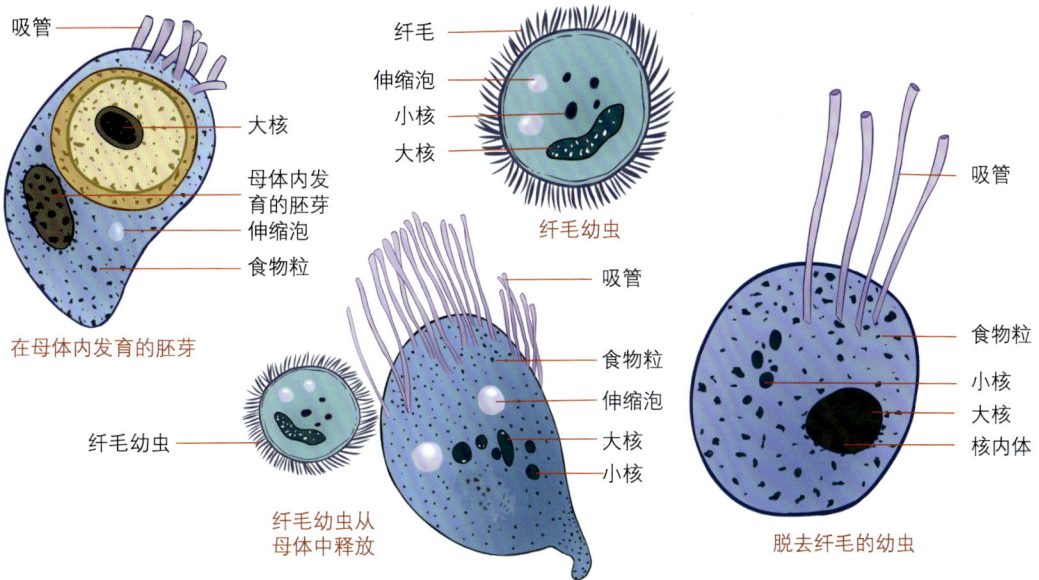

在母体内发育的胚芽　　纤毛幼虫　　纤毛幼虫从母体中释放　　脱去纤毛的幼虫

图8-8-2　毛管虫胚芽形成的成虫、纤毛幼虫及幼虫（示意图）

图 8-8-3　毛管虫的显微形态

高倍显微镜下(40×)

低倍显微镜下(10×)

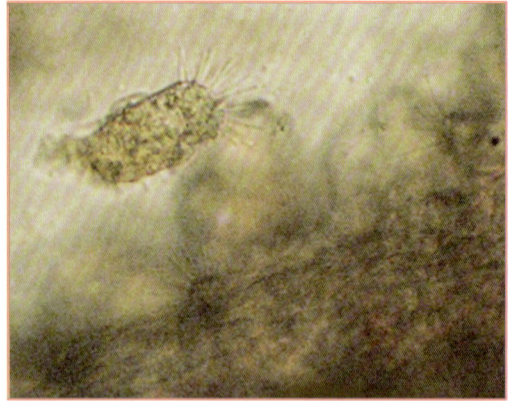

图 8-8-4　毛管虫幼虫失去纤毛、长出吸管
形成成虫（显微观察）

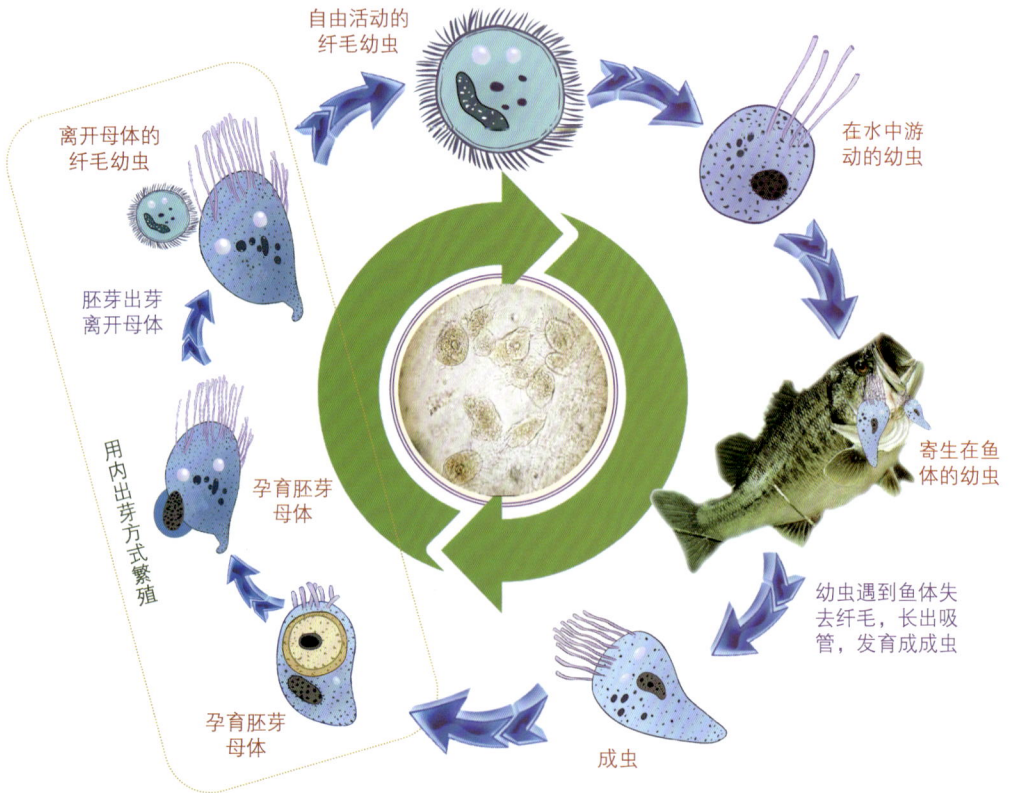

自由活动的
纤毛幼虫

离开母体的
纤毛幼虫

在水中游动的幼虫

胚芽出芽
离开母体

用内出芽方式繁殖

孕育胚芽
母体

寄生在鱼
体的幼虫

孕育胚芽
母体

成虫

幼虫遇到鱼体失去纤毛，长出吸管，发育成成虫

图 8-8-5　毛管虫的生活史（模式图）

【病理学特征】毛管虫少量寄生时病鱼鳃组织会遭到破坏，大量寄生鳃上时黏液增多，上皮细胞受损，可以出现局部贫血，形成凹陷状病灶，严重阻碍鱼的正常呼吸，导致死亡。

【流行与危害】该病主要靠幼虫传播，危害朝苗和越冬的鱼种，在我国大口黑鲈养殖

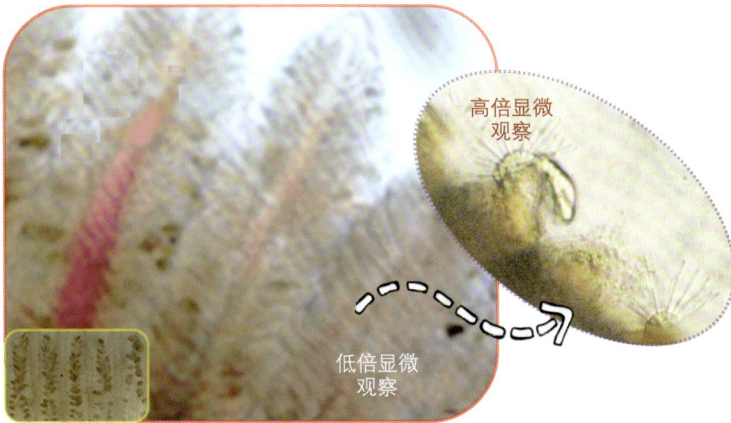

图8-8-6 寄生于鳃上的毛管虫（显微观察）

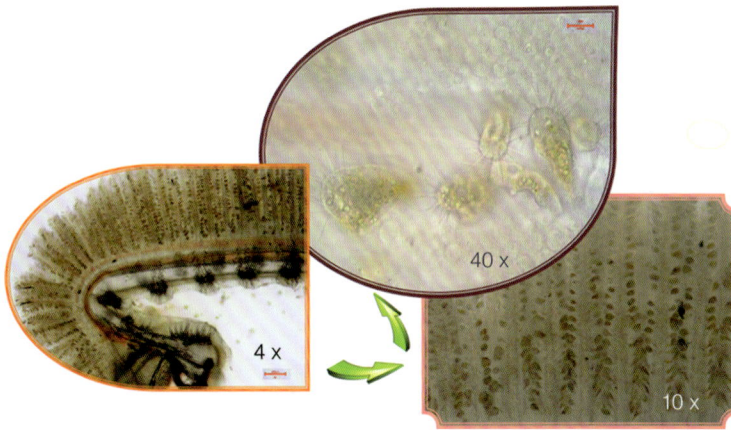

图8-8-7 毛管虫在鳃瓣寄生时延长身体，伸入鳃丝缝隙，破坏鳃组织（显微观察）

图8-8-8 毛管虫寄生导致大口黑鲈呼吸困难，鱼体瘦弱

地区均有发生，但一般感染率和感染强度均不高，危害也不严重，只有虫体大量寄生于鱼苗、鱼种鳃上时，才会造成死亡。如果连遇阴雨等恶劣天气，池塘溶解氧偏低，并使用杀虫药物，则会导致鱼体摄食差，出现死亡现象。该病主要流行于3—6月，尤以雨季为甚。

【诊断方法】根据流行情况与症状进行初步诊断。确诊需取适量鳃丝制成水浸片，在显微镜下观察，如发现鳃丝缝隙有吸管一端露在外面，寄生处鳃丝形成凹陷病灶，并具毛管虫特点的虫体则可确诊。

【防治措施】用生石灰彻底清塘，放养前对鱼苗或鱼种用硫酸铜药浴（每立方米水体1 g）可防止毛管虫的寄生。疾病发生后可用硫酸铜、硫酸亚铁粉5∶2（每立方米水体0.7 g）或螯合铜（每立方米水体0.7 g）全池泼洒。

九、指环虫病（dactylogyriasis）

俗称鳃蛆病（gill maggot disease）。

【病原或病因】病原为指环虫（*Dactylogyrus* sp.），属扁形动物门（Platyhelminthes）吸虫纲（Trematoda）单殖亚纲（Monogenea）的一类单殖吸虫。其种类繁多，在我国报道的就有200余种，如鳃片指环虫（*D. lamellatus*）、鲩指环虫（*D. ctenopharyngodonis*）、小鞘指环虫（*D. vaginulatus*）、鲢指环虫（*D. hypophthalmichthys*）、鳙指环虫（*D. aristichthys*）、坏鳃指环虫（*D. vastator*）、页形指环虫（*D. lamellatus*）等，而且它们对宿主有严格的选择性。目前，感染大口黑鲈的指环虫种类尚不确定。该虫体长一般为0.1~1.0 mm，呈蚂蟥状伸缩。头器分成4叶，虫体前端具有2对黑色眼点。后端有一膨大呈盘状的固着器，内有1对中央大钩、7对边缘小钩和连接棒。精巢和卵巢各1个，阴道1个，精巢位于卵巢后方。交接器由交接管和支持器组成（图8-9-1、图8-9-2）。

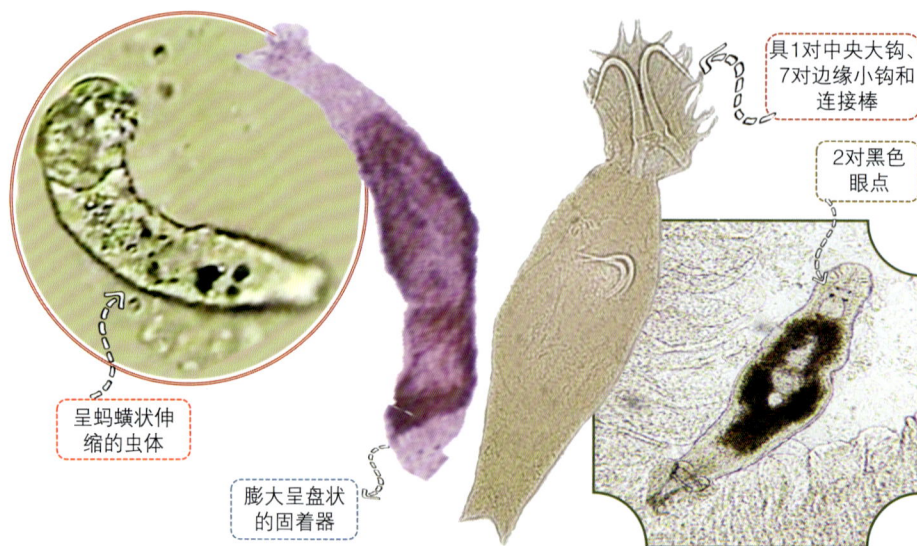

具1对中央大钩、7对边缘小钩和连接棒

2对黑色眼点

呈蚂蟥状伸缩的虫体

膨大呈盘状的固着器

图8-9-1 指环虫的形态与构造（显微图像）

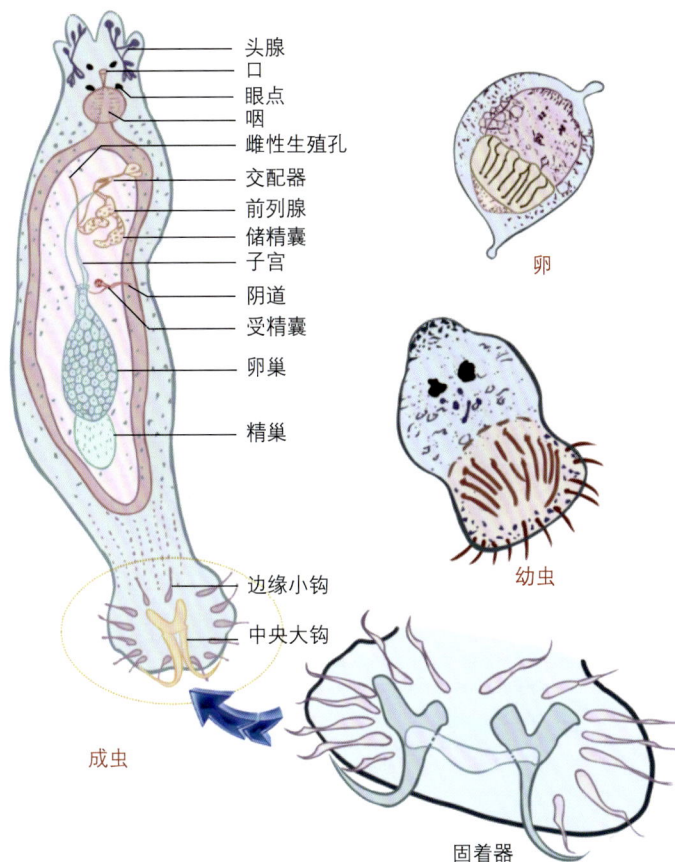

头腺
口
眼点
咽
雌性生殖孔
交配器
前列腺
储精囊
子宫
阴道
受精囊
卵巢
精巢

卵

幼虫

边缘小钩
中央大钩

成虫

固着器

图 8-9-2 指环虫虫卵、幼虫、成虫模式图

指环虫是雌雄同体、卵生的寄生虫,生活史完成不需要中间宿主。成虫在温暖季节能不断产卵并受精,卵大而数量较少。虫体将受精卵排出体外后,卵漂浮于水面或附着在物体或其他水生生物上,水温 22~26 ℃时 3 d 即孵出幼虫,落入水中。自由游泳的具有感染性的纤毛幼虫若遇到适宜宿主时就附着上去,脱去纤毛,逐渐发育为成虫。幼虫生长发育为成虫并产卵,开始下一轮生命周期。指环虫自受精卵到成体死亡平均寿命约为 30 d(图 8-9-3)。

【临床症状】指环虫主要寄生于大口黑鲈鳃部(图 8-9-4)。虫体大量寄生时,病鱼体色发黑,游动缓慢,食欲减退,瘦弱(图 8-9-5);鳃部显著浮肿,鳃盖张开,难以闭合,病鱼呼吸困难;鳃丝黏液增多,鳃血管扩张、充血、出血(图 8-9-6),有的由于出血过多,鳃呈苍白色(图 8-9-7)。指环虫大量寄生后可使鱼苗缺氧浮头,活力减弱。

【病理学特征】指环虫可在鳃上爬动,引起鳃组织损伤。中央大钩的刺入,使上皮糜烂和少量出血,边缘小钩刺进上皮细胞的胞质,可造成撕裂。指环虫轻度感染可导致鳃丝组织完整性被破坏;中度感染引起鳃丝组织增生、肿胀和融合;重度感染引起鳃丝组织坏死、崩解以及黏液细胞数量急剧减少,并有黏液物质的排空。

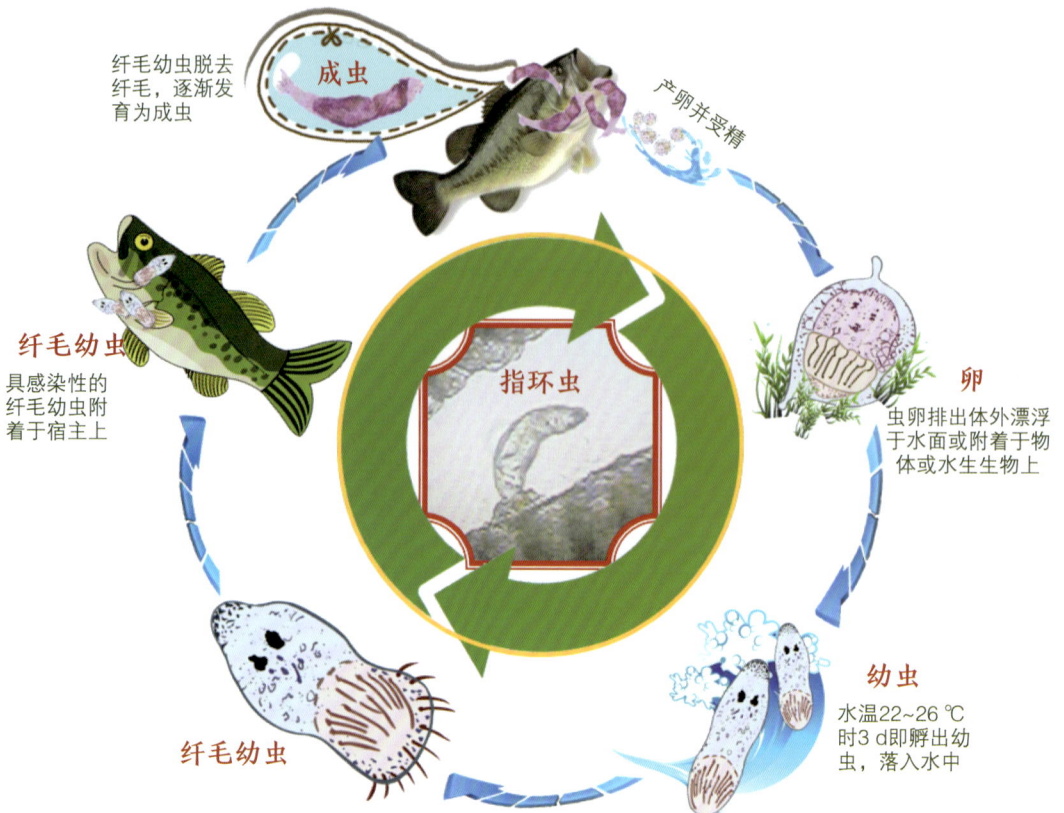

纤毛幼虫脱去纤毛，逐渐发育为成虫

成虫

产卵并受精

指环虫

卵
虫卵排出体外漂浮于水面或附着于物体或水生生物上

纤毛幼虫
具感染性的纤毛幼虫附着于宿主上

纤毛幼虫

幼虫
水温22~26 ℃时3 d即孵出幼虫，落入水中

图 8-9-3　指环虫生活史示意图

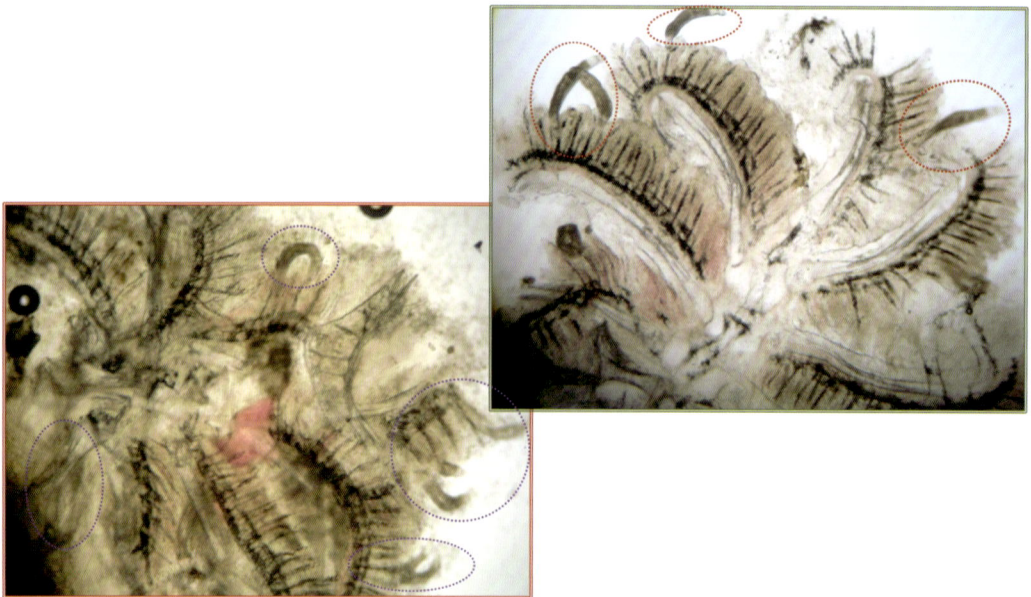

图 8-9-4　寄生在鱼体鳃上的指环虫（圆圈所示）

病鱼体色发黑，游动缓慢，食欲减退，瘦弱

病鱼在池塘边定边

图 8-9-5　池塘中溜边的患病大口黑鲈

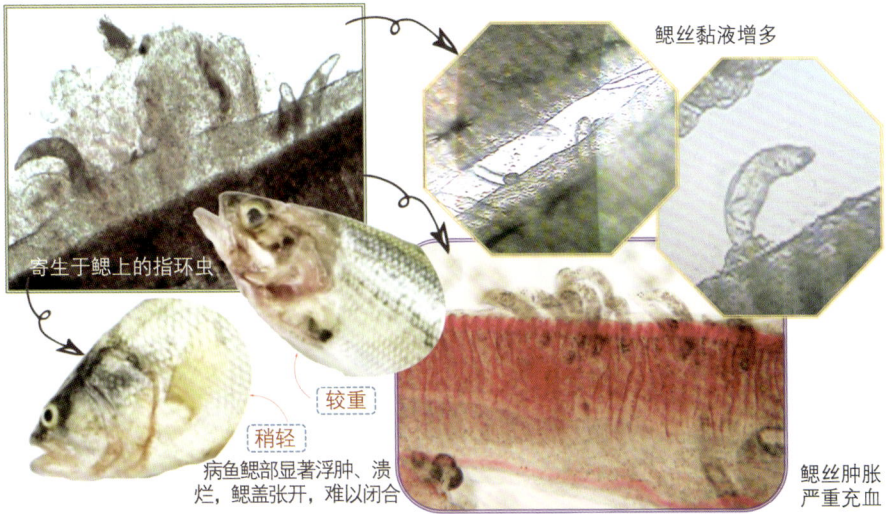

鳃丝黏液增多

寄生于鳃上的指环虫

较重

稍轻

病鱼鳃部显著浮肿、溃烂，鳃盖张开，难以闭合

鳃丝肿胀严重充血

图 8-9-6　指环虫病导致鱼体鳃部的病变

图 8-9-7　指环虫寄生鱼体后，病鱼因出血过多，鳃呈苍白色

【流行与危害】指环虫病是一种常见、多发的严重寄生虫病，我国各地大口黑鲈养殖区均有发生，通过纤毛幼虫感染宿主。该病主要危害大口黑鲈苗种，但对成鱼也会造成较大危害。无论是集约化养殖，还是池塘养殖均可广泛流行和造成大规模死亡。该病主要流行于4—6月，雨季尤甚，适宜流行水温为20～25 ℃。

该病极易继发细菌性烂鳃病和加重虹彩病毒病危害，而且该虫对大口黑鲈鱼苗的刺激性较大，即使个别寄生轻者也会导致鱼苗摄食变差、生长受阻，重者直接导致鱼苗死亡。

【诊断方法】指环虫一般个体较大，剪开鳃盖，肉眼即可见如蛆一样的虫体，故渔民俗称其为"鳃蛆病"（图8-9-8）。选择典型症状的病鱼活体或濒死个体，剪取鳃丝制成水浸片置于高倍显微镜下观察，当发现有4个黑色眼点，头器分成4叶，后固着器有1对中央大钩的虫体，虫体数目每片鳃上有50个以上或低倍镜下每个视野有5～10个虫体时，可以判定为指环虫病（图8-9-9）。此外，指环虫虫体固着器大钩、连接棒及其交配器的形状与构造等是鉴别指环虫种的重要依据（图8-9-10）。

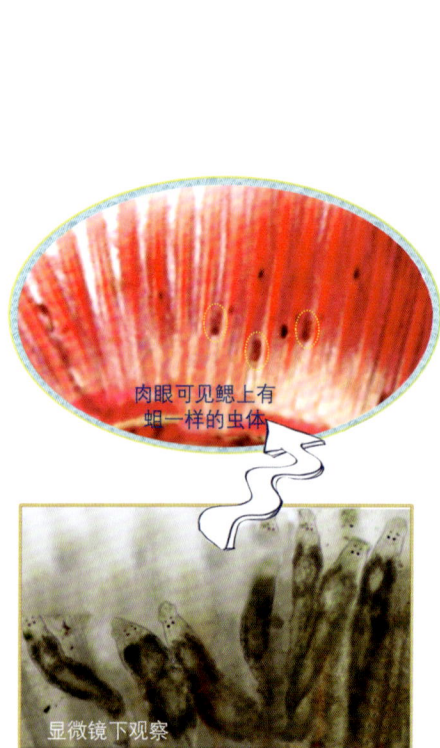

图8-9-8 肉眼观察在鳃上有如蛆一样的虫体可初步诊断为指环虫病

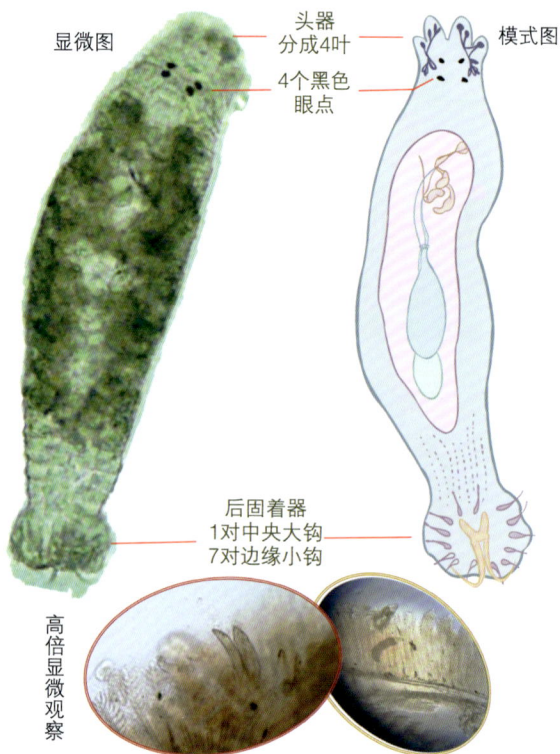

图8-9-9 指环虫病的确诊

【防治措施】鱼种放养前，每立方米水体用15～20 g高锰酸钾浸浴苗种10～15 min，可预防该病发生。治疗，每立方米水体可用0.18～0.45 g精制敌百虫粉全池泼洒（鱼苗用量酌减），也可每立方米水体用0.1～0.15 g复方甲苯咪唑粉用甲酸预溶后加2 000倍水稀释后全池泼洒，3 d 1次，连用2次。

虫体长0.98～1.40 mm，大钩粗壮，连接片呈矩形，较宽，中部似有空缺

小鞘指环虫

鳃片指环虫

鲢指环虫

虫体长0.20～0.60 mm，大钩腹叶基部有一三角形副片，背连接棒小而宽

大钩与连接棒的形态

虫体长0.253～0.521 mm，固着器粗壮，连接棒两端膨大，中间稍弯曲

坏鳃指环虫

虫体长0.40～1.0 mm，锚钩的背叶和腹叶粗壮，钩尖略弯曲；连接棒单一

鳙指环虫

虫体长0.208～0.664 mm，大钩基部较宽，分叶明显，连接棒呈倒"山"字形

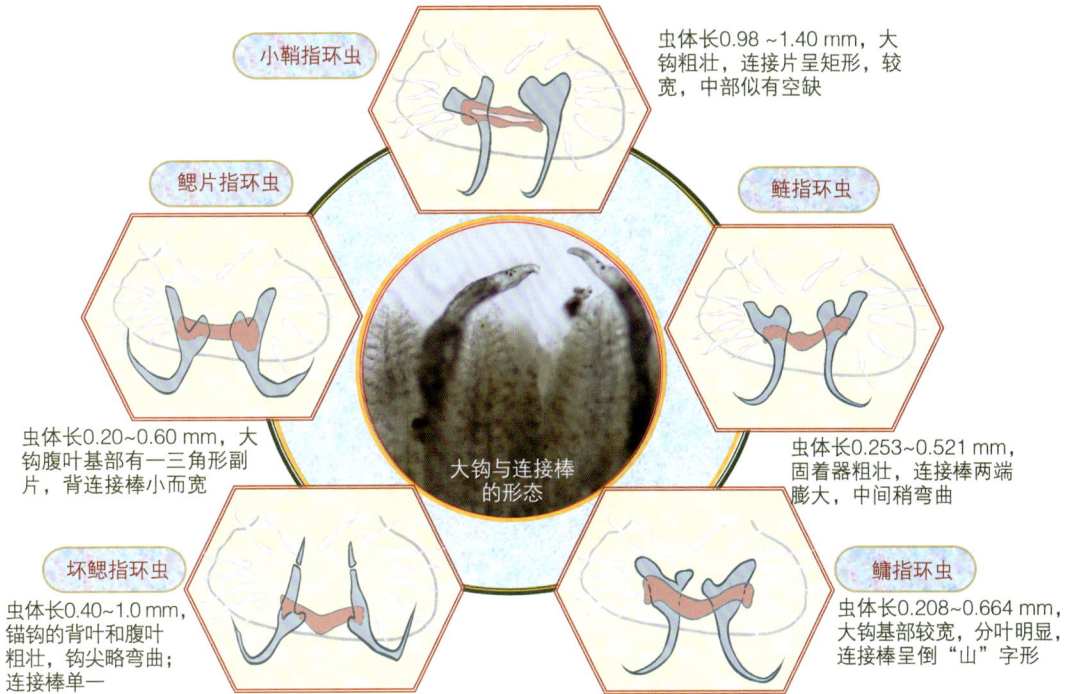

图 8-9-10 几种指环虫大钩、连接棒的形状（模式图）

十、异形锁钩虫病（onchocleidiasis）

【病原或病因】病原是异形锁钩虫（*Onchocleidus dispar*），属锚首虫科（Ancyroephalidea）锁钩虫属（*Onchocleidus*）。虫体呈纺锤形，大小约为 435 μm×66 μm。具 3 对头腺，2 对眼点，咽球状，肠分叉于咽后部于睾丸后方汇合。吸盘楔形，有 2 对中央大钩和 7 对边缘小钩（图 8-10-1）。背、腹中央大钩形态相似，但背中央大钩几乎是腹中央大

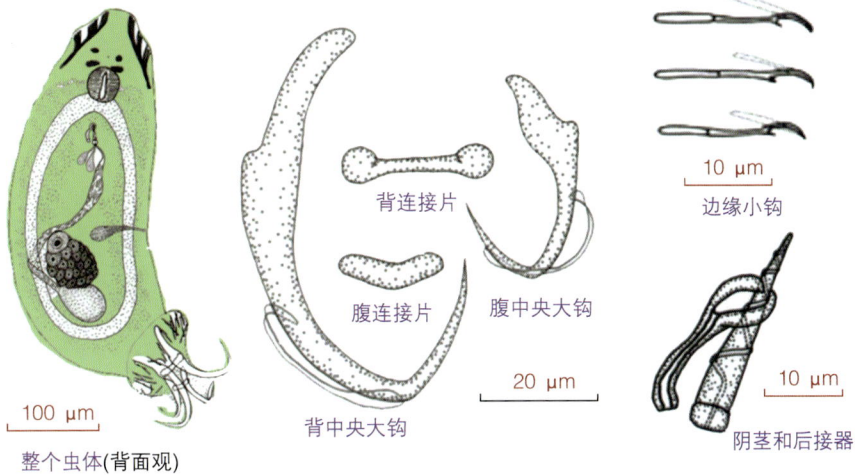

背连接片

腹连接片

腹中央大钩

背中央大钩

边缘小钩

10 μm

阴茎和后接器

10 μm

20 μm

100 μm

整个虫体(背面观)

图 8-10-1 异形锁钩虫的形态及其中央大钩、边缘小钩、阴茎与交接器示意图

（仿 Mueller，1936）

钩的 1 倍。背联结片平直，两端膨胀呈圆形，有一细长、漏斗状的交接管，并在尖端末梢有点螺旋，附属片呈钳形（谢志胜等，2019；Worawit Maneepitaksanti and Kazuya Nagasawa，2013）（图 8-10-2、图 8-10-3）。

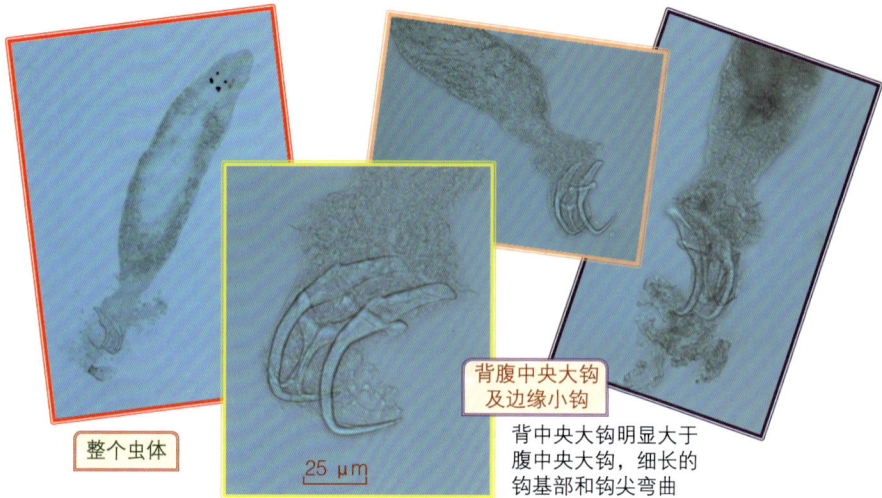

整个虫体

25 μm

背腹中央大钩
及边缘小钩

背中央大钩明显大于
腹中央大钩，细长的
钩基部和钩尖弯曲

图 8-10-2　异形锁钩虫的形态（水封片）
（引自谢志胜）

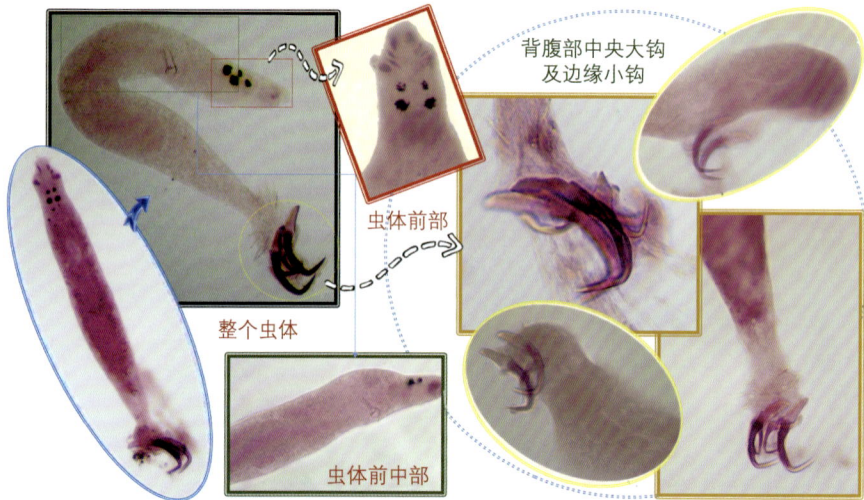

背腹部中央大钩
及边缘小钩

虫体前部

整个虫体

虫体前中部

图 8-10-3　异形锁钩虫不同角度的显微形态（染色照片）
（引自谢志胜）

【临床症状】该虫主要寄生于大口黑鲈的鳃部。虫体寄生后会导致鳃丝肿胀、黏液增多，鳃部显著浮肿，色泽变淡。病鱼鱼体发黑、消瘦，呼吸困难，游动缓慢，厌食。

【流行与危害】该虫的感染率可达 83.3%。

【诊断方法】根据症状和剪取鳃丝制成水浸片置于高倍显微镜下检查进行诊断。

【防治措施】同指环虫病。该病也可用复方甲苯咪唑粉〔甲苯咪唑（40％）和盐酸左旋咪唑（10％）〕治疗。用法和用量：拌饲投喂，一次量（以本品计），每千克体重20～25 mg，每天1次，连用5 d。

十一、锚头鳋病（lernaeosis）

又名蓑衣病（coir disease）、干口病（dry mouth disease）、钉虫病（biting insect disease）等。

【病原或病因】病原是锚头鳋（*Lernaea* spp.），属剑水蚤目（Cyclopoida）锚头鳋科（Lernaeidae）。该病造成危害的主要种类有：多态锚头鳋（*L. polymorhpa*）、草鱼锚头鳋（*L. ctenopharyngodontis*）、鲤锚头鳋（*L. cyprinacea*）等。最常见和对鱼类危害最大的是多态锚头鳋（图8-11-1）。寄生于大口黑鲈的锚头鳋的种尚不确定。

几种主要锚头鳋的基本形态（显微图/模式图）

多态锚头鳋

草鱼锚头鳋

区别

头胸部的背角呈"一"字形，与身体纵轴垂直，向两端逐渐变细，稍向上翘起；在背角左右两侧的中间部向背面各分生出一短枝，有时或缺。腹角极为短小，位于背角中央，似1对乳突。

鲤锚头鳋

头胸部背角由一对横卧的"T"形分枝组成，如"H"形，上枝长于下枝和背角的"茎"部；腹角2对，小于背角，前1对似蚕豆状，以"八"字形排在顶端，后1对腹角基部宽大，向外前方伸出，似拇指状的尖角。

头胸部背角和腹角各1对，背角末端形成"Y"形的分枝，其中上枝较长；腹角末端不分枝，向侧前方伸出。

图8-11-1　几种主要锚头鳋的形态及其头胸部的区别

锚头鳋虫体较大，细长，成虫一般长6～15 mm，圆筒状，肉眼可见。虫体分头胸、胸、腹3部分，各部分没有明显界限。头胸部最明显的是几丁质的头角，形似铁锚；胸部细长，自前向后逐步扩宽，无明显分节；腹部有1对卵囊，末端2根尾叉（图8-11-2、图8-11-3）。

锚头鳋生活史比较复杂，经历了从无节幼体到桡足幼体的若干发育过程，了解其生活

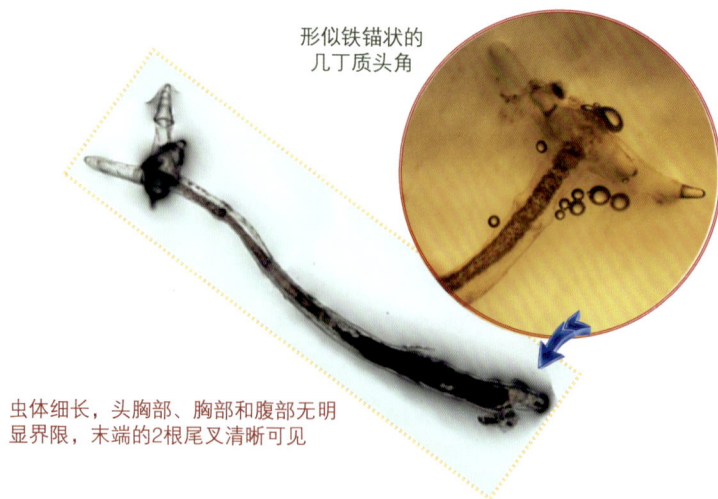

形似铁锚状的
几丁质头角

虫体细长，头胸部、胸部和腹部无明
显界限，末端的2根尾叉清晰可见

图 8-11-2 锚头鳋的显微形态

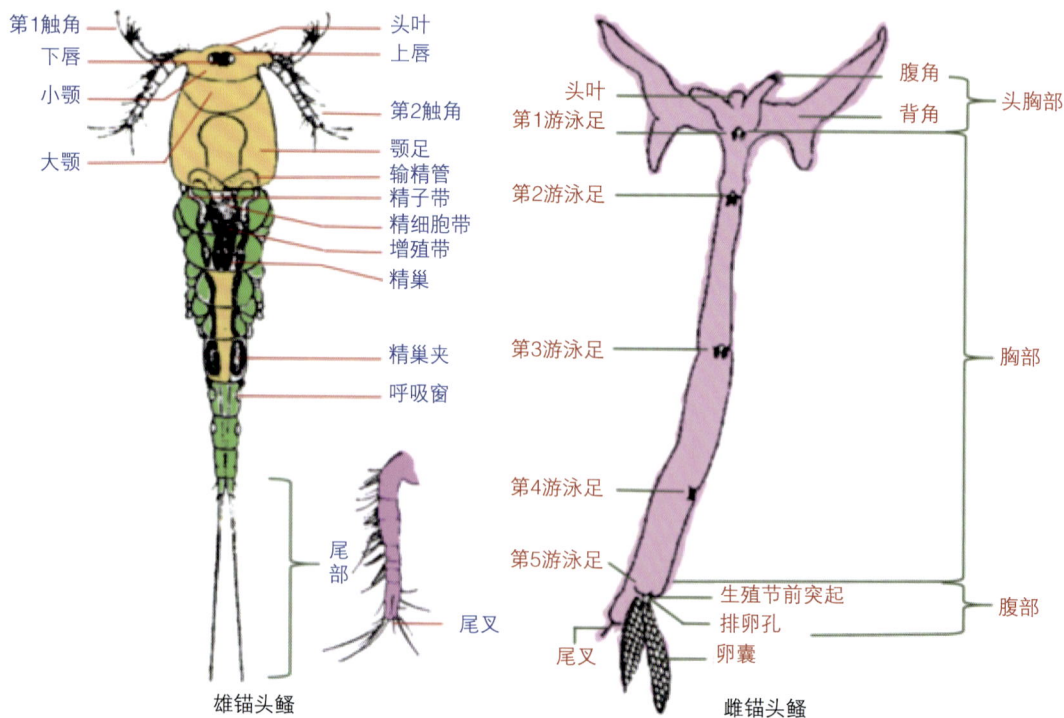

第1触角
下唇
小颚
大颚

头叶
上唇
第2触角
颚足
输精管
精子带
精细胞带
增殖带
精巢

精巢夹
呼吸窗

尾部

尾叉

雄锚头鳋

头叶
第1游泳足

第2游泳足

第3游泳足

第4游泳足

第5游泳足

尾叉

腹角
背角

头胸部

胸部

生殖节前突起
排卵孔
卵囊

腹部

雌锚头鳋

图 8-11-3 锚头鳋模式图

史对有效防止大口黑鲈锚头鳋病很有裨益。无节幼体自卵中孵出后，在水中间歇性地游动，依靠敏锐的趋光性蜕皮，4次蜕皮后发育为第5无节幼体，再经过5次蜕皮由第1桡足幼体发育成第5桡足幼体。第5桡足幼体离开水中营自由生活，寻找宿主暂时寄生，与雄虫交配再寻找合适寄主营永久性寄生生活。雄虫离开鱼体后不久即死亡（图8-11-4）。第5

桡足幼体之后在不同发育阶段分为"童虫""壮虫""老虫"3 种形态,"老虫"产出卵后不久便死亡并从鱼体上脱落(图 8-11-5)。

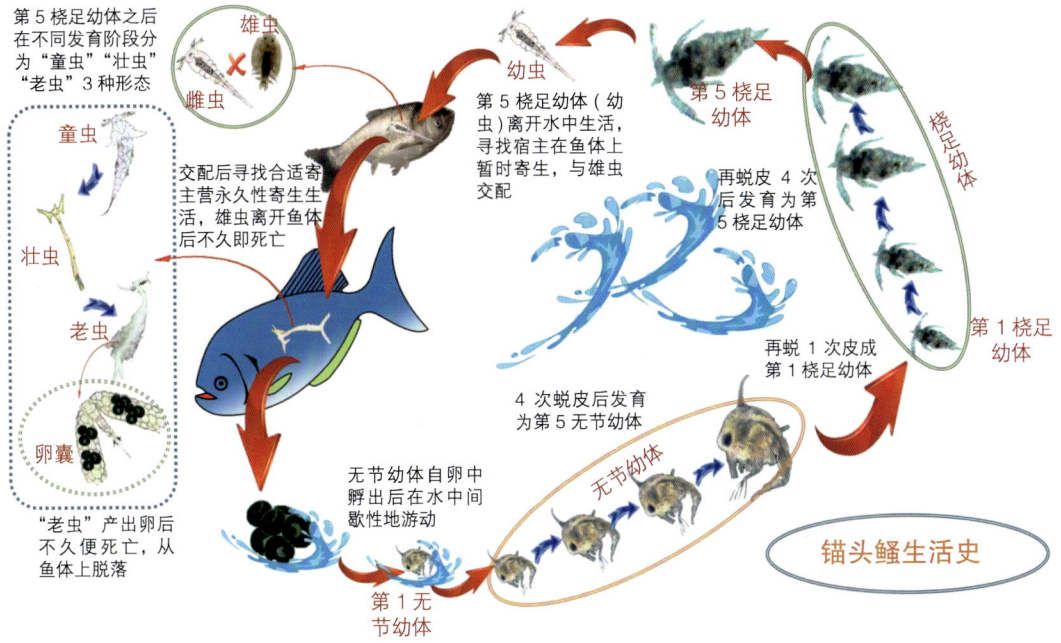

第 5 桡足幼体之后在不同发育阶段分为"童虫""壮虫""老虫"3 种形态

雄虫 × 雌虫

童虫
壮虫
老虫
卵囊

"老虫"产出卵后不久便死亡,从鱼体上脱落

交配后寻找合适寄主营永久性寄生生活,雄虫离开鱼体后不久即死亡

幼虫

第 5 桡足幼体(幼虫)离开水中生活,寻找宿主在鱼体上暂时寄生,与雄虫交配

第 5 桡足幼体

桡足幼体

再蜕皮 4 次后发育为第 5 桡足幼体

第 1 桡足幼体

再蜕 1 次皮成第 1 桡足幼体

4 次蜕皮后发育为第 5 无节幼体

无节幼体

无节幼体自卵中孵出后在水中间歇性地游动

锚头鳋生活史

第 1 无节幼体

图 8-11-4 锚头鳋生活史示意图

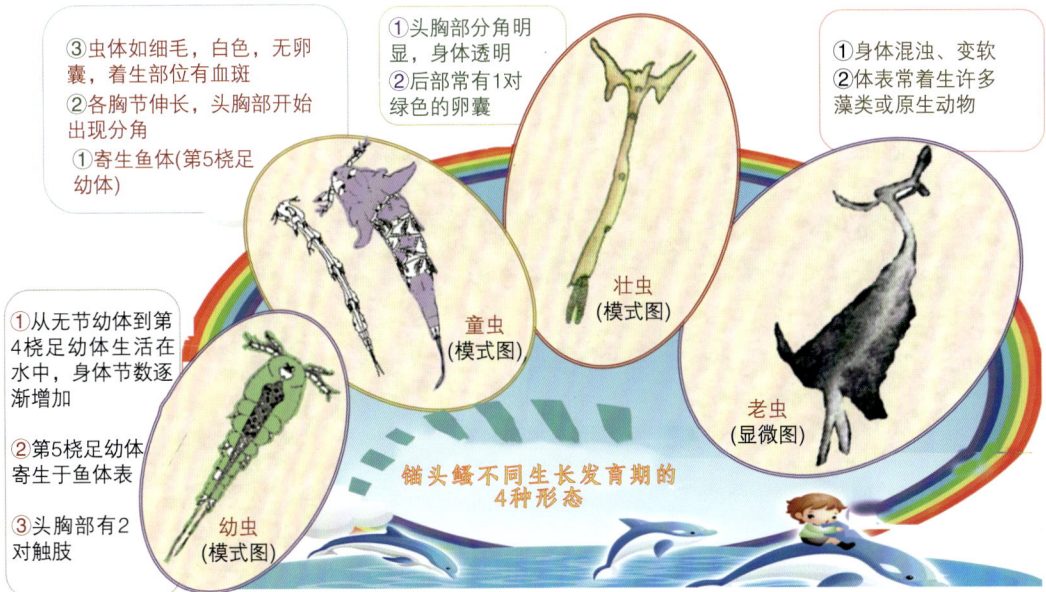

③虫体如细毛,白色,无卵囊,着生部位有血斑
②各胸节伸长,头胸部开始出现分角
①寄生鱼体(第5桡足幼体)

①头胸部分角明显,身体透明
②后部常有1对绿色的卵囊

①身体混浊、变软
②体表常着生许多藻类或原生动物

①从无节幼体到第4桡足幼体生活在水中,身体节数逐渐增加
②第5桡足幼体寄生于鱼体表
③头胸部有2对触肢

童虫(模式图)

壮虫(模式图)

老虫(显微图)

幼虫(模式图)

锚头鳋不同生长发育期的4种形态

图 8-11-5 锚头鳋的 4 个不同生长发育期

【临床症状】发病初期,病鱼烦躁不安,食欲减退,继而身体消瘦,行动迟缓。幼鱼会

因此失去平衡，活动失常。锚头鳋以头胸部插入鱼体的肌肉与鳞片下，在寄生部位可见一根根如针状的虫体，虫体寄生鱼体处四周发炎红肿，因溢血而出现红斑，严重时可肉眼观察到虫体内有血液流动感，但大口黑鲈出现红斑现象不如四大家鱼明显（图8-11-6）。大量锚头鳋寄生，虫体成熟后，鱼体犹如披着蓑衣，故俗称"蓑衣病"。虫体主要寄生在大口黑鲈鳍条和体表上，也有的寄生于鱼体口腔内，可引起口腔不能闭合，鱼不能摄食，故俗称为"干口病"。由于锚头鳋的寄生，鱼体表受损，导致细菌等致病微生物继发性感染（图8-11-7）。

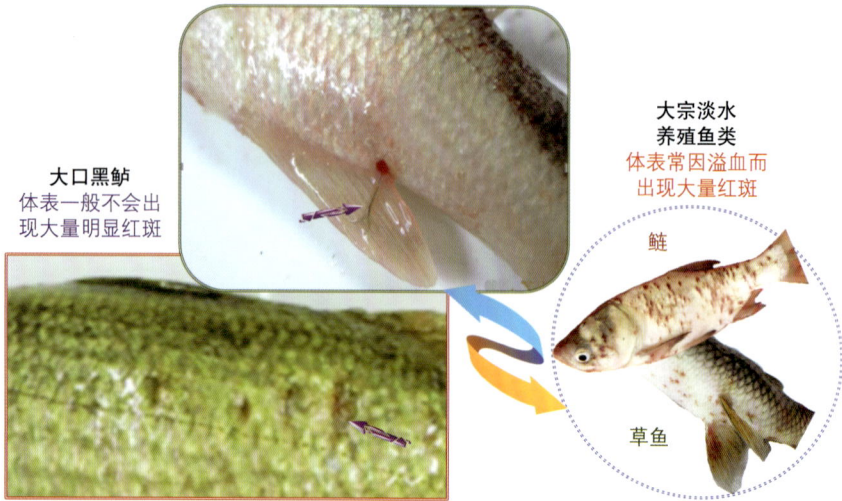

大口黑鲈
体表一般不会出现大量明显红斑

大宗淡水养殖鱼类
体表常因溢血而出现大量红斑

鲢

草鱼

图8-11-6　锚头鳋寄生于大口黑鲈体表症状及其与鲢等四大家鱼的比较

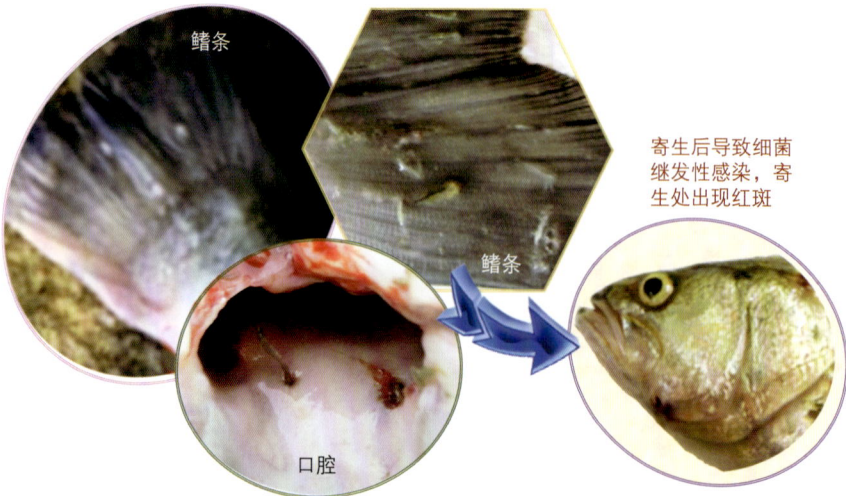

鳍条

寄生后导致细菌继发性感染，寄生处出现红斑

鳍条

口腔

图8-11-7　锚头鳋寄生于大口黑鲈鳍条、口腔，寄生继发细菌感染

【流行与危害】锚头鳋病流行区域较广，几乎我国所有的大口黑鲈养殖区均有发生，但尤以广东、广西和福建等省份严重。该病主要危害鱼种，严重时可致鱼种大面积死亡，但也可对成鱼造成危害，不仅影响其生长和繁殖，还可导致其失去商品价值。大口黑鲈锚

头鳋病全年均可发生，流行水温为 12～33 ℃，流行季节主要为夏季。

锚头鳋寄生到鱼体后，需经"童虫""壮虫""老虫" 3 个形态（图 8 - 11 - 5），通常夏天平均寿命约 20 d，春季 1～2 个月，冬季可长达 5～7 个月。锚头鳋雌虫在寄生部位形成头角，并迅速拉长虫体，成熟后产卵。在养殖池塘中发生该病后，具有较高的感染率。

【诊断方法】根据临床症状，在鱼体表肉眼见胸部细长，不分节，尾部较短，有 1 对卵囊虫体，同时在显微镜下观察到虫体头部形似铁锚的几丁质头角，即可确诊（图 8 - 11 - 8）。

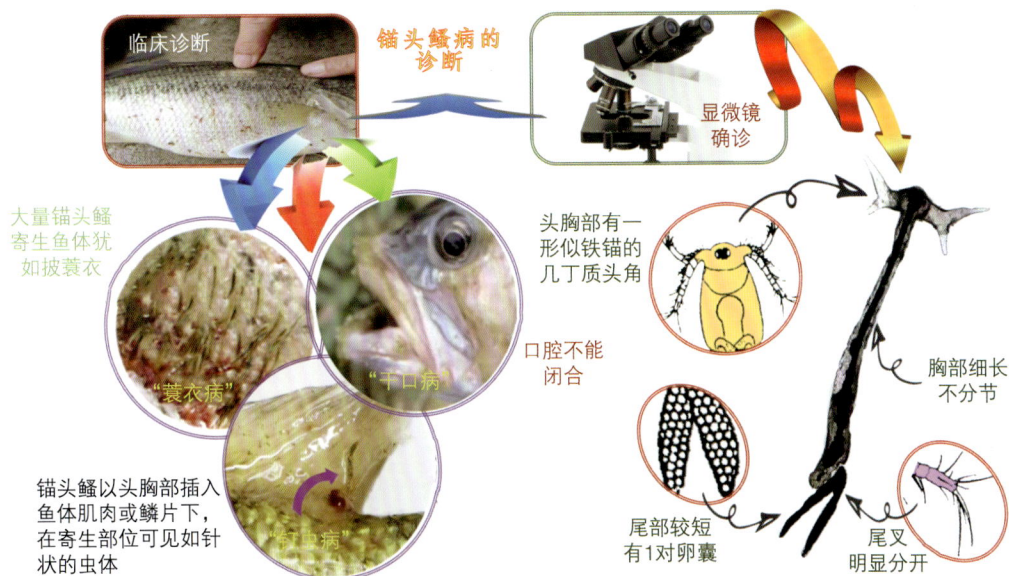

图 8 - 11 - 8　大口黑鲈锚头鳋病的诊断

【防治措施】用生石灰彻底清塘，放养用高锰酸钾药浴鱼种（每立方米水体 10～20 g 约 15 min）可预防该病。治疗可用精制敌百虫粉（每立方米水体 0.18～0.45 mg）或马尾松叶（每亩水深 1 m 用 15 kg 捣汁）全池泼洒，连续 2～3 次，每隔 5～7 d 1 次。此外，也可用 2%氯化钠与 3%碳酸氢钠混合液浸浴病鱼。

十二、鲺病（arguliosis）

【病原或病因】病原是鲺（*Argulus* spp.），属鳃尾亚纲（Branchiura）鲺科（Arguli-dae）。常见的种类有：日本鲺（*A. japonicus*），寄生于草鱼、青鱼、鲢、鲤、鲫、鳊等鱼的体表和鳃，活体淡灰色，背甲近圆形，腹叶末端钝圆，两侧叶不重叠；中华鲺（*A. chinensis*），寄生于乌鳢、鳜等鱼的体表，活体深褐色，全身散布着许多深褐色的小圆斑点，腹部盾形，肛窦中央裂，呈三角形；大鲺（*A. major*），寄生于草鱼、鲢、鳙的体表，背甲椭圆形，腹部两腹叶外半部呈橄榄绿色，内半部为橘橙色，两色相映非常鲜艳（图 8 - 12 - 1）。寄生于大口黑鲈的种类目前尚不清楚。

鲺个体较大，肉眼可见，身体扁平，如臭虫样。身体分为头胸、胸、腹 3 部分。头胸部有宽大的盾状背甲，前部有复眼 1 对，复眼下有吸盘 1 对；胸部第 1 节与头部愈合，有游泳足 4 对，双枝型；腹部不分节，分成左右 2 腹叶（图 8 - 12 - 2）。

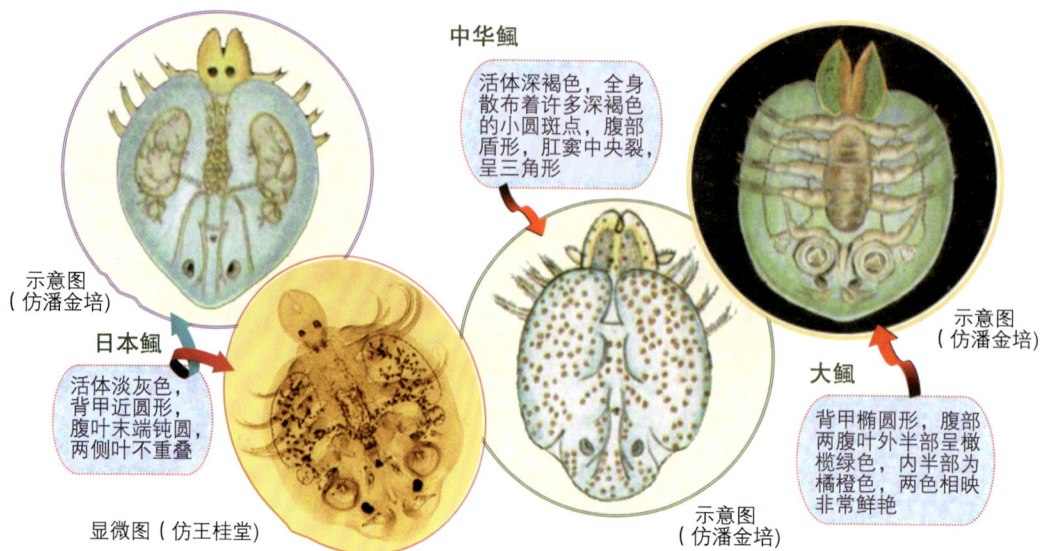

中华鲺

活体深褐色，全身散布着许多深褐色的小圆斑点，腹部盾形，肛窦中央裂，呈三角形

活体淡灰色，背甲近圆形，腹叶末端钝圆，两侧叶不重叠

示意图（仿潘金培）

日本鲺

示意图（仿潘金培）

显微图（仿王桂堂）

示意图（仿潘金培）

大鲺

背甲椭圆形，腹部两腹叶外半部呈橄榄绿色，内半部为橘橙色，两色相映非常鲜艳

图 8-12-1　几种常见鲺的种类

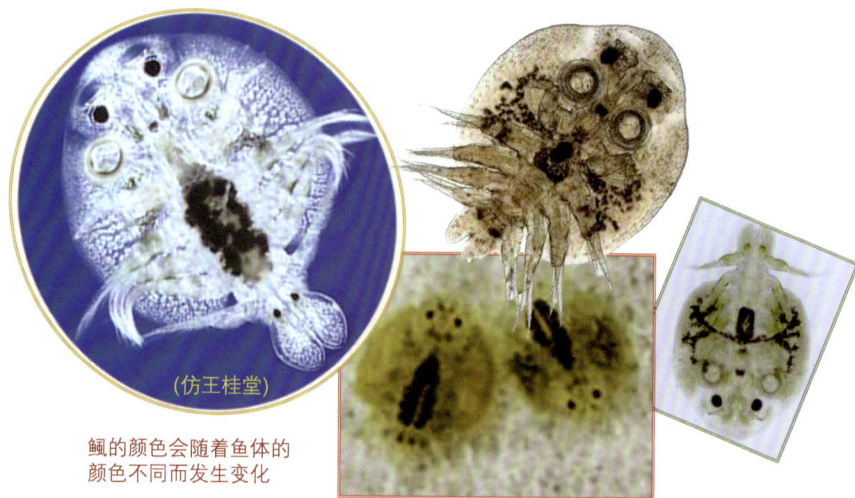

(仿王桂堂)

鲺的颜色会随着鱼体的颜色不同而发生变化

图 8-12-2　鲺的形态

　　鲺的成虫、幼虫均营寄生生活。鲺每次产卵数十粒到数百粒，不形成卵囊，直接产在水中的植物、石块、螺蛳壳、竹竿及木桩上，遇水后卵立即牢牢粘在附着物上。刚孵出的幼鲺，虫体很小，体长只有 0.5 mm 左右，体节、附肢的数目与成虫相同，唯发育程度不同而已。蜕皮 6～7 次后即发育为成虫。鲺的幼虫与中华鳋、锚头鳋的不同，孵出后需立即找寻寄主，在平均水温 23.3 ℃时，如 48 h 内找不到寄主即会死亡。幼鲺多寄生在寄主的鳃、鳍，待吸盘形成后，才转移寄生到寄主体表等其他部分（图 8-12-3）。

　　【临床症状】鲺主要寄生于鱼体表，似钯钉般吸附在鱼体上，刺伤或撕破鱼的皮肤，以鱼组织细胞、黏液及血液为食，其分泌物还能刺激鱼体，导致病鱼烦躁不安，群集水面跳跃

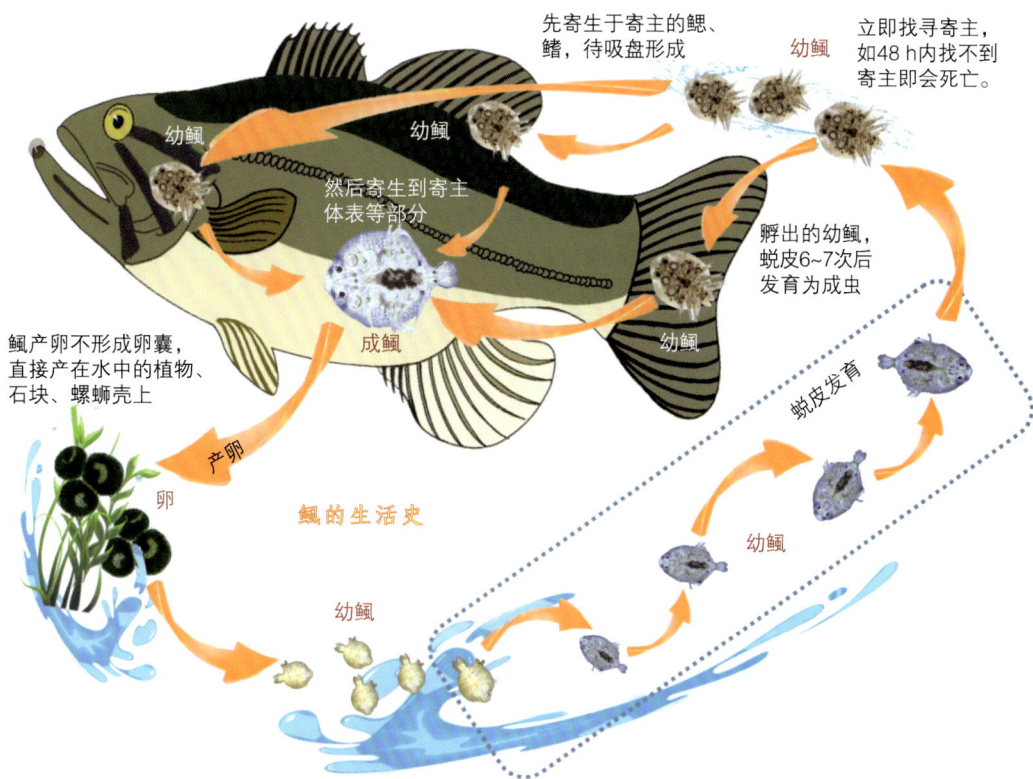

先寄生于寄主的鳃、鳍，待吸盘形成

立即找寻寄主，如48 h内找不到寄主即会死亡。

幼鲺

幼鲺

幼鲺

然后寄生到寄主体表等部分

孵出的幼鲺，蜕皮6~7次后发育为成虫

成鲺

幼鲺

鲺产卵不形成卵囊，直接产在水中的植物、石块、螺蛳壳上

蜕皮发育

卵

产卵

蜕皮发育

鲺的生活史

幼鲺

幼鲺

图8-12-3 鲺生活史示意图

或者狂游，有时也会将尾鳍的上叶露出水面，在水面四处游动（图8-12-4、图8-12-5）。由于鲺寄生，导致鱼体消瘦，极易诱发细菌继发性感染，造成成鱼死亡。

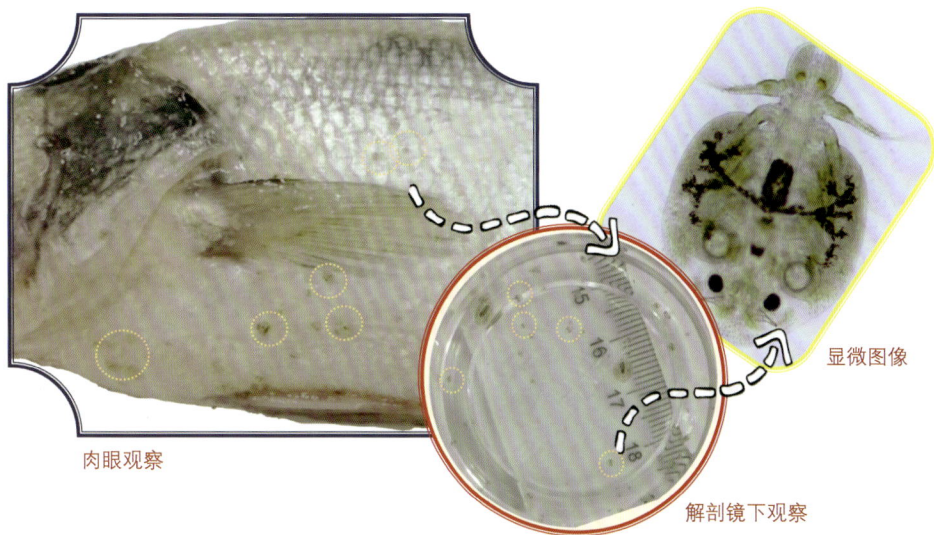

肉眼观察

解剖镜下观察

显微图像

图8-12-4 寄生于大口黑鲈体表的鲺

（引自活宝源公司）

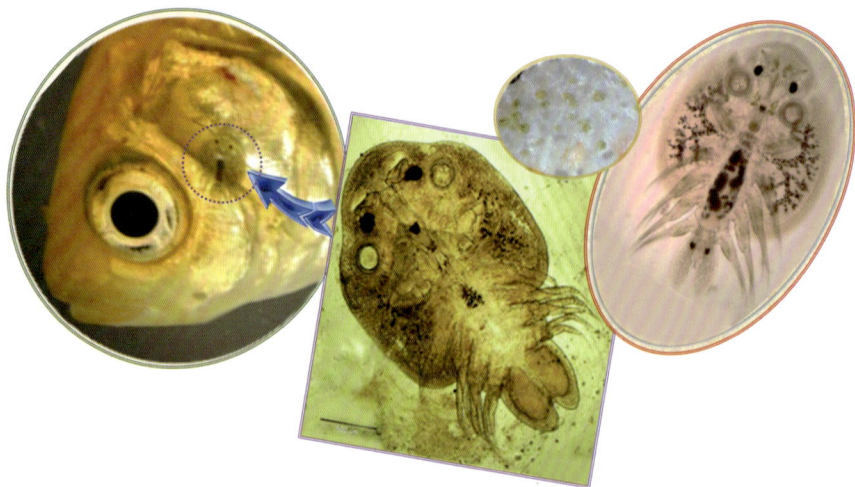

图 8-12-5　寄生于大口黑鲈头部鳃盖上的鲺

【流行与危害】鲺对宿主有一定的选择性，但并不严格，在鱼苗、鱼种、成鱼阶段都有寄生，但对苗、种的危害最大，可导致大量死亡。鲺病在我国各地都有发现，但以广东、广西、福建最为常见。全年均有流行，一般流行高峰在6—8月。

【诊断方法】仔细观察病鱼体表（或鳃、鳍），肉眼如见患病鱼有身体扁平、如臭虫大小的虫体，进一步用体视显微镜进行活体检查（需滴加清水），如果虫体形态与鲺相符，即可确诊。要确定为哪一种鲺，可根据图 8-12-1 所示的形态特征进行判定。此外，需注意的是鲺的颜色会随着鱼体的颜色不同而发生变化。

【防治措施】生石灰带水清塘（每亩水深 1 m 用量 25～30 kg）可杀灭水体中的成虫、幼虫和卵；每立方米水体用 0.18～0.45 mg 敌百虫粉全池泼洒，可防治该病。

十三、钩介幼虫病（glochidiumiasis）

又名"红头白嘴病"（red head and white mouth disease）。

【病原或病因】病原为背角无齿蚌（*Anodona woodiana*）、杜氏珠蚌（*Unio douglasiae*）等淡水双壳类的幼虫（glochidium）。虫体体长 0.26～0.29 mm，高 0.29～0.31 mm，略呈杏仁形，但不同角度观察形状有所差异。幼虫具双壳，两壳之间有发达的闭壳肌，可借助双壳的开闭而游泳。壳的游离端（侧缘）有鸟喙状的钩，钩上排列着许多小齿，故名为钩介幼虫。体背有 2 片几丁质壳，每瓣壳片腹缘中央有背缘韧带相连。从侧面观，可见闭壳肌和 4 对刚毛以及闭壳肌中间 1 根细长具黏性的足丝。壳侧缘生刚毛，具感觉作用。幼虫有口无肛门（图 8-13-1、图 8-13-2）。

蚌的受精和发育在母蚌的外鳃腔中进行，

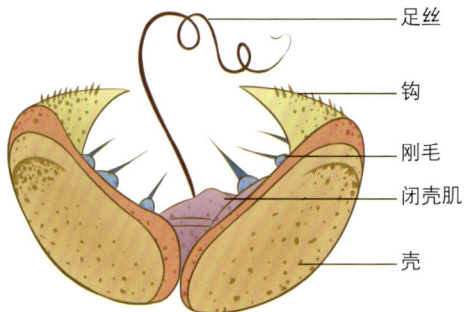

图 8-13-1　钩介幼虫形态与基本构造（模式图）

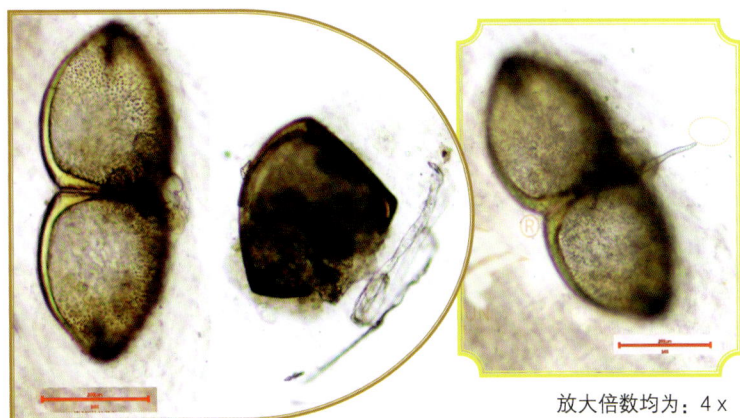

放大倍数均为：4×

图 8-13-2 钩介幼虫的显微形态

受精卵由母体鳃瓣分泌的黏液固着，不会随着水流排到体外去。发育成小幼虫后，不再依赖母体分泌的黏液粘在鳃瓣上，而是用自己的长鞭毛缠绕在鳃条上。受精卵经过囊胚期、原肠期，成熟后变成钩介幼虫，然后通过蚌的排水孔排出体外，落在水底或在水流中悬浮，遇到鱼类时就用它贝壳侧缘的钩钩在鱼类的鳃或鳍上，这时鱼类因受到钩介幼虫的刺激，很快形成一个胞囊，把幼虫包起来，于是幼虫便开始了它的寄生生活（图 8-13-3）。

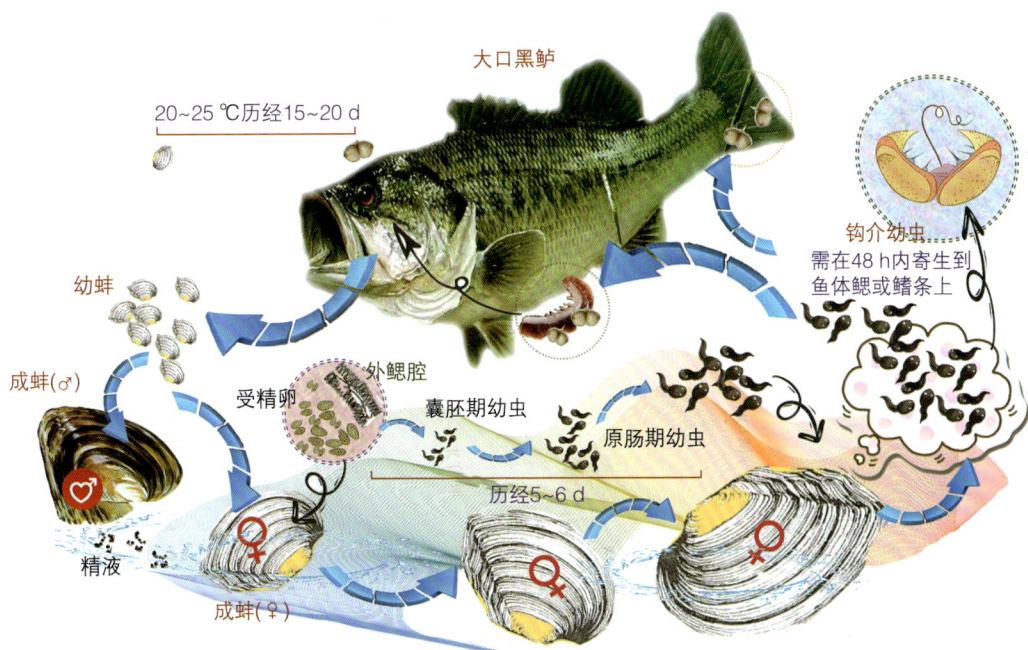

图 8-13-3 蚌（钩介幼虫）生活史示意图

【临床症状】钩介幼虫用足丝黏附和用壳钩钩于大口黑鲈的鳃和鳍条，吸取其营养，在鱼体上进行变态，当其完成变态后，就从鱼体上脱落下来，形成幼蚌。寄生后鱼体受到刺激，会引起周围组织发炎、增生，逐渐将幼虫包在里面，形成胞囊。一般情况，成鱼寄生几十个钩介幼虫，仅会对其游泳和摄食有影响，不会产生较大的危害。但对 3 cm 以下的夏花，则会产生较大影响，特别是寄生在嘴角、口唇或口腔内，可使鱼苗或夏花丧失摄食能力而饿死；寄生在鳃上，因妨碍呼吸，可导致窒息死亡，并使病鱼头部出现红头白嘴现象，故俗称为"红头白嘴病"，导致病鱼萎瘪而死（图 8-13-4、图 8-13-5）。

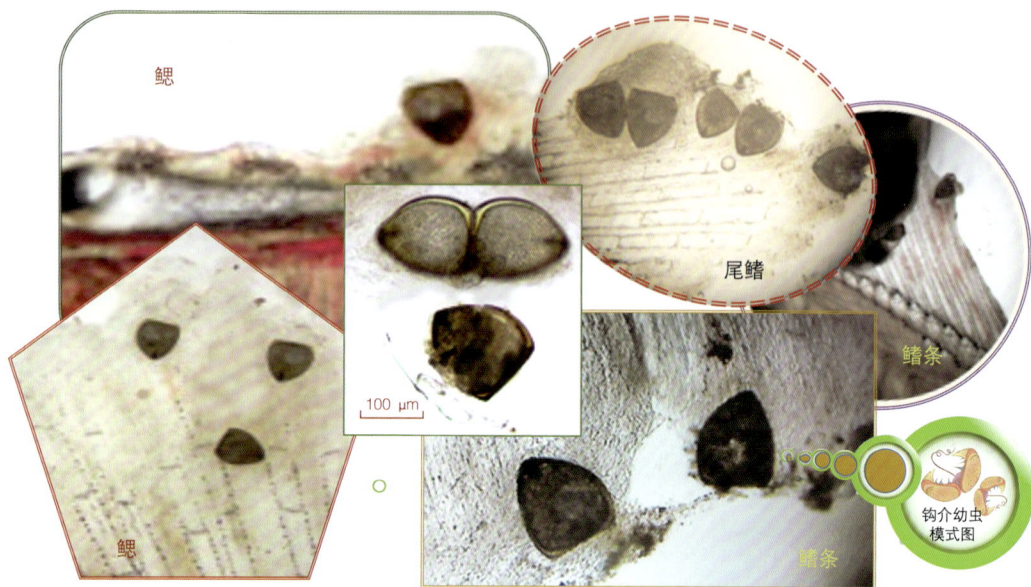

图 8-13-4　寄生于鱼体鳃、鳍条上的钩介幼虫

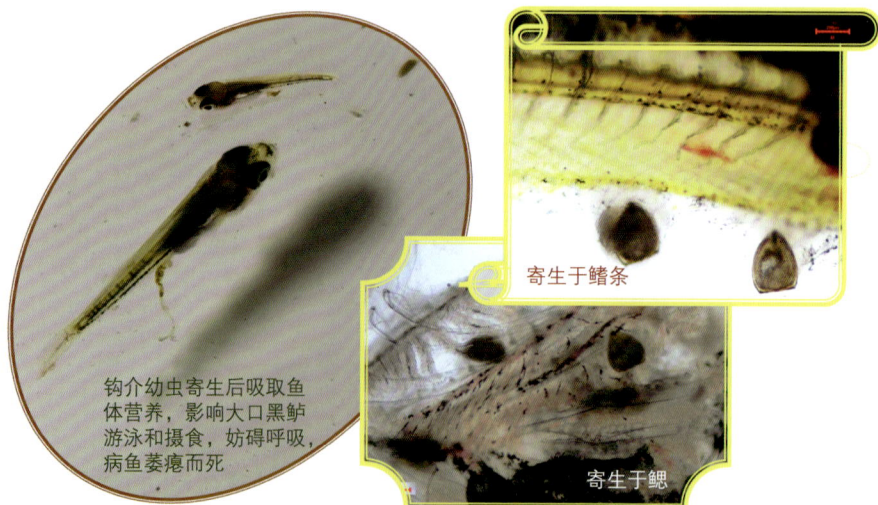

图 8-13-5　寄生于大口黑鲈的钩介幼虫妨碍鱼体呼吸、夺取营养导致窒息或萎瘪死亡

【流行与危害】该病主要危害鱼苗、鱼种，流行季节主要为蚌繁殖季节，春末夏初鱼苗和夏花饲养期间。

一只较大的蚌可以产 300 万个卵，一个鱼体可以容 3 000 个钩介幼虫寄生。一般钩介幼虫寄生对成鱼无显著影响，但可造成鱼苗、鱼种的死亡。

【诊断方法】根据流行病学、外表病症（肉眼可见病鱼鳍、鳃上有许多白色小点）可进行初步诊断；取包囊在解剖镜下检查，若见到的虫体符合钩介幼虫的形态特征，即可确诊。

【防治措施】用生石灰（每亩用 40～50 kg）或茶饼彻底清塘杀灭池塘中的河蚌，也可用精制敌百虫粉（每立方米水体 0.2～0.3 g）全池泼洒。在鱼苗、鱼种培育池内不混养蚌类，如附近有河蚌育珠池塘，进水须过滤，避免钩介幼虫随水带入养殖池。在发病初期，将病鱼转到没有蚌类的鱼池饲养，以控制该病的发生。

第九章 PART NINE

大口黑鲈非病原性疾病

一、萎瘪病（withered disease）

又称营养不良病（cacotrophia）。

【病原或病因】发生该病的原因是饵料生物缺乏或饵料转换不当，导致鱼体营养不良、生长发育迟缓。有时也因放养密度过大，管理不善（如筛鱼不及时、方法不合理，较小的鱼除了被残食外还无法获得足够饵料），水体交换量小，饵料生物严重不足，或因清塘不彻底、进水时过滤不完全导致大量野杂鱼类进入池塘，掠夺了大口黑鲈的饵料，导致其营养不良而生长缓慢。

【临床症状】病鱼头大体小，尾柄上翘，眼球突出；脊柱发硬不能自由弯曲，呈"弯体"现象；背部两侧肌肉收缩下陷，薄如刀刃，两侧肋骨可现，肌肉无活力；鳃丝苍白，并伴有严重的贫血现象。剖检可见肝呈淡黄色或灰黄色，有色斑；胆囊轻度肿大；肠无食或仅后肠有食，黏液较多，肠内有气泡，肠壁充血；个别病鱼有腹水（图9-1-1、图9-1-2）。

> 病鱼干瘪枯瘦，体色发黑，体呈"弯体"现象；背部薄如刀刃，两侧肋骨可现，肌肉无活力

> 病鱼体黑、枯瘦

图9-1-1 干瘪枯瘦、体色发黑的病鱼

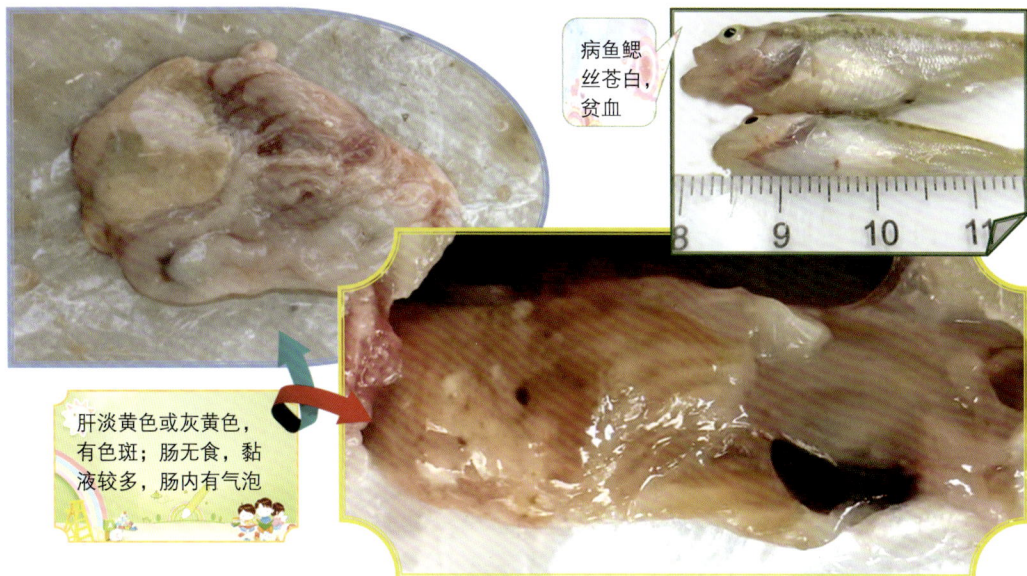

病鱼鳃丝苍白，贫血

肝淡黄色或灰黄色，有色斑；肠无食，黏液较多，肠内有气泡

图9-1-2 病鱼贫血，肝灰黄，空肠空胃

若病鱼体质较差，越冬前可能仅有轻度体型变化，但越冬后症状会非常明显。

【流行与危害】该病多发生于鱼种培育阶段，秋季产卵繁殖的鱼种最为常见。高密度混养鱼塘若搭配品种或比例不当，投饵不足，水质过瘦也极易造成该病发生（图9-1-3）。此外，越冬前鱼个体太小，体内脂肪积累太少，耐低温能力差，也会引起该病发生。该病各大口黑鲈养殖地区均有发生，秋末、冬季为主要发病季节。发病后鱼种的成活率低，越冬和停食时间越长，死亡率越高。

投饵时水面无主养大口黑鲈摄食

投饵台前聚集大量的套养鱼或野杂鱼抢食饵料

图9-1-3 因套养品种或比例不当或野杂鱼过多导致大口黑鲈苗种不能正常获得饵料

【诊断方法】在排除病原体感染后，根据鱼体的外形以及养殖的情况分析确诊。

【防治措施】彻底清塘，池塘进水把好过滤关，避免带入野杂鱼鱼苗或鱼卵。若发现野杂鱼大量繁殖，可在投饵台周围设置小型刺网，进行捕捞，减少野杂鱼的数量。合理的搭配比例及放养密度，在鱼苗下塘前培肥水质，以确保大口黑鲈开食后有充足的生物饵料。在转食阶段投喂粒径合适、营养充足适口的饲料，确保大口黑鲈成功转食。注意筛鱼和及时分池（箱）按规格饲养。秋繁苗强化培育，入冬前获得较强体质过冬，对于体弱苗移至室内培育（图9-1-4）。

图9-1-4 萎瘪病的防治措施

二、黄体病（corpus luteum disease）

又名黄身病（corpus luteum disease）、脂肪肝（fatty liver）。

【病原或病因】投喂变质的冰鲜鱼和低质或保存不当的配合饲料，导致大口黑鲈维生素E缺乏，均可能是该病发生的原因。

除了配合饲料中维生素E的添加不合理外，引起饲料维生素E缺乏的原因主要是：①饲料中不饱和脂肪酸含量过高，其氧化速率随含量增加而加快，加大了维生素E的消耗；②饲料中不均衡添加的氧化油脂及铜、铁、锰等微量元素促进维生素E氧化，破坏饲料中或鱼体本身所获取的维生素E；③某些因素影响了机体对维生素E的吸收，如硒缺乏等；④因饲料原料使用过多的劣质稿秆、块茎、干草等，使其维生素E含量不足；⑤饲料加工过程中粉碎、碾磨、蒸汽调质、制粒和膨化干燥等工艺加速维生素E的破坏，使其含量下降；⑥饲料储存方法不当，如将其放置在潮湿、高温和强光环境中，因饲料霉变或高温强光照射加速维生素E氧化（图9-2-1）。

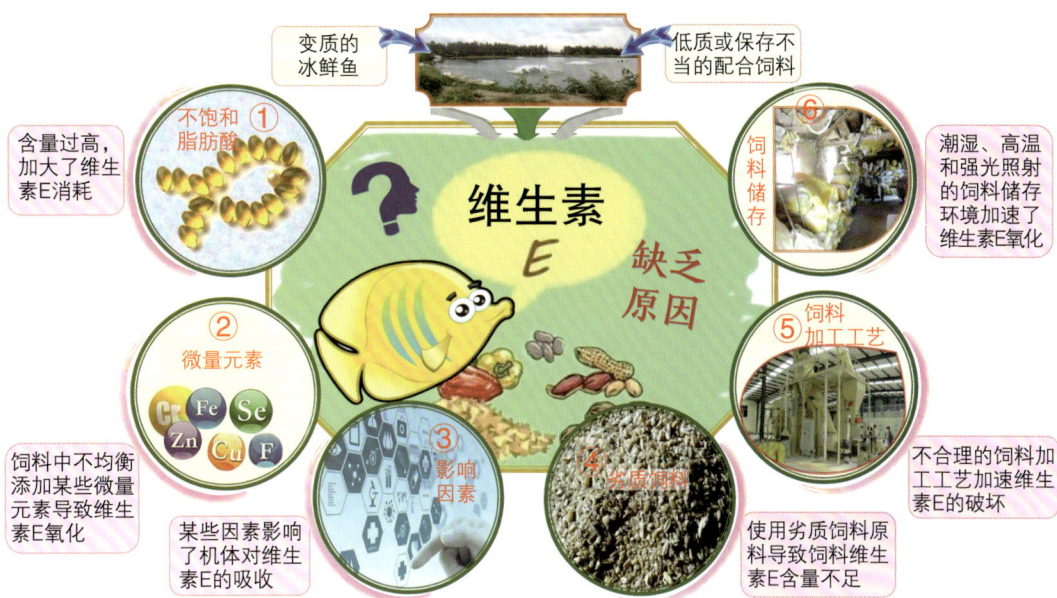

图 9-2-1 维生素 E 的缺乏或不足是黄体病发生的主要原因

【临床症状】患病鱼肝、脂肪变性，肝肿大、硬化，颜色发黄且有弹性，导致体表颜色变黄，躯体呈"黄体""黄身"症状，有类似"橡皮"一样的弹性是该病主要症状。此外，也有个别鱼眼球单侧或双侧略微外突，肌肉萎缩变薄，呈刀刃状，有"瘦背"的特征，个别尾部脊柱向上或向内弯曲（图 9-2-2、图 9-2-3）。剖检，除肝病变外，也见脂肪发黄，其他内脏器官色泽暗淡，无光泽，但无明显其他病变症状。病鱼有腹水，个别的心脏扩张，心外膜出血。某些体色呈浅黄色或略显黄色的病鱼，肝病变的程度也相对较轻（图 9-2-4）。

图 9-2-2 体色发黄、呈现"黄体""黄身"是该病主要症状

肝脂肪变性，肝肿大、硬化，呈棕黄色，具弹性；胆囊异常肿大

脂肪发黄，肝土黄色

病鱼有腹水，心脏扩张，心外膜出血；内脏器官色泽暗淡，无光泽

图 9-2-3　病鱼肝脂肪发黄，内脏器官无光泽

肝呈暗棕色，异常肿大

体色呈浅黄或略显黄色的病鱼，肝病变的程度相对较轻，脂肪发黄，腹腔充满腹水

图 9-2-4　体色呈浅黄色的病鱼，肝虽发黄程度较轻，但仍有病变

【病理学特征】肝肿大、硬化，脂肪变性、空泡化，肝细胞固缩，纤维细胞增生，形成肉芽肿，是该病主要的病理学特征，常称为脂肪肝和脂肪肝后期肝坏死，或"肝硬化"，也有人将该病称为"肝脂肪代谢障碍"（图 9-2-5）。

"黄体"可能是肝严重病变后，胆汁进入血液循环，引起体色发黄，类似于人医上的"黄疸性"肝炎。

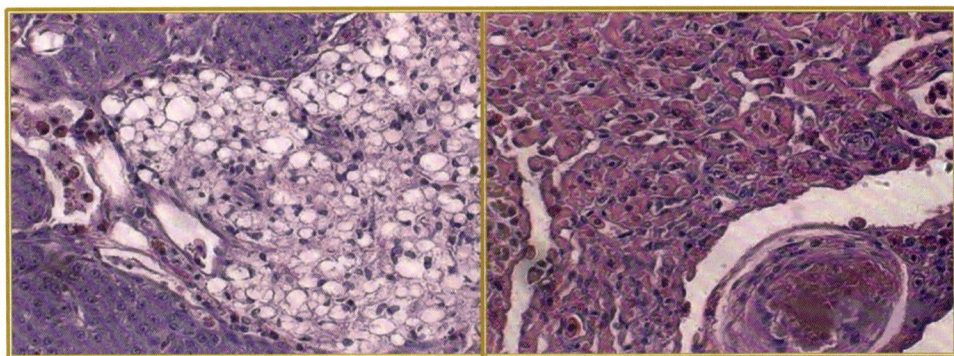

肝脂肪变性、空泡化，肝细胞固缩、坏死，纤维细胞增生，形成肉芽肿，常称为"肝硬化"

图 9-2-5 患黄体病病鱼肝的主要病理变化

（引自广州利洋）

【流行与危害】 该病常发生于长期投喂变质冰鲜鱼和低质配合饲料的养殖池塘，以体重 100 g 左右的鱼种或 400 g 左右的中成鱼常见。

由于营养代谢受阻，饲料利用率降低，影响了鱼的生长，出塘时一般患该病的大口黑鲈规格较正常鱼小；同时，对鱼的外观品质也有影响。此外，该病也会影响鱼体的免疫力和抗应激能力，因此在饲养阶段容易发生其他病害，在起捕和运输时也会因抗应激能力弱导致鱼的死亡，影响运输和销售，造成间接的经济损失（图 9-2-6）。

图 9-2-6 大口黑鲈黄体病的危害

【诊断方法】 在排除因病原因素造成疾病的可能后，根据鱼体的外观症状、肝的病变以及饲料与投饲的情况可以做出诊断。

【防治措施】 选择质优、营养完全的配合饲料是防治该病发生的一个重要措施。此外，适量投喂，避免过度，以免鱼类摄入过量的糖类，因不能完全利用转化为脂肪，脂肪在肝中沉积而形成脂肪肝。

用肉碱、大蒜粉以及多种维生素等抗脂肪肝活性因子的保肝药物拌饲投喂，促进脂肪代谢功能，减少脂肪积累是预防该病发生的措施之一。此外，慎用杀虫、消毒等药物，避免某些重金属离子的蓄积破坏细胞的正常功能，导致脂肪代谢失衡。

发现有黄体症状后，在配制饲料时，适当补充外源性维生素 E（混饲，每千克饲料 20～40 IU），以满足鱼类对维生素 E 的需要，缓解症状和病情。

三、血窦（sinusoid）

【病原或病因】该病主要是因热应激引起的代谢性障碍疾病。

【临床症状】病鱼体表基本完好，体表无黏液，由于色素较少色泽暗淡，反光性差；病鱼无明显游边症状。剖检可见肝肿大或萎缩，发白或发黄。在围心腔或鳃腔中有 1 个或几个较大的血窦，鳃腔出现血窦的病鱼鳃丝鲜红。喂料或受强烈刺激后，病鱼会立即翻肚死亡（图 9-3-1、图 9-3-2）。

病鱼体表完好，色素少，色泽暗淡，反光性差，体表无黏液

鳃腔出现血窦，鳃丝鲜红

图 9-3-1 病鱼鳃腔出现血窦，体表色泽暗淡

肝略肿大，发黄或发白，有血泡

围心腔有 1 个或几个较大的血窦

图 9-3-2 病鱼围心腔出现血窦，肝肿大，发黄

【病理学特征】血窦是血液在空隙流过所形成的，实际上是一种窦状毛细血管，故有人将此病称为窦状毛细血管病。毛细血管分为3类：连续毛细血管、有孔毛细血管和血窦。相对其他毛细血管，血窦一般管腔较大、管壁较薄、形状不规则、内皮和细胞间的间隙较大。部分血窦内皮细胞有窗孔，内皮下基膜可能连接，也可能不连接，甚至是缺如。一般情况下它是一种正常的生理结构。血窦主要分布于脾、肝、骨髓，以及内分泌腺中，不同器官的血窦结构差别较大。大口黑鲈的血窦大部分出现在围心腔中，也有些出现在鳃腔，可能是一种静脉窦，可发生血栓。这种静脉窦血栓，会阻塞或压迫相应器官或组织，影响了其正常生理功能，成为一种毛细血管的疾病（图9-3-3）。

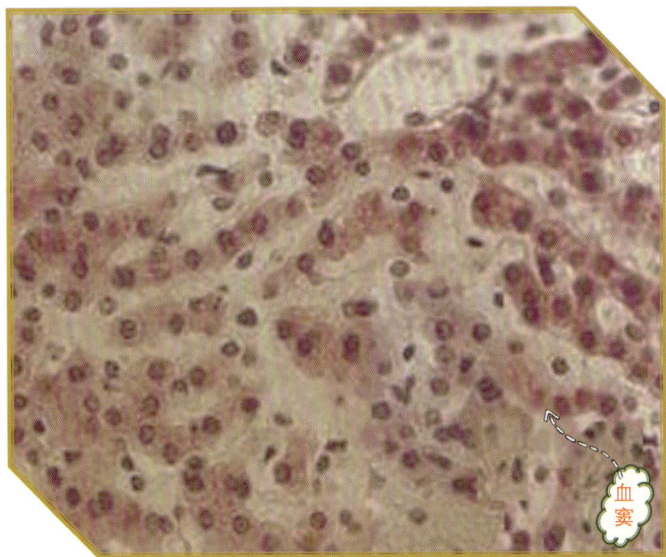

血窦

图9-3-3 管腔较大、管壁较薄、形状不规则的血窦

【流行与危害】血窦病常发生于6—9月的高温季节，是大口黑鲈养殖过程中一种常发病。该病主要危害200 g左右的中成鱼。高温季节发病率较高，且发病较急，发病后可造成较高的死亡率。如使用刺激性药物或不合理的操作则会导致病情恶化，出现大量死亡。夏季患过虹彩病毒病或喂料过猛的塘口，极易诱发该病。

【诊断方法】病鱼体色暗淡，有白肝或黄肝症状，鳃腔或围心腔中发现棕黑色、类似血泡的血窦，则可确诊。

【防治措施】在高温季节防止应激，避免过度投喂是预防该病的一个重要措施。定期投喂保肝护肝以及清热解毒类的药物，可防止血窦产生。

疾病发生后，一方面内服抗凝类的药物，如亚硫酸氢钠甲萘醌粉，即维生素K，一次量（以本品计），每千克饲料2 g，以及保肝护肝类药物；另一方面控制饲料的投喂。必须注意的是：忌用刺激性大的消毒剂（如漂白粉、二氧化氯等），也不要内服抗菌类药物。此外，蒲甘散等清热解毒类的中草药对缓解病情有一定作用，用法是：拌饲投喂，一次量（以本品计），每千克体重0.3 g，每天1次，连用3～5 d（图9-3-4）。

图 9 - 3 - 4　血窦的防治

四、气泡病（bubble disease）

又称为气泡损伤（gas bubble trauma，GBT）。

根据水体中总气体压力（TGP）的大小可将气泡病分为急性气泡病（acute gas bubble disease）和慢性气泡病（chronic gas bubble disease），扣除静水压后前者 TGP 达 125% 以上，或压力差（total over - pressure，ΔP）达到 192 mmHg* 以上，后者不超过 110%（一般为 100%~110%）（Bouck G R，1980）。

【病原或病因】该病发生的原因是水体中气体饱和度快速升高，水体中总溶解气体（total dissolved gases，TDG）（主要是氧气和氮气）过饱和，这些过饱和气体或附着于鱼类体表或被鱼类吞食而形成气泡；它是一种完全由未得到补偿的高压溶解气体引起的，起初在血管和组织里引起损伤，随后引起一系列生理机能障碍（Bouck G R，1980）。此外，气泡病也发生于鱼体内总的气压超过环境气压，使原来溶解在血液或组织液中的气体游离出来，在鱼体内外的某个器官或组织形成气泡。当压力（水体压力、大气压）突然下降、水温突然升高时都可造成气体过饱和的情况。气泡病在某种程度上来说是由水质不良引起的一种非病原性疾病。

诱发大口黑鲈气泡病的环境因素有：①未经曝气的深层地下水直接用于养殖。②冰下越冬池塘。③持续晴天以及阴雨天后迅速升温转晴，水中藻类光合作用增强，产生大量过饱和氧气，且产生速度远大于逸出速度，ΔP 增大到阈值；同时，水温升高导致气体溶解度减小，加快了鱼体组织内过饱和氧气的游离。④大剂量使用杀虫剂、消毒剂或杀藻剂，使水体中浮游动物大量死亡，导致浮游植物大量繁殖，使氧气过饱和。⑤高坝泄流使水因重力产生巨大能量卷入大量空气溶解到水体中，并迅速冲到坝底深处，导致下游河流气体

---

* 毫米汞柱为非法定计量单位。1 mmHg＝133.32 Pa。——编者注

过饱和（图9-4-1）。此外，不光滑的水泥池也可导致气泡病的发生（图9-4-2）。

图9-4-1　水体中总溶解气体过饱和产生原因

图9-4-2　粗糙、不光滑的水泥池也可导致气泡病的发生

【临床症状】水体中过饱和气体主要通过呼吸器官或组织（如鳃丝上皮等）进入体内，从而在体内血管、组织间或消化道内形成肉眼可见的气泡或微小的肉眼不可见的气泡。体内气泡形成后可对大口黑鲈机体造成组织损伤，体外气泡附着于大口黑鲈体表，或存在于消化道，引起其一系列生理机能障碍。

　　该病最常见症状为眼球肿大、突出，眼角膜不透明，常伴有眼眶内和眼球内出血，严重者整个眼球连同眼眶周围皮肤一起突出眼眶，偶见白内障。在鳃丝、眼球后极或鳍条基部等处可见气泡或气柱,体表可见溃疡灶,尾部末端发白。病鱼皮肤组织的病灶主要集中在鱼体血管化程度相当高的部位,如侧线、上颌和鳍条基部等处(图9-4-3、图9-4-4)。剖检病鱼肝和肾可见静脉明显淤血,树枝状的肝静脉清晰可见,有的具脂肪肝(图9-4-5)。气泡病发生后可导致某些病原菌继发感染,出现烂鳃、腐皮、溃烂等症状。患病鱼生长减慢,行为改变。

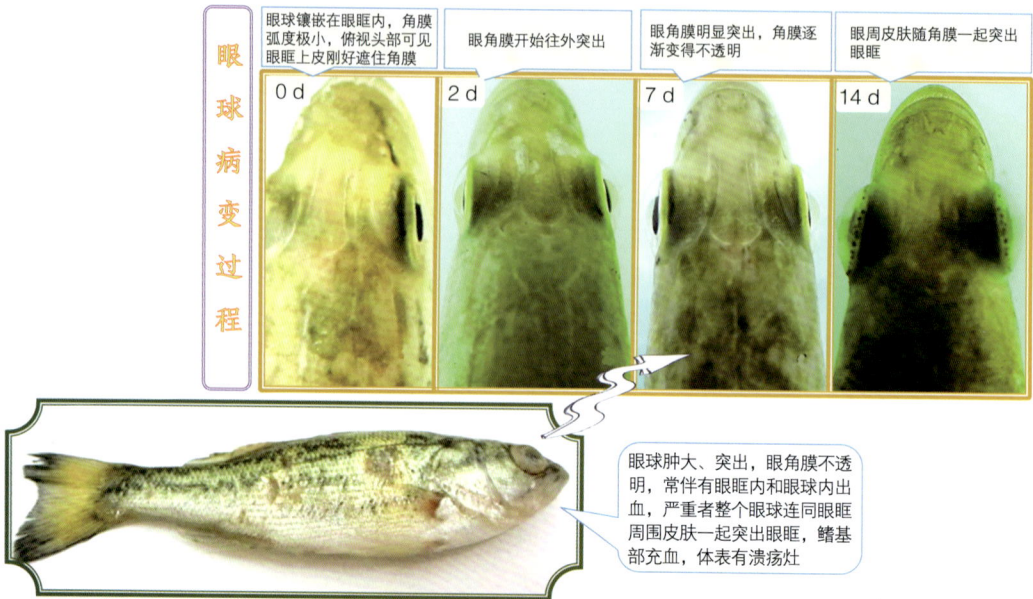

眼球病变过程

眼球镶嵌在眼眶内,角膜弧度极小,俯视头部可见眼眶上皮刚好遮住角膜 **0 d**

眼角膜开始往外突出 **2 d**

眼角膜明显突出,角膜逐渐变得不透明 **7 d**

眼周皮肤随角膜一起突出眼眶 **14 d**

眼球肿大、突出,眼角膜不透明,常伴有眼眶内和眼球内出血,严重者整个眼球连同眼眶周围皮肤一起突出眼眶,鳍基部充血,体表有溃疡灶

图9-4-3 病鱼眼角膜发生病变及其病程进展过程

(引自彭天辉,2013)

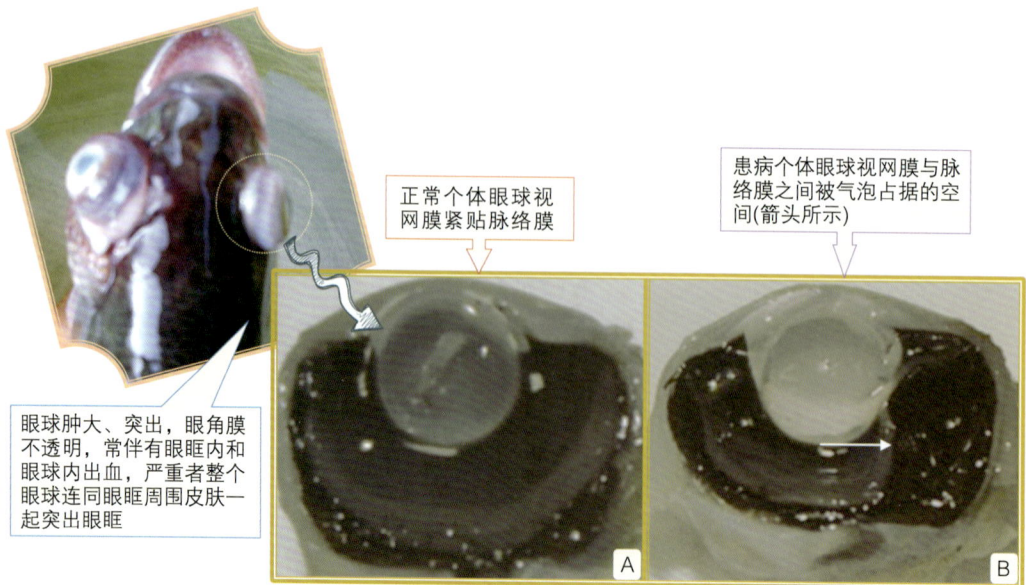

眼球肿大、突出,眼角膜不透明,常伴有眼眶内和眼球内出血,严重者整个眼球连同眼眶周围皮肤一起突出眼眶

正常个体眼球视网膜紧贴脉络膜

患病个体眼球视网膜与脉络膜之间被气泡占据的空间(箭头所示)

图9-4-4 病鱼眼球视网膜与脉络膜之间被气泡挤占导致眼球突出

(引自彭天辉,2013)

图 9 - 4 - 5　病鱼肝和肾症状

　　鱼苗也是气泡病的重要危害对象，患病鱼苗鳍条基部以及身体上出现很明显的气泡，在水中鱼苗沿身体纵轴不停打转，鱼体消瘦，不吃食，以至最终死亡（图 9 - 4 - 6）。

图 9 - 4 - 6　患病鱼苗身躯及尾柄、尾鳍上的气泡

　　【病理学特征】该病的病理学特征主要是细胞空泡化和血细胞变化。具体而言，眼球视网膜与脉络膜脱离，视网膜色素上皮细胞肥大、增生，随后坏死消失；脉络膜丛出血，未成熟红细胞比例增加，成熟红细胞破裂或坏死后形成含铁血黄素沉着物，同时脉络膜丛出现大量被气泡占据的空间；角膜上皮细胞空泡化，角膜血管化（图 9 - 4 - 7）；肝细胞水肿，空泡化严重，部分出现核固缩，少量坏死，肝静脉无血或少血，红细胞数量明显减少，成熟红细

胞坏死后出现含铁血黄素沉着，同时出现炎性细胞浸润，并且未成熟红细胞大量出现，肝细胞细胞核及细胞质均消失，只能见到肝细胞的轮廓，肝细胞索的结构完全消失（图9-4-8）；肾小球与基膜脱离，肾小管上皮细胞空泡变性，肾血窦无血或少血，未成熟红细胞增多、含铁血黄素沉着和炎性细胞浸润（图9-4-9）；肠道微绒毛上皮细胞出现空泡变性，黏膜层、肌层和浆膜均出现被气泡占据的空间（图9-4-10）；鳃丝复层上皮细胞空泡化或严重增生，鳃小片上皮细胞从鳃丝脱落，鳃丝静脉无血或少血（图9-4-11）（彭天辉，2013）。

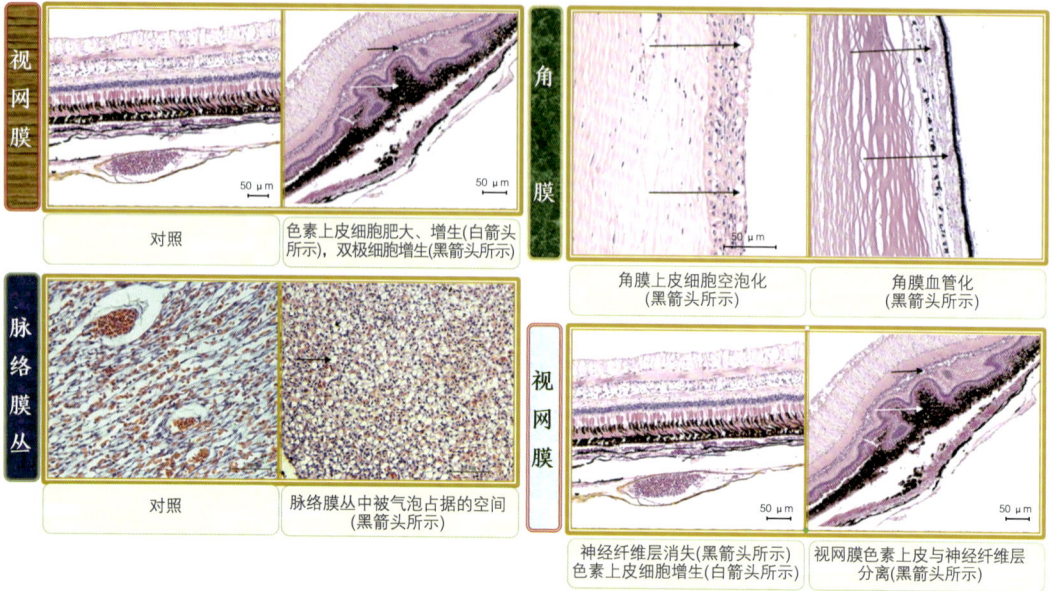

图9-4-7　患病鱼眼球的病理变化

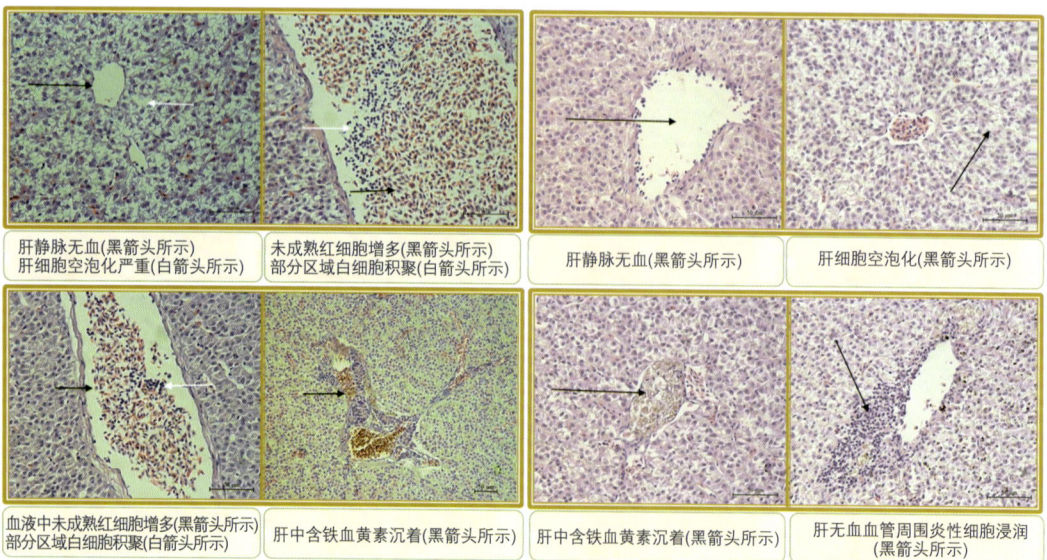

图9-4-8　患病鱼肝的病理变化

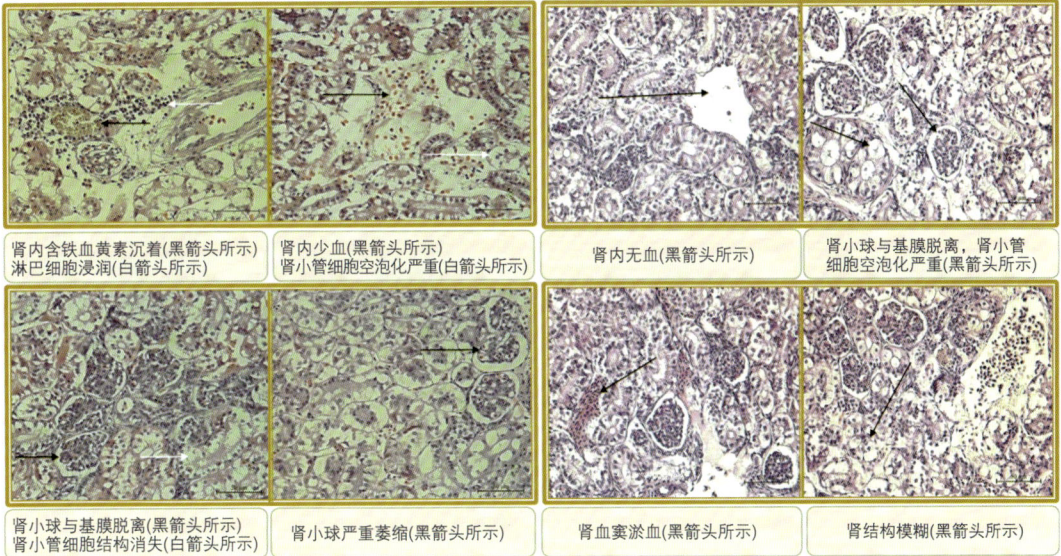

肾内含铁血黄素沉着(黑箭头所示)
淋巴细胞浸润(白箭头所示)

肾内少血(黑箭头所示)
肾小管细胞空泡化严重(白箭头所示)

肾内无血(黑箭头所示)

肾小球与基膜脱离，肾小管
细胞空泡化严重(黑箭头所示)

肾小球与基膜脱离(黑箭头所示)
肾小管细胞结构消失(白箭头所示)

肾小球严重萎缩(黑箭头所示)

肾血窦淤血(黑箭头所示)

肾结构模糊(黑箭头所示)

图 9-4-9 患病鱼肾的病理变化

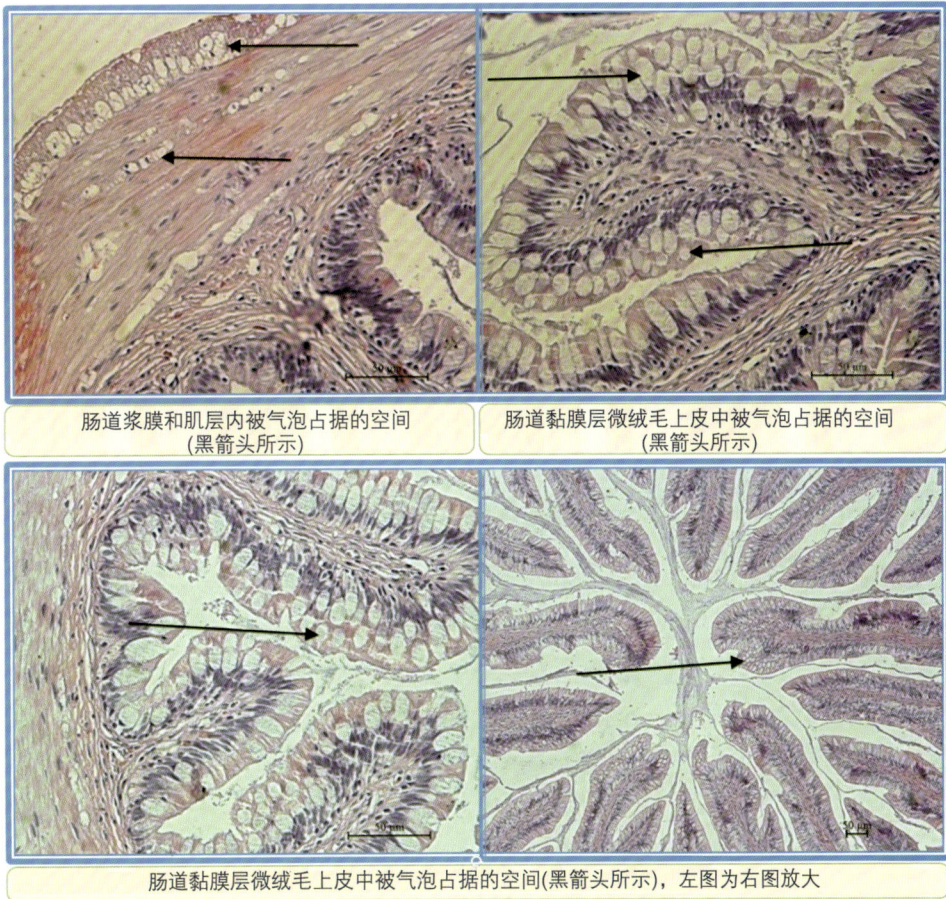

肠道浆膜和肌层内被气泡占据的空间
(黑箭头所示)

肠道黏膜层微绒毛上皮中被气泡占据的空间
(黑箭头所示)

肠道黏膜层微绒毛上皮中被气泡占据的空间(黑箭头所示)，左图为右图放大

图 9-4-10 患病鱼肠的病理变化

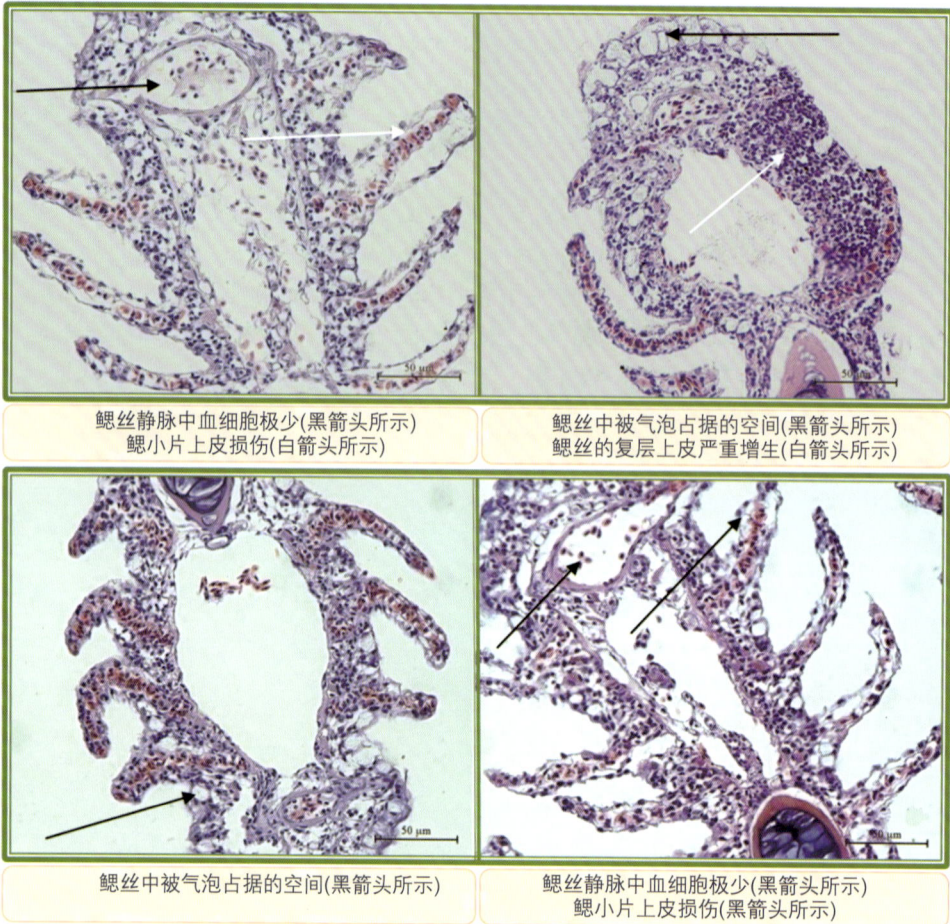

鳃丝静脉中血细胞极少(黑箭头所示)
鳃小片上皮损伤(白箭头所示)

鳃丝中被气泡占据的空间(黑箭头所示)
鳃丝的复层上皮严重增生(白箭头所示)

鳃丝中被气泡占据的空间(黑箭头所示)

鳃丝静脉中血细胞极少(黑箭头所示)
鳃小片上皮损伤(黑箭头所示)

图9-4-11　患病鱼鳃的病理变化

【流行与危害】气泡病是大口黑鲈养殖过程中严重的非病原性疾病之一，它可在短时间内导致大口黑鲈苗种迅速、大量死亡，发病快，死亡率高，发病后较难控制。该病一年四季均可发生，尤以夏季常见，可危害各年龄段的大口黑鲈，特别对仔鱼危害大。随着水温升高，该病发生后病情会加剧，出现大量死亡现象。

气泡病往往在微血管丰富的组织，如眼眶、鳃丝、侧线、鳍条、唇部、皮下等处造成损伤，继发各种微生物病原的感染，如体表溃疡、诺卡氏菌病等，也会因微生物疾病导致气泡病的发生。

【诊断方法】该病可从病因、临床和病理等方面进行诊断。病因方面，水体气体过饱和与鱼体内气压超过水环境气压是导致气泡病发生的根本原因。临床方面，眼球和鳃丝气泡出现时间较早且易于观察，眼眶内气泡产生后往往会导致鱼类突眼，是诊断气泡病的一个显著的临床症状。病理方面，患气泡病具有独特的容易与其他病原性或营养性疾病区分的特征，如血液或各种组织均能见到明显被气泡占据的空间，这一病理特征极易观察到（图9-4-12）。

需要特别注意的是，有些慢性气泡病所产生的是微气泡，不易凭肉眼在体表，如侧线、鳃丝、鳍条、眼睛、皮下等处观察到，但却可在相关部位表现出血、充血、突眼、烂

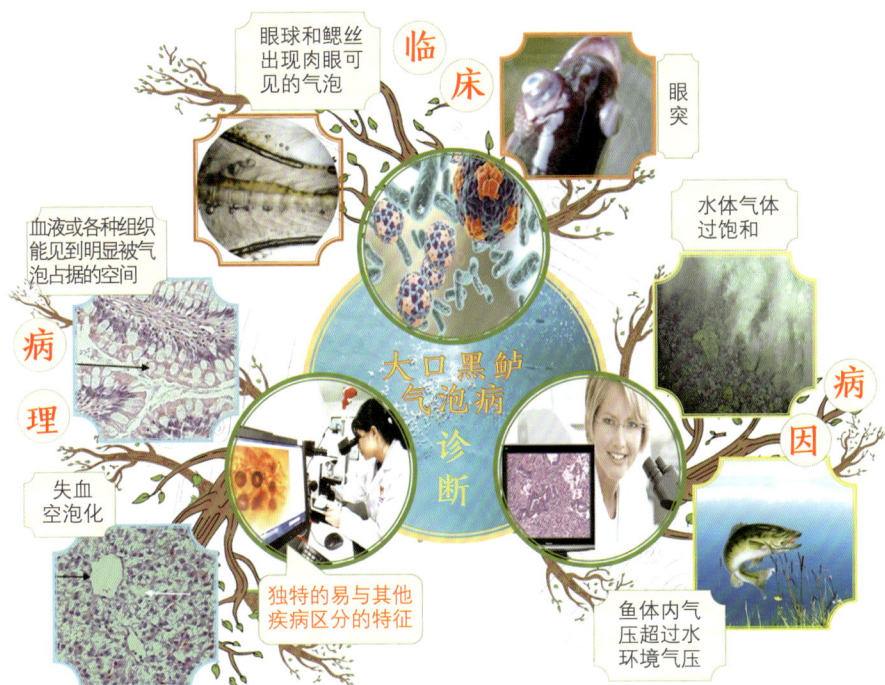

眼球和鳃丝
出现肉眼可
见的气泡

临床

眼突

水体气体
过饱和

血液或各种组织
能见到明显被气
泡占据的空间

病理

病因

失血
空泡化

大口黑鲈
气泡病
诊断

独特的易与其他
疾病区分的特征

鱼体内气
压超过水
环境气压

图 9-4-12 大口黑鲈气泡病可依据病因、临床和病理进行诊断

眼、肌肉白浊、鳃丝肿胀等症状，以及观察到鳔膨大（鱼苗）、眼受损、肠道出现气泡、游泳能力减弱等现象，有的因在肌肉组织出现气泡，会导致体表隆起，这是判断气泡病的依据（图 9-4-13）。慢性气泡病会使大口黑鲈生长缓慢、身体消瘦。

鳃丝内气泡

显微镜观察，可
见鳃丝或鳃丝血
管内有气泡

鳃丝红肿

气栓引起大口黑鲈
鳍条充血、发红

鳃丝血管内气泡

图 9-4-13 大口黑鲈气泡病可从因气泡产生的其他症状进行判断

【防治措施】改善环境是预防气泡病发生的主要措施，以曝气、减少浮游植物数量、降低 TGP 或氧分压为主。晴天午后、雨后天晴、春季突然升温、越冬后期结冰融化等阶段增加增氧机开机频度（图 9-4-14），泼洒表面活性剂，如 20% 的苯扎溴铵溶液，一次量（以有效成分计），每立方米水体 0.10~0.15 mL。预防，每 15 d 1 次；治疗，每 2~3 d 1 次，连用 2~3 次，均可使水体得到充分曝气、防止气泡病的发生。小剂量使用杀藻剂或大量换水可减少水体浮游植物数量而达到降低水体 TGP 目的（Salas-Leiton, et al.，2009）。发病率高的养殖模式和阶段，根据池塘的具体情况使用遮阳网进行遮阳；全池泼洒耗氧量大的好氧菌类微生态制剂也可有效降低水体氧分压，但应注意避免氧分压在短时间内骤降。此外，防治气泡病的同时还应注意预防微生物病原继发感染所造成的疾病。

图 9-4-14　增氧机曝气防止气泡病发生

五、氨氮中毒（ammonia nitrogen poisoning）

又名氨中毒（ammonia poisoning）。

【病原或病因】氨氮主要是含氮丰富而未被摄食的残饵积累产生的，是含氮化合物的主要最终产物和积聚于水体中的重要无机污染物，一方面，它不仅影响水域环境，而且对大口黑鲈的生存状况产生威胁（Prenter et al.，2004）。另一方面，大口黑鲈高密度集约化养殖环境下，投饵量大，高蛋白饲料大量摄入易使鱼体产生代谢负担，影响鱼体自身氨的排泄，导致高浓度的氨氮在体内积累，严重制约鱼体的代谢、生长与存活，造成氨氮中毒。

养殖水体氨氮含量过高的主要原因是：①养殖池底老化，淤积大量有机物；②放养密度过高，投饵量多，鱼体排泄及分泌物污染养殖水体；③养殖水源水质欠佳，养殖使用氨氮严重超标且曝气不完全的地下水；④鱼种过塘前使用未经充分发酵的有机肥，致使水体氨氮升高；⑤池塘排污不彻底（图 9-5-1）。

图9-5-1 养殖水体氨氮含量过高形成原因

①池底老化，淤积大量有机物

放养密度过高，投饵量多，鱼体排泄及分泌物污染水体②

水源水质欠佳，地下水氨氮严重超标且曝气不完全③

施用未经充分发酵的有机肥④

养殖水体氨氮含量过高形成原田

池塘排污不彻底⑤

【临床症状】水体中氨氮一般以非离子氨（NH_3）和离子氨（NH_4^+）形式存在，而对大口黑鲈产生毒害作用的主要是 NH_3，它能导致大口黑鲈摄食量降低、生长缓慢、免疫力差、运动不正常等。

氨氮中毒后病鱼体色发黑或呈黄褐色，体表无光泽，皮肤粗糙（图9-5-2）。病鱼食欲不振。鳃呈褐色或暗红色，鳃丝肿胀，严重充血，血窦数量增多，黏液增多，鳃瓣增生粘连，病鱼不聚群上台摄食，在饲料台下咬食并吐出所咬饲料，饲料转换率下降。严重时，池水呈褐色，池水表面泡沫多，在池边可闻到异恶臭味。病鱼在水面漂游，趴边，

病鱼体色略偏黄

大多数病鱼体表基本正常

病鱼体色发黑

尾柄鳞片脱落，表皮坏死溃烂

图9-5-2 患病鱼体表症状

往往在傍晚前聚集在水的中央，浮于水面呈缺氧状，驱赶，反应敏捷，即散开，但又很快聚集于池中水面。严重时，病鱼几乎不游动，呈竖立状，头向上、躯干向下直立浮游（图9-5-3）。剖检可见鳃部血管有大量气栓，肝红黄无光泽，脾淤血，肝、脾、胆囊肿大，空肠空胃（图9-5-4）。

图9-5-3　患病鱼在水中漂游，直至死亡

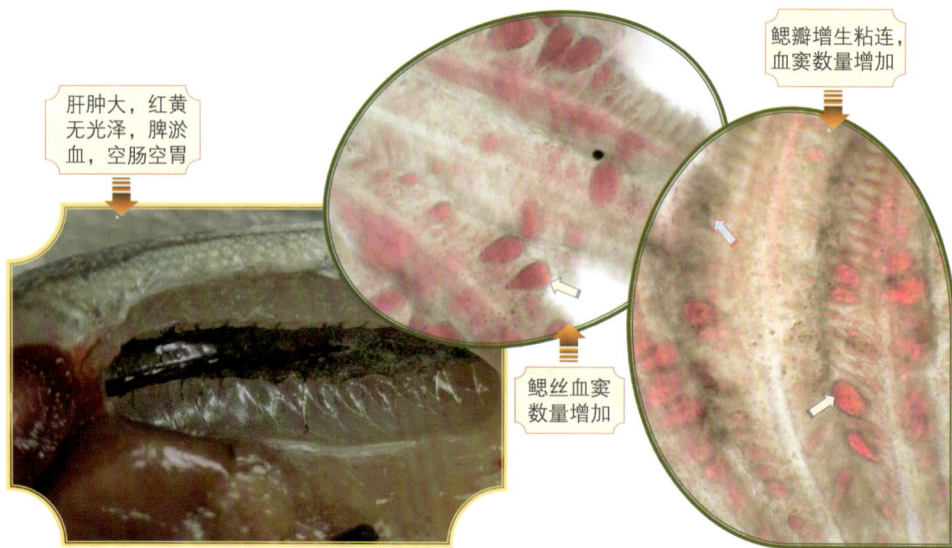

图9-5-4　患病鱼肝脾淤血，鳃瓣增生粘连，血窦数量增加

　　【流行与危害】该病常发生于高密度养殖池，尤其夏秋高温季节会造成急性中毒，冬季多为慢性中毒。水源水质差，水量少，换水率低的养殖池在冬季也易发生。急性中毒易导致大量死亡，慢性中毒一般死亡率低，但会严重影响鱼类摄食，正常生长。养殖水体中的氨氮会破坏大口黑鲈免疫系统，导致免疫力下降造成其他疾病继发性感染。

【诊断方法】根据病鱼症状及水质检测结果进行判断。此外，鳃酸性磷酸酶（ACP）活性，鳃、肠过氧化氢酶（CAT）活性能够准确反映氨氮中毒受损伤程度，可作为判断大口黑鲈氨氮中毒与否的方法（郑洪武等，2020）。

【防治措施】降低放养密度，彻底清塘，加大换水量，高温季节控制投饵量可防止中毒现象发生。出现氨中毒后增加换水量是最快速、最有效的途径。此外，可配合用有机酸或硫代硫酸钠全池泼洒解毒。还可用生石灰，或高锰酸钾，或水质改良剂缓解中毒症状，使用生物制剂（如光合细菌等）也可降低池塘中的氨氮、亚硝酸氮的浓度。

六、缺氧泛池（anoxic and suffocation）

又称窒息（stifle）、浮头（hypoxia）等。

【病原或病因】该病发生的原因主要是水中含氧量较低，而导致大口黑鲈浮头或窒息死亡。浮游动物异常增殖、水中腐殖质富集、池塘"转水"、高温强对流天气以及蓝藻暴发均可消耗水中大量的氧气而导致池塘溶解氧含量迅速降低（图9-6-1）。水温29℃［耗氧率达0.392 mg/(g·h)］、体重（11.87±1.42）g的大口黑鲈幼鱼尤其对溶解氧需求严格，如不慎，极易造成死亡（杨斯琪等，2019）。

图9-6-1 导致池塘中溶解氧含量过低的主要原因

【临床症状】由于水体缺氧，导致大口黑鲈浮于水面呼吸、急剧游动（图9-6-2）；长期缺氧浮头，可使鱼的下唇增生；严重时，鱼在池塘中狂游乱窜，横卧水中，直至死亡。

【流行病学】该病常发生于夏季，尤其是黎明前水中溶解氧含量最低时。池塘底泥较厚或者水质恶化时泛池现象最易出现。载鱼量较大的池塘在气温骤降时，水体垂直对流会引起"转水"，进而导致鱼类缺氧而大量死亡。网箱养殖的大口黑鲈缺氧死亡的现象也时有发生（图9-6-3）。

图 9 - 6 - 2　缺氧浮头鱼在水面呼吸，急剧、集群狂游

图 9 - 6 - 3　泛池导致池塘中的鱼类漂浮于水面，最终死亡

【诊断方法】清晨发现鱼浮于水面、用口呼吸，说明池塘中溶解氧含量不足。若太阳出来后鱼不下沉，则表明池塘中严重缺氧。在池塘周围用白色的小碗盛适量池水观察到大量白色活跃运动的虫体可辅助诊断。根据临床症状和鱼在池塘中的行为状态，并检测到水体溶解氧含量极低即可确诊（图 9 - 6 - 4）。

【防治措施】防止缺氧泛池可采取以下措施：彻底清塘，清除池底过多的淤泥；合理施肥，少使用化肥，多使用生物有机肥；经常加水、换水，保持池塘水质肥活嫩爽；藻类大量繁殖慎用杀藻类药物，浮游动物大量繁殖慎用杀虫药物，转水期间应尽量避免使用消毒剂；载鱼量较大的鱼塘应根据天气情况合理使用增氧机（图 9 - 6 - 5）。

发生缺氧泛池后立即开足增氧机，并加注新水。全池泼洒 50% 的过氧化钙可缓解大口黑鲈缺氧死亡。用法是：干撒，一次量（以过氧化钙计），每立方米水体 2～3 mg，也可与沸石粉混匀全池泼洒。

病鱼侧翻或腹部向上
无明显症状死亡

水中溶解
氧含量低

水中可见大量白色
活跃运动的虫体

图9-6-4 泛池判断——池水溶解氧含量低，病鱼浮于水面、侧翻或腹部向上无明显症状死亡

① 彻底清塘，消除淤泥

② 合理施肥，多用生物有机肥

③ 经常加水、换水，保持池水水质肥活嫩爽

④ 慎用杀藻、杀虫药，转水期间尽量避免使用消毒剂

⑤ 根据天气情况合理使用增氧机

预防缺氧泛池的措施

图9-6-5 预防缺氧泛池的主要措施

七、碰伤和擦伤（bruise）

【病原或病因】该病是在捕捞、运输或养殖过程中，因使用的工具不合适，或操作不慎所致。除了碰伤和擦伤之外，还有压伤和冻伤。碰伤和擦伤是使用工具不当或操作不小心所致，尤其在夏季和冬季捕鱼或鱼转运时易发生；压伤发生在运鱼或计重、计数过程中，鱼在容器中处于水少甚至无水的情况，当鱼体某一部分长时间受压时，就会引起该组织萎缩、坏死；冻伤是受极寒天气影响，导致鱼体体表受损。受伤之后极易导致寄生虫、细菌、病毒等病原体入侵，造成继发性感染（图9-7-1）。

图9-7-1 导致鱼体受伤的主要类型及其原因

【临床症状】主要表现在鱼体鳞片脱落，鳍条折断，皮肤、外骨骼、肌肉萎缩或外露；受伤部位发炎，出现溃疡灶（图9-7-2、图9-7-3）。

病鱼鳞片脱落，鳍条折断；
受伤部位发炎，出现溃疡灶

图9-7-2 碰伤和擦伤的大口黑鲈

【诊断方法】根据导致碰伤或擦伤存在的外部原因、症状和排除没有病原入侵的情况进行诊断。

【流行与危害】碰伤或擦伤主要发生于夏季和冬季捕捞及转运过程中，冻伤发生于冬季。一般情况下不会造成较大的死亡，但商品鱼可影响鱼的品质。但如果继发其他疾病则

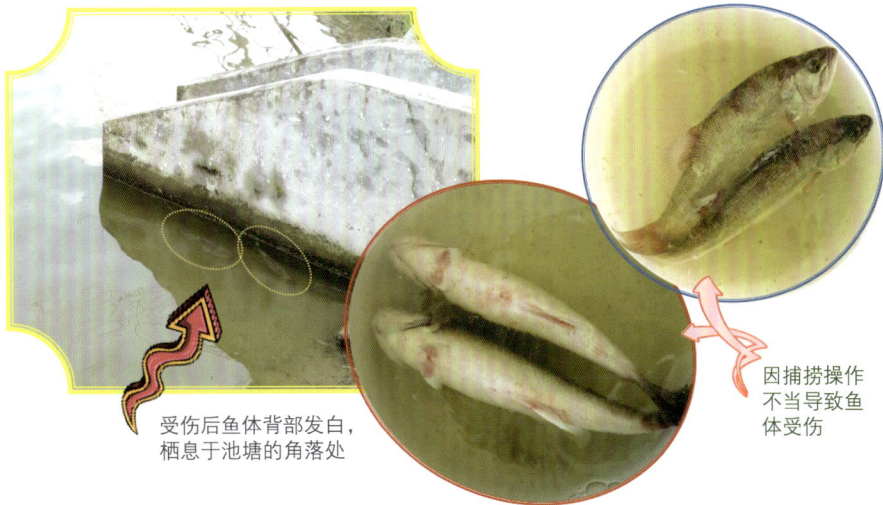

受伤后鱼体背部发白，栖息于池塘的角落处

因捕捞操作不当导致鱼体受伤

图9-7-3 因操作不当受伤的大口黑鲈体发白或充血发炎

可能会造成较大的损失。

【防治措施】尽量减少捕捞和搬运，必要时须小心操作，并选择适当的时间；寒流袭来时，注意防冻保温；若有受伤应及时用抗菌药物和消毒剂进行处理，避免继发性感染。

八、熟身（rotten-skin）

【病原或病因】因投饲不当和机体在强应激状况下引起。天气变化大，水体不稳定，特别是在"回南天""白撞雨"、雷雨等低压闷热、气温突变时极易发生；偏酸性的雨水导致pH突降，影响了大口黑鲈鱼苗血细胞的载氧能力，造成其强应激导致生理性缺氧，免疫力下降，从而诱发弹状病毒、柱状黄杆菌等病原体感染，继发病原性疾病（图9-8-1）。

图9-8-1 熟身发生的原因

【临床症状】发病初期，患病鱼苗黑身，在草丛或有遮蔽物的池边缓慢游动、上浮，反应迟钝，拖便。剖检可见肠道发炎、有出血点（图9-8-2）。随后，从背鳍后部到整个体表褪色，呈白头、白身、白尾，像被"煮熟"了一样（俗称熟身），尤以背部、尾部发白为甚，病灶处透明，部分病鱼鳍基部出血或全身出血。继而因车轮虫感染而导致大量死亡；或因柱状黄杆菌感染，鳍条严重缺损，体表脱黏，呈现不规则椭圆形的白皮或赤皮斑块，尾部溃烂、缺失，鳃充血。3～4 d后，因弹状病毒继发感染，病鱼聚集岸边，脑组织受损，眼突，血液循环功能逐渐丧失，鱼在水中疯狂打转，最终肌肉坏死出现大量死亡（图9-8-3至图9-8-7）。

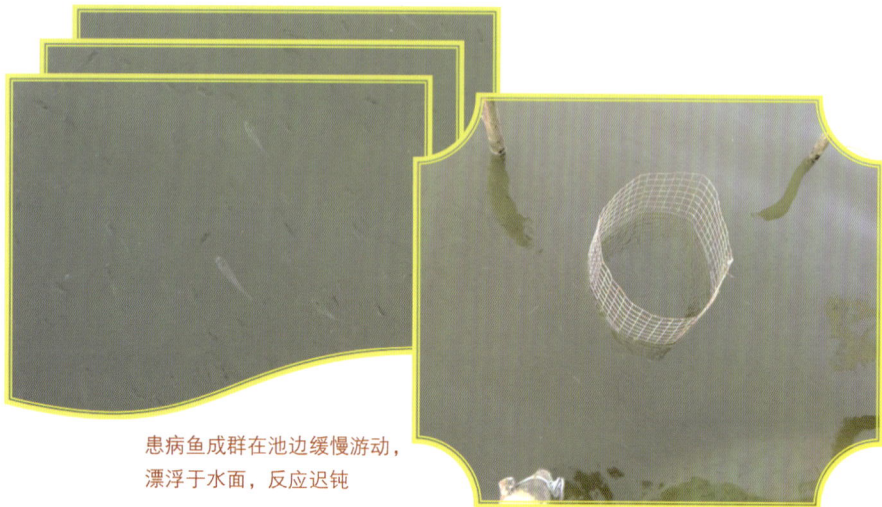

患病鱼成群在池边缓慢游动，漂浮于水面，反应迟钝

图9-8-2 患病鱼苗成群在草丛或有遮蔽物的池边缓慢游动，漂浮于水面

图9-8-3 病鱼苗头黑，躯干或尾部褪色、发白，在池边缓游，有的在水中打转

患病鱼苗在池水中拖便

病鱼在池角或草丛中定边

图 9-8-4 病鱼苗在池角或草丛中定边、拖便

臀鳍充血，尾柄溃烂发白，尾鳍缺失

肠道发炎、有出血点

臀鳍缺失，胸鳍基部出血，体表脱黏，尾柄呈现不规则椭圆形白斑

体表褪色，呈白头、白身、白尾状(熟身)

图 9-8-5 病鱼苗体表发白（熟身）、尾柄溃烂、鳍条缺损

图 9-8-6　患病鱼苗继发车轮虫感染，大量死亡

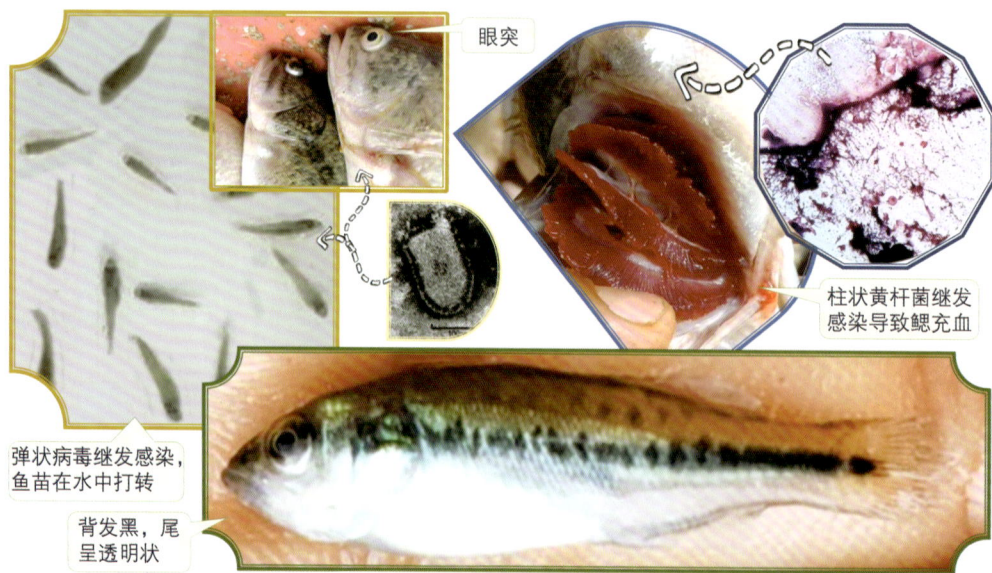

眼突

柱状黄杆菌继发
感染导致鳃充血

弹状病毒继发感染，
鱼苗在水中打转

背发黑，尾
呈透明状

图 9-8-7　熟身导致柱状黄杆菌、弹状病毒等继发感染

【病理学特征】病鱼较多组织内细胞或间质组织出现均匀一致、无结构、半透明状蛋白质蓄积，苏木精-伊红染色呈嗜伊红均质状，玻璃样变。蛋白质堆积，形成细胞内或细胞外基质中均质性无结构伊红染物质（玻璃样物质或透明蛋白）。胶原纤维组织增生病变、动脉硬化（图 9-8-8）。

【流行与危害】该病主要流行于 3—5 月，主要危害 2~5 cm（6~8 朝）驯食标粗期间的鱼苗，6 cm 以上的鱼苗发病率有所降低。该病发病快，鱼的规格越小死亡率越高，一般为 50%，最高可达 90% 甚至全部死亡，发病后控制难度大。环境相对稳定的室内和大棚标粗池发病率要明显低于室外的池塘（图 9-8-9）。

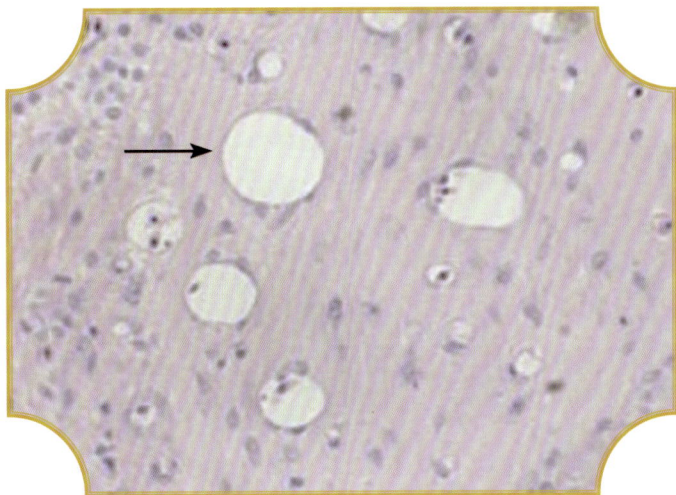

图 9-8-8 病鱼脑组织空泡化（箭头所示）

（引自广州利洋）

图 9-8-9 熟身病的流行规律

【诊断方法】根据流行情况和发病鱼"熟身"等症状进行判断。此外，该病与柱状黄杆菌病和弹状病毒病有较大关联。疾病发生后可检测柱状黄杆菌或弹状病毒，注意其继发性感染。

【防治措施】改善养殖环境，提高鱼体体质，防止病原侵袭是防治该病的主要措施。

在降雨后用复合碘溶液等较温和的消毒剂进行消毒，泼洒，一次量（以有效碘计）每立方米水体 2.35～3.75 mg，1 d 后泼洒乳酸菌、芽孢杆菌或 EM 菌等微生态制剂。同时，保持水体的适当肥度，及时调节水体的酸碱度，避免 pH 过高。全池泼洒戊二醛溶液，一次量（以戊二醛计），每立方米水体 40 mg，连用 2～3 次，或蛋氨酸碘溶液，一次量，每立方米水体 60～100 μL 对水体进行消毒；定期肥水补钙，促进水体有益藻类的生长；鱼苗塘不可使用二氧化氯消毒，以免鱼苗出现黄身或畸形现象。

增强鱼苗免疫能力、抗应激能力，确保饲料质量，常用保肝护肠类的药物拌饲投喂，在驯化阶段投饲需少量多餐，并及时补充鱼苗生长所需的营养元素，促进鱼苗顺利完成食性转换；拌饲投喂胆汁酸和杜仲叶提取物以修复受损肝细胞，促进肝发育，预防肠炎等疾病的发生。暴雨后及时泼洒维生素C、乳酸菌，以提高鱼苗抗应激能力。

注意保持池塘适当的水位，避免因雨水造成池塘 pH 发生较大的变化，提高水体的稳定性。标粗时要及时分筛，及时撤除拦网，保持合理的密度。

发病后减少或停止投喂，用抗应激性的药物、聚维酮碘溶液，一次量（以有效碘计），每千克体重 4.5～7.5 mg，每 2 d 1 次，连用 2～3 次，全池泼洒；用黄芪多糖粉等中草药制剂拌饲投喂，每立方米水体 20 mg/d，连续拌饲喂数日，提高鱼体免疫能力（图 9-8-10）。

图 9-8-10 熟身病的防治

九、藻类毒素引起的中毒（microcystins poisoning）

【病原或病因】藻类毒素引起中毒的原因主要是倒藻。倒藻之前水色比较浓，当遇到某些不利的外界因素（如池塘有机质增加，连续晴热的高温天气等），突然间水质变清，或是水色发黄、呈棕褐色，甚至黑色，引起养殖鱼类中毒。

藻类毒素引起的中毒，常见的有蓝藻水华和裸藻水华，导致蓝藻水华的藻类有微囊藻（*Microcystis* spp.）、鱼腥藻（*Anabeana* spp.）、湖泊色球藻（*Chroococcus limneticus*）、螺旋藻（*Spirulina* spp.）、居氏腔球藻（*Coelosphaerium kutzingiamum*）、弱细颤藻（*Oscillatoria tenuis*）、裂面藻（*Merismopedia* spp.）、鞘藻（*Oedocladium* spp.）、湖泊束毛藻（*Trichodesmium lacutre*）等，其中主要是铜绿微囊藻（*M. aeruginosa*）、水华微囊藻（*Microcystis flos-aquae*）和满江红鱼腥藻（*A. azollae*）、固氮鱼腥藻（*A. zotica*）、

水华鱼腥藻 (*A. floso - aquae*)、螺旋鱼腥藻 (*A. spiroides*) 等 (图 9 - 9 - 1)；裸藻水华主要由裸藻 (*Euglena* spp.) 形成，它又称眼虫，是介于动物和植物之间的单细胞真核生物 (图 9 - 9 - 2)。由它们引起倒藻，产生羟氨或硫化氢等毒素致养殖鱼类大量死亡。

形如钟表发条，呈蓝绿色 (实物图)

螺旋藻

有规则螺旋弯曲状(模式图)

鱼腥藻

细胞呈球状或腰鼓形排列 (模式图)

藻丝直或弯曲，做不规则绕曲 (实物图)

形成蓝藻水华的主要藻类

图 9 - 9 - 1 形成蓝藻水华的主要藻类

因含大量卵圆形叶绿体而呈绿色

呈纺锤形、长纺锤形或圆柱形，前端宽而钝圆，后端锐

裸藻是介于动物和植物之间的单细胞真核生物，又称眼虫

裸

藻

仅1根鞭毛，由储蓄泡底部经过胞咽和胞口伸出，另1根鞭毛退化

形成裸藻水华的主要藻类

无甲鞘，细胞核大，圆形

图 9 - 9 - 2 形成裸藻水华的主要藻类

此外，还有小三毛金藻（*Prymnesium parvum*），其分泌的代谢产物中含有一种鱼毒素，可使养殖鱼类中毒死亡（图9-9-3）。

小三毛金藻
(Prymnesium parum)

个体小，椭圆形、侧扁，先端斜截形，中间有一略凹陷处，从中伸出2条长鞭毛和1条夹在2条长鞭毛中间短的定鞭，鞭毛光滑无突起。后端有时钝圆，有时略呈尖尾状。无眼点

小三毛金藻为广盐性藻类，生长适温10~30℃，pH 6.5~9。小三毛金藻怕阳光，多生存于水的中下层。水华主要发生在低温季节

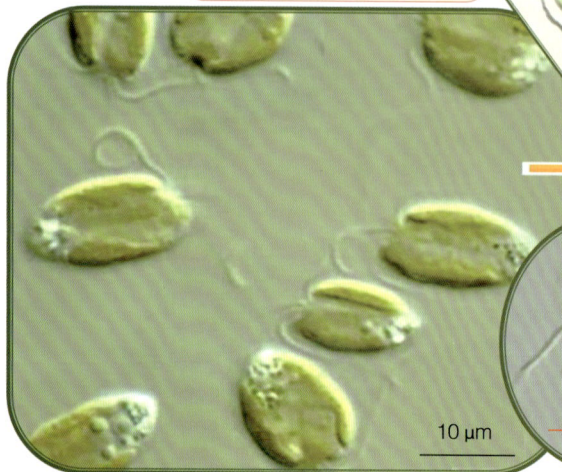

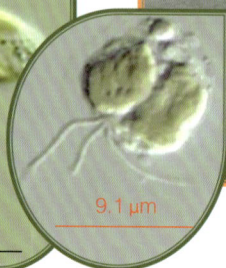

10 μm

9.1 μm

小三毛金藻水华形成的黄色油膜水色

图9-9-3　小三毛金藻水华形成的黄色油膜水色

【临床症状】 藻类中毒死亡鱼类主要表现缺氧浮头和中毒等症状。

蓝藻、裸藻水华导致的中毒患病鱼大多数趴边，拥挤于塘角，驱赶不散，停止摄食。头部和胸鳍出血明显。剖检可见内脏无明显异常（图9-9-4、图9-9-5）。

胸鳍、腹鳍和尾鳍出血

头部、下颌出血

鳃、腹部和尾鳍出血

图9-9-4　蓝藻、裸藻水华中毒鱼头部、胸部、鳃等多处出血

图 9-9-5　蓝藻、裸藻水华中毒病鱼趴边，拥挤于塘角，停止摄食

　　小三毛金藻水华发生后，中毒初期病鱼首先向池塘背风浅水处集中，但驱之即散。随着中毒程度加重，病鱼则大多停留在四角及浅水池边，头朝岸边，在水面下静止不动、不浮头，受到惊扰也无反应。有时还窜到岸上。严重时，中毒鱼失去平衡，侧卧，呼吸困难，最后呈昏迷状态而死。中毒鱼体表、鳃黏液增多，胸鳍和腹鳍充血明显，鱼体后部颜色变浅，鳃丝轻度腐烂。中毒时间稍久后，鱼体僵直，鳃盖、眼眶、下颌和体表充血。剖检可见肠道无食，其他脏器无明显症状，鱼死后鳃盖张开，眼球突出，有腹水（图 9-9-6）。

鳃充血溃烂

病鱼胸鳍和腹鳍充血，鱼体僵直，鳃盖、眼眶、下颌充血

肠道无食，其他脏器无明显症状，病鱼鳃盖张开，眼球突出，有腹水

中毒初期，病鱼向池塘背风浅水处集中，随着中毒程度加重，大多数病鱼停留在四角或浅水处，头朝岸边，在水面下静止不动，反应减弱，最终失去平衡，侧卧，呼吸困难，昏迷死亡

图 9-9-6　小三毛金藻中毒病鱼的主要症状

【流行与危害】有机质污染、氮污染、浮游动物匮乏，以及高温、高碱、水质老化等会造成蓝藻大量繁殖，导致水体氮磷比失衡，生态环境失调，是蓝藻水华形成的主要原因。蓝藻水华形成后一方面严重抑制了浮游植物生长，降低了水体氧气的产生；另一方面阻隔了空气中的氧气进入水体，从而导致养殖水体溶解氧严重不足；重要的是蓝藻大量死亡所产生的蓝藻毒素（主要为肝毒素、神经毒素和内毒素）等有毒有害物质，不仅直接威胁养殖鱼类的生存，而且还会因死亡蓝藻所释放的有机质、散发的腥臭味，破坏水体的生态环境，继发细菌性疾病。蓝藻水华主要发生于春季和夏季，水温 20～32 ℃，最适温度为 28～32 ℃（图 9 - 9 - 7）。

图 9 - 9 - 7　蓝藻水华的形成规律及危害

裸藻水华多发生于静水、有机质丰富的小水体，水库、河沟、江河等较少见。裸藻适宜生存的温度范围很广，水华形成的适宜温度为 20～35 ℃，生长时间横跨春、夏、秋 3 个季节，尤以 6—9 月生长最旺盛。裸藻对温度突变敏感，当遇到恶劣天气或环境变化较大时，裸藻比蓝藻更容易突然死亡而发生倒藻现象。裸藻大量死亡后，尸体分解会释放毒素，败坏水质，造成鱼类泛塘、死亡（图 9 - 9 - 8）。

小三毛金藻水华主要发生在有机质含量高、沿海盐碱地区盐碱度较高的水体，发病池水清瘦，水中没有别的藻类，发生季节是春、秋、冬，由于毒素产生，可造成养殖鱼类大量死亡，降低了水体的利用价值（图 9 - 9 - 9）。

【诊断方法】根据水色与水体藻类的组成可基本判断引起中毒的藻类。

蓝藻水华水色绿黄色，下风水混浊程度较为严重，上风水较为清淡，水中有绿色沙状水华，闻之发臭，水体透明度低。裸藻水华颜色呈绿色、蓝绿色，有时也会出现红褐色（俗称"铁锈水"）或者酱油色（多发生在养殖中后期和老化池塘）（图 9 - 9 - 10）。

值得注意的是，裸藻与蓝藻引起的水华相近，较难鉴别，可通过水体 pH 进行判定。

发生于静水、有机质丰富的小水体

适宜生存温度范围广 20 35℃

生长季节生长旺盛月份

裸藻对温度突变敏感，易突然死亡倒藻

裸藻水华

裸藻大量死亡，尸体分解后释放毒素，败坏水质，造成鱼类泛塘、死亡

图9-9-8 裸藻水华的发生规律及危害

小三毛金藻水华

产生毒素造成养殖鱼类大量死亡

有机质含量高

沿海盐碱度较高的水体

池水清瘦藻类单一

发生季节

图9-9-9 小三毛金藻水华的发生规律

裸藻生长的水体pH绝大多数为6.5～8.5，而蓝藻大量繁殖时，pH多在8.5以上。由于裸藻没有细胞壁往往集中在水体表面，藻类集中的地方可形成较多小泡沫。裸藻水华一般表层水很浓很黏稠，但拨开水面，下面的水却比较清澈；由于裸藻的黏性比较大，用手扒开水面，会有藻粘在手上。此外，裸藻有趋光性，一般清晨在池塘表面漂浮得比较少，随着光照增强，漂浮藻类增多，下午阳光最强烈的时候，整个池塘都将布满（图9-9-11）。

图 9-9-10　混浊、绿色沙状的蓝藻水华

图 9-9-11　裸藻水华与蓝藻水华的区别

由于小三毛金藻呈金黄色，其水色在太阳光照射下呈现黄色；如水面漂浮有机杂质、小型动物尸体，则会出现一层浮膜。水华发生后，池水清瘦，水中将无其他藻类，导致水色呈淡黄色，若有大量小三毛藻时水则呈棕褐色（图9-9-12）。

图9-9-12 小三毛金藻水华池水清瘦、有一层黄色浮膜

【防治措施】在蓝藻暴发的夏、秋季及时做好预防工作，以调节好水质，使池水"肥、活、嫩、爽"。控制蓝藻水华发生可采取以下措施：适当放养一定比例滤食性鱼类，如鲢等；减少施肥量与次数，减少投饵量，控制蓝藻赖以生长繁殖的营养元素；通过调水避免水体氮磷失衡、营养单一，防止蓝藻疯长，水华发生。在蓝藻大量繁殖的高温季节，一方面对下风口的蓝藻集中杀灭或清除；另一方面在上风口施用磷肥，泼洒小球藻、硅藻等单胞藻类，或一些有益的调水微生态制剂、解毒剂等。经常灌注清水，在晴朗无风的白天抽排掉一部分含有蓝藻的表层水，晚上再排掉一部分底层污水，或用捞海和密网在池塘下风处人工捞出蓝藻。蓝藻泛滥时，开启增氧机，以在蓝藻聚集的下风处为重点泼洒芽孢杆菌、光合细菌、腐殖酸等，控制水体富营养化，每个月每亩每米水深泼洒生石灰 $10\sim15$ kg（图9-9-13）。

导致裸藻水华出现的原因是投饵过量，导致池中大量残饵、排泄物等有机物质在塘底沉积、腐败、分解，未能及时转化，这些有机质在水中消耗氧气，分解生成 H_2S、NH_4-N、NO_2-N 等有毒有害气体，水体溶解氧含量低，形成富营养化水质。有些水体营养不均衡，增氧设施不配套，上层及池底缺氧，引起裸藻水华暴发。此外，水体盐度高、大量使用强氧化剂、雨后农药和化肥的蓄积，以及强烈的太阳照射也是裸藻水华暴发的原因，应该针对这些发生原因进行防控。

需要注意的是，在对鱼类的安全浓度范围内，杀藻类药物很难杀灭裸藻，而且裸藻凭借前端的一根鞭毛，通过摆动迅速逃离高浓度药物区域，而在药物浓度较低的池塘中部或底部避难，待药性消失后，又重新大量增殖，由此增加了裸藻水华控制的难度。防止裸藻水华可

开增氧机/换水

调水、避免水体的氮磷失衡

放养一定比例滤食性鱼类

蓝藻水华的控制措施

减少施肥和投饵量

泼洒微生态制剂

集中杀灭或清除蓝藻

其他措施

图9-9-13 控制蓝藻水华形成的主要措施

通过底改（如用四羟甲基硫酸磷、增效剂、吸附剂、膨化剂等泼洒），换水，通过增加开增氧机的次数和时间增加水体溶解氧，降低水体有毒物质浓度，泼洒微生态制剂（如枯草杆菌、硝化细菌、反硝化细菌、硫化细菌等），或沸石粉、钙质、腐殖酸钠、EDTA等对该类水质进行改良。若鱼塘出现鱼类缺氧浮头时，需立即通过物理（如增氧机等）或化学（如泼洒增氧剂）的方法进行补救，适当减少或停止投饵，以最大限度地减少损失（图9-9-14）。

裸藻水华

控制措施

改底（泼洒四羟甲基硫酸磷、吸附剂等）

换水

开增氧机增加水体溶解氧

适当减少或停止投饵

凭借前端一根鞭毛摆动

迅速逃离高浓度药物区

裸藻特性

杀藻药物很难杀灭裸藻

泼洒微生态制剂或沸石粉等改良水质

图9-9-14 根据裸藻的特性控制裸藻水华的主要措施

对于以小三毛金藻为主而导致鱼类中毒的水体，一方面可将部分池水排出，然后注入邻近池塘的肥水以缓解鱼类的中毒症状；另一方面开启增氧机，增加水体的溶解氧。还可全池泼洒硫酸铵、尿素和磷酸钙，泼洒微生态制剂、引进有益藻类，以促进有益浮游生物的繁殖而抑制小三毛金藻的繁殖和生长（图9-9-15）。

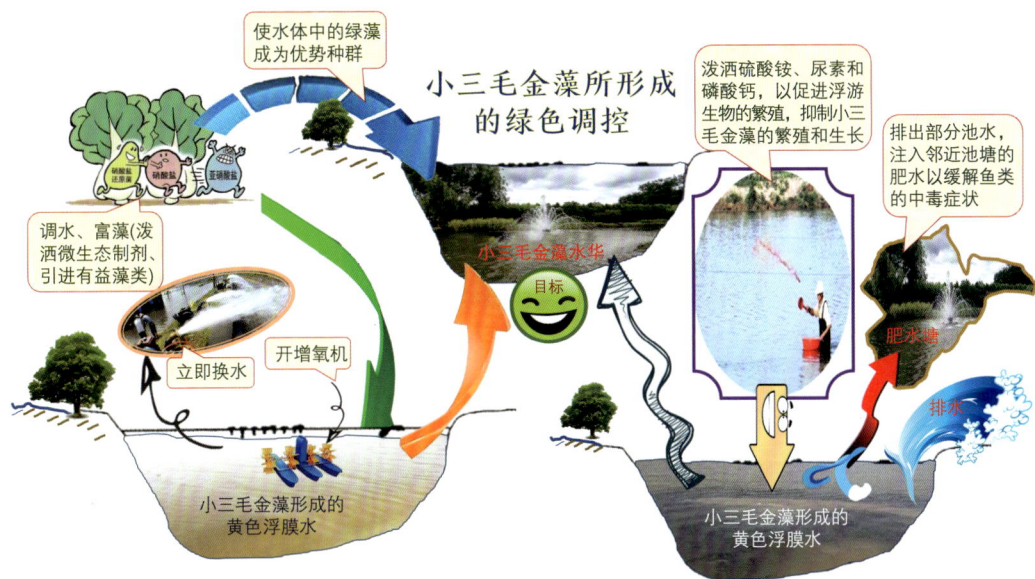

图9-9-15　小三毛金藻所形成的黄色浮膜水色调控措施

十、维生素缺乏和维生素中毒症（vitamin deficiency and vitamin poisoning）

【病原或病因】维生素是维系生命活动的重要营养物质，维生素的缺乏或过量都会影响大口黑鲈的新陈代谢以及机体的正常生理功能，甚至导致死亡。

维生素A为脂溶性维生素，是具有视黄醇生物活性的一类化合物，常见的有维生素A_1（视黄醇）和维生素A_2（3-脱氢视黄醇）2种形式，它在动物体内具有黄醇、视黄醛和视黄酸3种活性状态。大口黑鲈对维生素A的最适需求量为每千克鱼体重2 600~3 550 IU（连雪原等，2017）（图9-10-1）。

维生素C是一种多羟基化合物，水溶性，具有酸性和强还原性，又称L-抗坏血酸。它是脯氨酸羟化酶的辅酶，有助于脯氨酸羟基化形成羟脯氨酸，对胶原蛋白的合成起着重要作用（图9-10-2、图9-10-3）。大口黑鲈饲料中维生素C最适添加量为每千克鱼体重2 000 mg（谢一荣等，2006）。

维生素D是一种脂溶性维生素，固醇类衍生物，因具抗佝偻病作用，故又称抗佝偻病维生素。它在自然界中存在2种形式，即维生素D_2（麦角钙化固醇）和维生素D_3（胆钙化醇）。维生素D_3是维生素D在动物体内存在的唯一形式。饲料中维生素D_3添加量为每千克鱼体重1 370~1 430 IU（李向等，2021）。

图9-10-1 大口黑鲈对几种维生素的需求量（以体重计）

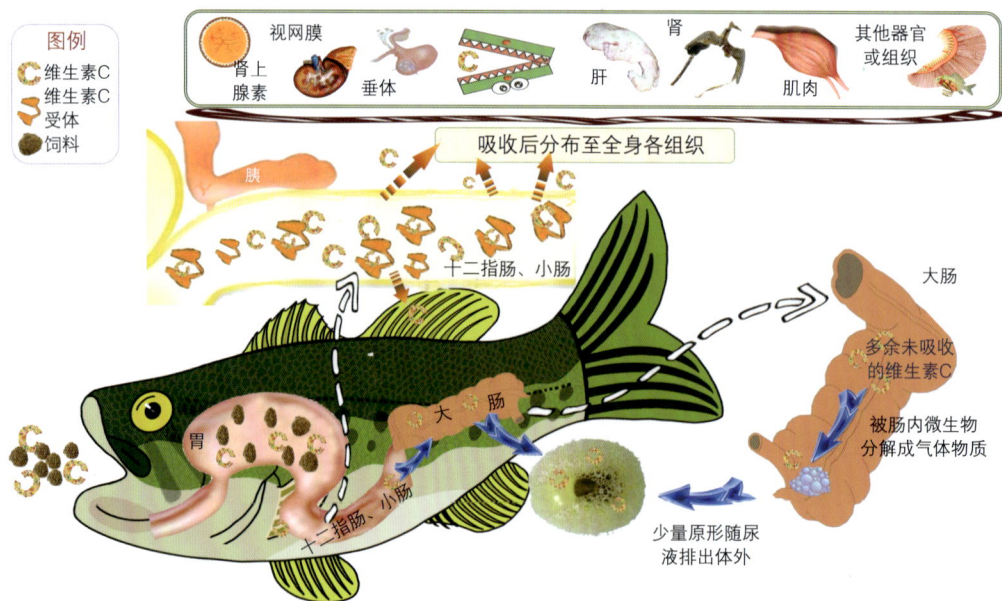

图9-10-2 维生素C在鱼体内的吸收利用过程

维生素E为脂溶性维生素，又名生育酚，是主要的抗氧化剂之一，它包括8种化合物（即α、β、γ、δ生育酚和α、β、γ、δ三烯生育酚），具有β-色酮环和一个侧链（图9-10-4）。维生素E在饲料中的添加水平为每千克鱼体重63.33～69.44 mg（朱旺明等，2016）。

维生素K又称凝血维生素，具有叶绿醌生物活性。维生素K包括维生素K₁、维生素K₂、

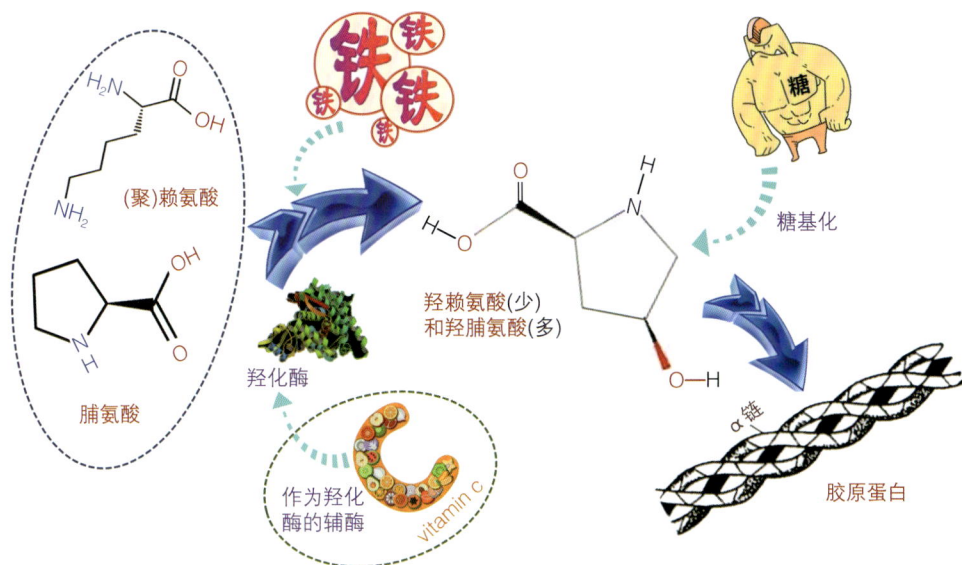

图 9-10-3 维生素 C 促进胶原蛋白合成的作用机理

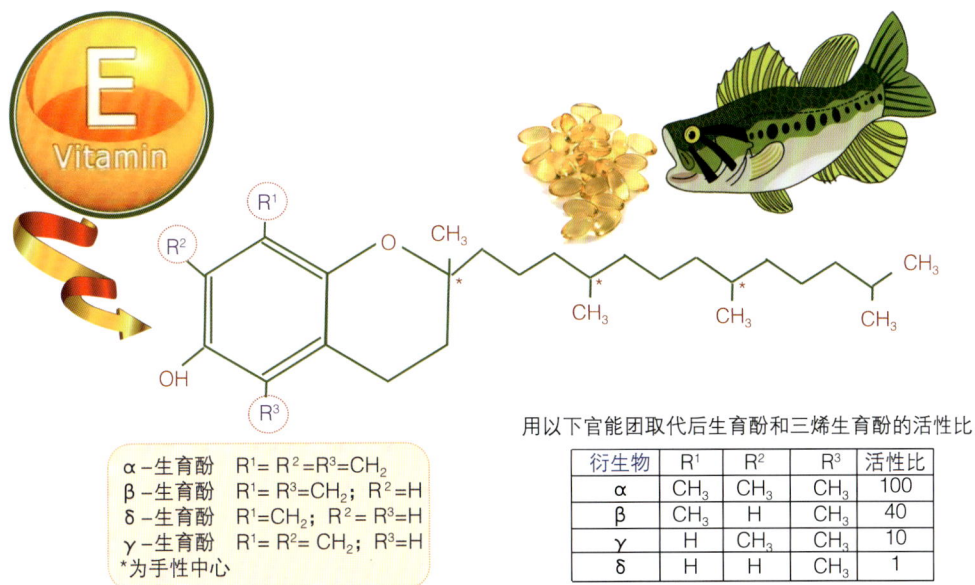

用以下官能团取代后生育酚和三烯生育酚的活性比

衍生物	R¹	R²	R³	活性比
α	CH₃	CH₃	CH₃	100
β	CH₃	H	CH₃	40
γ	H	CH₃	CH₃	10
δ	H	H	CH₃	1

α-生育酚 R¹=R²=R³=CH₂
β-生育酚 R¹=R³=CH₂；R²=H
δ-生育酚 R¹=CH₂；R²=R³=H
γ-生育酚 R¹=R²=CH₂；R³=H
*为手性中心

图 9-10-4 维生素 E 的结构式及其活性

维生素 K_3、维生素 K_4 等几种形式。其中，维生素 K_1、维生素 K_2 是天然存在的，属脂溶性维生素；而维生素 K_3、维生素 K_4 是人工合成的，为水溶性维生素。维生素 K_3 又名甲萘醌，它的复合物以亚硫酸氢钠甲萘醌（MSB）和亚硫酸烟酰胺甲萘醌（MNB）最为常见。维生素 K_3 最适添加量为每千克鱼体重 $9.93\sim15.22$ mg（Xiang Wei et al.，2021）。

【临床症状】维生素 A 可促进大口黑鲈生长，对保持健康和抵抗病原的感染具有重要作用。维生素 A 缺乏会使大口黑鲈生长缓慢、消瘦，有时还伴有眼瞎等症状。但过量的维生素 A 容易在肝等组织中沉积，病鱼体黑消瘦、脊椎异常、体表出血，甚至中毒和死亡，严重影响大口黑鲈的生长和发育。

维生素 C 能促进大口黑鲈生长发育、繁殖，增强抗应激和抗感染免疫保护能力，提高存活率。维生素 C 缺乏的主要临床症状是：①体色变暗甚至变黑、行动迟缓、厌食、摄食率下降；②体表发红，充血或出血，脊柱侧弯、前突和褪色等；③抗应激能力、免疫力下降，多数情况下出现贫血症状，如红细胞和血红蛋白数量减少，耐低氧能力下降；④摄食率降低，生长缓慢，表皮病变和生殖能力下降（图 9 - 10 - 5）。

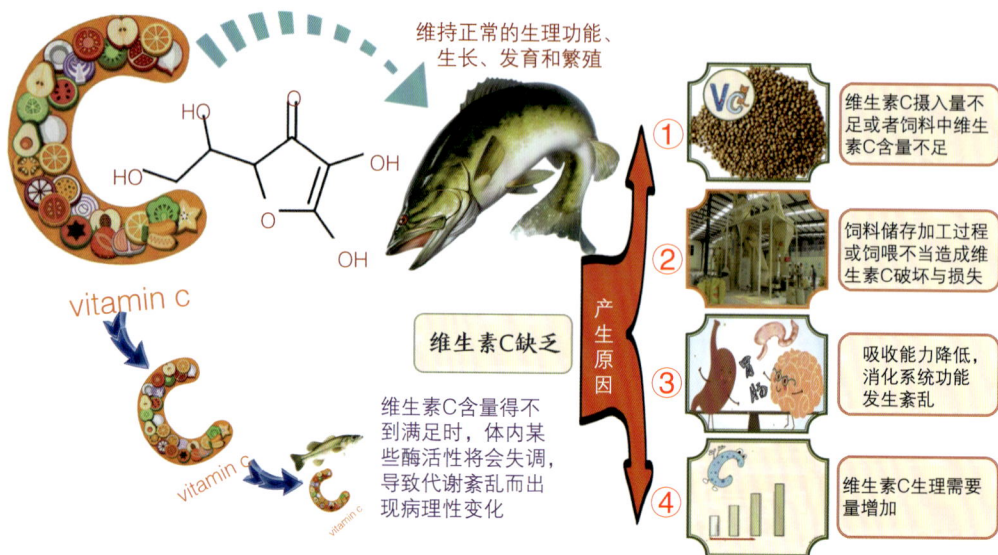

图 9 - 10 - 5　维生素 C 的作用与造成缺乏的原因

维生素 D_3 对维持机体正常的生长发育、调节机体钙磷代谢平衡、加强机体的免疫系统、强化肝的抗氧化作用，以及某些调控基因表达等发挥重要的作用，缺乏时会导致大口黑鲈骨质疏松、软化，骨骼发育不良，行动迟缓无力，甚至畸形。另外，维生素 D 含量的微小变化即会引起鱼体生理功能的改变，过量时会使大口黑鲈生长缓慢甚至中毒。

维生素 E 是维持大口黑鲈正常生命活动所必需的营养元素之一。鱼类自身不能合成维生素 E，引起维生素 E 缺乏的主要原因主要有：①饲料配制过程中加入过多富含不饱和脂肪酸的鱼油、大豆油等导致日粮中不饱和脂肪酸含量过高，其氧化速率随含量增加而加快，加大了维生素 E 消耗。②日粮中氧化油脂和铜、铁、锰等微量元素对维生素 E 具有破坏作用，或饲料储存方法不当，将饲料放置在空气或潮湿的环境中，水分含量高的原料发生霉变产生的霉菌毒素，或将其放置于高温和强光下，均会加速维生素 E 氧化失效；③任何影响脂肪吸收的因素都会使维生素 E 的吸收受到影响，如硒缺乏时，由于胰腺的萎缩造成类脂酶等分泌不足从而影响维生素 E 的吸收；④饲料原料过多地使用维生素 E 含量极少的劣质稿秆、块茎、干草等，使得日粮中维生素 E 含量不足；⑤饲料加工过程中粉碎、碾磨、蒸汽调质、制粒和膨化干燥等工艺都会加速维生素 E 的破坏，使其含量下降（图 9 - 10 - 6）。维生素 E 缺乏或不足时，容易导致鱼体出现一系列病理性症状，如红细胞生成障碍、贫血、组织水肿、皮下出血、肝和肌肉萎缩等。维生素 E 能通过保护超氧化物歧化酶、清除自由基，有效降低或终止大口黑鲈机体组织内脂质过氧化反应，降低血液中丙二醛（MDA）水平。

图9-10-6 维生素E的作用与缺乏造成的原因

维生素E缺乏的临床症状主要表现为：①鱼体生长发育不良，游动无力，摄食量下降，两侧肌肉萎缩变薄，呈刀刃状，表现特征性的"瘦背病"。②眼球单侧或双侧性略微外突。③畸形，尾部脊柱向上向内弯曲。④腹水，内脏器官整体色泽暗淡、无光泽，肝肿大、颜色发黄，脾、头肾、体肾肿大，充血、出血，心脏扩张，心外膜出血（图9-10-7）。

图9-10-7 大口黑鲈维生素E缺乏的症状

维生素K可促进凝血酶原（凝血因子Ⅱ）的合成，并可调节其他3种凝血因子（凝血因子Ⅶ、Ⅸ和Ⅹ）的合成，从而起到促进凝血作用，故又被称为凝血维生素。它的作用是促进生长、促进血液凝固、增加钙质含量、促进骨骼的生长发育以及抗氧化等。饲料

中添加维生素 K_3 可以改善大口黑鲈肌肉氨基酸组成，但当饲料中维生素 K_3 含量≥5.80 mg/kg 时会使大口黑鲈的消化能力下降，而且高剂量的维生素 K_3 会改变大口黑鲈的蛋白质和脂质的代谢，造成大口黑鲈肾受损，导致血清尿素氮含量增加（图 9-10-8）。

图 9-10-8　维生素 K 促凝血的作用机制及其正反方面的作用

【病理学特征】维生素 C 缺乏会导致肠道黏膜细胞变性坏死，心肌细胞变性坏死，肝充血、变性坏死（图 9-10-9）。

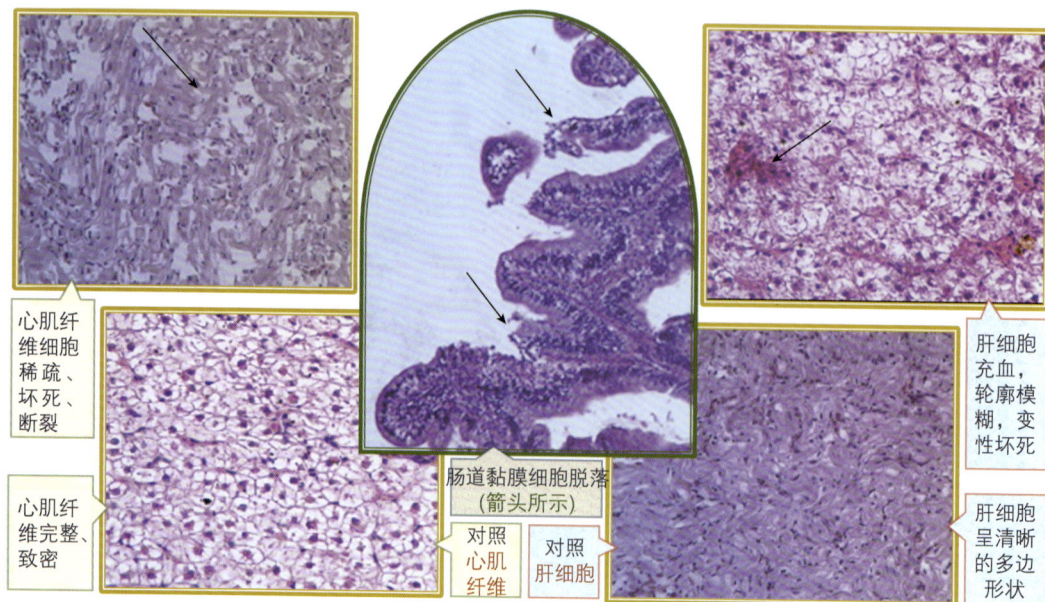

图 9-10-9　维生素 C 缺乏的鱼各组织（细胞）的病理变化（苏木精-伊红染色）

维生素 E 缺乏可致鱼类多组织、多器官产生病理变化，尤其是骨骼肌、肝、胰等组织或器官变性、坏死，线粒体、内质网、细胞核膜为代表的膜性结构的损伤（图 9 - 10 - 10）。

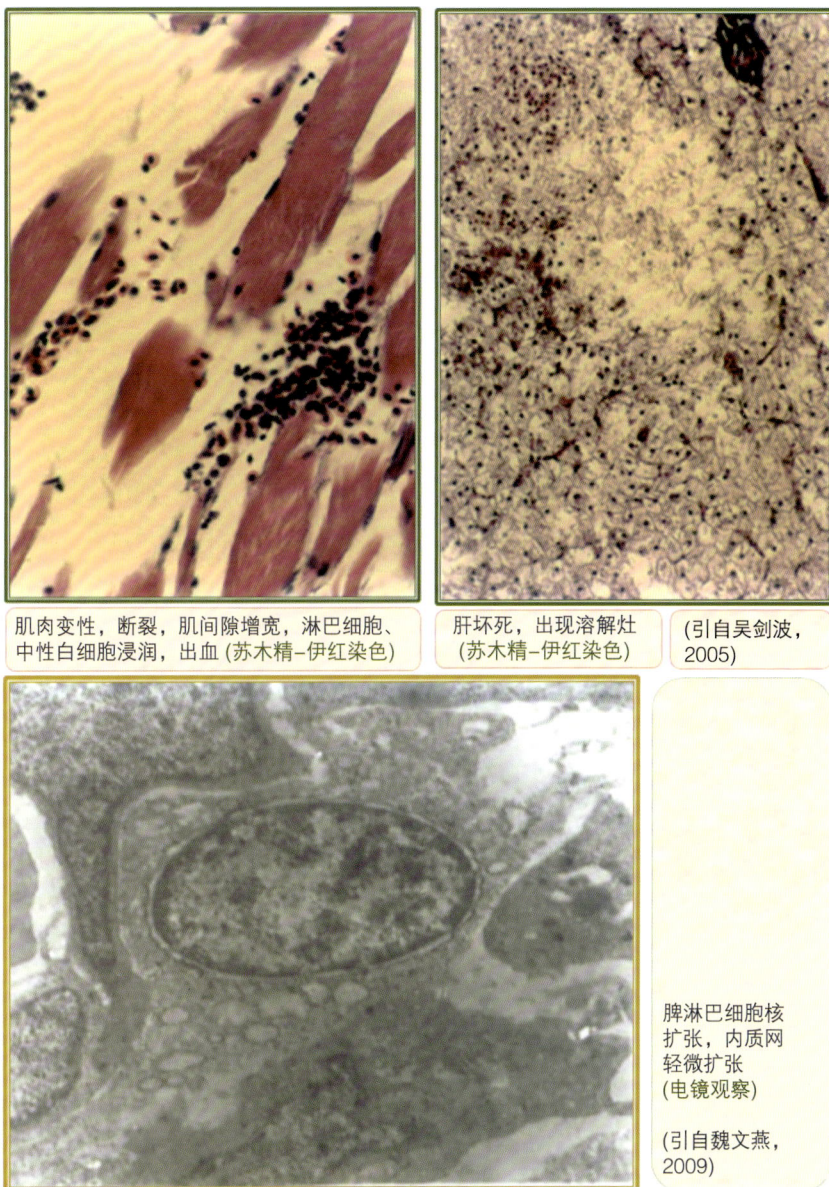

肌肉变性，断裂，肌间隙增宽，淋巴细胞、中性白细胞浸润，出血 (苏木精–伊红染色)

肝坏死，出现溶解灶
(苏木精–伊红染色)

(引自吴剑波，2005)

脾淋巴细胞核扩张，内质网轻微扩张
(电镜观察)

(引自魏文燕，2009)

图 9 - 10 - 10　维生素 E 缺乏肌肉、肝、脾的病理变化

【诊断方法】维生素缺乏或过量均可造成大口黑鲈生理生化方面的障碍，出现生长减缓、体表异常等不正常现象，在排除其他原因后，对饲料或养殖情况进行分析和综合判断。

此外，维生素缺乏或过量还可通过血液、肝（胰）中维生素的含量或相关的酶活力大小进行相应的评价和判定，这是维生素缺乏或过量较为灵敏的判断指标。

【防治措施】大口黑鲈自身不能合成大部分维生素，需在饲料中适当补充。一方面，可用一些富含天然维生素的饲料投喂，如补充维生素K，可用虾壳粉、贝壳粉、钙片、鱼肝油等，补充维生素C，可投喂菜叶汁或果汁等富含维生素C的饲料；另一方面，在饲料中按照大口黑鲈的需求合理添加，确保大口黑鲈对各种维生素的需要。如果出现某种典型维生素缺乏的症状，或在大口黑鲈特殊生理期，应倍量添加外源性维生素拌饲投喂。对于过度添加维生素引起的大口黑鲈异常的生理现象，应及时调整并采取相应的缓解措施，如充水、增氧、泼洒碳酸氢钠等。

十一、产卵综合征（spawn syndrome）

又名产后综合征（postpartum syndrome）。

【病原或病因】因鱼体怀卵量过大，怀卵前后体质严重下降引起。一般雌鱼怀卵重量超过体重的15%，即会对鱼体其他器官造成压迫，导致供血不足，加上鱼卵吸收母体大量营养，母体体质虚弱，则导致雌鱼怀卵待产期间或产后大量死亡。

【临床症状】亲鱼怀卵期间，卵巢占据了腹腔大部分空间，导致其他器官受到挤压，血液供给不足，肝、肾等器官功能受到影响，亲鱼抗病能力严重减弱（图9-11-1）。加上亲鱼培育池长时间高强度养殖，鱼塘底质逐渐变差，水质败坏，有害病原体增多，增加了病原感染风险。产卵期间雌鱼体弱，排卵困难，难产，为刺激产卵，雌鱼在鱼池底部或池边摩擦，导致受伤，出现烂身症状（图9-11-2）。此外，也有未受精的鱼卵排于水中，含有大量营养物质的鱼卵会造成水体腐败，氨氮、亚硝酸盐等有害物质含量升高，进一步恶化水质。产卵后，随着鱼卵的产出，消耗了亲鱼营养，致使其严重掉膘，体质虚弱，抗病能力明显减弱，一旦病原体感染即会出现各种症状的连续性死亡。

怀卵雌鱼腹部特别膨大，卵巢重量超过体重的15%

卵巢占据了腹腔大部分空间，导致其他器官受到挤压

图9-11-1　怀卵亲鱼卵巢挤压其他器官，导致肝、肾功能受到影响

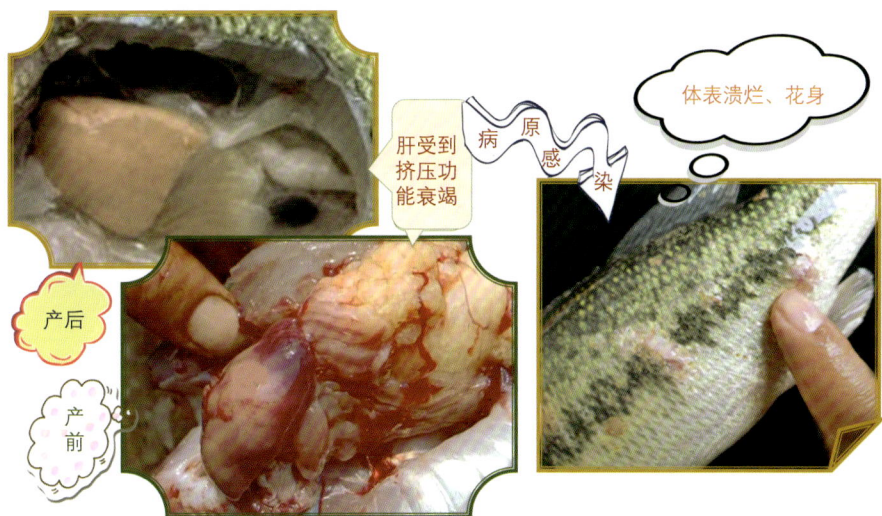

图 9-11-2 怀卵亲鱼肝、肾功能衰竭，导致病原感染

【流行与危害】该病主要出现于水温回升至 20 ℃左右的早春，大口黑鲈性成熟、进入繁殖期时。危害对象是性腺重量为 50～100 g、体重 400～500 g 的大口黑鲈雌鱼。

【诊断方法】根据季节与雌性大口黑鲈怀卵量过大、难产和产后死亡等症状判断。

【防治措施】

1. 加强亲鱼培育　特别是在越冬后亲鱼怀卵待产前，增加亲鱼的营养和采食量，改善亲鱼对饲料的消化吸收，提高饲料利用率，确保待产亲鱼积累充分的营养，体质健康。除了投喂优质饲料外，还需在饲料中添加保肝护肝类药物，增强肝的功能。亲鱼产卵后，要注意亲鱼体质的恢复。

2. 强化亲鱼池水质管理，保持水质稳定　由于亲鱼怀卵、产卵对水质破坏较大，亲鱼池水体藻类老化，溶解氧含量偏低，应注意改底、施肥、增氧和调水，丰富水体中的有益藻类，减少有害物质的滋生。产卵池调水以肥水和加水换水为主，肥水需多次进行，加水换水的一次性换水量不宜过大，以免对产卵亲鱼产生刺激。

3. 防止病原体对产卵亲鱼的感染　亲鱼怀卵、产卵期间，病原体会大量滋生，加之环境和亲鱼体质等方面的原因，产卵亲鱼极易被感染。加强亲鱼培育池的防感染消毒，亲鱼内服抗感染的保健药物，合理修复和调理肝肠，增加乳酸菌等微生态制剂的投喂，增强产前和产后亲鱼的体质和抗病力（图 9-11-3）。

十二、畸形（deformity）

【病原或病因】遗传因素和环境因素是导致大口黑鲈畸形的主要原因。环境因素，如重金属污染、药物的滥用或频繁使用、水质因素等。有时养殖操作（如过筛）不当也会导致脊椎骨损伤而致畸（图 9-12-1）。

【临床症状】病鱼躯体弯曲，弯曲处脊椎骨也弯曲，体色较健康的病鱼稍深，游动也较缓慢，生长速度放缓，但大部分畸形的病鱼仍能生长至成体规格，但会严重影响成鱼的

图 9-11-3　产卵综合征的防治措施

图 9-12-1　导致大口黑鲈畸形的主要原因

质量（图 9-12-2）。

【流行病学】该病常发生于水质被污染的水域，尤其是在有矿的山区，利用山溪水或溶洞水养殖的地方发病率明显较高，在广东土池养殖中也常发生。种质的退化也是导致畸形的一个重要因素。严重时畸形发病率可高达 15% 左右，一般为 1% 以下。该病不会导致死亡，但鱼的售价会受到严重影响。

图 9-12-2 畸形病鱼躯体、脊椎弯曲，背部高隆

【诊断方法】根据畸形症状以及调查相应原因进行判断。
【防治措施】排除致畸的因素。

十三、肿瘤（tumour）

【病原或病因】肿瘤是由各种致瘤因素引起的局部组织异常增生。导致大口黑鲈肿瘤的原因较多，有环境因素（化学、物理等因素），生物因素（大口黑鲈本身），如外伤、遗传、年龄、免疫等，致病病原体等（图 9-13-1）。

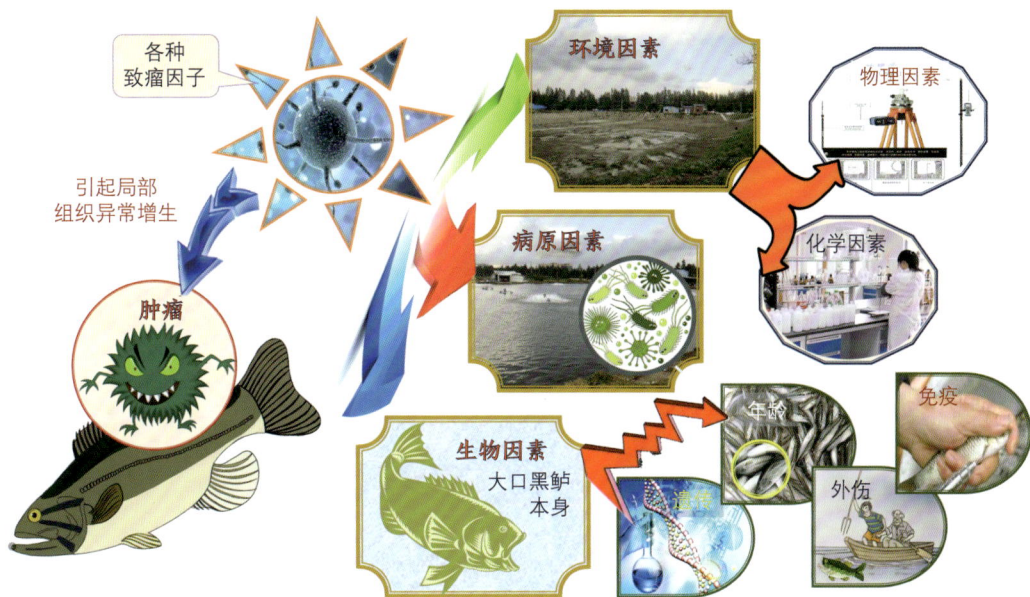

图 9-13-1 引起大口黑鲈肿瘤的主要因素

【临床症状】肿瘤可出现于体表，但大多数出现在体内一些实质性器官。一般表现为细胞增生、体积增大，形成大小不一的肿块。此外，也常见鱼体的体腔内出现肿瘤（图9-13-2、图9-13-3）。具有肿瘤的病鱼除摄食量下降外，无其他异常表现。

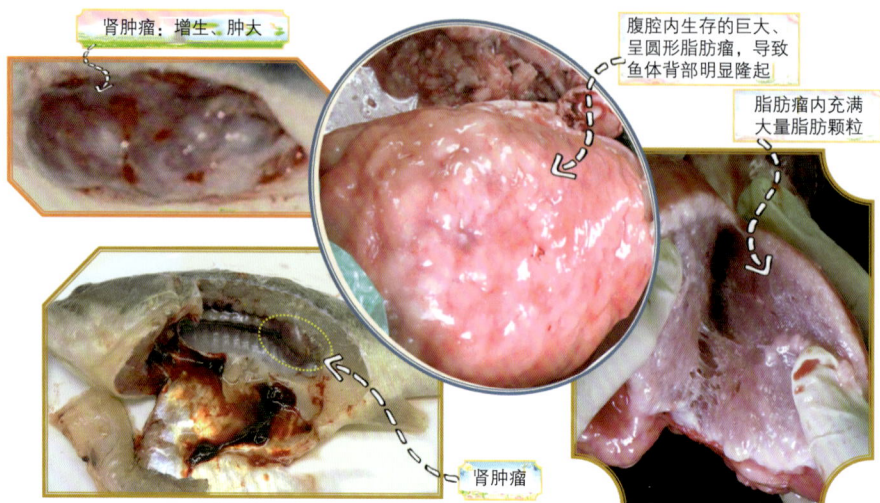

肾肿瘤：增生、肿大

腹腔内生存的巨大、呈圆形脂肪瘤，导致鱼体背部明显隆起

脂肪瘤内充满大量脂肪颗粒

肾肿瘤

图9-13-2 大口黑鲈的肾肿瘤

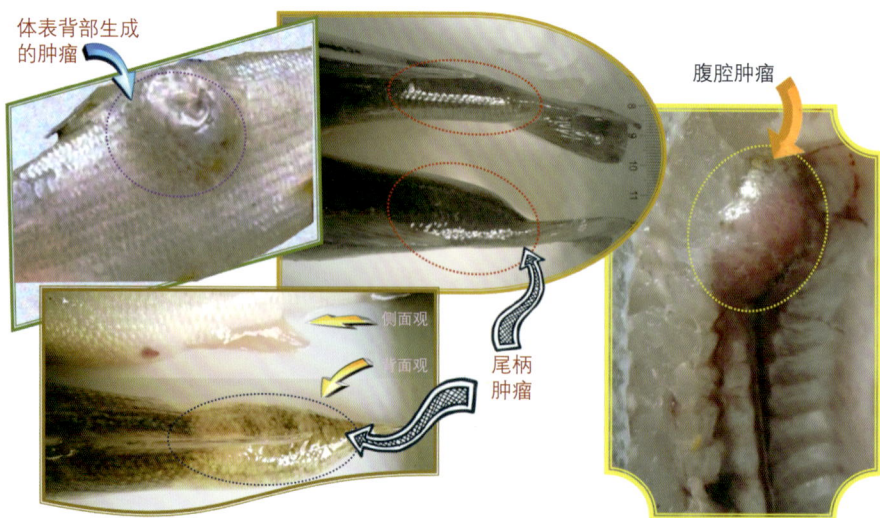

体表背部生成的肿瘤

腹腔肿瘤

侧面观

背面观

尾柄肿瘤

图9-13-3 大口黑鲈体表、腹腔等部位生存的肿瘤

【流行与危害】肿瘤一般无明显的流行规律，发病率较低，也不会造成较多死亡，但也在一定程度上给养殖造成相应损失。鱼患肿瘤后严重影响其商品价值。

【诊断方法】根据解剖如发现某些组织异常增大、增生，有大小不一的肿块，则可初步诊断。确诊需进行病理分析。

【防治措施】加强饲养管理，为养殖鱼提供良好的水域条件，是预防肿瘤发生的重要措施之一。此外，针对肿瘤发生的其他原因进行预防。

第十章 PART TEN

大口黑鲈的敌害

　　从低等生物的藻类、腔肠动物，到高等动物的鸟类、哺乳类均可能成为大口黑鲈的敌害，它们有的是直接攻击或伤害大口黑鲈苗种甚至成鱼，也有的是干扰或影响养殖环境，或通过病原体的传播导致疾病发生，间接危害大口黑鲈的养殖。

一、青泥苔（moss）

　　又称青苔。

　　【生物学特征】青泥苔为水生苔藓类植物，是丝状绿藻的总称，它包括水绵藻属（*Spirogyra*）、双星藻属（*Zygnema*）以及转板藻属（*Mougeotia*）的一些种类，属绿藻门（Chlorophyta）接合藻纲（Conjngatophyceae）双星藻目（Zygnematales）双星藻科（Zygnemataeeae）。青泥苔生长于池塘浅处，尤以四周为甚。早期附于池底，为翠绿色，生长繁茂后成丝绵状，成团块悬浮于水中，衰老后成黄绿色（胡鸿钧等，1980）（图10-1-1）。

图10-1-1　池塘中的青泥苔及其形成的主要藻类

【危害】青泥苔吸收养分能力很强，一方面，争夺其他藻类生存的空间，消耗池塘中大量养分，影响其他浮游生物的繁殖，使池水变得清瘦；另一方面，处于繁殖期的青苔像"罗网"一样铺在水中，影响大口黑鲈鱼苗活动，鱼苗钻入其中，往往会被其缠裹致死。此外，青泥苔在池塘中衰老时，或死后的分解过程中，还会产生有毒有害的硫化氢气体，提高池塘中氨氮的含量，降低水中的溶解氧，导致大口黑鲈中毒缺氧死亡（李冬英，2001）。

【防除方法】冬季干塘时，每亩用 75～100 kg 的生石灰清塘，杀灭丝状绿藻的孢子。苗种下塘前半个月放水浸池时每立方米水体用 20 g 茶籽饼消毒，抑制青泥苔的萌发。在青泥苔生长旺盛季节抬高水位，追施肥料，提高水体的肥度，使透明度控制在 20～30 cm，减少池塘底部阳光的射入，抑制青泥苔的生长。发生青泥苔后，可采取交换池水，改变水体酸碱度和水质，施基肥培肥水质等方法，控制丝状藻类的发生；或将草木灰或生石灰粉撒在青泥苔上，使青泥苔不能进行光合作用而死亡；也可每立方米水体用 0.7～1.0 g 硫酸铜全池泼洒，杀灭后立即抬高水位、追肥提高水体肥度；还可用枫树枝叶扎成小捆插入池塘内，抑制青泥苔的生长；清除青泥苔后应注意防止其尸体腐败恶化水质，及时增氧，避免鱼类缺氧浮头（图 10-1-2）。

图 10-1-2　青泥苔、水网藻的防治措施

二、水网藻（hydrodictyon）

又称水网。

【生物学特征】水网藻（*Hydrodictyon reticulatum*）属绿藻门水网藻目（Hydrophyda）水网藻科（Hydrodictyaceae）水网藻属（*Hydrodictyon*），是生活于肥水中的一种大型绿藻，最长可达 2 m，鲜黄绿色，成株。因藻体由许多长柱形的细胞接成囊状的网，故名。

水网藻每个网眼由 5～6 个细胞组成，自由悬浮于水面，肉眼可见。细胞年幼时只含 1 个细胞核，1 个蛋白核，色素体片状。随着个体生长，细胞逐渐含有多个细胞核和蛋白核，载色体网状（胡鸿钧等，1980）。广泛分布于富含有机质、流动不大或静止的水体，特别是未经彻底清塘或用茶籽饼清塘的池塘常会大量发生，茶粕导致了水体变肥而助长了水网藻的生长（图 10-2-1）。

图 10-2-1　水网藻的形态和生物学特性

【危害】水网藻繁殖能力很强，生长温度范围较广，特别是在春、夏季大量繁殖时，既大量消耗池水中的养分，恶化水质，又会附着于鱼苗或幼鱼使其活动困难，摄食减少，以至窒息死亡，是大口黑鲈养殖中危害极大的藻类。

【防除方法】同青泥苔。

三、水蛭（leech）

俗称蚂蟥、鱼蛭等。

【生物学特征】水蛭属环节动物门（Annelida）蛭纲（Hirudinea）吻蛭目（Rhynchobdellida）鱼蛭科（Piscicoliae）。其中，鱼蛭属（*Piscicola*）和湖蛭属（*Limnotrachelobdella*）对鱼类危害较大，而中华湖蛭（*L. sinensis*）、尺蠖鱼蛭（*P. geometra*）、橄榄鱼蛭（*P. olivacea*）等是其常见种类。

水蛭体长稍扁，似圆柱状，体长 2～15 cm，宽 1.5～2 mm，背部隆起，背面暗绿色，有数条黄色纵纹，腹面平坦，灰绿色，无杂色斑，整体环纹显著（拓展阅读 18）。体节呈环形，每环宽度相似。前后端各一吸盘，后吸盘更显著，吸附力更强。某些种类口内 3 个半圆形的颚片围成 Y 形，当吸附于鱼类等水生动物时，用此颚片向皮肤钻进，吸取血液，再由咽经食道而储存于整个消化道和盲囊中。身体各节均有排泄孔，开口于腹侧。雌、雄生殖孔开口于环与环之间（杨潼，1996）（图 10-3-1）。

拓展阅读 18
水蛭

图 10-3-1 水蛭的形态

【危害】水蛭行动非常敏捷，除波浪式游泳外，也做尺蠖式移行。春暖季节更为活跃。6—10 月均为其产卵期，冬季往往蛰伏在近岸湿泥中，不食不动，生存能力极强。当水蛭吸附于大口黑鲈体表后，用口吻吸取血液，导致鱼体表皮组织破坏，引起贫血和继发性感染。严重时，病鱼体质瘦弱，生长、发育受阻，呼吸困难或失血过多死亡。危害对象主要是鱼苗和鱼种，也可危害成鱼。

【防除方法】①每亩水面，水深 0.5～1 m，用生石灰 125 kg 化水后全池泼洒杀灭水蛭，或用 90% 的晶体敌百虫全池泼洒；②傍晚将孔隙内凝结有猪血的丝瓜瓤置入池水，在池边诱捕，每亩水面放 10 个，翌日早收集丝瓜瓤将其中水蛭集中用火焚烧；③利用水蛭喜偏酸性水体习性，春夏季定期全池泼洒生石灰，使水体碱度迅速升高，抑制水蛭繁衍；④用 2.5% 盐水浸洗病鱼 0.5～1 h，或用 0.005% 的二氯化铜溶液浸洗病鱼 15 min，鱼蛭即可从鱼体上跌落，然后用机械方法将鱼蛭处死（图 10-3-2）。

图 10-3-2 水蛭的防除

四、水螅（hydra）

【生物学特征】水螅（*Hydra* sp.）属腔肠动物门（Coelenterata）水螅纲（Hydrozoa）螅形目（Hydroida）水螅科。身体圆筒形，白色、粉红色、绿色或褐色，通常透明，柔软。长度不一，短则几毫米，最长可达30 cm，但能收缩至极小。体前端为口，周围有5～6条细长的触手，触手上有成堆的刺细胞。口周围作为捕食工具的各条触手能单独运动，具有行动、捕食和御敌的功能。口内通消化腔，下端封闭。体壁由两层细胞组成，二者之中有一层仅为结缔组织组成的薄的中胚层。身体底端是作为附着器的足或基盘，可分泌黏液，当遇到外界或内部刺激时，均可引起基盘的滑动或做翻筋斗式运动。水螅雌雄同体，营出芽生殖，但环境不良时，外胚层可临时形成乳头状卵巢和精巢，进行有性生殖。受精卵发育成有壳的胚体，即进入休眠期，环境适宜时，再发育成新个体。水螅再生能力极强（图10-4-1、图10-4-2）。淡水水螅仅有4属，即原水螅属（*Protohydra*）、水螅属（*Hydra*）、柄水螅属（*Pelmatohydra*）和绿水螅属（*Chlorohydra*）。其中，水螅属为最重要的属，常见的有褐水螅（*H. fasca*）和绿水螅（*H. viridis*）。

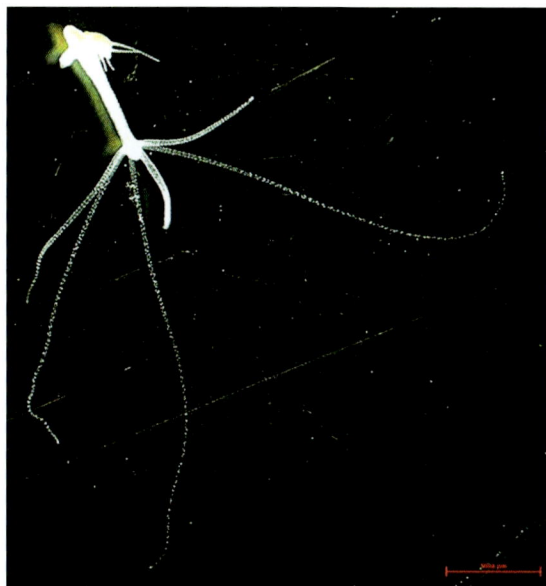

图10-4-1 水螅的形态

【危害】水螅一般附着于石头、水草、树根或其他杂物上，为肉食性动物，捕食小鱼小虾以及浮游生物，可大量吞食鱼苗，对大口黑鲈鱼苗标粗期危害极大。水螅觅食时可伸出很长的触手，像狩猎一样四处飘荡，一旦其中一根触手接触猎物，其他几根就会立即伸过去将猎物紧紧缠绕，利用触手上的刺细胞刺入猎物体内，分泌毒液将其麻醉，然后放入口内，吞入消化腔。

【防除方法】鱼苗放养前做好清塘消毒，杀灭养殖池中的水螅；清除池中的水草、树根、石头与其他杂物，消除水螅的栖息场所；每立方米水体用90%晶体敌百虫0.5 g或硫

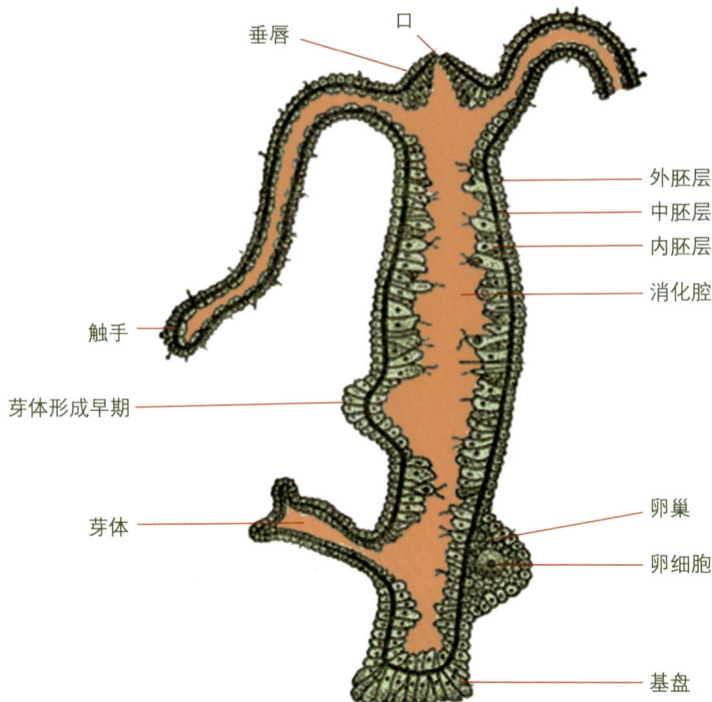

図 10-4-2 水螅构造图（纵剖面）

（仿刘凌云）

酸铜 0.7 g 全池泼洒杀灭水螅；利用水螅对 pH 变化极度敏感的特性，将池水 pH 调至 5.5 左右，水螅即可在 30 min 内死亡。如在养殖池中发现水螅，在条件允许时将鱼卵或鱼苗转池。

五、淡水螺 （freshwater snail）

俗称螺蛳（spiral shell）

【生物学特征】淡水螺是软体动物门（Mollusca）腹足纲（Gastropoda）前鳃亚纲（Prosobranchia）中腹足目（Mesogastropoda）田螺科（Naticidae）螺蛳属（*Margarya*）的种类。外形呈圆锥状或塔圆锥状，壳面有棘状或乳头状突起，或仅有光滑螺棱，螺层 7 层，缝合线深，体螺层略大。有螺厣和螺壳。厣为角质薄片，卵圆形，平滑，黄褐色，上有同心状排列的生长纹；壳大型、顶尖，高约 30 mm。体柔软，头部圆柱状，前端有突出的口吻。口基部有触角 1 对，每一触角的外侧各有隆起的眼 1 个。足位于头部下方，形大，跖面宽阔。头、足能缩入壳内，缩入后厣即将壳封闭。雌雄异体，雄性右触角短粗，形成交配器官。卵胎生，每一育儿囊内有 3～7 个胚螺（图 10-5-1）。

【危害】淡水螺是一种分布广、适应力强的软体贝壳动物，大量繁殖会导致水体迅速变清，浮游生物数量逐减，同时消耗水中大量的溶解氧，影响池塘水质，使大口黑鲈苗种生长受到较大影响；淡水螺还会争夺大口黑鲈苗种的天然饵料和商品饲料，对苗种培育造成较大危害，严重影响苗种成活率。此外，淡水螺还是某些鱼类寄生虫的中间寄主和携带

图 10-5-1 淡水螺的形态

者，导致鱼类疾病的发生。

【防除方法】彻底清塘消毒，杀灭水体中的螺蛳；利用有些螺蛳上岸产卵的习性，将螺蛳捞出并破坏其卵粒；使用市售灭螺蛳药物杀灭螺蛳；在池塘中放入树枝或篾制品、芦席等，为螺蛳提供栖息场所，每天将其捞出 1 次，将螺蛳清除，以减少池塘中螺蛳总的数量。

六、剑水蚤（cyclops）

又称鱼蚤（ergasilidae）。

【生物学特征】剑水蚤是节肢动物门（Arthropoda）甲壳亚门（Crustacea）甲壳纲（Crustacea）剑水蚤目（Cyclopoidea）剑水蚤科（Cyclopidae）一类桡足类的总称。剑水蚤科下属剑水蚤属（*Cyclops*）、真剑水蚤属（*Eucyclops*）、中剑水蚤属（*Mesocyclops*）、温剑水蚤属（*Thermocyclops*）等 4 个属。雌性体长一般在 1.5 mm 左右。头胸部卵圆形，胸部 5 个自由节，腹部细长，4 节分界明显。尾叉的背面有纵行隆线，内缘有 1 列刚毛。第 1 触角分 14～17 节（很少为 18 节），末 3 节侧缘有 1 列小刺。第 1～4 胸足的内、外枝均分 3 节。第 5 胸足分 2 节，它的基节与 5 胸节明显分离，外末角附长羽状刚毛 1 根，末节较为长大，表面大多均有小刺，内缘中部或近末端具 1 强刺，末缘附长大的羽状刚毛 1 根，纳精囊一般呈圆形（图 10-6-1、图 10-6-2）。

【危害】摄食鱼卵和鱼苗，伤害鱼类未出膜的早期胚胎和初出膜 4～5 d 内的幼小鱼苗，在大口黑鲈人工繁殖时，严重影响鱼卵的孵化率（图 10-6-3）。

【防除方法】物理法：孵化池的进水采用 80 目筛绢过滤，可减少剑水蚤卵及幼体的进入；孵化池出水网采用 40 目的较疏网，可使剑水蚤卵、幼体及成体较多地随流水排出，减小了孵化池水中的剑水蚤密度，从而减轻危害。

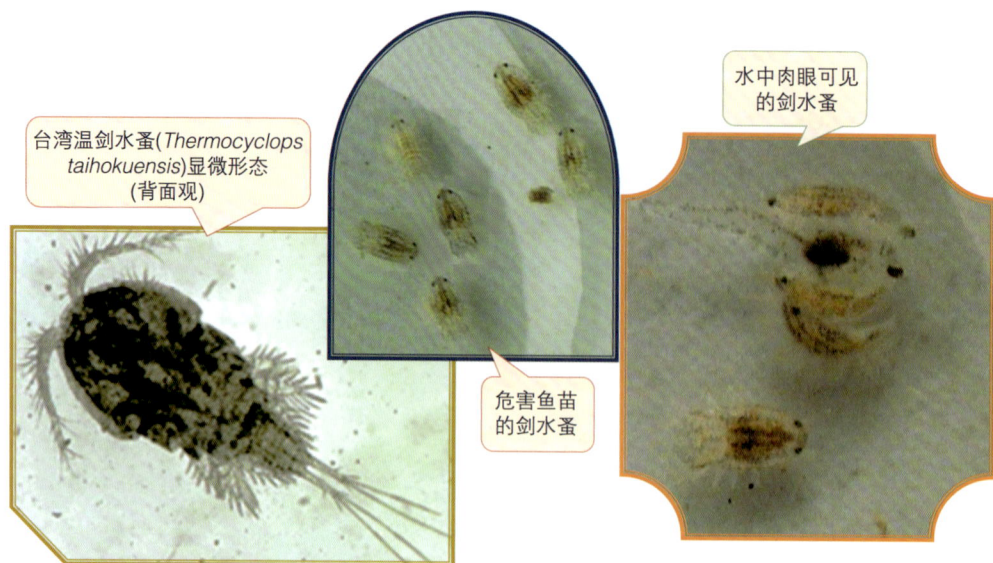

图 10 - 6 - 1　剑水蚤外部形态特征

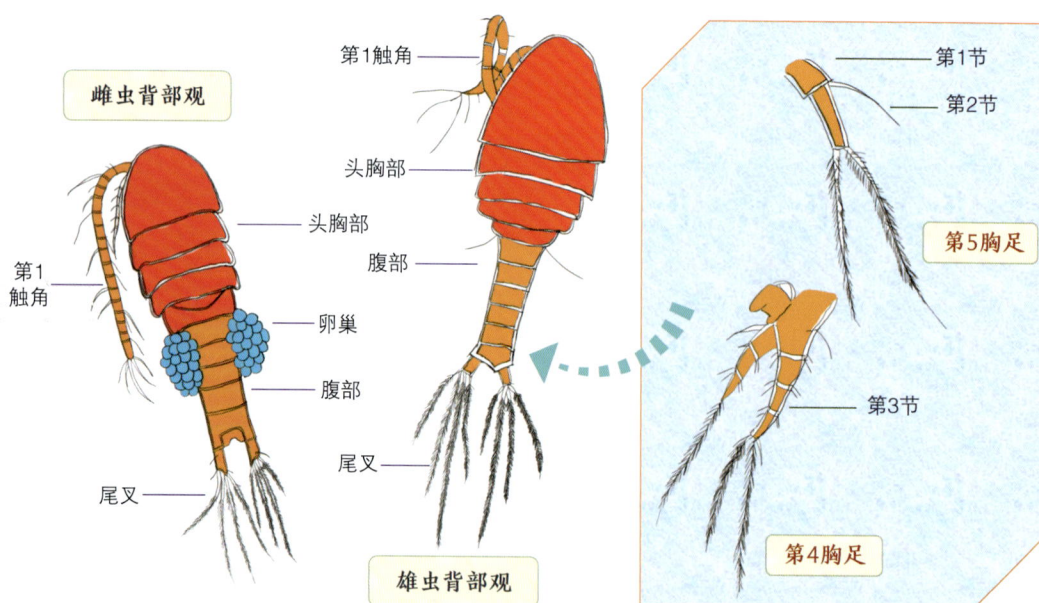

图 10 - 6 - 2　台湾温剑水蚤主要结构模式图

　　化学法：当孵化池内剑水蚤数量较多时，用高锰酸钾溶液均匀泼洒于孵化池内，每立方米水体 20 mg。用药前孵化池暂停进水，并用器具搅动水体，使药物浓度均匀，每隔数分钟缓慢搅动水体，以免刚出膜的鱼苗沉于水底而夭亡。处理持续 30～40 min，能有效地杀灭剑水蚤，而对鱼卵、幼鱼苗没有较大的伤害。

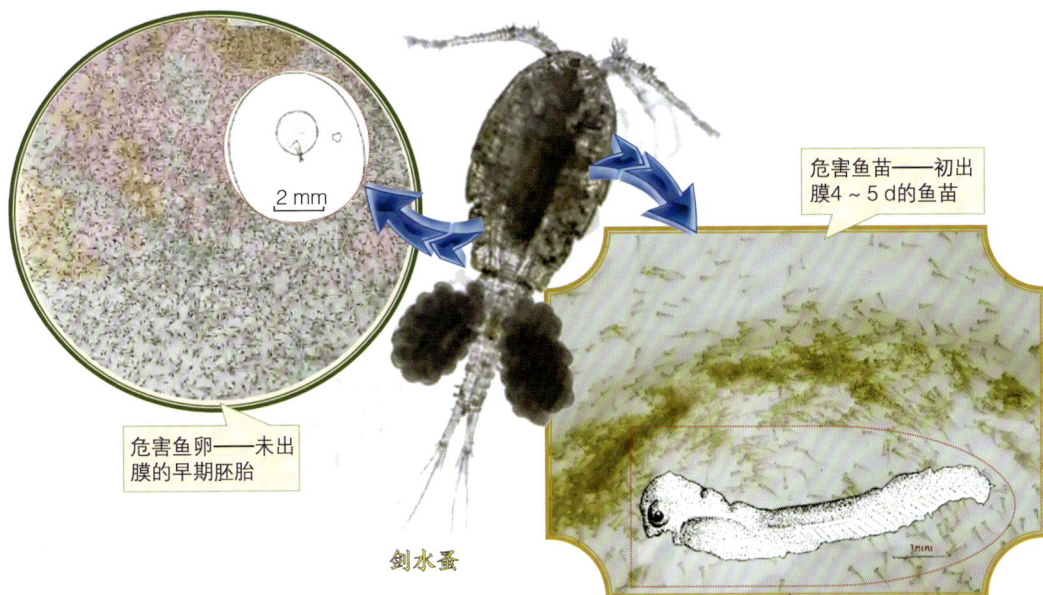

图 10 - 6 - 3　剑水蚤对孵化鱼卵和鱼苗的危害

七、克氏原螯虾（red swamp crayfish）

又名小龙虾、克氏螯虾、红色沼泽螯虾、淡水龙虾、大头虾等。

【生物学特征】克氏原螯虾（*Procambarus clarkii*）属节肢动物门（Arthropoda）甲壳纲（Crustacea）十足目（Decapoda）螯虾科（Cambaridea）原螯虾属（*Procambarus*）。体型粗壮，圆柱状而略扁平，甲壳坚厚，体长 5.6～11.9 cm，体色艳丽，深红色，鳃为丝状。甲壳部分近黑色，腹部背面有一楔形条纹。身躯分头胸部和腹部。头胸部较长，有坚硬多棘的甲壳，头胸甲稍侧扁，颈沟明显。胸部有步足 5 对，前 3 对末端呈钳状，第 4、第 5 对步足末端呈爪状。第 1 对特别强大、坚厚，似蟹螯、狭长，故称之为螯虾。雄性的螯比雌性的更发达，且雄性的螯前外缘有一明显的鲜红薄膜，雌性则没有，因此这是区别克氏原螯虾雄雌的重要特征。甲壳中部不被网眼状空隙分隔，甲壳上具明显的颗粒。额剑具侧棘或额剑端部具刻痕。腹部较短，背腹稍扁，具 6 对附肢，前 5 对为游泳肢，雄虾第 2 腹肢内侧具 1 对细棒状带刺的附肢，爪暗红色与黑色，有亮橘红色或微红色结节。尾扇发达，由 5 片组成，母虾在抱卵期和孵化期，尾扇均向内弯曲，爬行或受敌时，以保护受精卵或稚虾免受损害（图 10 - 7 - 1、图 10 - 7 - 2）。幼虾为均匀的灰色，有时具黑色波纹。

【危害】克氏原螯虾广温性，适应水温 15～40 ℃，耐高温严寒，耐低氧，能在临时性水体中生存，适应能力极强。喜富营养化水体，食性广泛，建立种群的速度极快，易于扩散。性成熟年龄 1 龄，1 年多次产卵，繁殖力强。对鱼类、甲壳类、水生植物可造成极大的威胁，破坏当地生态环境和食物链。在苗种培育池中它能伤害并吞食大量鱼苗，对大口黑鲈鱼苗和 1 龄鱼种培育会产生很大危害。

图 10-7-1　克氏原螯虾的外部形态

侧面观

背面观

头部

图 10-7-2　克氏原螯虾的外部形态各部分示意图

【防除方法】鱼苗放养前用生石灰彻底清塘，用法是：每亩水面水深 1 m 用生石灰 75～100 kg，全池均匀泼洒。发现克氏原螯虾危害鱼苗，每亩水面水深 1 m 用 20％速灭杀丁 2 支，清水稀释后再加少量洗衣粉于溶液中充分搅匀，全池均匀泼洒。此外，还可用地笼网在克氏原螯虾经常出没的池塘洞穴边捕捉。

八、水蜈蚣（predaci diving beetle）

又名甲虫、水虎、水夹子，是龙虱科（Dytiscidae）幼虫的统称。成虫龙虱俗称水鳖，别名泽劳、黑壳虫、水龟子、水鳖虫、射尿龟、小龟子等。

【生物学特征】龙虱是水生昆虫，有 4 000 余种。龙虱科属昆虫纲（Insecta）有翅亚纲（Pterygota）鞘翅目（Coleoptera）肉食亚目（Adephaga），下属 4 个亚科：龙虱亚科（Dytiscinae）、切眼龙虱亚科（Colymbetinae）、粒龙虱亚科（Laccophilinae）、水龙虱亚科（Hydroporinae）。龙虱属（Dytiscus）和厚龙虱属（Cybister）为两个重要属，主要种类有三星龙虱（C. trpuatus）、黄边大龙虱（C. cimbatus）等。

成虫龙虱体长 13～45 mm，卵形或长卵形，前端略窄，黑色或深棕色。头部略扁，头部缩入前胸内，体背腹面拱起，复眼突出，触角丝状、11 节，下颚须短。足 3 对，前足小，后足侧扁，有长毛，后足为游泳足，后基节与后胸腹板占据腹面的一大半，胸部腹面无针刺（图 10 - 8 - 1）。龙虱能游善飞，生活于水草较多的池塘、沼泽、水沟等淡水水域。龙虱以肉食性为主，兼草食性和腐食性（温以才和张天来，1993）。

背部观(模式图)

图 10 - 8 - 1 成虫龙虱的外部形态

水蜈蚣幼虫体细长稍扁，灰褐色，头部略圆，有 1 对大颚，两侧具有黑色单眼 6 个，有趋光性，触角 4 节，躯干 11 节，前 3 节为胸节，各具足 1 对，后 8 节为腹节。肉食性，凶猛贪食，头部具 1 对钳形强大的大颚，似蜈蚣毒螯得名。水蜈蚣捕食鱼、虾、蟹苗，是大口黑鲈苗种期危害较大的敌害生物（图 10 - 8 - 2）。幼虫成熟后钻入水边较干泥土做室，化为裸蛹，半月后羽化成趋光性很强的成虫，雌雄异体。1～2 年完成 1 代，世代重叠。

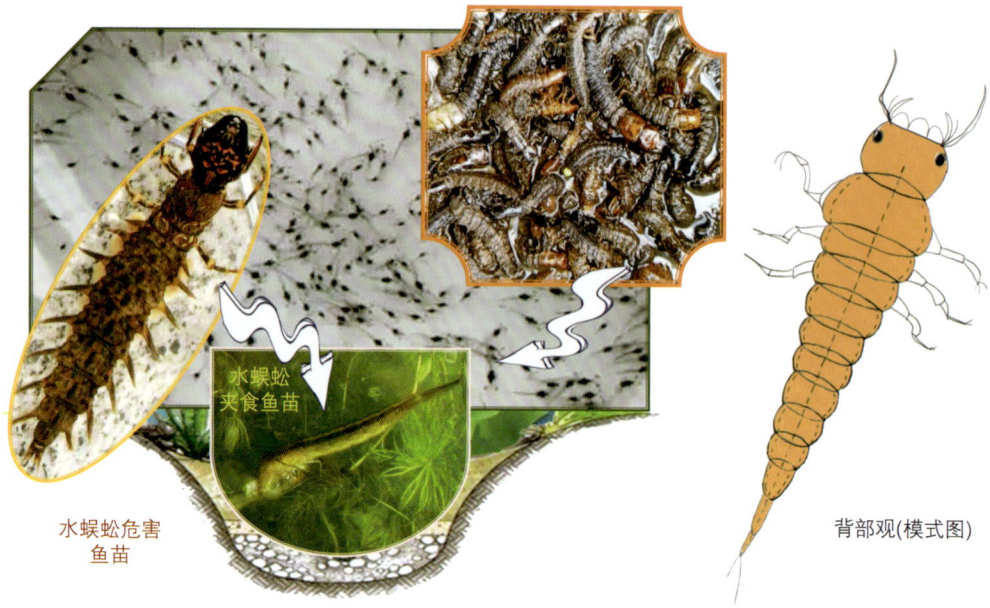

水蜈蚣危害鱼苗

水蜈蚣夹食鱼苗

背部观(模式图)

图 10 - 8 - 2　水蜈蚣的形态与危害

【危害】水蜈蚣主要危害鱼苗，5—6 月大量繁殖。它通过大颚夹住鱼苗，从食道中吐出毒液，使鱼苗麻痹，吸食其体液，致使死亡。一般情况下，1 只水蜈蚣一夜可捕食15～20 尾鱼苗，且成群出现，严重影响鱼苗的成活率，对鱼苗造成很大危害。成虫白天潜伏于池塘、水田边缘，夜间飞行，捕食小鱼等水生动物。

【防除方法】

（1）鱼苗放养前，用生石灰对鱼池进行彻底清塘消毒，杀灭塘中的水蜈蚣及其成虫。

（2）严把池塘进水关。在鱼苗池进水口铺设 60 目纱绢，严格过滤池塘进水，杜绝水蜈蚣虫卵、幼虫和成虫随水流入池中。

（3）泼洒药物杀灭。用90％晶体敌百虫稀释后全池泼洒，每立方米水体用量为 0.5 g；或每立方米水体用 0.03～0.04 mg 的溴氢海因溶液（以溴氢海因计）全池泼洒，2 d 后换水20％以上，再用同样浓度的氯氰菊酯溶液泼洒 1 次，基本可将鱼池中的水蜈蚣清除干净。

（4）根据水蜈蚣的趋光特性，用煤油杀灭。方法是用厚竹片、草绳或胶皮管扎成直径 1 m 左右的圆圈，以竹桩固定于水面，然后向圈内滴加 50～250 g 煤油或柴油，使圈内形成一薄层油膜。在圆圈上方离水面 35 cm 处设一盏灯。水蜈蚣夜间趋光而至，当尾部触到煤油或柴油时，赖以进行气体交换的气门就被油膜封住，而导致窒息死亡。杀灭完成后用勺子将圈内的油膜慢慢地舀走。此外，还可利用水蜈蚣等昆虫对波长为 3 000～4 000 Å 的光波极为敏感的特性，用发出波长为 3 800 Å 的黑光灯诱捕（图 10 - 8 - 3、图 10 - 8 - 4）。

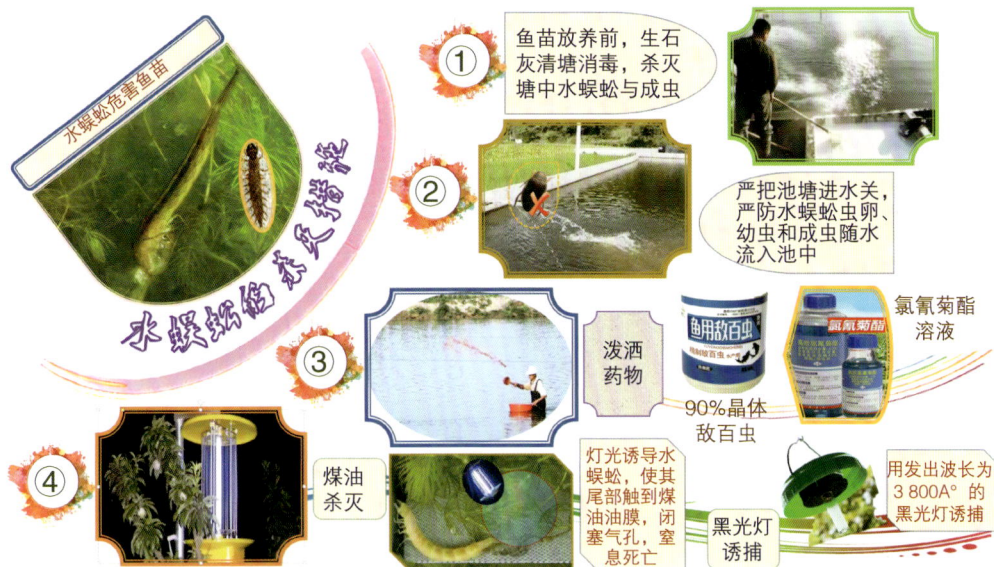

图 10 - 8 - 3　水蜈蚣的杀灭措施

① 鱼苗放养前，生石灰清塘消毒，杀灭塘中水蜈蚣与成虫

② 严把池塘进水关，严防水蜈蚣虫卵、幼虫和成虫随水流入池中

③ 泼洒药物　氯氰菊酯溶液　90%晶体敌百虫

④ 煤油杀灭　灯光诱导水蜈蚣，使其尾部触到煤油油膜，闭塞气孔，窒息死亡　黑光灯诱捕　用发出波长为 3 800A° 的黑光灯诱捕

水蜈蚣危害鱼苗

水蜈蚣的杀灭措施

水蜈蚣的煤油诱杀

③ 在圆圈上方离水面 35 cm 处设一盏灯

② 滴加50~250 g煤油或柴油，使圈内形成一薄层油膜

① 用草绳等扎成直径1m左右的圆圈，以竹桩固定于水面

④ 水蜈蚣夜间趋光而至，当尾部触到煤油，闭塞气孔，窒息死亡

图 10 - 8 - 4　煤油诱杀水蜈蚣

九、水虿（dobson）

又名豆娘（damselfly）。

【生物学特征】水虿属昆虫纲（Insecta）蜻蜓目（Odonata），是蜻蜓目昆虫稚虫的统称，也是蜻蜓羽化前的幼虫。体色一般暗褐色或暗绿色，身体细长且软弱，外形酷似蜻

蜓，但腹部较细长，体长仅 1.5～6.5 cm，比大多数蜻蜓小。两只复眼间距较大，头部形似哑铃，无翅，雄性交合器位于腹部第 2、第 3 节腹面。全世界分布，尤以热带地区较多，已知 5 000 余种，我国记载 350 余种（图 10 - 9 - 1）。该昆虫可飞翔，但幼虫生长期却必须在水中度过，故称为水蚤。水蚤需经过 8～14 次脱皮，然后爬出水面，脱壳变成成虫。

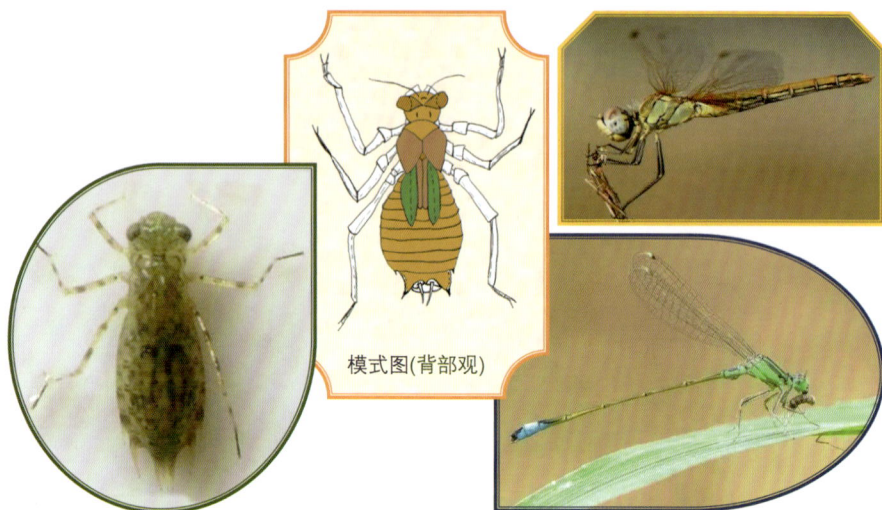

图 10 - 9 - 1　水蚤的形态

【危害】水蚤潜伏在溪池泥底或残枝败叶下，肉食性，性情凶猛，依靠口器下面特殊的捕获器捕食蝌蚪、小虾小鱼、水蚤等。1 只水蚤 1 d 能吃掉 100 余尾泥鳅苗，它是大口黑鲈水花至寸片以下鱼苗培育期的主要敌害（图 10 - 9 - 2）。

图 10 - 9 - 2　草丛中的水蚤捕食鱼苗

【防除方法】①用生石灰彻底清塘，每亩用生石灰 60～100 kg，化水后全池泼洒。②灯光煤（柴）油诱杀（方法同水蜈蚣）。③每立方米水体用 90% 晶体敌百虫 0.5～1.0 g，或用氯氰菊酯溶液（水产用）（4.5% 的氯氰菊酯乳油 0.015～0.02 mL）全池泼洒，杀灭水蚤。

十、田鳖（giant water bug）

又名大田鳖、桂花蝉、水知了、田付（负）蝽等。

【生物学特征】田鳖属节肢动物门（Arthropoda）半翅目（Hemiptera）异翅亚目（Heteroptera）蝎蝽总科（Nepoidea）负子蝽科（Belostomatidae）的一类水生昆虫。负子蝽科下属 2 个亚科：负子蝽亚科（Belostomatinae）和鳖蝽亚科（Lethocerinae）（刘国卿和丁建华，2009）。该科有的虫体具有香腺可释放香味，加之外形似知了（蝉），故得名桂花蝉。田鳖体呈灰褐色，虫体扁平且大，最大个体可长达 12 cm，常见的为 7～9 cm，较小的也有 5 cm 左右。触角 4 节，头小，近三角形，隐于头部腹面的沟内，复眼黑色，喙短而强。前胸背板发达，前窄后宽似梯形，中央有纵纹，在纵纹的 2/3 处有一横沟，小盾片三角形。前足为捕食足、发达，腿节粗壮，胫节弯曲，跗节似爪，整个前足似一把镰刀，善于捕捉，中、后足有游泳毛，在前足腹部末端具短而扁平的呼吸管（图 10-10-1、图 10-10-2）。成虫、幼虫均生活于深水中、攀栖于水草上。负子蝽科、蝎蝽科的昆虫极易混淆，田鳖不负子，直接将卵产至水草的茎

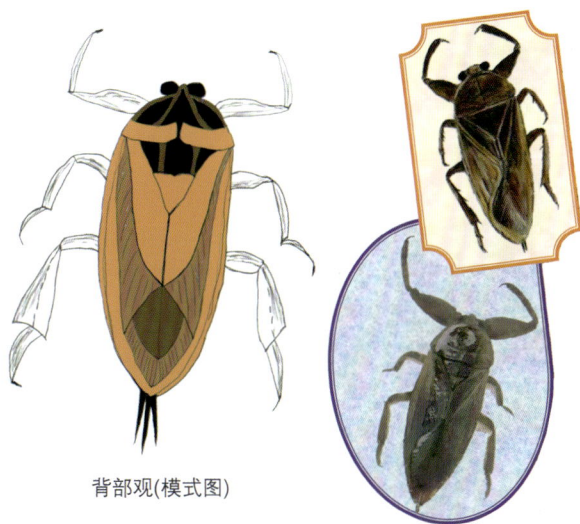

背部观(模式图)

图 10-10-1　田鳖的形态

上，年繁殖 1 代或隔年 1 代。田鳖分布于我国南方、美洲，以及东南亚一带，有 100 余

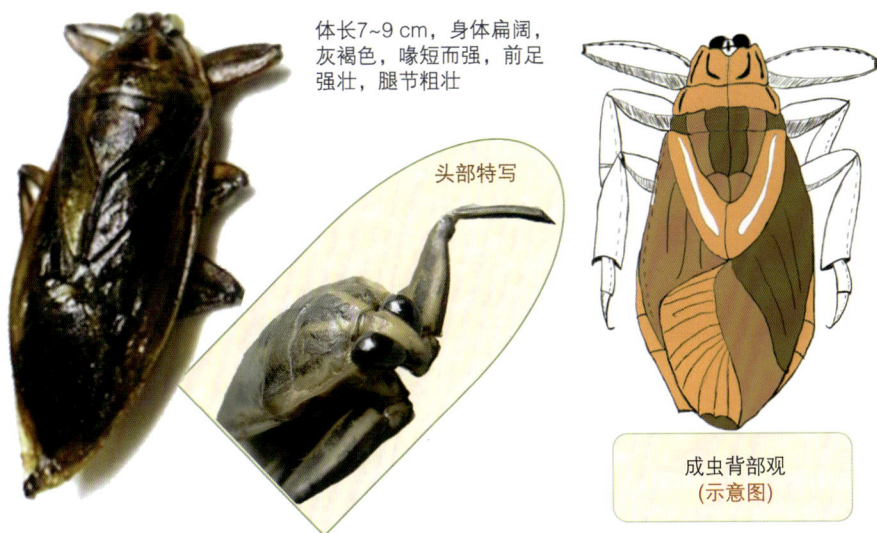

体长7~9 cm，身体扁阔，灰褐色，喙短而强，前足强壮，腿节粗壮

头部特写

成虫背部观
(示意图)

图 10-10-2　田鳖的主要特征

种，巨田鳖（*Lethocerus grandis*）、美国田鳖（*L. americanus*）、澳洲田鳖（*L. insulanus*）、印度田鳖（*L. indicus*）等是较常见的种类。

【危害】田鳖性情暴躁凶猛，常静伏于水底并将不同的伪装物附在身上，伺机对猎物发起攻击，咬住猎物并向其体内注射有毒的消化唾液，并凭借发达强健有力的前肢吸食被融化的猎物。田鳖以小鱼小虾为食，有时候也会捕食比自身大好几倍的大鱼、青蛙和一些其他水生昆虫，它是对大口黑鲈危害极大的敌害。

【防除方法】生石灰清塘、90%晶体敌百虫全池泼洒以及灯光诱捕等方法可杀除田鳖（第十章八水蜈蚣）。此外，还可用西维因粉剂（氨基甲酸酯类杀虫剂）溶解于水后全池泼洒杀灭。

十一、中华螳蝎蝽（chinese mantis）

又名螳蝽（mantis）、螳蛉蝽、水螳螂（water scorpion）、中华水斧等，因其属于蝎蝽科（Nepidae）类的昆虫故亦被统称为红娘华。

【生物学特征】中华螳蝎蝽（*Ranatra chinensis*）属半翅目（Hemiptera）异翅亚目（Heteroptera）蝎蝽科蝎蝽亚科（Nepinae）螳蝎蝽属（*Ranatra*）（刘国卿和丁建华，2009）。身体扁平细长，长35～45 mm，全身黄褐色，头小，复眼突出，黑色有光，因外形酷似螳螂而又称为水螳螂。前足十分发达、灵活，呈黄色镰刀状，基节很长，腿节略膨大，跗节小；其余2对足细长，腹部末端有1对细长的呼吸管（刘国卿和丁建华，2009）。夜间常飞至陆上或转落水池中，分布很广，多在静水水域的水草间觅食，主要以捕获鱼苗或其他水生动物为食（图10-11-1、图10-11-2）。

图10-11-1 中华螳蝎蝽的形态

【危害】中华螳蝎蝽常以口吻刺入鱼体吸食血液而使鱼苗死亡，危害大口黑鲈鱼苗。

【防除方法】生石灰清塘和用90%晶体敌百虫全池泼洒杀灭中华螳蝎蝽（方法同第十章八水蜈蚣）。此外，还可拉网关箱，把鱼和中华螳蝎蝽密集在箱内，加100～200 mL煤油，使虫体接触煤油闭塞气孔窒息死亡。

前足发达、灵活，呈
镰刀状，基节很长，
腿节略膨大，跗节小

尖锐的嘴巴插入鱼类
等猎物体内吸食汁液

头小
复眼凸出
黑色有光

其余2对足细长

身体扁平
细长

腹部末端长长的呼吸
管伸出水面进行呼吸

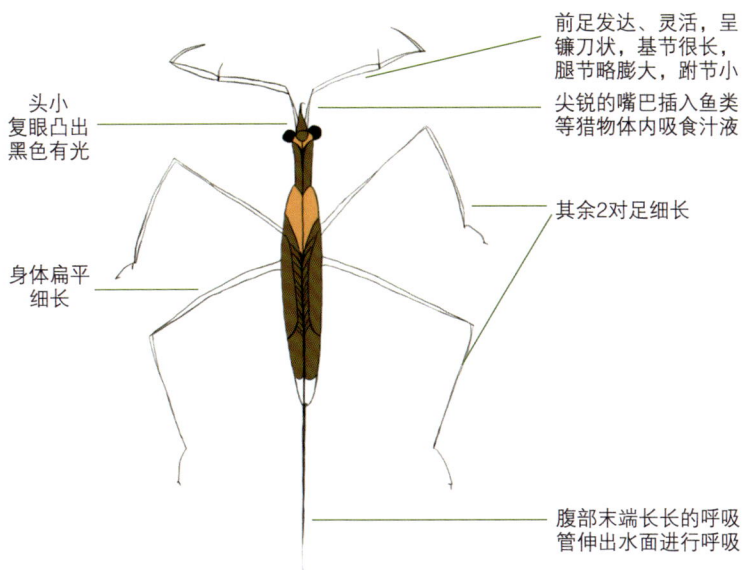

图 10 - 11 - 2　中华螳蝎蝽外形示意图（背面观）

十二、仰泳蝽（backswimmer）

又名松藻虫，俗名翻天印、水疙蚤。

【生物学特征】仰泳蝽属异翅目（Heteroptera）仰蝽科（又名仰泳蝽科，Notonectidae）的一类水生昆虫。虫体如船形，黄褐色，有黑斑，背面色浅，其余部分色暗，从上面看与水底不分。头短呈卵形，复眼大，体长约1.3 cm，触角4节，喙3～4节。前胸部能运动，前翅基部革质，后翅膜质。前足和中足短，用以握持物体，后足长大，如桨状，胫节、跗节扁平，有缘毛，用以划水游泳，休息时伸向前方。中足腿节末端近内侧具棘齿，跗节式2-2-2。腹面密生长毛，毛隙含有空气，供呼吸之用。仰泳蝽背部隆起似船底，常仰腹游泳，故名仰泳蝽；又因其形如跳蚤，又称松藻虫（图 10 - 12 - 1、图 10 - 12 - 2）。仰泳蝽产卵于水中植物。

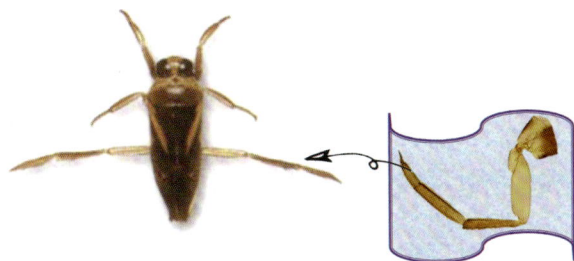

实物图
（腹部观）

图 10 - 12 - 1　仰泳蝽的形态　　　图 10 - 12 - 2　仰泳蝽模式图（腹面观）

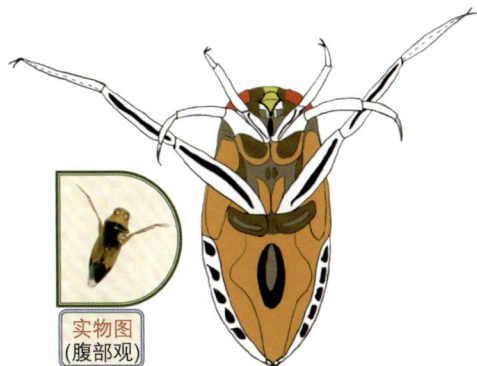

【危害】仰泳蝽是刺吸式口器昆虫，可利用仰泳特性寻找猎物。物色到猎物后常用口吻刺入其体内，注入神经毒素麻痹，再注入消化酶使猎物内脏分解，然后吸其体液食其肉。因有"水陆两栖"的特性，所以捕食性强。常伤害鱼卵和鱼苗等，可捕获比自身大的鱼类，是大口黑鲈养殖期间的重要敌害。

【防除方法】防除仰泳蝽可用以下方法：每亩水面水深 1 m 用生石灰 67～100 kg 彻底清塘，杀灭虫卵、幼虫和成虫；每立方米水体用 90％晶体敌百虫 0.5～1.0 g 全池泼洒杀灭成虫。

十三、凶猛鱼类（piscivorous fishes）

【生物学特征】对大口黑鲈危害性较大的凶猛鱼类主要是养殖池塘中可能存在的一些肉食性鱼类，这些鱼类吞食鱼苗、幼鱼，甚至伤害成鱼，如乌鳢、鲇、黄颡鱼等。

1. 乌鳢（*Channa argus*，又名 *Ophiocephalus argus*）　俗称黑鱼（snakeheaded fish）、生鱼（uncooked fish）、财鱼（bonito）、乌鱼（cuttlefish）等。属鳢科（Channidae）鳢属（*Channa*）。身体前部呈圆筒状，后部侧扁，头尖且扁平。体灰黑色，体背和头顶色泽较暗黑，腹部淡白，体侧有不规则黑色斑块，头侧面有黑色斑纹。背鳍和臀鳍长，背鳍前方稍隆起，有腹鳍，奇鳍有黑白相间的斑点，偶鳍为灰黄色，间有不规则斑点。同属斑鳢（*C. maculata*），体长且肥胖，稍侧扁。头长，头背宽平，向吻端倾斜。吻短钝，眼位于头的前部，侧上位。两对鼻孔，前后分离，前鼻孔呈管眼状，靠近吻端。口近上位，口裂大，颌角超过眼后缘的下方。下颌稍长于上颌。上、下颌外缘有细齿。背鳍基部较长，起点靠近胸鳍基部的上方，胸鳍呈扇形，二者鳍条末端超过尾鳍基部。尾鳍呈圆形。背鳍与臀鳍上有许多不连续的白色斑点，尾柄和尾鳍基部有数列黑白相间的斑条，偶鳍稍带橘红色。全身披鳞，头部鳞片不规则，黏液孔较小（图 10-13-1）。

图 10-13-1　乌鳢的形态

2. **鳜**（*Siniperca chuatsi*） 俗称桂花鱼、季花鱼，属鮨科（Serranidae）鳜亚科（Sinipercinae）鳜属（*Siniperca*）。体高，侧扁，眼后背部显著隆起，体背侧棕黄色，腹面白色，体具许多不规则褐色斑块和斑点。头中大，端位，斜裂，吻尖突，吻长大于眼径。眼中大，略大于眼间隔，具一辅上颌骨，上颌骨后端伸达或伸越眼后缘下方，下颌突出，两颌前部数齿扩大成犬齿。前鳃盖骨后缘有细锯齿，下角及下缘各具2小棘。鳃盖后缘有2扁棘。鳃孔大，鳃盖膜不与峡部相连。鳃耙棒状，上有细齿。头、体披小圆鳞，吻部和眼间无鳞。侧线完全，伸达尾鳍基。背鳍连续，始于胸鳍基上方，臀鳍始于背鳍最后鳍条下方，腹鳍胸位，始于胸鳍基下方。胸鳍和尾鳍圆形，背鳍、臀鳍和尾鳍均具黑色斑点，胸鳍和腹鳍浅色（图10-13-2）。

图10-13-2 鳜的外部形态

3. **胡子鲇**（*Clarias*） 属鲇形目（Siluriformes）胡子鲇科（Clariidae）。该属主要有胡子鲇（*C. fuscus*）和革胡子鲇（*C. leather*）2种。胡子鲇又称塘鲺（tang shi），体长，头部扁平，眼小，8根胡须，上下各4根，鱼体表光滑无鳞，有侧线。体色一般呈灰褐色，上有许多灰白色的纹状斑块和黑色斑点，腹部为白色，背鳍、臀鳍延长止于尾鳍基部。尾鳍呈圆扇形，胸鳍短而圆，有一硬棘，特别发达，能在陆地上爬行。口宽，横裂，齿利，口稍下位，有触须4对，上下颌各2对。上、下颌及犁骨上密生绒毛状牙齿，形成牙带（图10-13-3）。革胡子鲇原产于非洲尼罗河水系，因我国1981年从埃及引进，故又称埃及胡子鲇（egyptian catfish）。革胡子鲇体呈圆筒状，比胡子鲇更扁平，身体更长，体色发黑，头较扁，触须发达（图10-13-4）。

4. **黄颡鱼**（*Pelteobagrus fulvidraco*） 又名黄辣丁、黄姑子、黄沙古、刺黄股、昂刺等，属鲿科（Bagridae）黄颡鱼属（*Pelteobagrus*）。身体腹部平直，体延长，稍粗壮，体后半部侧扁。头略大，背大部裸露，吻部背视钝圆。口宽大，下位，弧形。眼中等大，

图 10-13-3　胡子鲇的外部形态及其示意图

图 10-13-4　革胡子鲇的外部形态及其示意图

侧上位，眼缘游离，眼间隔宽，略隆起，前后鼻孔相距较远。头部具触须 4 对。背鳍较小，具骨质硬刺，脂鳍短，基部位于背鳍基后端至尾鳍基中央偏前。臀鳍基底长，起点位于脂鳍起点垂直下方之前，距尾鳍基小于距胸鳍基后端。胸鳍侧下位，具硬棘。腹鳍短，末端伸达臀鳍，起点位于背鳍基稍后的垂直下方，距胸鳍基后端大于距臀鳍起点。尾鳍深分叉，末端圆，上、下叶等长（图 10-13-5）。

　　【危害】以上凶猛鱼类均是肉食性鱼类，对环境的适应能力强，性情凶猛，善于在水草多、淤泥底质的浅水区隐蔽，依靠自身发达的口须、侧线系统或嗅囊等捕食水中的昆虫、小虾和小鱼，甚至是成鱼。如果在大口黑鲈的养殖水体中存在，会对鱼苗和幼鱼造成较大危害。它们贪婪地捕食鱼苗和鱼种，有的鱼类（如鳜）即使在鱼苗期也可捕食其他种

图 10 - 13 - 5　黄颡鱼的外部形态

类的鱼苗，是大口黑鲈鱼苗和幼鱼期的重要敌害。

【防除方法】①鱼苗放养前用生石灰清塘，杀灭塘中凶猛鱼类的鱼卵、鱼苗和成鱼；②进水时用 2～3 层网目为 40～60 目的拦网过滤，防止凶猛鱼类进入池塘；③在鱼苗、鱼种培育阶段，结合拉网、筛鱼，清除塘中的野杂鱼类；④若在养殖池塘中发现凶猛鱼类，每立方米水体用 15～20 g 的茶籽饼毒杀，茶籽饼需先用水浸泡 12 h 后再全池泼洒，泼后注意开启增氧机增氧。

十四、蛙（frog）

【生物学特征】蛙属于两栖类动物，属两栖纲（Amphibian）无尾目（Anura）。无尾，后肢长，前肢短，趾有蹼，善于跳跃和游泳。种类较多，对大口黑鲈危害较大的主要有虎纹蛙、黑斑侧褶蛙、金钱蛙、泽蛙以及中华大蟾蜍等（费梁，1999）。

虎纹蛙（*Hoplobatrachus rugulosus*）属叉舌蛙科（Dicroglossinae）虎纹蛙属（*Hoplobatrachus*）。头长略大于头宽，吻端钝尖，突出于下唇缘，鼓膜略大于第 3 指吸盘，距眼较近，无犁骨齿。背面和咽喉部皮肤光滑，腹部及股部腹面满布扁平疣，腋胸部多有横肤褶。前肢较细，前臂及指长小于体长之半，指、趾端有吸盘和边缘沟，前伸贴体时胫跗关节达眼部，左右跟部重叠甚多，胫长略大于体长之半，外侧 3 趾间近半蹼，外侧跖间无蹼，内跖突小，无外跖突。背面颜色有深浅变异，多为浅黄色或棕黄色，其上有 5 条棕色或棕黑色纵纹，有的或断或续，四肢背面浅紫色，有不规则黑黄纹或不明显。咽喉部及股基部腹面黄白色，仅下唇缘有深色细点，四肢腹面肉红色，雄蛙第 1 指有婚垫，有单咽下外声囊。卵粒乳黄色，卵径 1.4 mm 左右（图 10 - 14 - 1）。蝌蚪体扁宽，呈绿褐色，略带黄色杂以黑色小点。眼下及口角两侧有金黄色斑点。尾长是体长的 2 倍，尾较细弱，尾端尖细，尾鳍上有细纹。

黑斑侧褶蛙（*Pelophylax nigromaculatus*），又名黑斑蛙、青蛙、田鸡，属蛙科（Ranidae）侧褶蛙属（*Pelophylax*）。黑斑蛙的身体分为头、躯干和四肢 3 部分。成体背部颜色为深绿色、黄绿色或棕灰色，具有不规则的黑斑。腹部白色、无斑。成体无尾，头

图 10-14-1　虎纹蛙的形态

长略大于头宽，吻钝圆且略尖，颊部向外倾斜。眼大而突出，眼间距窄，小于鼻间距及上眼睑宽。鼻孔在吻眼中间，鼻间距等于眼睑宽。鼓膜大而明显，近圆形。犁骨齿两小团，突出在内鼻孔之间，舌宽厚，后端缺刻深。前肢短，后肢较短而肥硕，胫关节前达眼部，趾间几乎为全蹼（图 10-14-2）。

图 10-14-2　黑斑侧褶蛙的形态

　　金钱蛙（Rana plancyi），又名富贵蛙、金蟾等，是爪蟾白化变色的一个品种，属负子蟾科（Pipidae）爪蟾属（Rana）。金钱蛙体长 50 mm 左右，雄性远小于雌性。头略扁，头长与宽基本相等。吻圆钝，吻棱不明显。背面及体侧的皮肤有分散的疣，肛部有疣。腹面光滑，鲜黄色，或带有棕色点，尤以咽部和胸部明显。后肢具有 3 对角质脚爪（图 10-14-3）。蝌蚪发育良好，全长 38～45 mm，尾端尖细。

图 10 - 14 - 3　金线蛙的形态

　　泽蛙（*Rana limnocharis*），属于蛙科蛙属（*Rana*），是一种小型蛙类，体长 40～35 mm，外形似虎纹蛙但体型较小。趾间半蹼。吻部较尖，上下唇有 6～8 条黑纵纹。两眼间有"V"字形斑，肩部一般有"W"字形斑，有的还有宽窄不一的青绿色或浅黄色脊线纹。背面灰橄榄色、深灰色或棕褐色，有的杂以赭红、深绿色斑。无背侧褶，有许多分散排列、长短不一的纵肤棱（图 10 - 14 - 4）。

图 10 - 14 - 4　泽蛙的形态

　　中华大蟾蜍（*Bufo gargarizans*），又称蛤蟆，属蟾蜍科（Bufonidae）蟾蜍属（*Bufo*）。形如蛙，体粗壮，躯体粗而宽，体长 10 cm 以上。雄性较小，皮肤粗糙，全身布满大小不等的圆形瘰疣。头宽大，口阔，吻端圆，吻棱显著。舌分叉，可随时翻出嘴外，自如地把食物卷入口中。舌面含有大量黏液。近吻端有小型鼻孔1对。眼大而突出，眼后方有圆形鼓膜，头顶部两侧有大而长的耳后腺1个。在繁殖季节，雄蟾蜍背面多为黑绿色，体侧有浅色斑纹；雌蟾蜍背面斑纹较浅，瘰疣乳黄色，有棕色或黑色的细花斑。四肢粗壮，前肢短、后肢长，趾端无蹼，步行缓慢。雄蟾前肢内侧3指（趾）有黑色婚垫，无声囊（图10-14-5）。

中华大蟾蜍蝌蚪

图10-14-5　中华大蟾蜍的形态

【危害】 蛙均为肉食性动物，虎纹蛙、黑斑侧褶蛙和金线蛙等成体均捕食鱼苗，对大口黑鲈有较大危害。此外，蛙经常出没鱼塘，还是某些病原（特别是微生物病原）的传播媒介。

蛙或蟾的幼虫均为蝌蚪（tadpole），俗称蛤蟆蛋蛋，身体呈纺锤形，无四肢、口和内鳃，生有侧扁的长尾，头部两侧生有分枝的外鳃，常吸附在池塘边水草上。若水体出现大量蝌蚪，消耗水体中的溶解氧，争夺鱼苗的天然饵料与商品性饲料，并且扰乱鱼苗摄食，对大口黑鲈鱼苗的培育造成很大危害。此外，有些蛙的蝌蚪，如虎纹蛙、中华大蟾蜍等，还会直接吞食鱼苗。各种蝌蚪体表也会寄生许多与寄生于大口黑鲈中同源的寄生虫，成为大口黑鲈寄生虫感染的一个重要传染源（图10-14-6）。

【防除方法】 ①苗种放养前使用生石灰彻底清塘，杀灭蛙卵和蝌蚪，或者每亩水面用12.5 kg的茶籽饼清塘。②在蛙繁殖季节，防止亲蛙跳入池中产卵；清晨将漂浮于水面的蛙卵团块用捞海清除干净。③已放养鱼苗的池塘，在拉网锻炼鱼苗（种）时，顺便将蝌蚪清除；或用茶籽饼化水后全池泼洒，每立方米水体用量为15~20 g，泼洒后立即开动增氧机增氧。④根据蝌蚪在水面呼吸和靠边游泳（除大蝌蚪外，一般不到深水区）的生态特性，靠边泼洒茶油，封住水面，使蝌蚪窒息死亡；或根据蝌蚪对食盐相对敏感的习性，靠边泼洒食盐溶液。⑤采用捕网及围网进行捕捞。

蝌蚪栖息在池塘水草边

蛙

尾萎缩期

卵

受精卵

长出前脚

蝌蚪

长出后脚

蝌蚪的变态过程

蝌蚪消耗水体中溶解氧，争夺鱼苗的饵料

蝌蚪在鱼苗塘中吞食鱼苗

图 10-14-6 蝌蚪的形成及其对大口黑鲈的危害

十五、鸟类（birds）

【生物学特征】对大口黑鲈养殖造成危害的主要鸟类有（汪建国等，2013）：鸬鹚（*Phalacrocorax carbo*），俗称鱼鹰、水老鸦，属鸬鹚科（Phalacrocoracidae）鸬鹚属（*Phalacrocorax*）。鸬鹚属有 39 种。鸬鹚是中到大型的海鸟，体长 45 cm，体重 340 g。全身羽毛几乎为黑色，肩和翅有青铜色反光。嘴强而长，圆锥状，先端具锐钩，适于啄鱼，下喉有喉囊。脚后位，趾扁，后趾较长，具全蹼，善于游泳。

苍鹭（*Ardea cinerea*），俗称灰鹭、灰鹳、青庄等，属鹭科（Ardeidae）鹭属（*Ardea*）。大苍鹭雄鸟头顶中央和颈白色，头顶两侧和枕部黑色。羽冠为 4 根细长的羽毛形成，分为 2 条位于头顶和枕部两侧，状若辫子，颜色为黑色，前颈中部有 2~3 列纵行黑斑。上体自背至尾上覆羽苍灰色，尾羽暗灰色，两肩有长尖而下垂的苍灰色羽毛，羽端分散，呈白色或近白色。虹膜黄色，喙黄绿色，脚偏黑。叫声深沉，呱呱喉音似鹅（图 10-15-1）。

鹗（*Pandion haliaetus*），俗称鱼鹰、睢鸠、鱼雕、鱼鸿等，属鹰科（Accipitridae）鹗属（*Pandion*），为中型猛禽。雌雄相似，体长 51~64 cm，体重 1 000~1 750 g。头部白色，头顶具有黑褐色的纵纹，枕部羽毛稍微呈披针形延长，形成一个短的羽冠。头的侧面有 1 条宽阔的黑带，从前额的基部经过眼睛到后颈部，并与后颈的黑色融为一体。上体为暗褐色，略微具有紫色光泽，下体为白色，胸部的暗色纵纹和飞羽，以及尾羽上相间排列的横斑均极醒目。嘴黑，蜡膜铅蓝色。上嘴尖端呈钩状。虹膜淡黄色或橙黄色，眼周裸露皮肤铅黄绿色。脚和趾黄色，爪黑色。

红嘴鸥（*Larus ridibundus*），俗称水鸽子、钓鱼郎等，属鸥科（Laridae）鸥属（*Larus*）。体长 37~43 cm，翼展 94~105 cm，体重 225~350 g。体型和毛色与鸽子相似。

鸬鹚（引自云南鸟类数据库）

苍鹭（引自中国鸟类数据库）

图 10 - 15 - 1　鸬鹚、苍鹭的形态

夏羽头部黑褐色，头至颈上部咖啡褐色，羽缘微沾黑，眼后缘有一星月形白斑；冬羽头部白色，头顶、后头沾灰，眼前缘及耳区具灰黑色斑，嘴和脚鲜红色，嘴先端稍暗。脚和趾赤红色，冬时转为橙黄色，爪黑色。

普通翠鸟（Alcedo atthis），俗称鱼狗、鱼虎，属翠鸟科（Alcedinidae）翠鸟属（Alcedo）。翠鸟属共 15 种，其中普通翠鸟是最常见的种，也是该属代表种，因背和面部的羽毛翠蓝发亮，因此称其为翠鸟。普通翠鸟是一种小型水鸟，从远处看像啄木鸟。体长 16～17 cm，翼展 24～26 cm，体重 40～45 g。体色较淡，耳覆羽棕色，翅和尾较蓝，下体较红褐。耳后有一白斑。嘴长、直且尖，尾短（图 10 - 15 - 2）。

【危害】以上鸟类以鱼类为主要食物，直接捕食鱼类，危害大口黑鲈鱼种及成鱼。鸬鹚可捕获大鱼，特别是野生鸬鹚危害极大；苍鹭食性贪婪，食量大，1 只苍鹭胃中可取出体重 30～60 g 的鱼种 5 条；鹗性情凶猛，可在空中飞翔俯瞰水面，并突然迅速冲落到养殖水体猎取体重 0.5～1.0 kg 的大鱼；翠鸟体型虽小，以捕食小鱼为生，但对养殖的鱼种危害较大。

除此之外，这些鸟类还是某些鱼类的终宿主，通过粪便等方式传播病原体，导致疾病流行。尤其是红嘴鸥是较多对鱼类危害极大的寄生蠕虫（如复口吸虫、舌状绦虫等）的终寄主，

鹗

红嘴鸥

普通翠鸟

图 10 - 15 - 2　鹗、红嘴鸥、普通翠鸟的形态
（引自中国鸟类数据库）

造成这些寄生虫疾病的流行，给大口黑鲈养殖带来很大损失。

【**防除方法**】因为上述鸟类大部分是受保护的野生动物物种，所以对其防除的主要措施以驱赶为主。所采取的方法是：在池边制作稻草人，或用鞭炮等吓退鸟类；发现塘边有鸟类飞翔时，采取人工方式进行驱赶，或通过驯养犬追撵；在池塘上空距水面1m处架设尼龙丝网，防止鸟类侵入。

十六、哺乳类（mammals）

【**生物学特征**】对大口黑鲈造成危害的哺乳类主要有水老鼠和水獭等（汪建国等，2013）。

水老鼠，俗称水耗子，属啮齿目（Rodentia）鼠科（muridae）。近水栖息，具有一定的潜水能力，但不能长时间在水中生活。水老鼠靠肺呼吸，一般昼伏夜出（图10-16-1）。

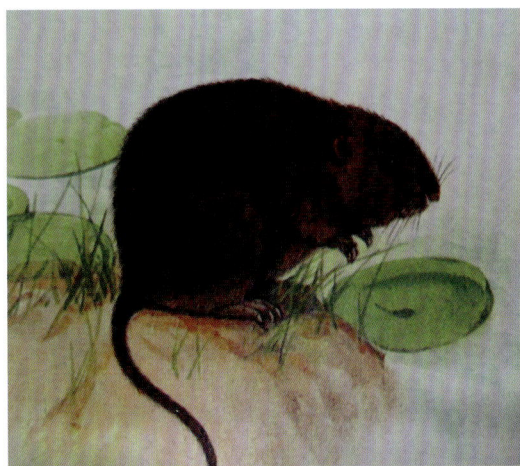

水老鼠　　　　　　　　　　　　　　　　　水獭

图10-16-1　水老鼠、水獭的形态

（引自中国哺乳动物数据库）

水獭（*Lutra lutra*），俗称水狗、獭，属食肉目（Carnivora）鼬科（Mustelidae）水獭亚科（Lutrinae）水獭属（*Lutra*）。水獭身躯长，吻短，眼睛稍突而圆，耳朵小，四肢短，全身毛短而密，从额部起直到尾端、四肢均为咖啡色，油亮有光泽，腹面呈灰褐色，绒毛基部白色。牙齿尖锐而有力，大齿异常粗大，长而尖，颇锋利，起穿刺作用。头骨上矢状嵴高耸，颞窝及下颌冠状突大，以容纳强壮的颞肌。四肢灵活，尺、桡骨分离，4趾或5趾，末端具锐爪。

【**危害**】水老鼠、水獭均是昼伏夜出的肉食性动物。水老鼠还会破坏养殖网箱。它们均会给大口黑鲈养殖造成危害。

【**防除方法**】主要的防除方法是随时捕杀或寻找其洞穴进行捕杀。若发现鼠类数量较多，可用灭鼠药进行毒杀，需注意的是用药毒杀时要保证人和其他动物的安全。

陈佳毅，叶元土，郭建林，等，2007. 梭鲈、河鲈和加州鲈的肌肉营养成分分析［J］. 饲料研究，9：52-54.

陈乃松，肖温温，梁勤朗，等，2012. 饲料中脂肪与蛋白质比对大口黑鲈生长、体组成和非特异性免疫的影响［J］. 水产学报，36（8）：1270-1280.

邓国成，白俊杰，李胜杰，等，2011. 大口黑鲈池塘养殖常见病害及其防治［J］. 广东农业科学，38（18）：102-103、137.

邓国成，姜兰，许淑英，等，1996. 加州鲈鱼（Micropterus salmoides）细菌性烂鳃、烂嘴病病原菌的研究［J］. 中国水产科学（4）：84-93.

邓国成，谢骏，李胜杰，等，2009. 大口黑鲈病毒性溃疡病病原的分离和鉴定［J］. 水产学报，33（5）：871-877.

范阿南，袁杰利，康白，2001. 在水产养殖中作为生物防治因素的益生菌制剂（节译）［J］. 中国微生态学杂志，3：62-65.

费梁，叶昌媛，江建平，等，2020. 中国两栖动物图鉴［M］. 郑州：河南科学出版社.

冯晓宇，黄辉，马恒甲，等，2018. 大口黑鲈优鲈1号人工繁殖与苗种培育试验［J］. 现代农业科技，22：240-241，244.

国家特色淡水鱼产业技术体系，2021. 中国淡水鲈产业发展报告［J］. 中国水产，3：40-48.

何晟毓，魏文燕，刘韬，2020. 大口黑鲈致死性结节病病原的分离、鉴定及组织病理学观察［J］. 水产学报，44（2）：253-265.

何小燕，白俊杰，樊佳佳，等，2011. 大口黑鲈早期生长发育规律的研究［J］. 大连海洋大学学报，26（1）：23-29.

何义，包颖，熊家娟，1997. 微生态学在鱼病防治中的应用［J］. 水产科技情报，24（1）：17-19.

胡鸿钧，李尧英，魏印心，等，1980. 中国淡水藻类［M］. 上海：上海科学技术出版社.

黄文芳，陈红，胡朝晖，等，1996. 鱼类镰刀菌的研究Ⅰ. 从大口黑鲈病灶上分离的镰状镰刀菌的研究［J］. 水生生物学报（4）：345-352，403.

金珊，王国良，赵青松，等，2005. 加州鲈白云病的病原及血液病理的初步研究［J］. 水生生物学报（2）：184-188.

雷燕，戚瑞荣，崔龙波，等，2015. 大口黑鲈鱼种弹状病毒病的诊断［J］. 大连海洋大学学报，30（3）：305-308.

李典谟，伍一军，武春生，等，2004. 当代昆虫学研究［M］. 北京：中国农业科学技术出版社.

李东英，2001. 藻类对淡水渔业的危害及防治方法［J］. 淡水渔业（3）：41-42.

李明，汪建国，章晋勇，等，2007. 鱼杯体虫（Apiosoma piscicola）的光镜及透射电镜观察［J］. 水生生物学报，31（2）：208-213.

李鸶鸶，张洪玉，王佳迪，等，2014. 车轮虫病防治药物及安全性研究进展［J］. 上海海洋大学学报，23（4）：546-555.

李向，华雪铭，魏翔，等，2021. 饲料中维生素D_3含量对大口黑鲈生长和抗氧化能力的影响［J］. 上海海洋大学学报，30（1）：94-102.

李学钊，洪炀，王治仓，等，2014. 免疫调节剂研究现状及其作用机理［J］. 中国动物传染病学报，22（5）：80-86.

李怡，曹海鹏，陈水祥，等，2008. 噬菌蛭弧菌对乌鳢养殖水质的影响［J］. 渔业现代化，2：11-14.

连雪原，陈乃松，王孟乐，等，2017. 大口黑鲈维生素 A 需求量［J］. 动物营养学报，29（10）：3819-3830.

刘春，李凯彬，王庆，等，2011. 大口黑鲈烂身病病原菌的分离、鉴定与特性分析［J］. 广东农业科学，38（6）：126-128.

刘家照，冼炽彬，叶星，等，1990. 大口黑鲈人工繁殖和胚胎发育［J］. 淡水渔业，1：15-16，29.

刘靖，邢殿楼，2005. 健康养殖在渔业生产上的应用［J］. 水产科学，8：53-54.

刘文生，林焯坤，彭锐民，1995. 加州鲈鱼胚胎及幼鱼发育的研究［J］. 华南农业大学学报，2：5-11.

龙波，王均，贺扬，等，2016. 加州鲈源维氏气单胞菌的分离、鉴定及致病性研究［J］. 中国兽医学报，36（1）：48-55.

陆奎贤，王金潮，匡庸德，等，1992. 加州鲈网箱养殖技术研究［J］. 水利渔业，5：25-28，32.

陆伟民，1994. 大口黑鲈仔、稚鱼生长和食性的观察［J］. 水产学报，4：330-334.

马冬梅，邓国成，白俊杰，等，2011. 大口黑鲈肝脾肿大病病原研究［J］. 中国水产科学，18（3）：654-660.

满其蒙，2013. 鰤鱼诺卡氏菌致病机制的研究［D］. 上海：上海海洋大学.

农业农村部渔业渔政管理局，全国水产技术推广总站，中国水产学会，2020. 2020 中国渔业统计年鉴［M］. 北京：中国农业出版社.

农业农村部渔业渔政管理局，全国水产技术推广总站，中国水产学会，2021. 2021 中国渔业统计年鉴［M］. 北京：中国农业出版社.

农业农村部渔业渔政管理局，全国水产技术推广总站，中国水产学会，2022. 2022 中国渔业统计年鉴［M］. 北京：中国农业出版社.

潘黔生，郭广全，方之平，等，1996. 6 种有胃真骨鱼消化系统比较解剖的研究［J］. 华中农业大学学报（5）：63-69.

彭开松，樊慧敏，马倩倩，等，2018. 流行性肉芽肿性丝囊霉菌病研究进展［J］. 安徽农业大学学报，45（1）：25-29.

彭天辉，潘连德，唐绍林，2013. 大口黑鲈慢性气泡病的组织病理观察以及水体分层对发病的影响［J］. 大连海洋大学学报，28（6）：578-584.

石琼，范明君，张勇，2015. 中国经济鱼类志［M］. 湖北：华中科技大学出版社.

谭爱萍，赵飞，郭忠宝，等，2022. 大口黑鲈白皮病病原菌的分离鉴定及药物敏感性试验［J］. 微生物学通报，49（5）：1741-1758.

谭肖英，刘永坚，田丽霞，等，2005. 饲料中碳水化合物水平对大口黑鲈 *Micropterus salmoides* 生长、鱼体营养成分组成的影响［J］. 中山大学学报（自然科学版），S1：258-263.

汪建国，战文斌，蒋火经，等，2013. 鱼病学［M］. 北京：中国农业出版社.

王广军，关胜军，吴锐全，等，2008. 大口黑鲈肌肉营养成分分析及营养评价［J］. 海洋渔业，3：239-244.

王广军，李胜杰，余德光，等，2015. 鲈鱼高效养殖致富技术与实例［M］. 北京：中国农业出版社.

王国良，袁思平，金珊，2006. 网箱养殖大黄鱼诺卡氏菌病的初步研究［J］. 水产学报，30（1）：103-107.

王海华，傅义龙，徐先栋，等，2013. 鄱阳湖区加州鲈网箱生态养殖模式的效果评估［J］. 中国生态农业学报，21（08）：1009-1015.

王丽娟，1999. 益生素的研究及应用进展［J］. 饲料博览，1：17-20.

温以才，张天来，1993. 大型水生昆虫龙虱及桂花蝉的生物学特性和养殖利用初步研究［J］. 湛江水产学院学报（2）：22-27.

吴玉生，马继华，徐波，等，2016. 池塘主养加州鲈鱼混养花鱼、黄颡鱼模式探索［J］. 上海农业科技，5：60-61.

夏立群，陈锐敏，廖保山，等，2018. 鱼诺卡氏菌动力蛋白调节蛋白 robl/LC7 的亚细胞定位和功能初步研究［J］. 水产学报，42（3）：419-430.

夏文伟，曹海鹏，王浩，等，2011. 彭泽鲫卵源致病性水霉的鉴定及其生物学特性［J］. 微生物学通报，38（1）：57-62.

夏焱春，曹铮，蔺凌云，等，2018. 大口黑鲈主要病害研究进展［J］. 中国动物检疫，35（9）：72-76.

谢一荣，吴锐全，谢骏，等，2007. 维生素 C 对大口黑鲈生长与非特异性免疫的影响［J］. 大连水产学院学报（4）：249-254.

谢志胜，郝翠兰，焦丽，等，2019. 大口黑鲈寄生异形锁钩虫在中国的首次报道［J］. 淡水渔业，49（1）：71-74.

徐如卫，江锦坡，1995. 大口黑鲈食性驯化技术的初步研究［J］. 水产科技情报，2：62-63.

许峰，鲁建飞，魏永伟，等，2020. 一株大口黑鲈（Micropterus salmoides）虹彩病毒（Iridoviridae）的分离及鉴定［J］. 海洋与湖沼，51（1）：156-162.

杨斯琪，郑洪武，孙颖，等，2019. 氨氮、温度和体重对大口黑鲈（Micropterus salmoides）幼鱼耗氧率和窒息点的影响［J］. 海洋与湖沼，50（6）：1328-1333.

杨潼，1996. 中国动物志 环节动物门 蛭纲［M］. 北京：科学出版社.

杨先乐，2018. 鱼类寄生虫学［M］. 北京：科学出版社.

杨先乐，2022. 水产养殖水色及其调控图谱［M］. 北京：海洋出版社.

杨先乐，郑宗林，2007. 我国渔药使用现状、存在的问题及对策［J］. 上海水产大学学报，16（4）：374-380.

叶伟东，郭成，曹海鹏，等，2018. 加州鲈出血病嗜水气单胞菌的分离鉴定、致病性和体外抑菌药物研究［J］. 淡水渔业，48（5）：54-60.

余鹏，丁淑荃，李忠伟，等，2015. 安徽省大口黑鲈人工提早繁殖技术研究及其胚胎发育观察［J］. 现代农业科技，1：272-273，276.

俞军，陈庆堂，李宋钰，等，2015. 姜黄素对大黄鱼生长及非特异性免疫功能的影响［J］. 南方农业学报，46（7）：1315-1321.

袁雪梅，吕孙建，施伟达，等，2020. 大口黑鲈弹状病毒的分离培养及其卵黄抗体的制备［J］. 渔业科学进展，41（3）：151-157.

张书俊，杨先乐，李聊，等，2009. 施氏鲟水霉病病原的初步研究［J］. 中国水产科学，16（1）：89-96.

张韵桐，1993. 名特优新品种养殖技术讲座——二、大口黑鲈亲鱼培育及繁殖技术［J］. 中国水产，3：28-29.

张韵桐，夏金华，杨正华，1992. 大口黑鲈仔幼鱼的饵料选择和生长的研究［J］. 湛江水产学院学报，12（1）：19-24.

赵明森，2002. 噬菌蛭弧菌（Bdellovibrio bacteriovorus）在虾蟹病害防治上的作用及其使用方法［J］. 现代渔业信息，12：14-16.

郑洪武，杨斯琪，孙颖，等，2020. 急性氨氮胁迫对大口黑鲈幼鱼 ACP、CAT 和 MDA 的影响［J］. 浙江海洋大学学报（自然科学版），39（1）：27-33.

周凤建，余祥胜，2010. 鲈鱼养殖一月通［M］. 北京：中国农业大学出版社.

朱旺明，崔祥东，陈翠英，等，2016. 饲料中不同维生素 E 水平对加州鲈生长和抗氧化性能的影响［J］. 中国饲料（17）：32-37.

Ainsworth G C，Sparrow F K，Sussman A S，1973. The fungi（Vol. 1）［M］. London：Academic Press：1 - 18.

Amarasinghe Gaya K，Bào Yimíng，Basler Christopher F，et al.，2017. Taxonomy of the order *Mononegavirales*：update 2017［J］. Archives of virology，162（8）：2493 - 2504.

B AUSTIN，L F STUCKEY，P A W ROBERTSON，et al.，1995. A probiotic strain of *Vibrio alginolyticus* effective in reducing diseases caused by *Aeromonas salmonicida*，*Vibrio anguillarum* and *Vibrio ordalii*［J］. Journal of Fish Diseases，18（1）：93 - 96.

Brown T G，Runciman B，Pollard S，et al.，2009. Biological synopsis of largemouth bass（*Micropterus salmoides*）［J］. Canadian Journal of Fisheries and Aquatic Science，2884：1 - 27.

E Salas - Leiton，B Cánovas - Conesa，R Zerolo，et al.，2009. Proteomics of Juvenile Senegal Sole（*Solea senegalensis*）Affected by Gas Bubble Disease in Hyperoxygenated Ponds［J］. Marine Biotechnology，11（4）：473 - 487.

E - Bin Gao，Guifang Chen，2018. Micropterus salmoides rhabdovirus（MSRV）infection induced apoptosis and activated interferon signaling pathway in largemouth bass skin cells［J］. Fish & Shellfish Immunology，76：161 - 166.

Einar Ringø，François - Joël Gatesoupe，1998. Lactic acid bacteria in fish：a review［J］. Aquaculture，160（3）：551 - 556.

Essbauer S，Ahne W，2001. Virus of lower vertebrates［J］. J Vet Med B Infect Dis Vet Public Health，48（6）：403 - 475.

François - Joël Gatesoupe，1994. Lactic acid bacteria increase the resistance of turbot larvae，*Scophthalmus maximus*，against pathogenic vibrio［J］. Aquatic Living Resources，7（4）：277 - 282.

Georgiadis M P，Gardner I A，Hedrick R P，2001. The role of epidemiology in the prevention，diagnosis，and control of infectious diseases of fish［J］. Preventive Veterinary Medicine，48（4）：287 - 302.

Gerald R Bouck，1980. Etiology of Gas Bubble Disease［J］. Transactions of the American Fisheries Society，109（6）.

Grizzle John M，Altinok Ilhan，Fraser William A，et al.，2002. First isolation of largemouth bass virus［J］. Diseases of aquatic organisms，50（3）：233 - 235.

Guocheng Deng，Shengjie Li，Jun Xie，et al.，2010. Characterization of a ranavirus isolated from cultured largemouth bass（*Micropterus salmoides*）in China［J］. Aquaculture，312（1）：198 - 204.

Hedrick R P，McDowell T S，1995. Properties of iridoviruses from ornamental fish［J］. Veterinary research，26（5 - 6）：423 - 427.

Jia Yi - Jun，Guo Zi - Rao，Ma Rui，et al.，2020. Protective immunity of largemouth bass immunized with immersed DNA vaccine against largemouth bass ulcerative syndrome virus［J］. Fish and Shellfish Immunology，107（PA）：269 - 276.

Jinghe Mao，D E Green，G Fellers，et al.，1999. Molecular characterization of iridoviruses isolated from sympatric amphibians and fish［J］. Virus Research，63（1）.

John A Plumb，John M Grizzle，Helen E，et al.，2011. An Iridovirus Isolated from Wild Largemouth Bass［J］. Journal of Aquatic Animal Health，8（4）：256 - 270.

John Prenter，Calum MacNeil，Jaimie T. A Dick，et al.，2004. Lethal and sublethal toxicity of ammonia to native，invasive，and parasitised freshwater amphipodscccc［J］. Water Research，38（12）：2847 - 2850.

Julie Bebak，Michael Matthews，Craig Shoemaker，2009. Survival of vaccinated，feed - trained largemouth bass fry（Micropterus salmoides floridanus）during natural exposure to Flavobacterium columnare

［J］. Vaccine，27：4297 - 4301.

Justus F Mueller，1937. Further Studies on North American Gyrodactyloidea ［J］. The American Midland Naturalist，18（2）：207 - 209.

J Lom，1973. The mode of attachment and relation to the host in *Apiosoma piscicola* Blanchard and *Epistylis lwoffi* Faure - Fremiet，ectocommensals of freshwater fish ［J］. Folia parasitologica，20（1）：105 - 112.

KAR D，2016. Epizootic Ulcerative Fish Disease Syndrome ［M］. London：Academic Press.

Laurent Vigliola，Mireille Harmelin - Vivien，Mark G Meekan，2000. Comparison of techniques of back - calculation of growth and settlement marks from the otoliths of three species of Diplodus from the Mediterranean Sea ［J］. Canadian Journal of Fisheries and Aquatic Sciences，57（6）.

Lom J，1973. The mode of attachment and relation to the host in *Apiosoma piscicola* Blanchard and *Epistylis lwoffi* Faure - Fremiet，ectocommensals of freshwater fish ［J］. Folia parasitologica，20（1）：105 - 112.

Ma Dongmei，Deng Guocheng，Bai Junjie，et al.，2013. A strain of Siniperca chuatsi rhabdovirus causes high mortality among cultured Largemouth Bass in South China ［J］. Journal of aquatic animal health，25（3）：197 - 204.

Mao J，Wang J，Chinchar G D，et al.，1999. Molecular characterization of a ranavirus isolated from largemouth bass Micropterus salmoides ［J］. Diseases of aquatic organisms，37（2）：107 - 114.

Nakai T，Sugimoto R，Park K H，et al.，1999. Protective effects of bacteriophage on experimental Lactococcus garvieae infection in yellowtail ［J］. Diseases of aquatic organisms，37（1）：33 - 41.

Olsson J C，Westerdahl A，Conway P L，et al.，1992. Intestinal colonization potential of turbot（*Scophthalmus maximus*）- and dab（*Limanda limanda*）- associated bacteria with inhibitory effects against *Vibrio anguillarum* ［J］. Applied and environmental microbiology，58（2）：551 - 556

Park S C，Shimamura I，Fukunaga M，et al.，2000. Isolation of bacteriophages specific to a fish pathogen，*Pseudomonas plecoglossicida*，as a candidate for disease control. ［J］. Applied and environmental microbiology，66（4）：1416 - 1422.

Peng Jia，Xiao - Cong Zheng，Xiu - Jie Shi，et al.，2014. Determination of the complete genome sequence of infectious hematopoietic necrosis virus（IHNV）Ch20101008 and viral molecular evolution in China ［J］. Infection，Genetics and Evolution，27：418 - 431.

Shoemaker C A，Klesius P H，Drennan J D，et al.，2011. Efficacy of a modified live *Flavobacterium columnare* vaccine in fish ［J］. Fish & Shellfish Immunology，30（1）：304 - 308.

Snieszko S，Bullock G，1976. Diseases of freshwater fishes caused by bacteria of the genera *Aeromonas*，*Pseudomonas*，and *Vibrio* ［J］. U. S. Fish and Wildlife Service，40：0 - 10.

Sun - jian Lyu，Xue - mei Yuan，Hai - qi Zhang，et al.，2019. Isolation and characterization of a novel strain（YH01）of Micropterus salmoides rhabdovirus and expression of its glycoprotein by the baculovirus expression system ［J］. Journal of Zhejiang University SCIENCE B，20（9）：728 - 739.

T J Near and D Kim，2021. Phylogeny and time scale of diversification in the fossil - rich sunfishes and black basses（Teleostei：*Percomorpha*：*Centrarchidae*）［J］. Molecular Phylogenetics and Evolution（161）：107 - 156.

Tan Aiping，Zhao Fei，Guo Zhongbao，et al.，2022. Isolation，identification，and antimicrobial susceptibility test of the pathogen from largemouth bass（*Micropterus salmoides*）with white skin disease ［J］. Microbiology China，49（5）：1741 - 1758.

Verschuere L，Rombaut G，Sorgeloos P，et al.，2000. Probiotic bacteria as biological control agents in aquaculture [J]. Microbiology and Molecular Biology Reviews，64（4）：644－671.

Wanying Yi，Xin Zhang，Ke Zeng，et al.，2020. Construction of a DNA vaccine and its protective effect on largemouth bass（*Micropterus salmoides*）challenged with largemouth bass virus（LMBV）[J]. Fish and Shellfish Immunology，106：103－109.

Worawit Maneepitaksanti，Kazuya Nagasawa，et al.，2013. First record of *Onchocleidus dispar*（Monogenea：Ancyrocephalidae），a gill parasite of bluegill（*Lepomis macrochirus*），from Japan [J]. Biogeography，15：67－71.

Xiang Wei，Ying Hang，Xiang Li，et al.，2021. Effects of dietary vitamin K3 levels on growth，coagulation，calcium content，and antioxidant capacity in largemouth bass，*Micropterus salmoides* [J]. Aquaculture and Fisheries，4.

Yi－Jun Jia，Zi－Rao Guo，Rui Ma，et al.，2020. Immune efficacy of carbon nanotubes recombinant subunit vaccine against largemouth bass ulcerative syndrome virus [J]. Fish and Shellfish Immunology，100（C）：317－323.

Zolczynski Stephen J，Davies William D，1976. Growth Characteristics of the Northern and Florida Subspecies of Largemouth Bass and Their Hybrid，and a Comparison of Catchability between the Subspecies [J]. Transactions of the American Fisheries Society，105（2）：240－243.

A

阿拉伯糖	/ 151
埃及胡子鲇	/ 325
爱德华氏菌	/ 57,80,169,173
爱德华氏菌属	/ 169
氨基氧化酶	/ 80
昂刺	/ 325
凹口科	/ 222
凹字形投饵	/ 75
螯合铜	/ 202,240
螯虾科	/ 315
澳洲田鳖	/ 322

B

白刺盖太阳鱼	/ 126
白点病	/ 222
白毛病	/ 185,190
白皮极毛杆菌	/ 165
白皮假单胞菌	/ 165
白屈菜红碱	/ 212
白头白嘴病	/ 207
白细胞	/ 160,184,227
白细胞介素	/ 98
斑点黑鲈	/ 126
斑点酶联免疫吸附测定	/ 68
斑鳢	/ 324
半翅目	/ 321,322
半知菌亚门	/ 151
包涵体	/ 61,67
包囊	/ 222,224,226,257
孢子	/ 58,198,308
孢子囊	/ 186,187,202
孢子生殖	/ 44

胞壁酰二肽	/ 98
胞口	/ 207,212,222,223,227
胞咽	/ 207,212,223,228,233,236
保加利亚乳杆菌	/ 80
保科爱德华氏菌	/ 169
杯体虫	/ 60,228,229,230,231
杯体虫病	/ 232
杯体虫属	/ 228
背角无齿蚌	/ 254
苯扎溴铵溶液	/ 150,155,169,174
吡喹酮	/ 93
必需氨基酸	/ 4,24,25,48
边缘小钩	/ 44,240,241,245
鞭毛（H）抗原	/ 40
鞭毛蛋白结构基因	/ 164
鞭毛菌亚门	/ 202
扁形动物门	/ 240
变形杯体虫	/ 228
变异毛管虫	/ 236
变异性	/ 39
遍洒法	/ 93
表面包膜（K）抗原	/ 40
表现型	/ 48,49
表型	/ 48,49,56,164
鳖蜱亚科	/ 321
冰醋酸	/ 212,227
柄水螅属	/ 311
病害预测预报体系	/ 106
病理学分析	/ 65
病原分离与鉴定	/ 65,68
病原分子生物学检测	/ 71
病原菌（株）	/ 40
病原微生物	/ 38,46,64,80,107
波动膜	/ 216,228

伯克霍德氏菌属 / 179
补体成分 / 98
哺乳类 / 46,307,333

C

财鱼 / 324
苍鹭 / 331,332
藏卵器 / 186,189,196
草鱼出血病灭活疫苗 / 86
草鱼卵巢细胞 / 109,128
草鱼卵巢细胞系 / 109
草鱼锚头蚤 / 247
侧金盏花醇 / 151
侧褶蛙属 / 327
叉舌蛙科 / 327
蟾蜍科 / 329
蟾蜍属 / 329
产朊假丝酵母 / 78
长累枝虫 / 233
长时间浸浴法 / 93
长双歧杆菌 / 78
长形杯体虫 / 228
肠道病 / 49
肠毒素 / 40,160
肠杆菌科 / 169
肠型点状气单胞菌 / 175
肠型豚鼠气单胞菌 / 175
鲶科 / 325
车轮虫 / 60,71,168,207,208,
209,210,211,282
车轮虫科 / 207,208
车前草 / 86
成熟节 / 44
迟缓芽孢杆菌 / 78
齿钩 / 208
齿环 / 208,210,211
齿棘 / 208
齿体 / 210

齿锥 / 208
出血病 / 155
出芽 / 44,311
初级游动孢子 / 202,203
处方药 / 86
穿梅三黄散 / 119
穿移鳃霉 / 197
传染性造血器官坏死病毒 / 130
传统疫苗 / 96,97
垂直传播 / 41,126,133
次发性传染源 / 40,42
次级游动孢子 / 202,203
次氯酸钠 / 77,126
刺黄股 / 325
催乳素 / 98
翠鸟科 / 332
翠鸟属 / 332

D

大分子性 / 40
大黄流浸膏合剂 / 119
大黄末 / 84,86
大口黑鲈爱德华氏菌病 / 169
大口黑鲈白皮病 / 39,164,165,167,169
大口黑鲈白云病 / 39,40
大口黑鲈病毒 / 40
大口黑鲈病毒病 / 98,126,128
大口黑鲈病毒性溃疡病 / 69,127,128,154
大口黑鲈肠炎 / 175,178
大口黑鲈弹状病毒 / 128
大口黑鲈弹状病毒病 / 39,41,48,69,95,
128,130,132,133,158
大口黑鲈肝脾肿大病 / 120,121,122
大口黑鲈寄生虫病 / 42,207
大口黑鲈疖疮病 / 39,184
大口黑鲈溃疡综合征 / 39,79,100,155
大口黑鲈溃疡综合征病毒 / 38,40,109,127
大口黑鲈烂鳃病 / 39

大口黑鲈诺卡氏菌病　/ 146,147,148,149,150
大口黑鲈脾肾坏死病　/ 120
大口黑鲈蛙虹彩病毒病　/ 109,127,158
大口黑鲈维氏气单胞菌综合征　/ 159,164
大口黑鲈细胞肿大虹彩病毒病　/ 123
大口黑鲈细菌性败血症　/ 155,158
大口黑鲈细菌性疾病　/ 135
大口黑鲈细菌性溃疡病　/ 49,150
大口黑鲈致死性结节病　/ 140
大鲵　/ 251
大蒜素　/ 179
大田鳖　/ 321
大头虾　/ 315
带菌（毒）者　/ 40
带菌感染　/ 54
单核细胞　/ 144,227
单殖吸虫　/ 44,240
单殖亚纲　/ 240
胆固醇　/ 181
胆汁酸　/ 119,120,186
淡水龙虾　/ 315
淡水螺　/ 312
弹性蛋白酶基因　/ 164
弹状病毒科　/ 128
蛋白合成分析　/ 125
蛋白酶活性　/ 164
蛋白衣壳　/ 52
蛋白银染色　/ 210
德氏乳杆菌保加利亚亚种　/ 80
德式乳杆菌乳酸亚种　/ 78
低聚壳聚糖　/ 133
地榆　/ 158
第 1 传染源　/ 44
第 1 桡足幼体　/ 248
第 1 游动孢子　/ 190
第 2 孢孢子　/ 190
第 2 传染源　/ 45
第 2 游动孢子　/ 190

第 5 桡足幼体　/ 248
第 5 无节幼体　/ 248
碘复合物　/ 126
电镜观察　/ 68,123,125,164
淀粉酶　/ 80
丁酸梭菌　/ 80,81,98
钉虫病　/ 247
东方车轮虫　/ 207
动孢子　/ 187,189,197
动孢子囊　/ 186,188,189
动基片纲　/ 212,222
动基体　/ 218
动物双歧杆菌　/ 78
豆娘　/ 319
毒力　/ 39,40,42,49,61,164,165,168
毒力基因　/ 164
毒力因子　/ 40,42,160
毒性作用　/ 46
杜氏车轮虫　/ 207
杜氏珠蚌　/ 254
短时间浸浴法　/ 93
短双歧杆菌　/ 78
短小芽孢杆菌　/ 78
对虾白斑综合征　/ 103
多胚现象　/ 44
多态锚头鳋　/ 247
多态性分析技术　/ 182
多子小瓜虫　/ 222,223,224,225

E

鹗　/ 331,332
鹗属　/ 331
恩诺沙星　/ 91,95,164
二次感染　/ 95
二氧化氯　/ 77,155,265,286

F

发酵乳杆菌　/ 80

翻天印 / 323
凡隆气单胞菌 / 159
反应原性 / 61
放线菌 / 80
非寄生性疾病 / 38,46,47,48
非生物相 / 77
非特异性免疫 / 61,87,96,98
沸石粉 / 77,84,206,278,294
分泌作用 / 98
分子生物学检测 / 65,71,124
粪肠球菌 / 78
肤霉病 / 185
弗氏完全佐剂 / 98
氟苯尼考粉 / 84,140,150,158,164,
169,174,179
氟喹诺酮类药物 / 91
浮头 / 27,48,230,241,277,278,289,294,308
浮游动物 / 77,266,277,278,290
浮游生物相 / 77
浮游植物 / 63,77,266,274,290
腐皮病 / 150
腐生性 / 39
负子蟾科 / 328
负子蝽科 / 321
负子蝽亚科 / 321
附生（共生）关系 / 231
附着盘 / 209,229
附着器官 / 44
复方磺胺甲噁唑粉 / 182,184
复方甲苯咪唑粉 / 85,224,247
复方甲霜灵粉 / 85,193
复合碘溶液 / 119,285
复合乳酸菌 / 150
复眼 / 251,317,320,321,322,323
复殖吸虫 / 43,44
富贵蛙 / 328
腹叶 / 251
腹足纲 / 312

G

干口病 / 247,250
干酪乳杆菌 / 78
干扰素 / 98
甘草甜素 / 98
甘露醇 / 151
杆菌肽锌 / 91
感染机制 / 42
感染阶段 / 44
感染期 / 44
高锰酸钾 / 34,84,105,139,158,169,184,212,
221,232,233,236,244,251,277,314
高效氯氰菊酯溶液 / 91
革胡子鲇 / 325
革兰氏阳性菌 / 57,140
钩介幼虫 / 60,71,254,255,256,257
狗鱼弹状病毒 / 130
鼓膜 / 327,328,330
固着器 / 240,244
寡膜纲 / 207
寡膜纤毛纲 / 228
挂篓（袋）法 / 93
管口目 / 212
光合细菌 / 80,84,277,293
光能异养菌 / 54
光能自养菌 / 54
桂花蝉 / 321
桂花鱼 / 325
鳜 / 9,130,251,325,326
鳜传染性脾肾坏死病毒 / 120,127
鳜弹状病毒 / 130
鳜亚科 / 325
鳜属 / 325
鳜锥虫 / 218

H

海藻糖 / 151

浩辛爱德华氏菌 / 169
合成肽疫苗 / 97
合生元 / 78
鳜弹状病 / 130
核酸 / 52,133
核酸酶 / 160
核酸酶基因 / 164
核酸疫苗 / 97
核糖体 / 54
核衣壳 / 52,109,128
核衣壳蛋白 N / 128
褐水螅 / 311
黑斑侧褶蛙 / 327,330
黑斑刺盖太阳鱼 / 126
黑斑蛙 / 327
黑壳虫 / 317
黑曲霉 / 78
黑色素巨噬细胞中心 / 172
黑鱼 / 324
红点病 / 202
红色沼泽螯虾 / 315
红头白嘴病 / 254,256
红胸太阳鱼 / 126
红嘴鸥 / 331,332
虹彩病毒科 / 40,109,120,125,127
后鞭毛 / 216
后附着器官 / 44
后纤毛带 / 207
厚龙虱属 / 317
厚盘累枝虫 / 233
厚垣孢子 / 152,187
弧菌科 / 150,160
胡子鲇 / 325
胡子鲇科 / 325
湖北毛管虫 / 236
虎纹蛙 / 327,329,330
虎纹蛙属 / 327
互利共生 / 59,60

花斑 / 170
花肝 / 131,155
花身 / 155
化能异养菌 / 54
化能自养菌 / 54
化学信息的活性物质 / 74
化学因子 / 42
坏疽 / 203,204
坏鳃指环虫 / 240
坏死性肉芽肿 / 205
环介导恒温扩增技术 / 148
环境胁迫 / 107
缓慢爱德华氏菌 / 169
鲩指环虫 / 240
黄边大龙虱 / 317
黄姑子 / 325
黄辣丁 / 325
黄芪 / 86,90
黄芪多糖 / 98,133,186
黄颡鱼 / 7,9,34,325,327
黄颡鱼属 / 325
黄颡锥虫 / 218
黄沙古 / 325
黄鳝弹状病毒 / 130
磺胺二甲嘧啶粉 / 140,155,182
磺胺二甲嘧啶复合粉 / 179
磺胺甲噁唑 / 95,182,184
磺胺间甲氧嘧啶钠粉 / 174
磺胺类药物 / 91,92,95
灰鹤 / 331
灰鹭 / 331
活菌制剂 / 77
活力多维 / 119
获得性免疫 / 61,62
霍欣爱德华氏菌 / 169

J

机械性损伤 / 46

肌醇 / 151
肌酐 / 181
基因序列 / 119,125
基因组酶切图谱 / 127
基质蛋白 M / 128
畸形 / 48,286,298,299,303,304,305
急性型 / 48
疾病的高潮期 / 50
棘齿 / 323
棘头虫 / 44
几丁质 / 98,135,247,251,254
季花鱼 / 325
剂量个体化 / 95
继发性感染 / 42,46,48,49,61,71,180,202,
216,225,237,250,253,276,279,281,285,310
寄生性 / 39,67
加得丰 / 11,107
加氏乳球菌 / 80
加氏乳球菌噬菌体 / 80
荚膜 / 54,150,160,166,169,179,182
甲虫 / 317
甲砜霉素粉 / 140,169,184
甲壳动物 / 42,52,60
甲壳纲 / 221,313,315
甲壳素 / 206
甲壳亚门 / 313
甲氧卞氨嘧啶 / 91
假单胞菌科 / 165
假单胞菌属 / 165,179
兼性寄生虫 / 44
减毒活疫苗 / 97
剑水蚤 / 313,314
剑水蚤科 / 313
剑水蚤目 / 247,313
剑水蚤属 / 313
渐次分化 / 44
姜黄素 / 206
交接管 / 240,246

交接器 / 240
酵母 / 57,58,179
酵母菌 / 58,78,80
酵母葡聚糖 / 98
疖疮 / 49,70,182,183,184
疖疮型点状产气单胞杆菌 / 182,184
节肢动物 / 60,218,221
节肢动物门 / 221,313,315,321
结合疫苗 / 97
结节病 / 140
金蟾 / 328
金钱蛙 / 327,328
浸沤法 / 93
浸浴法 / 93
精氨酸酶 / 98
精氨酸双水解酶 / 151
精制敌百虫粉 / 84,244,251,257
雏鸠 / 331
局部性疾病 / 49
巨田鳖 / 322
聚维酮碘溶液 / 91,95,120,124,133,
140,174,184,286
菌毛抗原 / 40
菌体（O）抗原 / 40
菌相 / 74,77
菌血症 / 162

K

看水养鱼 / 76
抗生素 / 80,85,86,89,95,107
抗体制剂 / 96,98
抗原 / 40,61,100
颗粒变性 / 172
蝌蚪 / 320,327,328,330,331
壳聚糖 / 206
可饲用天然植物 / 86
克氏螯虾 / 315
克氏原螯虾 / 317

空间性 / 104
孔雀鱼病毒 / 125,126
口沟 / 207,228
口灌 / 93
口围盘 / 228,229,233
口缘膜 / 228
枯草芽孢杆菌 / 78
苦杏仁苷 / 155
溃疡性霉菌病 / 202
溃疡综合征 / 59,158
昆虫纲 / 317,319

L

赖氨酸脱羧酶 / 151
蓝鳃太阳鱼 / 34,126
烂鳃烂嘴病 / 70,140,158,193,202
烂身病 / 140,150
老虫 / 44,249,251
累枝虫 / 60,233,235
累枝虫病 / 233
累枝虫属 / 233
累枝科 / 228
鲤春病毒血症病毒 / 130
鲤春病毒血症病毒属 / 128
鲤锚头鳋 / 247
鲤上皮瘤细胞系 / 109
鳢科 / 324
鳢属 / 324
鳢锥虫 / 218
利它素 / 74
粒龙虱亚科 / 317
连接棒 / 240,244,245
鲢指环虫 / 240
镰刀菌 / 151
镰状镰刀菌 / 59,151
链霉菌属 / 98
两栖纲 / 327
两栖类动物 / 327

辽河毛管虫 / 236
裂唇鱼病毒 / 125,126,127
裂解率 / 81
裂配生殖 / 44
淋巴囊肿病毒属 / 127
淋巴细胞 / 98,116,132,146,160,163,219,227
淋巴组织弥漫性坏死 / 132
磷蛋白 P / 128
磷脂酶 / 160
流水浸浴法 / 93
流行性溃疡综合征 / 202
流行性肉芽肿性丝囊霉菌病 / 202
硫代硫酸钠 / 155,277
硫酸链霉素 / 91
硫酸黏杆菌 / 91
硫酸新霉素粉（水产用） / 85
龙虱科 / 317
龙虱亚科 / 317
龙虱属 / 317
鸬鹚 / 331,332
鸬鹚属 / 331
鲈弹状病毒属 / 128
鹭科 / 331
鹭属 / 331
绿虹彩病毒属 / 127
绿脓假单胞菌噬菌体 / 80
绿水螅 / 311
绿水螅属 / 311
氯仿 / 120
氯霉素及其盐酯 / 85
氯氰菊酯溶液（水产用） / 320
卵孢子 / 186,189
卵菌纲 / 202
卵壳 / 44
卵生 / 241
卵丝病 / 191
卵形杯体虫 / 228

卵形车轮虫 / 207
掠夺营养 / 46
罗伊氏乳杆菌 / 78
螺壳 / 312
螺蛳属 / 312
螺屑 / 312

M

马铃薯培养基 / 182
马铃薯葡萄糖琼脂 / 185,186
马尾松叶 / 251
马尾松针 / 221
麦芽糖 / 151
慢性型 / 49
毛管虫 / 49,60,236,237,238,239,240
毛管虫病 / 49
毛管虫属 / 236
锚首虫科 / 245
锚头鳋 / 43,44,45,60,71,81,168,247,
248,249,250,251
锚头鳋病 / 44,70,248,250,251
锚头鳋科 / 247
眉溪小车轮虫 / 207
媒介 / 46,105,133,218
酶联免疫吸附试验 / 162,174,178
霉菌 / 39,58,190
霉菌性肉芽肿 / 202
美国田鳖 / 322
美婷 / 193,196,197
米曲霉 / 78
绵霉 / 58,185,186,187
绵羊或家兔脱纤血液的营养琼脂培养基 / 170
免疫病理损伤 / 46
免疫刺激剂 / 206
免疫促进剂 / 78,98
免疫调节剂 / 84,98,107
免疫防治 / 73,96,98,99,100,104,133
免疫系统 / 42,276,298

免疫学检测 / 68,124
免疫应答 / 42,102
免疫原性 / 61
灭活疫苗 / 97
膜口目 / 222
膜口亚纲 / 222

N

囊孢 / 202
囊壁 / 44
囊膜 / 52,109,120
囊胚期 / 255
囊蚴 / 44
脑膜炎 / 162
内毒素 / 61,290
内菌丝 / 185,186,191
鲇形目 / 325
黏附因子 / 40,160
黏膜免疫力 / 81
酿酒酵母 / 78
酿酒酵母 7764 / 82
鸟氨酸脱羧酶 / 151
鸟类 / 46,307,331,332,333
尿素 / 181,295,300
啮齿目 / 333
柠檬酸 / 155
诺氟沙星 / 85
诺卡氏菌 / 38,57,140,141,142,143,144,
146,147,148,149
诺卡氏菌科 / 140
诺卡氏菌属 / 140
诺拉弹状病毒属 / 128

O

鸥属 / 331

P

胖头鲤肌肉细胞 / 128

胖头鲤肌肉细胞系 / 109
跑马病 / 207
胚螺 / 312
胚芽 / 236,237
膨润土 / 77
皮肤病 / 49
脾窦 / 132
漂白粉 / 83,84,105,106,140,155,158,179,184,202,265
贫血 / 46,61,142,238,258,259,298,310
葡聚糖 / 98
葡萄糖 / 133,151,179,185,186
普通翠鸟 / 332

Q

气单胞菌 / 40,57,82
气单胞菌属 / 150,160
气溶素 / 40,160,164
气溶素基因 / 164
前鞭毛 / 216
前驱期 / 50
前鳃亚纲 / 312
潜伏感染 / 54
潜伏期 / 48,49,50,69,132,146
潜伏性型 / 49
浅水泼洒法 / 93
腔肠动物门 / 311
鞘翅目 / 317
切眼龙虱亚科 / 317
侵袭丝囊霉菌 / 202,205,206
侵袭性疾病 / 38,42,47
青春双歧杆菌 / 78
青霉素 / 184,186
青蛙 / 322,327
青庄 / 331
蜻蜓目 / 319
庆大霉素 / 91
球形车轮虫 / 207

躯干结节型 / 142
趋化作用 / 98
趋向性 / 44
全身性疾病 / 49,146

R

桡足类 / 313
桡足亚纲 / 221
人工合成抗菌药 / 85
人鱼共患病 / 160
人鱼共患致病菌 / 40
妊娠节片 / 44
日本车轮虫 / 207
日本鲴 / 251
溶解氧 / 23,27,48,63,69,77,107,117,119,126,240,277,278,279,290,293,294,295,303,308,312,330
溶菌酶 / 98
溶血圈 / 164
溶血性 / 164
溶藻弧菌 / 80
肉食亚目 / 317
肉芽肿 / 144,146,147,206,262
蠕虫 / 42,44,52,60,67,332
乳酸肠球菌 / 78
乳酸菌 / 78,80,119,150,285,286,303
乳酸片球菌 / 78
乳酸乳杆菌 / 78
乳铁蛋白 / 98
乳酰四肽 / 98
软体动物门 / 312

S

鳃病 / 49
鳃结节型 / 142,144
鳃霉 / 59,197,199,202
鳃霉病 / 40,201
鳃片指环虫 / 240

鳃蛆病	/ 240,244
鳃丝软骨	/ 138
鳃尾亚纲	/ 251
鳃小片	/ 116,136,138,146,163,172,198,209,210,216,217,270
鳃隐鞭虫	/ 60,216,217,218
三黄散	/ 120,150,158
三级游动孢子	/ 202,205
三氯异氢脲酸	/ 95
三氯异氰脲酸粉	/ 86,140,150,159,168,169,184,236
三星龙虱	/ 317
杀伤作用	/ 98
上皮细胞	/ 116,168,176,201,222,238,241
上缘纤毛	/ 207
射尿龟	/ 317
伸缩泡	/ 212,215,222,223,227,229,233,236
生长素	/ 98
生理特点	/ 42,67,104
生态层级	/ 35,74
生态防治	/ 73,74,75,76,80,82
生态习性	/ 23,42,67,104
生物防治	/ 74,82,334
生物活性物质	/ 74
生物抗菌肽	/ 80
生物群落	/ 74
生物渔药	/ 80
鳋	/ 43,60,71,168,218,221,222,251,252,253,254
鳋病	/ 251
鳋科	/ 221,251
十足目	/ 315
实时荧光 PCR	/ 148,149
食肉目	/ 333
食盐和碳酸氢钠合剂	/ 193
屎肠球菌	/ 78
世界动物卫生组织	/ 202
嗜碱性	/ 123
嗜碱性肿大细胞	/ 123
嗜热链球菌	/ 78
嗜水气单胞菌	/ 39,81,100,150,151,155,157,158,159
嗜酸乳杆菌	/ 78
嗜酸性细胞	/ 227
噬菌体	/ 74,80
噬菌蛭弧菌	/ 80,81,85
收敛药	/ 95
熟身	/ 47,77,281,282,283,284,285,286
鼠科	/ 333
鼠李糖	/ 151
栓塞	/ 46,90
双链 DNA	/ 109,120
双泡毛管虫	/ 236
双歧杆菌	/ 78
水鳖	/ 317
水鳖虫	/ 317
水蚤	/ 319,320
水产执业兽医师	/ 86
水封片	/ 139,202,215,246
水疙蚤	/ 323
水鸽子	/ 331
水狗	/ 333
水龟子	/ 317
水耗子	/ 333
水虎	/ 317
水夹子	/ 317
水老鼠	/ 333
水老鸦	/ 331
水流速度	/ 63
水龙虱亚科	/ 317
水霉	/ 31,40,58,153,160,180,185,186,187,189,190,191,192,193,195,196,197,230
水霉病	/ 48,70,191,193,194,196,197,201,206,232,233
水霉科	/ 185
水霉目	/ 58,185,197,202

水平传播 / 41,42,133
水獭 / 333
水獭亚科 / 333
水獭属 / 333
水螳螂 / 322
水蜈蚣 / 317,318,319,320,322
水螅 / 311,312
水螅纲 / 311
水螅科 / 311
水螅属 / 311
水样变性 / 172
水知了 / 321
瞬间浸浴法 / 93
丝氨酸蛋白酶 / 160
丝囊霉病 / 205,206
四环素类药物 / 91,93
四叶萝芙木 / 206
松藻虫 / 323
俗称螺蛳 / 312,313
酸碱度 / 39,48,63,65,95,285,308
蓑衣病 / 247,250
锁钩虫属 / 245
"三致"作用 / 91
"四定"投饵 / 108
鲕诺卡氏菌 / 140
獭 / 333

T

太阳籽 / 191
肽聚糖 / 98
碳酸氢钠 / 193,251,302
塘鳢 / 325
糖蛋白 G / 128
螳蟪 / 322
螳蛉蟪 / 322
螳蝎蟪属 / 322
绦虫 / 43,44
特异性 PCR / 148

特异性抗体 / 96
特异性卵黄抗体 / 133
特异性免疫 / 61,96
特异性免疫制剂 / 96
提纯大分子疫苗 / 96
体内给药 / 93
体内寄生 / 44
体外给药 / 93
体外寄生 / 44
体液免疫 / 96,97,98
天然屏障 / 62
田鳖 / 321,322
田付（负）蝽 / 321
田鸡 / 327
田螺科 / 312
同症异病 / 67
童虫 / 44,249,251
筒形杯体虫 / 228
头穿孔 / 170,171
头棘 / 44
投送载体 / 98
透明圈 / 164
涂抹法 / 93
土法疫苗 / 100,120,124
吞噬细胞 / 98
吞噬作用 / 98
拖底病 / 109
拖泥病 / 212
脱乙胺几丁质 / 98
脱脂奶蔗糖胰蛋白胨平板 / 155,158

W

蛙病毒 3 / 125
蛙病毒属 / 40,109,125,127
蛙科 / 327,329
蛙属 / 327,329
外毒素 / 61
外激素 / 74

外菌丝 / 185,186,187,189,190,191,192
皖鲈 1 号 / 11,107
微量元素 / 25,46,260,298
微生态平衡 / 64,65,74,76,78,80,81,84,106,107
微生态平衡失调 / 64
微生态系统 / 51,80
微生态制剂 / 74,77,78,79,82,85,274,285,293,294,295,303
微生物群落 / 65,74,76
微小车轮虫 / 207
维生素 A / 25,98,295,297
维生素 B_1 / 206
维生素 B_2 / 206
维生素 B_6 / 206
维生素 B_{12} / 46
维生素 C / 25,84,86,98,119,120,124,150,155,181,206,286,295,296,297,298,300,302
维生素 C 钠粉（水产用） / 86
维生素 E / 25,98,260,261,264,296,297,298,299,301
维生素 K / 80,265,299,300,302
维氏气单胞菌 / 39,40,148,159,160,161,162,163,164,165,166,167,168
维氏气单胞菌菌株 ZJS18004 / 164,165
未成熟的红细胞 / 227
萎缩 / 46,61,70,136,261,264,279,280,298,299
温和气单胞菌 / 150,151
温剑水蚤属 / 313
乌桕叶 / 94,140
乌鳢 / 7,251,324
乌梅 / 158,182
乌鱼 / 324
无尾目 / 327
无性孢子繁殖 / 58
无性生殖 / 44
五倍子 / 84,158,164,182,184,193

五味子 / 88,90,182
戊二醛溶液 / 120,150,285
戊糖片球菌 / 78

X

西维因粉剂 / 322
吸虫纲 / 240
吸管目 / 236
吸管亚纲 / 236
螅形目 / 311
席萨腊培养基 / 182
细胞壁 / 56,57,58,140,149,291
细胞病理变化 / 111
细胞毒性肠毒素基因 / 164
细胞核固缩 / 132,167
细胞免疫 / 96,97,98
细胞膜 / 54,58,61,140
细胞培养 / 68
细胞因子 / 98
细胞质 / 54,123,129,225,227,236,270
细胞质匀质化 / 123
细胞肿大病毒 / 120,123
细胞肿大病毒属 / 120,127
细菌性败血症 / 49,155,158
细菌性烂鳃病 / 135,138,217,244
下口亚纲 / 212
下缘纤毛 / 207,208
先天性或遗传性缺陷 / 48
先天性免疫 / 61,62
纤毛门 / 212
纤毛亚门 / 207,228,236
纤维二糖 / 151
纤维二糖乳杆菌 / 80
纤维素 / 25,135
酰胺醇类药物 / 92
显性感染 / 54
显著车轮虫 / 207
限制性片段长度多态分析 / 125

线性负链 RNA 病毒 / 128
香樟素 / 206
硝化细菌 / 80,84,294
小瓜虫 / 44,45,60,222,223,224,
225,226,227
小瓜虫病 / 70,225,227
小瓜虫属 / 222
小龟子 / 317
小核 / 207,211,212,213,215,222,223,
224,225,257,228,236
小口黑鲈 / 15,126
小龙虾 / 315
小鞘指环虫 / 240
小袖车轮虫 / 207
效应 T 细胞 / 96
蝎蟀科 / 321,322
蝎蟀亚科 / 322
蝎蟀总科 / 321
斜管虫 / 60,168,212,213,214,215
斜管虫病 / 212
斜管虫科 / 212
蟹累枝虫 / 233
心肌间质水肿 / 116
心内膜炎 / 162
新陈代谢 / 48,50,51,295
新洁尔灭 / 169,236
新型疫苗 / 97
行为特征 / 67
形态结构 / 21,42,43,50,67
凶猛鱼类 / 46,324,326,327
溴氯海因粉 / 140,150,179
旋转病 / 128,130
选择性培养基培养 / 67
血窦 / 47,146,230,264,265,275,276
血居吸虫 / 44
血清学鉴定 / 71
血鳃霉 / 40,197,198
血栓细胞 / 227

血糖 / 181
蕈菌 / 58

Y

牙鲆弹状病毒 / 130
芽孢 / 54,55,150,160,166,
169,175,179,182
芽孢杆菌 / 77,78,80,81,119,150,285,293
亚单位疫苗 / 98
亚急性型 / 48
亚硫酸氢钠甲萘醌粉（水产用） / 86
亚卓车轮虫 / 207
炎性细胞浸润 / 116,146,147,160,
163,167,270
炎症反应 / 42,61,142
盐度 / 23,48,63,141,164,165,
166,170,293
盐酸多西环素粉 / 150,158,164,169,179
羊血琼脂 / 182
洋葱伯克霍尔德菌 / 39,40,57,179
洋葱假单胞菌 / 179
仰蟀科 / 323
仰泳蟀 / 323
仰泳蟀科 / 323
药物防治 / 73,83,85,86,91,95,
96,98,107
药源性疾病 / 95
页形指环虫 / 240
衣壳蛋白 / 98,125,128
胰蛋白胨大豆琼脂培养基 / 170
乙撑双二硫代氨基甲酸铵 / 212
乙醚 / 120
乙酰基转移酶基因 / 162
异翅目 / 323
异翅亚目 / 321,322
异物性 / 40
异形锁钩虫 / 60,245,246
异形锁钩虫病 / 245

益生菌 / 77,78,80,164
益生素 / 77
益生元 / 78
银翘板蓝根散 / 124
隐性感染 / 54
印度田鳖 / 322
印棟素 / 206
应激反应 / 63,65,95,100,124,128,155
婴儿双歧杆菌 / 78
鹰科 / 331
营养缺乏或不良 / 48
营养体 / 185
硬度 / 63
鳙指环虫 / 240
优鲈 1 号 / 11,107
优鲈 3 号 / 10,11,107
优鲈 5 号 / 107
有翅亚纲 / 317
有机碘 / 133
有效微生物群 / 80
有性孢子繁殖 / 58
鼬科 / 333
鱼雕 / 331
鱼狗 / 332
鱼鸿 / 331
鱼虎 / 332
鱼嗜水气单胞菌败血症灭活疫苗 / 159
鱼腥草 / 89,206
鱼鹰 / 331
鱼蚤 / 313
预后 / 67
原螯虾属 / 315
原肠期 / 255
原发性传染源 / 40
原生动物 / 42,44,52,60
原生动物门 / 228,236
原水螅属 / 311
缘毛目 / 207,228

缘毛亚纲 / 228
缘膜 / 208,228

Z

杂交鳢 / 130
杂交鳢弹状病毒 / 130
藻相 / 74,77
造血器官坏死 / 126,131,133
泽劳 / 317
泽蛙 / 327,329
增效剂 / 91,294
樟树叶 / 221
沼泽红假单胞菌 / 78
褶累枝虫 / 233
浙鲈 1 号 / 107
真剑水蚤属 / 313
真菌性疾病 / 67
症状检视 / 65
支持器 / 240
枝管科 / 236
脂多糖 / 98
脂肪变性 / 172,261,262
脂肪酶活性 / 164
脂肪酶基因 / 164
脂肪水解圈 / 164
脂肪酸败 / 48
脂溶性溶剂 / 120
直钩车轮虫 / 207
植物乳杆菌 / 78
指环虫病 / 243,244,247
指向性 / 104
致病机理 / 42,43
致病性 / 82,128,335,336
蛭弧菌 / 74,81
中草药 / 84,86,90,93,119,133,158,
182,221,265,286
中毒 / 47
中腹足目 / 312

中华大蟾蜍 / 327,329,330
中华毛管虫 / 236
中华鳋 / 251
中华水斧 / 322
中华螳蝎蝽 / 322
中剑水蚤属 / 313
中性蛋白酶 / 98
中性粒细胞 / 98,163,227
中央大钩 / 44
肿瘤坏死因子 / 98
肿胀变性 / 116
种系发生关系 / 56
重组大口黑鲈虹彩病毒 LVMCPn 蛋白 / 98
重组抗原疫苗 / 97
重组载体疫苗 / 97
珠蚌累枝虫 / 233
主要衣壳蛋白 / 125
主衣壳蛋白 / 125
助溶剂 / 91,93
注射用促黄体素释放激素 A2 / 86
柱状黄杆菌病 / 135,285
柱状黄杆菌活疫苗 / 140
爪蟾属 / 328
专性寄生虫 / 44
转归期 / 50
壮虫 / 249,251
锥体虫病 / 218
子囊菌亚门 / 151

纵二分裂 / 218
纵肤棱 / 329
左旋咪唑 / 98,247
鲭科 / 325
Bergey 氏细菌分类系统 / 56
B 族维生素 / 80,206
DNA 甲基转移酶 / 125
DNA 疫苗 / 97,98,125
D-阿拉伯醇 / 151
HRV / 130
LB 培养基 / 160
MARV / 130
MCP 基因 / 98
MSRV / 130
PCR 检测 / 68
PFRV / 130
RNA 依赖性 RNA 聚合酶蛋白 L / 128
robl/LC7 蛋白 / 149
R-S 培养基 / 158
SCRV / 130
SHSV / 130
SOD 酶 / 80
SVCV / 130
TaqMan 实时荧光定量 PCR / 133
TSA 平板 / 164
《水生动物卫生法典》 / 202
β-溶血 / 160
β 溶血环 / 170

名词和术语 （外文索引）

A

Accipitridae / 331
Achlya / 58,185
Actinobacteria / 140
Actinomycetales / 140
adaptive immunity / 61
Adephaga / 317
Aeromonas caviae / 175
Aeromonas hydrophila / 39,100
aeromonas veronii symptom of largemouth bass / 159
Aeromonas veronii / 39,164
Aeromonas / 57,150,160
Alcedinidae / 332
Alcedo atthis / 332
Alcedo / 332
Amphibian / 327
Ancyroephalidea / 245
Anodona woodiana / 254
anoxic and suffocation / 277
Anura / 327
Aphanomyces invadans / 202
Aphanomyces / 59
aphanomycosis / 202
Apiosoma spp. / 228
Apiosoma / 60,228
apiosomiasis / 228
Ardea cinerea / 331
Ardea / 331
Ardeidae / 331
Argulidae / 221
arguliosis / 251
Argulus spp. / 251

Argulus / 60
Arthropoda / 313,315,321
Ascomycotina / 151
asexual reproduction / 44
AST / 181
attachment / 338
autovaccine / 100
A. amoebae / 228
A. chinensis / 251
A. cylindriformis / 228
A. japonicus / 251
A. longiformis / 228
A. major / 251
A. punctata f. *furumutus* / 182
A. punotata f. *intestinalis* / 175
A. sobria / 150
A. veronii / 159

B

backswimmer / 323
bacteria septicemia of largemouth bass / 155
bacterial gill - rot disease / 135
bacterial ulcer disease of largemouth bass / 150
Bagridae / 325
bdelloplast / 81
Belostomatidae / 321
Belostomatinae / 321
bigone / 78
biological control / 74
birds / 331
biting insect disease / 247
bonito / 324

Branchiomyces sanguinis	/ 40	Colymbetinae	/ 317
Branchiomyces spp.	/ 197	Copepoda	/ 221
Branchiomyces	/ 59	CPE	/ 112
branchiomycosis	/ 197	Crustaceans	/ 221
Branchiura	/ 251	*Cryptobia branchialis*	/ 60
budding	/ 44	cuttlefish	/ 324
Bufo gargarizans	/ 329	*Cybister*	/ 317
Bufo	/ 329	Cyclopidae	/ 313
Bufonidae	/ 329	Cyclopoidea	/ 313
Burkholderia cepacia	/ 39	*Cyclops*	/ 313
Burkholderid	/ 179	Cyrtophorida	/ 212
B. demigrans	/ 197	*C. cimbatus*	/ 317
		C. fuscus	/ 325
		C. leather	/ 325

C

		C. maculata	/ 324
Caligoida	/ 221	*C. trpuatus*	/ 317
Caligus spp.	/ 221		
Caligus	/ 221	**D**	
Cambaridea	/ 315		
capsid	/ 52	dactylogyriasis	/ 240
capsule	/ 54	*Dactylogyrus*	/ 60
Carnivora	/ 333	damselfly	/ 319
cell – mediated immunity	/ 96	Decapoda	/ 315
Channa argus	/ 324	deformity	/ 303
Channa	/ 324	Dendrosomidae	/ 236
Channidae	/ 324	dermatomycosis	/ 185
Chilodonella	/ 60	Deuteromycotina	/ 151
Chilodonellidae	/ 212	Dicroglossinae	/ 327
chitin	/ 98	DNA methyltransferase，DMet	/ 125
chitosan	/ 98	dobson	/ 319
Chloriridovirus	/ 127	doctor fish virus，DFV	/ 125
Chlorohydra	/ 311	dot – ELISA	/ 68
Ciliophora	/ 207	drag bottom disease	/ 109
Clarias	/ 325	drag mud disease	/ 212
Clariidae	/ 325	drug induced disease	/ 95
Clostridium butyricum	/ 98	dry mouth disease	/ 247
Coelenterata	/ 311	dysbiosis	/ 64
coir disease	/ 247	Dytiscidae	/ 317
Coleoptera	/ 317	Dytiscinae	/ 317

Dytiscus / 317
D. aristichthys / 240
D. ctenopharyngodonis / 240
D. hypophthalmichthys / 240
D. lamellatus / 240
D. vaginulatus / 240
D. vastator / 240

E

ectoparasite / 44
Edwardsiella spp. / 169
Edwardsiella / 57
edwardsiellosis of largemouth bass / 169
EF203 / 98
effective microorganisms / 80
EGA / 202
egyptian catfish / 325
ELISA / 68
EM / 80
endoparasite / 44
endospore / 54
Enterobacteriaceae / 169
envelope / 52
environmental stress / 107
EPC / 109
Epistylidae / 233
Epistylididae / 228
epistylis disease / 233
Epistylis / 60
epizootic granulomatous aphanomycosis
/ 202
ergasilidae / 313
Eucyclops / 313
EUS / 202
E. balatonica / 233
E. elongata / 233
E. eriocheiri / 233
E. hoshinae / 169

E. ictaluri / 169
E. plicatilis / 233
E. tarda / 169
E. unioi / 233

F

facultative parasite / 44
fatty liver / 260
favobacterium columnare disease / 135
FCA / 98
FK – 565 / 98
flagellum / 54
Flavobacterium columnare / 39
freshwater snail / 312
frog virus 3 / 125
frog / 327
fungus / 57
Fusarium fusarioides / 59
Fusarium / 151
FV3 / 125

G

Gastropoda / 312
GCAT / 162
GCO / 109
giant water bug / 321
gill and mouth rote disease / 135
gill maggot disease / 240
Glochidium / 60
glochidiumiasis / 254
guppyfish iridovirus / 125
GV6 / 125

H

HDE / 98
healthy aquaculture / 103
Hemiptera / 321
hemorrhagic disease / 155

Heteroptera	/ 321	**L**	
Hoplobatrachus rugulosus	/ 327	Laccophilinae	/ 317
horizontal transmission	/ 41	LAMP	/ 148
host	/ 338	largemouth bass enteritis	/ 175
humoral immunity	/ 96	largemouth bass furunculosis	/ 182
Hydra sp.	/ 311	largemouth bass megalocytivirus disease	/ 120
Hydroida	/ 311		
Hydroporinae	/ 317	largemouth bass rhabdovirus disease	/ 128
Hydrozoa	/ 311	largemouth bass viral ulcerative syndrome	/ 109
Hymenostomatia	/ 222		
Hymenostomatida	/ 222	largemouth bass virus disease	/ 125
hyphae	/ 185	largemouth bass virus，LMBV	/ 125
Hypostomatia	/ 212	largemouth bass	/ 1
hypoxia	/ 277	Laridae	/ 331
H. fasca	/ 311	*Larus*	/ 331
H. viridis	/ 311	*Larus ridibundus*	/ 331
I		LBUSV	/ 38
ichthyophthiriasis	/ 222	LDH	/ 181
Ichthyophthirius multifiliis	/ 222	*Lernaea* spp.	/ 247
Ichthyophthirius	/ 60	*Lernaea*	/ 60
immunogenecity	/ 61	Lernaeidae	/ 247
immunoligic prophylaxis	/ 73	lernaeosis	/ 247
immunomodulator	/ 98	lethal sarcoidosis of largemouth bass	/ 140
immunopathological damage	/ 46	Lethocerinae	/ 321
immunostimulant	/ 98	*Lethocerus grandis*	/ 322
Inactivated tissue vaccine	/ 100	life cycle	/ 44
infectious disease	/ 38	*lip*	/ 164
infective stage	/ 44	LMBV	/ 40
innate immunity	/ 61	LPS	/ 98
Insecta	/ 317	*Lutra lutra*	/ 333
Iridoviridae	/ 40	*Lutra*	/ 333
ISKNV	/ 120	Lutrinae	/ 333
K		*Lymphocystivirus*	/ 127
		L. americanus	/ 322
		L. auritus	/ 126
Kinetofragminophorea	/ 212	*L. ctenopharyngodontis*	/ 247

L. cyprinacea	/ 247
L. indicus	/ 322
L. insulanus	/ 322
L. polymorhpa	/ 247

M

MAC	/ 67
major capsid protein	/ 125
mammals	/ 333
mantis	/ 322
Margarya	/ 312
Mastigomycotina	/ 202
MCP	/ 98
MDP	/ 98
mechanical injury	/ 46
medical treatment	/ 73
Megalocytivirus sp.	/ 120
Megalocytivirus	/ 120
Mesocyclops	/ 313
Mesogastropoda	/ 312
microecology balance	/ 64
Micropterus salmoides	/ 1
mold	/ 58
Mollusca	/ 312
Monogenea	/ 240
MSRV	/ 128
muridae	/ 333
mushroom	/ 58
Mustelidae	/ 333
mutualism	/ 61
mycotic granulomatosis	/ 202
M. dolomieu	/ 126

N

Naticidae	/ 312
Nepidae	/ 322
Nepoidea	/ 321
nitrogen poisoning	/ 274

Nocardia seriolae	/ 38
Nocardia	/ 57
Nocardiaceae	/ 140
nocardiosis of largemouth bass	/ 140
Notonectidae	/ 323
Novirhabdovirus	/ 128

O

obligatory parasite	/ 44
OIE	/ 202
Oligohynenophora	/ 207
onchocleidiasis	/ 245
Onchocleidus dispar	/ 60
Onchocleidus	/ 245
Oomycotes	/ 202
Ophiocephalus argus	/ 324
Ophryoglenidae	/ 222

P

Pandion haliaetus	/ 331
Pandion	/ 331
parasitism	/ 61
PCR	/ 118
PDA	/ 185
Pelmatohydra	/ 311
Pelophylax nigromaculatus	/ 327
Pelophylax	/ 327
Pelteobagrus fulvidraco	/ 325
Pelteobagrus	/ 325
Peritrichida	/ 207
Peritxiehia	/ 228
Phalacrocoracidae	/ 331
Phalacrocorax carbo	/ 331
Phalacrocorax	/ 331
phase equilibrium	/ 77
phenotype	/ 56
photosynthetic bacteria	/ 80
phylogenetic relationship	/ 56

Pipidae	/ 328	polymorphisms	/ 125
piscivorous fishes	/ 324	RFLP	/ 125
Platyhelminthes	/ 240	*Rhabdovirus*	/ 53,128
Pogonoperca punctata	/ 126	rob nutrition	/ 46
polyembryony	/ 44	Rodentia	/ 333
Pomoxis annularis	/ 126	rotten body disease	/ 140

S

prebiotics	/ 78		
predaci diving beetle	/ 317	*Sacharomyces cerevisiae* 7764	/ 82
probiotics	/ 77	Salar – bec	/ 206
Procambarus clarkii	/ 315	*Saprolegnia* spp.	/ 39
Procambarus	/ 315	*Saprolegnia*	/ 58
prognosis	/ 67	Saprolegniaceae	/ 185
Prosobranchia	/ 312	Saprolegniales	/ 58
Protohydra	/ 311	sarcoidosis	/ 140
Protozoa	/ 228	schizogony	/ 44
PSB	/ 80	secondary infection	/ 46
Pseudomonadaceae	/ 165	Serranidae	/ 325
Pseudomonas dermoalba	/ 165	Siluriformes	/ 325
Pseudomonas	/ 165	*Siniperca chuatsi*	/ 325
Pterygota	/ 317	*Siniperca*	/ 325
P. cepacid	/ 179	Sinipercinae	/ 325
P. nigromaculatus	/ 126	skin wound	/ 150
		snakeheaded fish	/ 324

R

		source of infection	/ 40
Rana limnocharis	/ 329	spiral shell	/ 312
Rana plancyi	/ 328	spleen and kidney swelling of largemouth	
Rana	/ 328	bass	/ 120
Ranatra chinensis	/ 322	sporogony	/ 44
Ranatra	/ 322	*Sprivirus*	/ 128
Ranavirus	/ 40	*Streptomyces*	/ 98
Ranidae	/ 327	Suctoria	/ 236
Rauvolfia tetraphylla	/ 206	Suctorida	/ 236
reactionogenicity	/ 61	synbiotics	/ 78
red and white skin	/ 155		

T

red head and white mouth disease	/ 254		
red spot disease	/ 202		
red swamp crayfish	/ 315	tadpole	/ 330
re – striction fragment length		tang shi	/ 325

TCBS / 67

Thermocyclops / 313

TNF / 98

Tomont / 222

toxic action / 46

Trematoda / 240

Trichodina spp. / 207

Trichodina / 60

trichodiniasis / 207

Trichodinidae / 207

Trichophrya spp. / 236

Trichophrya / 60

trichophryiasis / 236

trophont / 222

Trypanosoma spp. / 218

Trypanosoma / 60

trypanosomiasis / 218

T. bivacuola / 236

T. bulbosa / 207

T. domergues / 207

T. hupehensis / 236

T. jadranica / 207

T. japonica / 207

T. liaohoensis / 236

T. minuta / 207

T. murmanica / 207

T. myakkae / 207

T. nobillis / 207

T. ophiocephali / 218

T. orientalis / 207

T. oviformis / 207

T. pseudobagri / 218

T. sinensis / 236

T. siniperca / 218

U

ulcer syndrome of largemouth bass / 150

ulcerative mycosis / 202

uncooked fish / 324

Unio douglasiae / 254

V

vertical transmission / 41

Vibrio alginolyticus / 337

Vibrionaceae / 150,160

virus / 52

W

water scorpion / 322

whirling disease / 128

white cloud disease of largemouth bass / 179

white defect / 185

white head－mouth disease / 207

white spot disease / 222

Y

yeast / 57

16S rDNA / 164

16S rRNA / 168

这本《大口黑鲈病害及其控制图谱》在 2023 年 3 月脱稿时曾预测，大口黑鲈的养殖"并非一帆风顺，风浪挫折必定在所难免"（前言）。不出所料，一年多以后的今天，在该书即将正式出版之际的 2024 年 6 月，风靡中国水产养殖领域的网红鱼类——大口黑鲈，与之前呈现出霄壤之殊：养殖面积大幅度缩减，养殖大省广东转养、弃养的现象层出不穷，昔日产业的领头者、追随者纷纷退出养殖大军，观望欲试者也放弃了养殖大口黑鲈的念头。有人估计，2024 年，大口黑鲈的投苗量锐减 40% 左右，全国总产量将下降到 60 万 t 以下。鱼价暴跌，2024 年初由当年 30～40 元/kg 的塘口均价，下行到 17 元/kg 左右，更有甚者价格不足 16 元/kg，这种惨况，导致了大口黑鲈养殖严重亏损，效益低下。有人形容这是大口黑鲈养殖历史上的"至暗时刻"。

为何出现这种时异势殊状况？作者认为其原因是：①任何一个产业都是在曲折的道路上发展前进的，必定会有高涨时期的繁荣，也会有低落阶段的萧瑟。回顾大口黑鲈养殖的发展史，从 1983 年引入我国后，长期停留在低水平上。直至 2017 年，产量才达到 45.69 万 t，此后，又在这个水平上徘徊了好几年，直至 2022 年，才有疯狂的发展，达到 80.24 万 t（《2023 中国渔业统计年鉴》），由此到达了一个较高的平台，大口黑鲈的养殖必将会在这个平台上调整、波动，总产量下行已是必然。②2022 年中国淡水养殖总产量达到 3 289.76 万 t，较 2019 年的 3 197.87 万 t 仅增长 2.87%，产量在 3 000 万 t 上下徘徊。受到总量的控制，大口黑鲈的总产量也必定会停滞在一定的水平上，不可能无限制地高攀发展。大口黑鲈养殖出现下行逆转也是在情理之中。③养殖成本的不断上升。经调查，大口黑鲈的养殖成本从 2018 年的 15 元/kg 增加到 2023 年的 19 元/kg 以上，这种成本上升造成的亏损状况势必会制约大口黑鲈养殖业的发展。

然而，这种不利的局面却带来了大口黑鲈新的发展契机！鱼价行情低迷，使一些涉水不深的养殖者弃养，导致塘租、苗种、动保产品等成本下调，给大口黑鲈养殖带来了一大利好。也有些养殖者由此而转产，使大口黑鲈的供需矛盾出现反转，成鱼价格较前有大幅度提升。2024 年 3 月，全国大口黑鲈塘口均价达到 23.2 元/kg，环比上涨 7.8%，同比上涨 10%，5 月有些地区的价格达到了 36～38 元/kg。在这个时候，《大口黑鲈病害及其控制图谱》出版，将助力养殖者进一步提高养殖技术，提高养殖成功率，降低养殖成本，提高养殖效率。大口黑鲈养殖将会重现昔日"疯狂"。

"长风破浪会有时，直挂云帆济沧海"。期待大口黑鲈产业在调整后重整旗鼓，展现出更加璀璨的未来！

杨先乐

2024 年 6 月 6 日于上海

图书在版编目（CIP）数据

大口黑鲈病害及其控制图谱 / 杨先乐主编. -- 北京：
中国农业出版社，2024. 10. -- ISBN 978 - 7 - 109 - 32481 - 7

Ⅰ. S943. 211 - 64

中国国家版本馆 CIP 数据核字第 2024XV2513 号

大口黑鲈病害及其控制图谱
DAKOUHEILU BINGHAI JIQI KONGZHI TUPU

中国农业出版社出版

地址：北京市朝阳区麦子店街 18 号楼
邮编：100125
责任编辑：杨晓改　李文文　　文字编辑：耿韶磊
版式设计：王　晨　　责任校对：周丽芳
印刷：鸿博昊天科技有限公司
版次：2024 年 10 月第 1 版
印次：2024 年 10 月北京第 1 次印刷
发行：新华书店北京发行所
开本：787mm×1092mm　1/16
印张：23.5
字数：557 千字
定价：128.00 元